研究生高水平课程体系建设丛书

先进复合材料力学

李亚智　主编

西北工業大學出版社
西　安

【内容简介】 本书是在西北工业大学“双一流”研究生核心课程建设项目的支持下为“先进复合材料力学”课程编写的教材。主要内容包括纤维增强树脂基复合材料层合板结构的应力分析理论、本构关系、强度准则、界面断裂分析、疲劳分析、连接强度分析和结构维修分析，纤维-金属层板的损伤与断裂分析，三维编织树脂基复合材料和陶瓷基复合材料的力学性能，等等。

本书可作为高等学校相关专业博士、硕士研究生拓展复合材料力学知识的教学用书，也可供从事复合材料结构设计和结构力学行为研究的人员阅读参考。

图书在版编目(CIP)数据

先进复合材料力学/李亚智主编．—西安：西北工业大学出版社，2022.1

(研究生高水平课程体系建设丛书)

ISBN 978-7-5612-7658-7

Ⅰ.①先… Ⅱ.①李… Ⅲ.①复合材料力学-研究生-教材 Ⅳ.①TB330.1

中国版本图书馆CIP数据核字(2021)第164065号

XIANJIN FUHE CAILIAO LIXUE

先进复合材料力学

责任编辑：胡莉巾　　**策划编辑：**何格夫

责任校对：王梦妮　　**装帧设计：**李　飞

出版发行：西北工业大学出版社

通信地址：西安市友谊西路127号　　邮编：710072

电　　话：(029)88491757，88493844

网　　址：www.nwpup.com

印 刷 者：兴平市博闻印务有限公司

开　　本：787 mm×1 092 mm　　1/16

印　　张：19.625

字　　数：515千字

版　　次：2022年1月第1版　　2022年1月第1次印刷

定　　价：75.00元

前　言

复合材料及其结构在航空航天等重大工程领域的应用正在呈现爆发式增长，各领域对复合材料结构设计与强度分析的人才需求越来越迫切，西北工业大学的博士生课程“先进复合材料力学”正是在这一重要背景下设立的。本书是在西北工业大学“双一流”研究生核心课程建设项目的支持下为这门课程编写的同名教材，参加编写的人员都是长期从事复合材料力学研究和教学的一线教师。

笔者假定读者已经具备复合材料力学的相关基础知识，因此是从更高起点阐述工程上常用复合材料及其结构的力学行为的国内外研究现状、主要研究思路、研究采用的最新的理论分析和试验方法，尤其是融合了笔者在相关领域的研究成果，内容贴近学科前沿，突出学科交叉融合，强化概念，启发思考，在强化基础的同时也关注工程应用，特别是关注与航空航天领域相关的复合材料结构分析。

本书各章内容以专题的形式呈现，内容包括纤维增强复合材料高阶理论、纤维增强复合材料本构关系和强度准则、纤维增强复合材料层合板界面断裂、三维编织复合材料力学性能、纤维金属层合板的损伤与断裂、陶瓷基复合材料的力学性能、纤维增强复合材料疲劳强度、复合材料连接结构强度分析和复合材料结构修理分析等。

本书共分成9章，第1章由吴振编写，第2章和第3章由李亚智、李彪编写，第4章由郑锡涛编写，第5章由马玉娥编写，第6章由王波编写，第7章由李亚智编写，第8章由侯赤编写，第9章由徐绯编写。本书由李亚智任主编。

在编写本书过程中，参阅了相关文献，在此谨对这些文献的作者表示衷心的感谢。

由于水平有限，书中难免存在不足之处，恳请广大读者批评、指正。

编　者
2021年8月

目　　录

第1章 纤维增强复合材料高阶理论

与铝合金、钢及钛合金相比，复合材料具有轻质、耐腐蚀及可设计性等优点，正被广泛应用于航空航天等领域。复合材料的制造和使用，既涉及复合材料的工艺和设计，又涉及大量、复杂的力学问题。如果有关的力学问题没有得到重视和解决，复合材料就可能达不到预期的减重目的，并且可能会出现提前破坏等现象。合理、准确地进行应力分析是复合材料结构强度评估和设计的基础，然而层合复合材料的各向异性和呈层性等特点，使它在受载后的应力状态十分复杂。对于较厚的层合梁、板和壳等结构，由于层间剪切和拉、压应力对结构刚度和强度影响较大，且呈三维应力状态，采用经典层板理论的分析已不能满足精度要求，应采用以三维弹性力学为基础的分层(Layerwise)分析的层板理论。分层理论是准三维理论，Reddy[1]在其专著中有详细介绍。对于复合材料结构来说，用解析法求解时要求每一铺层的性能是均匀的，不能是坐标的函数，也不能是任意厚度，等等，即使是几何形状很简单的多层板壳，也只有在比较简单的载荷分布和某种特定边界条件下才能求得解析解。因此，复合材料结构实际问题的求解往往要借助于有限元法。

因此，各国学者发展了各种高阶理论[2-7]，以适应层合结构应力分析的需要。通过使用横向剪切自由表面条件，Reddy[8]建议了三阶理论(简称“Reddy 高阶理论”)，该理论中横向剪切应变沿厚度方向呈抛物线分布，因此不需要剪切修正系数。然而，Reddy 理论不能模拟锯齿效应[9]，也不能预先满足层间应力层间连续的条件。基于此，需要发展预先满足层间应力层间连续的 Reddy 型整体-局部高阶剪切变形理论。

1.1 Reddy 型整体-局部高阶剪切变形理论

Reddy 型整体-局部高阶剪切变形理论[10](RGLHT)的初始位移模式假设由两部分组成，第一部分为整体位移分量，第二部分为局部位移分量，具体为

$$\left.\begin{aligned} u^k(x,y,z) &= u_G(x,y,z) + \bar{u}_L^k(x,y,z) + \hat{u}_L^k(x,y,z) \\ v^k(x,y,z) &= v_G(x,y,z) + \bar{v}_L^k(x,y,z) + \hat{v}_L^k(x,y,z) \\ w^k(x,y,z) &= w_G(x,y,z) \end{aligned}\right\} \tag{1-1}$$

式中，上标 k 表示第 k 层；下标 G 表示整体位移分量；下标 L 表示局部位移分量。整体位移分量采用 Reddy 高阶理论的位移模式[8]，其表达式为

$$\left.\begin{aligned} u_G(x,y,z) &= u_0(x,y) - \left[\frac{\partial w_0(x,y)}{\partial x} - u_1(x,y)\right]z - \frac{4z^3}{3h^2}u_1(x,y) \\ v_G(x,y,z) &= v_0(x,y) - \left[\frac{\partial w_0(x,y)}{\partial y} - v_1(x,y)\right]z - \frac{4z^3}{3h^2}v_1(x,y) \\ w_G(x,y,z) &= w_0(x,y) \end{aligned}\right\} \tag{1-2}$$

其中，面内局部位移分量沿厚度方向取三次多项式，可写为

$$
\left.\begin{array}{l}
\bar{u}_{\mathrm{L}}^{k}(x,y,z)=\zeta_{k}u_{1}^{k}(x,y)+\zeta_{k}^{2}u_{2}^{k}(x,y)\\
\bar{v}_{\mathrm{L}}^{k}(x,y,z)=\zeta_{k}v_{1}^{k}(x,y)+\zeta_{k}^{2}v_{2}^{k}(x,y)\\
\hat{u}_{\mathrm{L}}^{k}(x,y,z)=\zeta_{k}^{3}u_{3}^{k}(x,y)\\
\hat{v}_{\mathrm{L}}^{k}(x,y,z)=\zeta_{k}^{3}v_{3}^{k}(x,y)
\end{array}\right\} \tag{1-3}
$$

式中，ζ_k 为第 k 层局部坐标。

从式(1-3)可以看出，当前模型包含 $6n+7$ 个未知变量，其中 n 为层合板的层数。为了使位移模式不依赖于层合板的层数和减少自由度的数目，通过使用位移和应力层间连续条件及自由边表面条件，Reddy 型整体-局部高阶剪切变形理论位移模式最终可写为

$$
\left.\begin{array}{l}
u^{k}=u_{0}+\Phi_{1}^{k}u_{1}^{1}+\Phi_{2}^{k}u_{1}+\Phi_{3}^{k}\dfrac{\partial w}{\partial x}+\Phi_{4}^{k}v_{1}^{1}+\Phi_{5}^{k}v_{1}+\Phi_{6}^{k}\dfrac{\partial w}{\partial y}\\
v^{k}=v_{0}+\Psi_{1}^{k}u_{1}^{1}+\Psi_{2}^{k}u_{1}+\Psi_{3}^{k}\dfrac{\partial w}{\partial x}+\Psi_{4}^{k}v_{1}^{1}+\Psi_{5}^{k}v_{1}+\Psi_{6}^{k}\dfrac{\partial w}{\partial y}\\
w^{k}=w_{0}
\end{array}\right\} \tag{1-4}
$$

其中 $\Phi_i^k=R_i^k\zeta_k+S_i^k\zeta_k^2+T_i^k\zeta_k^3+Z_i$， $\Psi_i^k=O_i^k\zeta_k+P_i^k\zeta_k^2+Q_i^k\zeta_k^3+\overline{Z}_i$

$$Z_2=z-\frac{4z^3}{3h^2},\quad Z_3=-z,\quad Z_1=Z_4=Z_5=Z_6=0$$

$$\overline{Z}_5=z-\frac{4z^3}{3h^2},\quad \overline{Z}_6=-z,\quad \overline{Z}_1=\overline{Z}_2=\overline{Z}_3=\overline{Z}_4=0$$

$$R_1^k=F_1^k+F_2^kA_1+F_5^kA_2,\quad S_1^k=G_1^k+G_2^kA_1+G_5^kA_2$$
$$R_2^k=F_3^k+F_2^kB_1+F_5^kB_2,\quad S_2^k=G_3^k+G_2^kB_1+G_5^kB_2$$
$$R_3^k=0,\quad S_3^k=0$$
$$R_4^k=F_4^k+F_2^kC_1+F_5^kC_2,\quad S_4^k=G_4^k+G_2^kC_1+G_5^kC_2$$
$$R_5^k=F_6^k+F_2^kD_1+F_5^kD_2,\quad S_5^k=G_6^k+G_2^kD_1+G_5^kD_2$$
$$R_6^k=0,\quad S_6^k=0$$
$$T_1^k=H_1^k+H_2^kA_1+H_5^kA_2,\quad O_1^k=L_1^k+L_2^kA_1+L_5^kA_2$$
$$T_2^k=H_3^k+H_2^kB_1+H_5^kB_2,\quad O_2^k=L_3^k+L_2^kB_1+L_5^kB_2$$
$$T_3^k=0,\quad O_3^k=0$$
$$T_4^k=H_4^k+H_2^kC_1+H_5^kC_2,\quad O_4^k=L_4^k+L_2^kC_1+L_5^kC_2$$
$$T_5^k=H_6^k+H_2^kD_1+H_5^kD_2,\quad O_5^k=L_6^k+L_2^kD_1+L_5^kD_2$$
$$T_6^k=0,\quad O_6^k=0$$
$$P_1^k=M_1^k+M_2^kA_1+M_5^kA_2,\quad Q_1^k=N_1^k+N_2^kA_1+N_5^kA_2$$
$$P_2^k=M_3^k+M_2^kB_1+M_5^kB_2,\quad Q_2^k=N_3^k+N_2^kB_1+N_5^kB_2$$
$$P_3^k=0,\quad Q_3^k=0$$
$$P_4^k=M_4^k+M_2^kC_1+M_5^kC_2,\quad Q_4^k=N_4^k+N_2^kC_1+N_5^kC_2$$
$$P_5^k=M_6^k+M_2^kD_1+M_5^kD_2,\quad Q_5^k=N_6^k+N_2^kD_1+N_5^kD_2$$
$$P_6^k=0,\quad Q_6^k=0$$

$$A_1=\frac{\Delta_2(1)\Delta_1(5)-\Delta_1(1)\Delta_2(5)}{\Delta}$$

$$A_2=\frac{\Delta_2(2)\Delta_1(1)-\Delta_1(2)\Delta_2(1)}{\Delta}$$

$$B_1=\frac{\Delta_2(3)\Delta_1(5)-[\Delta_1(3)+(1-\frac{4z_{n+1}^2}{h^2})]\Delta_2(5)}{\Delta}$$

$$B_2=\frac{[\Delta_1(3)+(1-\frac{4z_{n+1}^2}{h^2})]\Delta_2(2)-\Delta_1(2)\Delta_2(3)}{\Delta}$$

$$C_1=\frac{\Delta_2(4)\Delta_1(5)-\Delta_1(4)\Delta_2(5)}{\Delta}$$

$$C_2=\frac{\Delta_1(4)\Delta_2(2)-\Delta_1(2)\Delta_2(4)}{\Delta}$$

$$D_1=\frac{[\Delta_2(6)+(1-\frac{4z_{n+1}^2}{h^2})]\Delta_1(5)-\Delta_1(6)\Delta_2(5)}{\Delta}$$

$$D_2=\frac{\Delta_1(6)\Delta_2(2)-[\Delta_2(6)+(1-\frac{4z_{n+1}^2}{h^2})]\Delta_1(2)}{\Delta}$$

$$\Delta_1(i)=a_nF_i^n+2a_nG_i^n+3a_nH_i^n\,,\quad \Delta_2(i)=a_nL_i^n+2a_nM_i^n+3a_nN_i^n\,,\quad i=1\sim 6$$

$$\Delta=(a_nF_2^n+2a_nG_2^n+3a_nH_2^n)(a_nL_5^n+2a_nM_5^n+3a_nN_5^n)-(a_nF_5^n+2a_nG_5^n+3a_nH_5^n)(a_nL_2^n+2a_nM_2^n+3a_nN_2^n)$$

若 $k=1$,则

$$F_1^1=1\,,F_2^1=F_3^1=F_4^1=F_5^1=F_6^1=0;\quad G_2^1=1,G_1^1=G_3^1=G_4^1=G_5^1=G_6^1=0$$

$$L_4^1=1\,,L_1^1=L_2^1=L_3^1=L_5^1=L_6^1=0;\quad M_5^1=1,M_1^1=M_2^1=M_3^1=M_4^1=M_6^1=0$$

$$H_1^1=-\frac{1}{3}\,,\quad H_2^1=\frac{2}{3}\,,\quad H_3^1=-\frac{1-\frac{4z_1^2}{h^2}}{3a_1}\,,\quad H_4^1=H_5^1=H_6^1=0$$

$$N_4^1=-\frac{1}{3}\,,\quad N_5^1=\frac{2}{3}\,,\quad N_6^1=-\frac{1-\frac{4z_1^2}{h^2}}{3a_1}\,,\quad N_1^1=N_2^1=N_3^1=0$$

若 $k>1$,则

$$F_i^k=-(2+\alpha_k)F_i^{k-1}-2(1+\alpha_k)G_i^{k-1}-3(1+\alpha_k)H_i^{k-1}+\gamma_k(L_i^{k-1}+2M_i^{k-1}+3N_i^{k-1})+\overline{S}_i$$

$$L_i^k=-(2+\zeta_k)L_i^{k-1}-2(1+\zeta_k)M_i^{k-1}-3(1+\zeta_k)N_i^{k-1}+\theta_k(F_i^{k-1}+2G_i^{k-1}+3H_i^{k-1})+\hat{S}_i$$

$$G_i^k=F_i^k+F_i^{k-1}+G_i^{k-1}\,,\quad M_i^k=L_i^k+L_i^{k-1}+M_i^{k-1}$$

$$H_i^k=-H_i^{k-1}\,,\quad N_i^k=-N_i^{k-1}\,,\quad i=1,2,\cdots,6\,,\quad k=2,3,\cdots,n$$

其中

$$\overline{S}_3=\left(1-\frac{4z_k^2}{h^2}\right)\beta_k\,,\quad \overline{S}_6=\left(1-\frac{4z_k^2}{h^2}\right)\rho_k\,,\quad \overline{S}_1=\overline{S}_2=\overline{S}_4=\overline{S}_5=0$$

$$\hat{S}_3=\left(1-\frac{4z_k^2}{h^2}\right)\psi_k\,,\quad \hat{S}_6=\left(1-\frac{4z_k^2}{h^2}\right)\eta_k\,,\quad \hat{S}_1=\hat{S}_2=\hat{S}_4=\hat{S}_5=0$$

$$\alpha_k = \left(\frac{Q_{44k-1}Q_{55k} - Q_{45k-1}Q_{45k}}{Q_{44k}Q_{55k} - Q_{45k}^2}\right)\frac{a_{k-1}}{a_k}, \quad \zeta_k = \left(\frac{Q_{55k-1}Q_{44k} - Q_{45k-1}Q_{45k}}{Q_{44k}Q_{55k} - Q_{45k}^2}\right)\frac{a_{k-1}}{a_k}$$

$$\gamma_k = \left(\frac{Q_{55k-1}Q_{45k} - Q_{45k-1}Q_{55k}}{Q_{44k}Q_{55k} - Q_{45k}^2}\right)\frac{a_{k-1}}{a_k}, \quad \theta_k = \left(\frac{Q_{44k-1}Q_{45k} - Q_{45k-1}Q_{44k}}{Q_{44k}Q_{55k} - Q_{45k}^2}\right)\frac{a_{k-1}}{a_k}$$

$$\beta_k = \left(1 + \frac{Q_{45k-1}Q_{45k} - Q_{44k-1}Q_{55k}}{Q_{44k}Q_{55k} - Q_{45k}^2}\right)\frac{1}{a_k}, \quad \eta_k = \left(1 + \frac{Q_{45k-1}Q_{45k} - Q_{55k-1}Q_{44k}}{Q_{44k}Q_{55k} - Q_{45k}^2}\right)\frac{1}{a_k}$$

$$\rho_k = \left(\frac{Q_{55k-1}Q_{45k} - Q_{45k-1}Q_{55k}}{Q_{44k}Q_{55k} - Q_{45k}^2}\right)\frac{1}{a_k}, \quad \psi_k = \left(\frac{Q_{44k-1}Q_{45k} - Q_{45k-1}Q_{44k}}{Q_{44k}Q_{55k} - Q_{45k}^2}\right)\frac{1}{a_k}$$

从式(1-4)可以看出,Reddy 型整体-局部高阶剪切变形理论最终位移模式中未知变量的数目仅有 7 个,为 $u_0, v_0, w_0, u_1^1, u_1, v_1^1, v_1$。

1.2 正交铺设层合板解析解

1.2.1 本构方程

单层复合材料的宏观弹性性能通常是均匀各向异性的,因此这里主要讨论各向异性弹性力学基本方程。为了方便,这里仅给出横观各向同性复合材料层合板的本构关系。在材料坐标系下,应力与应变的一般关系为

$$\begin{bmatrix} \sigma_1 \\ \sigma_2 \\ \sigma_3 \\ \tau_{13} \\ \tau_{23} \\ \tau_{12} \end{bmatrix} = \begin{bmatrix} C_{11} & C_{12} & C_{13} & 0 & 0 & 0 \\ C_{21} & C_{22} & C_{23} & 0 & 0 & 0 \\ C_{31} & C_{32} & C_{33} & 0 & 0 & 0 \\ 0 & 0 & 0 & C_{44} & 0 & 0 \\ 0 & 0 & 0 & 0 & C_{55} & 0 \\ 0 & 0 & 0 & 0 & 0 & C_{66} \end{bmatrix} \begin{bmatrix} \varepsilon_1 \\ \varepsilon_2 \\ \varepsilon_3 \\ \gamma_{13} \\ \gamma_{23} \\ \gamma_{12} \end{bmatrix} \tag{1-5}$$

式中

$$C_{11} = \frac{1 - \nu_{23}\nu_{32}}{E_2E_3\Delta}, \quad C_{12} = \frac{\nu_{21} + \nu_{23}\nu_{31}}{E_2E_3\Delta}, \quad C_{13} = \frac{\nu_{31} + \nu_{32}\nu_{21}}{E_2E_3\Delta}$$

$$C_{22} = \frac{1 - \nu_{31}\nu_{13}}{E_1E_3\Delta}, \quad C_{33} = \frac{1 - \nu_{21}\nu_{12}}{E_1E_2\Delta}, \quad C_{23} = \frac{\nu_{23} + \nu_{13}\nu_{21}}{E_1E_3\Delta}$$

$$C_{44} = G_{13}, \quad C_{55} = G_{23}, \quad C_{66} = G_{12}$$

$$\nu_{21} = \frac{E_2\nu_{12}}{E_1}, \quad \nu_{31} = \frac{E_3\nu_{13}}{E_1}, \quad \nu_{32} = \frac{E_3\nu_{23}}{E_2}$$

$$\Delta = \frac{1 - \nu_{12}\nu_{21} - \nu_{23}\nu_{32} - \nu_{13}\nu_{31} - 2\nu_{21}\nu_{32}\nu_{13}}{E_1E_2E_3}$$

式中,E_1,E_2 和 E_3 为弹性主方向的弹性模量;G_{12},G_{13} 和 G_{23} 为剪切模量;ν_{12},ν_{13} 和 v_{23} 为泊松比。

Reddy 型整体-局部高阶剪切变形理论忽略了横法向应变,按照平面应力假设,材料坐标系下应力与应变的关系可写为

$$\boldsymbol{\sigma} = \boldsymbol{C\varepsilon} \tag{1-6}$$

式中

$$\boldsymbol{\sigma} = [\sigma_1 \quad \sigma_2 \quad \sigma_6 \quad \sigma_4 \quad \sigma_5]^{\mathrm{T}}$$

$$\boldsymbol{\varepsilon} = [\varepsilon_1 \quad \varepsilon_2 \quad \varepsilon_6 \quad \varepsilon_4 \quad \varepsilon_5]$$

$$\boldsymbol{C} = \begin{bmatrix} c_{11} - \dfrac{c_{13}^2}{c_{33}} & c_{12} - \dfrac{c_{13}c_{23}}{c_{33}} & 0 & 0 & 0 \\ c_{12} - \dfrac{c_{13}c_{23}}{c_{33}} & c_{22} - \dfrac{c_{23}^2}{c_{33}} & 0 & 0 & 0 \\ 0 & 0 & c_{66} & 0 & 0 \\ 0 & 0 & 0 & c_{44} & 0 \\ 0 & 0 & 0 & 0 & c_{55} \end{bmatrix}$$

其中，σ_i 为应力分量；ε_i 为应变分量；c_{ij} 为材料的弹性常数。

进行复合材料层合板力学分析时，常常需要用到非材料主轴单层的刚度，即偏轴弹性常数矩阵。按照材料力学转轴公式可以直接写出偏轴弹性常数矩阵，即

$$\boldsymbol{Q} = \boldsymbol{T}^{\mathrm{T}}\boldsymbol{C}\boldsymbol{T} \tag{1-7}$$

式中，$\boldsymbol{C}$ 为材料坐标系下的弹性常数矩阵；转换矩阵 $\boldsymbol{T}$ 可以写为

$$\boldsymbol{T} = \begin{bmatrix} \cos^2\theta & \sin^2\theta & 0.5\sin2\theta & 0 & 0 \\ \sin^2\theta & \cos^2\theta & -0.5\sin2\theta & 0 & 0 \\ -\sin2\theta & \sin2\theta & \cos2\theta & 0 & 0 \\ 0 & 0 & 0 & \cos\theta & \sin\theta \\ 0 & 0 & 0 & -\sin\theta & \cos\theta \end{bmatrix} \tag{1-8}$$

其中，θ 是材料坐标系与层合板总坐标系的夹角。因此，在总坐标系下，第 k 层层合板应力-应变关系可以写为

$$\boldsymbol{\sigma}^k = \boldsymbol{Q}^k\boldsymbol{\varepsilon}^k \tag{1-9}$$

式中

$$\boldsymbol{\sigma}^k = [\sigma_x^k \quad \sigma_y^k \quad \tau_{xy}^k \quad \tau_{xz}^k \quad \tau_{yz}^k]^{\mathrm{T}}$$

$$\boldsymbol{\varepsilon}^k = [\varepsilon_x^k \quad \varepsilon_y^k \quad \gamma_{xy}^k \quad \gamma_{xz}^k \quad \gamma_{yz}^k]^{\mathrm{T}}$$

根据线性位移-应变关系，第 k 层应变可以写为

$$\boldsymbol{\varepsilon}^k = \boldsymbol{\partial}\boldsymbol{U}^k \tag{1-10}$$

其中

$$\boldsymbol{\partial} = \begin{bmatrix} \dfrac{\partial}{\partial x} & 0 & \dfrac{\partial}{\partial y} & \dfrac{\partial}{\partial z} & 0 \\ 0 & \dfrac{\partial}{\partial y} & \dfrac{\partial}{\partial x} & 0 & \dfrac{\partial}{\partial z} \\ 0 & 0 & 0 & \dfrac{\partial}{\partial x} & \dfrac{\partial}{\partial y} \end{bmatrix}^{\mathrm{T}}; \quad \boldsymbol{U}^k = \begin{bmatrix} u^k \\ v^k \\ w^k \end{bmatrix}$$

1.2.2　平衡方程

采用最小势能原理来获得平衡方程，最小势能原理可以写为

$$\delta U + \delta W = 0 \tag{1-11}$$

其中，U 是由于变形产生的应变能；W 是外力做的功。δU 和 δW 的具体表达式为

$$\left.\begin{aligned}\delta U &= \int_A \int_{-h/2}^{h/2} (\sigma_x \delta \varepsilon_x + \sigma_y \delta \varepsilon_y + \tau_{xy} \delta \gamma_{xy} + \tau_{xz} \delta \gamma_{xz} + \tau_{yz} \delta \gamma_{yz})\, \mathrm{d}z \mathrm{d}A \\ \delta W &= -\int_A \int_{-h/2}^{h/2} p_z^+ \delta w^+ \, \mathrm{d}z \mathrm{d}A\end{aligned}\right\} \tag{1-12}$$

式中，p_z^+ 是作用于层合板上表面的横向载荷；w^+ 是层合板上表面的横向位移。

把式(1-4)、式(1-9)和式(1-10)代入式(1-12)后，采用分步积分可以得到下列平衡方程：

$$\left.\begin{aligned}
&\delta u_0: \sum_{j=1}^{n} \int_{z_j}^{z_{j+1}} \left(\frac{\partial \sigma_x}{\partial x} + \frac{\partial \tau_{xy}}{\partial y}\right) \mathrm{d}z = 0 \\
&\delta u_1^1: \sum_{j=1}^{n} \int_{z_j}^{z_{j+1}} \left[\Phi_1^k \left(\frac{\partial \sigma_x}{\partial x} + \frac{\partial \tau_{xy}}{\partial y}\right) - \frac{\partial \Phi_1^k}{\partial z} \tau_{xz}\right] \mathrm{d}z = 0 \\
&\delta u_1: \sum_{j=1}^{n} \int_{z_j}^{z_{j+1}} \left[\Phi_2^k \left(\frac{\partial \sigma_x}{\partial x} + \frac{\partial \tau_{xy}}{\partial y}\right) - \frac{\partial \Phi_2^k}{\partial z} \tau_{xz}\right] \mathrm{d}z = 0 \\
&\delta v_0: \sum_{j=1}^{n} \int_{z_j}^{z_{j+1}} \left(\frac{\partial \sigma_y}{\partial y} + \frac{\partial \tau_{xy}}{\partial x}\right) \mathrm{d}z = 0 \\
&\delta v_1^1: \sum_{j=1}^{n} \int_{z_j}^{z_{j+1}} \left[\Psi_1^k \left(\frac{\partial \sigma_y}{\partial y} + \frac{\partial \tau_{xy}}{\partial x}\right) - \frac{\partial \Psi_1^k}{\partial z} \tau_{yz}\right] \mathrm{d}z = 0 \\
&\delta v_1: \sum_{j=1}^{n} \int_{z_j}^{z_{j+1}} \left[\Psi_2^k \left(\frac{\partial \sigma_y}{\partial y} + \frac{\partial \tau_{xy}}{\partial x}\right) - \frac{\partial \Psi_2^k}{\partial z} \tau_{yz}\right] \mathrm{d}z = 0 \\
&\delta w_0: \sum_{j=1}^{n} \int_{z_j}^{z_{j+1}} \left[\Phi_3^k \frac{\partial^2 \sigma_x}{\partial x^2} + \Psi_3^k \frac{\partial^2 \sigma_y}{\partial y^2} + (\Phi_3^k + \Psi_3^k) \frac{\partial^2 \tau_{xy}}{\partial x \partial y} - \right. \\
&\qquad \left. \left(1 + \frac{\partial \Phi_3^k}{\partial z}\right) \frac{\partial \tau_{xz}}{\partial x} - \left(1 + \frac{\partial \Psi_3^k}{\partial z}\right) \frac{\partial \tau_{yz}}{\partial y}\right] \mathrm{d}z + p_z^+ = 0
\end{aligned}\right\} \tag{1-13}$$

其中，n 为层合板层数。

1.2.3 解析解

对于四边简支复合材料层合板，边界条件可以写为以下形式：

边界 $x=0$ 和 $x=a$：$v_0=0$，$v_1^1=0$，$v_1=0$，$w_0=0$。

边界 $y=0$ 和 $y=b$：$u_0=0$，$u_1^1=0$，$u_1=0$，$w_0=0$。

下列位移表达式能够满足上述边界条件：

$$\left.\begin{aligned}
&u_0 = \sum_{m=1}^{\infty} \sum_{n=1}^{\infty} u_{0mn} \cos\alpha x \sin\beta y, \quad u_1^1 = \sum_{m=1}^{\infty} \sum_{n=1}^{\infty} u_{1mn}^1 \cos\alpha x \sin\beta y \\
&u_1 = \sum_{m=1}^{\infty} \sum_{n=1}^{\infty} u_{1mn} \cos\alpha x \sin\beta y, \quad v_0 = \sum_{m=1}^{\infty} \sum_{n=1}^{\infty} v_{0mn} \sin\alpha x \cos\beta y \\
&v_1^1 = \sum_{m=1}^{\infty} \sum_{n=1}^{\infty} v_{1mn}^1 \sin\alpha x \cos\beta y, \quad v_1 = \sum_{m=1}^{\infty} \sum_{n=1}^{\infty} v_{1mn} \sin\alpha x \cos\beta y \\
&w_0 = \sum_{m=1}^{\infty} \sum_{n=1}^{\infty} w_{0mn} \sin\alpha x \sin\beta y
\end{aligned}\right\} \tag{1-14}$$

式中，$\alpha = m\pi/a$；$\beta = m\pi/b$。

可以把外载荷 p_z^+ 展开成傅里叶级数，具体表达式为

$$p_z^+ = \sum_{m=1}^{\infty}\sum_{n=1}^{\infty} p_{zmn}^+ \sin\alpha x \sin\beta y \tag{1-15}$$

把式(1－14)和式(1－15)代入式(1－13)，可以求得式(1－13)中的系数。

1.3　复合材料层合板弯曲分析

此处给出一算例。

计算正交铺设(0/90/0)四边简支方板在横向载荷 $Q = Q_0\sin(\pi x/a)\sin(\pi y/b)$ 作用下的位移和应力，如图1－1所示。

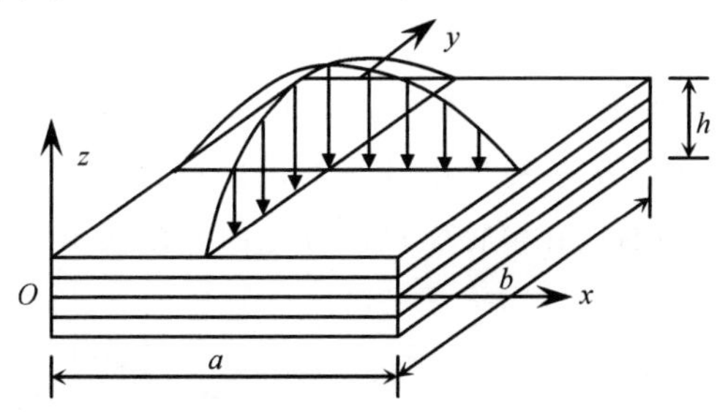

图1－1　正弦载荷作用下的四边简支层合板

每层都是具有相同弹性常数的正交各向异性方板，第1层材料的弹性常数为

$$E_1 = 25\times 16^6\ \text{psi}^{①},\ E_2 = 10^6\ \text{psi},\ E_3 = E_2,\ G_{12} = G_{13} = 0.5\times 10^6\ \text{psi}$$

$$G_{23} = 0.2\times 10^6\ \text{psi},\ \nu_{12} = \nu_{13} = \nu_{23} = 0.25$$

式中，下标1是平行纤维的方向；下标2和下标3是垂直纤维的方向。各层材料的弹性常数可以应用坐标旋转直接得到。

面内应力和横向剪切应力采用下列无量纲参数：

$$\bar{u} = \frac{E_2 h^2 u\left(0,\dfrac{b}{2},z\right)}{a^3};\quad (\bar{\sigma}_x,\bar{\sigma}_y) = (\sigma_x,\sigma_y)\left(\frac{a}{2},\frac{b}{2},z\right)\frac{h^2}{Q_0 a^2}$$

$$\bar{\tau}_{xy} = \tau_{xy}\left(\frac{a}{2},\frac{a}{2},z\right)\frac{h^2}{Q_0 a^2};\quad \bar{\tau}_{xz} = \tau_{xz}\left(0,\frac{b}{2},z\right)\frac{h}{Q_0 a}$$

式中，a，b 分别为简支板长度和宽度，这里 $a = b$；h 为简支板的厚度。

采用以下几种板理论进行求解：

Exact：三维弹性解[11]。

RHSDT：基于Reddy高阶理论的解析解，5个未知变量。

FSDT：基于一阶理论的解析解，5个未知变量。

RHSDT和FSDT表达形式与单层板理论相似。国内外学者习惯称上述理论为等效单层板模型，其英文缩写为ESLMs。

图1－2给出了基于不同板理论计算的面内位移。结果表明：基于Reddy高阶理论计算的面内位移非常接近精确解。然而，Reddy高阶理论(RHSDT)和一阶剪切变形理论(FSDT)预

① 1 psi＝6 894.8 Pa。

测的面内位移不满足沿板厚度方向 C_z^0 连续(锯齿形状)。

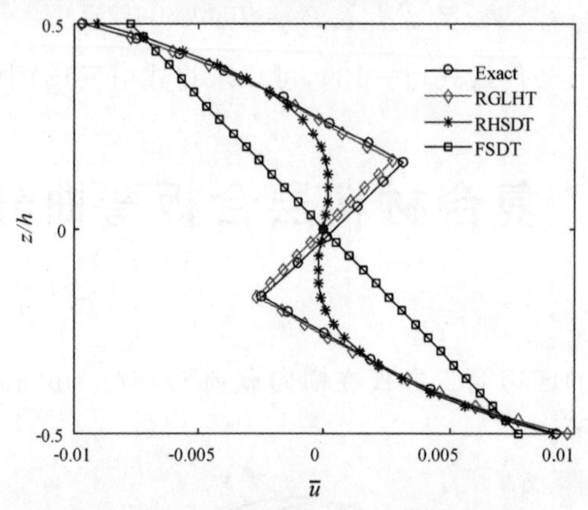

图 1-2　面内位移对比 ($a/h=4$)

图 1-3～图 1-5 给出了基于各种理论计算的面内应力。与图中的其他理论结果相比，RGLHT 是最准确的。这说明通过在整体型高阶理论面内位移添加局部函数能够有效地提高结果精度。

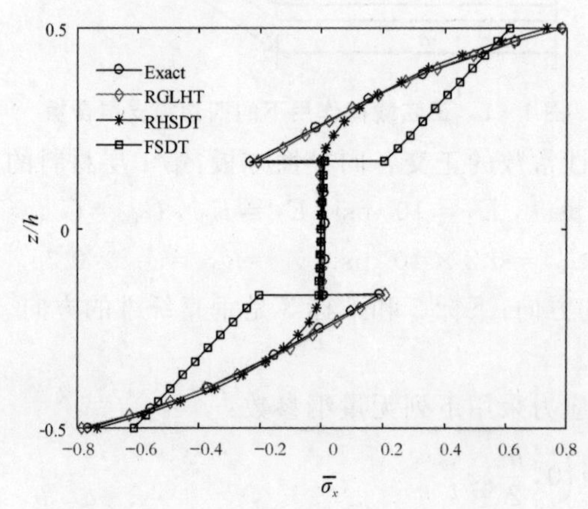

图 1-3　面内应力对比($a/h=4$)(一)

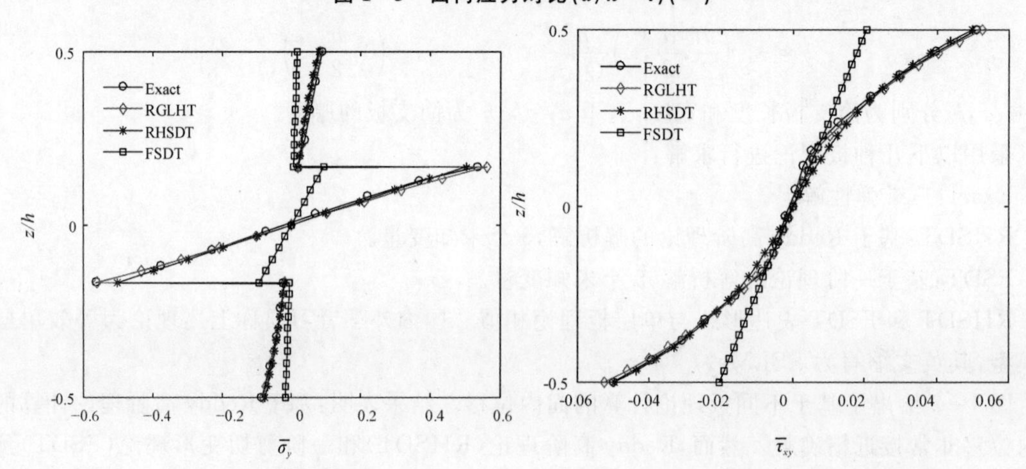

图 1-4　面内应力对比($a/h=4$)(二)

图 1-5　面内剪切应力对比($a/h=4$)

图 1-6 给出了基于不同板理论从本构方程直接计算得到的横向剪切应力，结果表明 RGLHT 能准确预测横向剪切应力，然而其他理论计算得到的横向剪切应力不能预先满足层间连续条件。

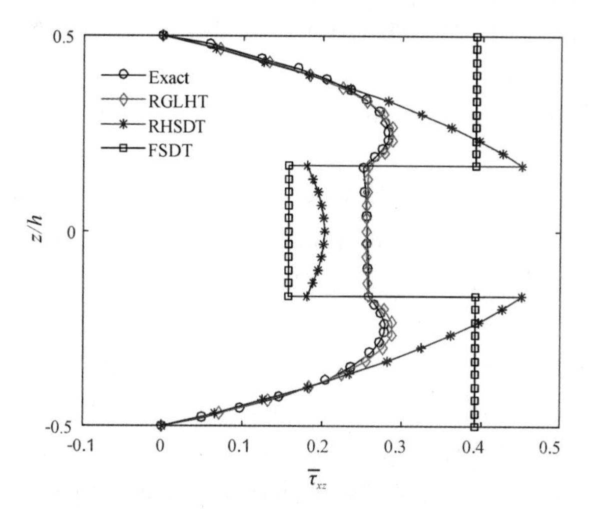

图 1-6　横向剪切应力对比($a/h=4$)

1.4　本章小结

通过在 Reddy 高阶理论面内位移场添加三阶局部位移场，并使用面内位移和横向剪切应力层间连续条件及自由表面条件，发展了 Reddy 型整体-局部剪切变形高阶理论(RGLHT)。发展的理论未知变量个数独立于层合板层数，通过分析四边简支层合板弯曲问题发现，此理论能准确模拟复合材料层合结构锯齿效应，而且能通过本构方程直接、准确地计算出横向剪切应力。Reddy 型整体-局部剪切变形高阶理论能够被推广用于分析复合材料层合结构屈曲、自由振动及强度问题。

参考文献

[1] REDDY J N. Mechanics of laminated composite plates theory and analysis. Boca Raton: CRC Press, 1997.

[2] MATSUNAGA H. Free vibration and stability of angle-ply laminated composite and sandwich plates under thermal loading. Compos Struct, 2007, 77: 249-262.

[3] HAN J, KIM J, CHO M, et al. New enhanced first-order shear deformation theory for thermo-mechanical analysis of laminated composite and sandwich plates. Composites Part B:Engineering, 2017, 116: 422-450.

[4] MUKHTAR F M. Free vibration analysis of orthotropic plates by differential transform and Taylor collocation methods based on a refined plate theory. Archive of Applied Mechanics，2017，87(1)：15－40.

[5] AREFI M，BIDGOLI E M，ZENKOUR A M，et al. Free vibration analysis of a sandwich nano－plate including FG core and piezoelectric face－sheets by considering neutral surface. Mechanics of Advanced Materials and Structures，2018，26(9)：741－752.

[6] NGUYEN H，HONG T T，VAN VINH P，et al. A refined simple first－order shear deformation theory for static bending and free vibration analysis of advanced composite plates. Materials，2019，12(15)：2385[2020－03－24]. https://doi. org/10.3390/ma12752385.

[7] BOUAZZA M，BENSEDDIQ N，ZENKOUR A M，et al. Thermal buckling analysis of laminated composite beams using hyperbolic refined shear deformation theory. Journal of Thermal Stresses，2019，42(3)：332－340.

[8] REDDY J N. A simple higher-order theory for laminated composite plates. Journal of Applied Mechanics，1984，51(12)：745－752.

[9] CARRERA E. A priori vs. a posteriori evaluation of transverse stresses in multilayered orthotropic plates. Composite Structures，2000，48：245－260.

[10] 吴振.高性能整体局部高阶理论及高阶层合板单元.大连：大连理工大学，2007.

[11] PAGANO N J. Exact solutions for rectangular bi－directional composites. Journal of Composite Materials，1970，4：20－34.

第2章 纤维增强复合材料本构关系和强度准则

2.1 复合材料强度理论发展现状

作为复合材料力学研究领域的重点，层合板面内破坏强度理论吸引了大量研究者的目光，已有几十种原创或修正的强度理论相继被提出。

用以预测层板失效的失效准则可以分成以下两大类。

1.失效准则与失效模式无关

这类方法包括所有的多项式准则和张量准则，根据实测结果修正描述失效面的数学表达式。最常用的多项式失效准则是 Tsai 和 Wu 提出的张量多项式失效准则。尽管它们呈现出一些引人注目的特性，比如在坐标轴变换下的不变性，然而它们没有考虑由材料各向异性和非匀质性带来的不同的层合板损伤和失效机理。

2. 失效准则与失效模式有关

这类准则认为复合材料的非均匀特性造成了不同组分有不同的失效模式。有人通过使用材料强度来建立数学表达式，并且考虑不同组分的不同失效模式，例如 Hashin 和 Rotem 早年提出的准则[1]和 Puck 的准则[2]等。这类准则的优点在于可以预测失效模式，因而更适用于渐进损伤过程分析。经典的 Hashin 准则表达式如表 2-1 所示，Puck 准则将在后面介绍。

尽管对失效准则的研究已经取得了很大的进步，但是已有的理论都存在不足，仍然没有哪一个准则具有广泛适用性或得到工业界和设计者的广泛认可。为此，学术界自 1992 年起相继开展了几期名为 World Wide Failure Exercise(WWFE)的失效评估竞赛(一说为失效分析奥运会)，取得了丰硕的研究成果。总的来说，基于失效机理型的强度理论能够识别不同的失效模式，帮助加深对破坏现象和失效机理的理解，且整体计算精度较高，将成为未来发展的趋势。

一直以来，复合材料强度理论在很大程度上被简单地理解为失效准则，然而完整的强度理论需要在以下四方面都是完善的：本构理论、应力计算、失效准则和刚度退化方法。一般地，复合材料层合板在损伤起始后并不会立即失去所有的承载能力，损伤起始后到临界破坏前，结构处于逐渐破坏的过程。根据层合板铺层顺序、铺层方向、应力集中部位等的不同，结构逐渐破坏的过程有所区别。目前国际上关于复合材料强度理论研究的发展趋势是理论上从仅基于应力的唯象型向考虑材料非均匀性和异质性的失效机理型发展，适用范围从考虑面内损伤的平面应力状态向综合考虑面内损伤和层间损伤的三维应力状态发展，更加关注将强度准则与损伤力学、断裂力学相结合，以建立预测结构损伤起始、演化、破坏等方面的能力。

表 2-1 平面应力状态下 Hashin 准则表达式[1,3]

失效模式	表达式
纤维拉伸失效 ($\sigma_{11} > 0$)	$f_{\text{Fiber}} = \left(\dfrac{\sigma_{11}}{X^{\text{T}}}\right)^2$
纤维压缩失效 ($\sigma_{11} < 0$)	$f_{\text{Fiber}} = \left\lvert\dfrac{\sigma_{11}}{X^{\text{C}}}\right\rvert$
基体拉伸失效 ($\sigma_{22} \geqslant 0$)	$f_{\text{Matrix}} = \left(\dfrac{\sigma_{22}}{Y^{\text{T}}}\right)^2 + \left(\dfrac{\tau_{12}}{S^{\text{L}}}\right)^2$
基体压缩失效 ($\sigma_{22} < 0$)	1973 年形式：$f_{\text{Matrix}} = \left(\dfrac{\sigma_{22}}{Y^{\text{C}}}\right)^2 + \left(\dfrac{\tau_{12}}{S^{\text{L}}}\right)^2$ 1980 年形式：$f_{\text{Matrix}} = \left(\dfrac{\sigma_{22}}{2S^{\text{T}}}\right)^2 + \left[\left(\dfrac{Y^{\text{C}}}{2S^{\text{T}}}\right)^2 - 1\right]\dfrac{\sigma_{22}}{Y^{\text{C}}} + \left(\dfrac{\tau_{12}}{S^{\text{L}}}\right)^2$

本章首先介绍一种考虑基体非线性本构关系原理的表征方法；然后介绍复合材料层合板的就地效应及就地强度的确定方法；接着介绍目前比较先进的 Puck 和 LaRC 系列强度理论，并在 LaRC05 强度理论的基础上，提出一种改进的纤维压缩失效模型；最后将强度理论用于预测多种单向板和层合板的失效包线以及应力-应变曲线中。

2.2 一种层合板的非线性应力分析理论

2.2.1 单层板的线弹性应力-应变关系

在经典层合板理论(Classical Laminate Theory, CLT)中，单层复合材料一般作为层合结构的基本单元使用。如果将整个层合板视为母结构，则构成它的每个单层材料可视为子层。平面应力状态下复合材料的应力-应变关系式为

$$\begin{bmatrix}\sigma_{11}\\ \sigma_{22}\\ \tau_{12}\end{bmatrix} = \begin{bmatrix}Q_{11} & Q_{12} & 0\\ Q_{21} & Q_{22} & 0\\ 0 & 0 & Q_{66}\end{bmatrix}\begin{bmatrix}\varepsilon_{11}\\ \varepsilon_{22}\\ \gamma_{12}\end{bmatrix} = \boldsymbol{Q}\begin{bmatrix}\varepsilon_{11}\\ \varepsilon_{22}\\ \gamma_{12}\end{bmatrix} \tag{2-1}$$

平面应力问题中的正交各向异性单层材料有 4 个独立的弹性常数：E_{11}，E_{22}，ν_{12} 和 G_{12}，式(2-1)中 Q_{ij} 用工程弹性常数表示为

$$\left.\begin{aligned} &Q_{11} = \frac{E_{11}}{1-\nu_{12}\nu_{21}},\quad Q_{22} = \frac{E_{22}}{1-\nu_{12}\nu_{21}}\\ &Q_{12} = \frac{\nu_{12}E_{22}}{1-\nu_{12}\nu_{21}} = \frac{\nu_{21}E_{11}}{1-\nu_{12}\nu_{21}},\quad Q_{66} = G_{12}\end{aligned}\right\} \tag{2-2}$$

泊松比之间存在如下关系：

$$\frac{\nu_{ij}}{E_i} = \frac{\nu_{ji}}{E_j} \tag{2-3}$$

实际使用的单层复合材料的材料主方向与层合板的总坐标系 Oxy 并不一致，为了能在统

的坐标系中计算材料的刚度，需要知道单层复合材料在总体坐标系中 x，y 方向上的弹性系数（偏轴弹性系数）与材料主方向弹性系数之间的关系。根据弹性力学中的应力转换关系，各应力分量在材料主方向 1－2 和 Oxy 坐标系中的转换关系为

$$\begin{bmatrix}\sigma_x\\ \sigma_y\\ \tau_{xy}\end{bmatrix}=\boldsymbol{T}^{-1}\begin{bmatrix}\sigma_{11}\\ \sigma_{22}\\ \tau_{12}\end{bmatrix} \tag{2-4}$$

式中

$$\boldsymbol{T}=\begin{bmatrix}\cos^2\theta & \sin^2\theta & 2\sin\theta\cos\theta\\ \sin^2\theta & \cos^2\theta & -2\sin\theta\cos\theta\\ -\sin\theta\cos\theta & \sin\theta\cos\theta & \cos^2\theta-\sin^2\theta\end{bmatrix} \tag{2-5}$$

其中，θ 表示从 x 轴转向 1 轴的角度，逆时针方向为正。类似地，应变转轴公式为

$$\begin{bmatrix}\varepsilon_{11}\\ \varepsilon_{22}\\ \gamma_{12}\end{bmatrix}=\begin{bmatrix}\cos^2\theta & \sin^2\theta & \sin\theta\cos\theta\\ \sin^2\theta & \cos^2\theta & -\sin\theta\cos\theta\\ -2\sin\theta\cos\theta & 2\sin\theta\cos\theta & \cos^2\theta-\sin^2\theta\end{bmatrix}\begin{bmatrix}\varepsilon_x\\ \varepsilon_y\\ \gamma_{xy}\end{bmatrix}=(\boldsymbol{T}^{-1})^{\mathrm{T}}\begin{bmatrix}\varepsilon_x\\ \varepsilon_y\\ \gamma_{xy}\end{bmatrix} \tag{2-6}$$

将式(2－1)和式(2－6)代入式(2－4)，得

$$\begin{bmatrix}\sigma_x\\ \sigma_y\\ \tau_{xy}\end{bmatrix}=\bar{\boldsymbol{Q}}\begin{bmatrix}\varepsilon_x\\ \varepsilon_y\\ \gamma_{xy}\end{bmatrix} \tag{2-7}$$

$$\bar{\boldsymbol{Q}}=\boldsymbol{T}^{-1}\boldsymbol{Q}(\boldsymbol{T}^{-1})^{\mathrm{T}}=\begin{bmatrix}\bar{Q}_{11} & \bar{Q}_{12} & \bar{Q}_{16}\\ \bar{Q}_{12} & \bar{Q}_{22} & \bar{Q}_{26}\\ \bar{Q}_{16} & \bar{Q}_{26} & \bar{Q}_{66}\end{bmatrix} \tag{2-8}$$

其中

$$\left.\begin{aligned}
\bar{Q}_{11}&=Q_{11}\cos^4\theta+2(Q_{12}+2Q_{66})\sin^2\theta\cos^2\theta+Q_{22}\sin^4\theta\\
\bar{Q}_{12}&=(Q_{11}+Q_{22}-4Q_{66})\sin^2\theta\cos^2\theta+Q_{12}(\sin^4\theta+\cos^4\theta)\\
\bar{Q}_{22}&=Q_{11}\sin^4\theta+2(Q_{12}+2Q_{66})\sin^2\theta\cos^2\theta+Q_{22}\cos^4\theta\\
\bar{Q}_{16}&=(Q_{11}-Q_{12}-2Q_{66})\sin\theta\cos^3\theta+(Q_{12}-Q_{22}+2Q_{66})\sin^3\theta\cos\theta\\
\bar{Q}_{26}&=(Q_{11}-Q_{12}-2Q_{66})\sin^3\theta\cos\theta+(Q_{12}-Q_{22}+2Q_{66})\sin\theta\cos^3\theta\\
\bar{Q}_{66}&=(Q_{11}+Q_{22}-2Q_{12}-2Q_{66})\sin^2\theta\cos^2\theta+Q_{66}(\sin^4\theta+\cos^4\theta)
\end{aligned}\right\} \tag{2-9}$$

2.2.2　层合板的应力-应变关系

对于厚度为 t 、具有 N 层铺层的层合板，第 k 层的应力-应变关系可通过层合板中面的变形得到，即

$$\begin{bmatrix}\sigma_x\\\sigma_y\\\tau_{xy}\end{bmatrix}_k=\begin{bmatrix}\bar{Q}_{11}&\bar{Q}_{12}&\bar{Q}_{16}\\\bar{Q}_{12}&\bar{Q}_{22}&\bar{Q}_{26}\\\bar{Q}_{16}&\bar{Q}_{26}&\bar{Q}_{66}\end{bmatrix}_k\left\{\begin{bmatrix}\varepsilon_x^0\\\varepsilon_y^0\\\gamma_{xy}^0\end{bmatrix}+z\begin{bmatrix}\kappa_x\\\kappa_y\\\kappa_{xy}\end{bmatrix}\right\}\tag{2-10}$$

式中，ε_x^0，ε_y^0，γ_{xy}^0 是层合板的中面应变；κ_x，κ_y 是板中面挠曲率；κ_{xy} 为板中面扭曲率；κ_x，κ_y，κ_{xy} 对任一 k 层都相同。

2.2.3 层合板的刚度

设 N_x，N_y，N_{xy} 为层合板横截面上单位宽度上的内力(拉、压力或剪力)，M_x，M_y，M_{xy} 为层合板横截面上单位宽度的内力矩(弯矩或扭矩)，内力和内力矩可由单层板上的应力沿层合板厚度积分得到，即

$$\begin{bmatrix}N_x\\N_y\\N_{xy}\end{bmatrix}=\sum_{k=1}^{N}\int_{z_{k-1}}^{z_k}\begin{bmatrix}\sigma_x\\\sigma_y\\\tau_{xy}\end{bmatrix}_k\mathrm{d}z,\quad\begin{bmatrix}M_x\\M_y\\M_{xy}\end{bmatrix}=\sum_{k=1}^{N}\int_{z_{k-1}}^{z_k}\begin{bmatrix}\sigma_x\\\sigma_y\\\tau_{xy}\end{bmatrix}_k z\,\mathrm{d}z\tag{2-11}$$

将式(2-10)代入式(2-11)，再通过积分可得到内力、内力矩与应变的关系分别为

$$\left.\begin{aligned}\begin{bmatrix}N_x\\N_y\\N_{xy}\end{bmatrix}&=\begin{bmatrix}A_{11}&A_{12}&A_{16}\\A_{21}&A_{22}&A_{26}\\A_{16}&A_{26}&A_{66}\end{bmatrix}\begin{bmatrix}\varepsilon_x^0\\\varepsilon_y^0\\\gamma_{xy}^0\end{bmatrix}+\begin{bmatrix}B_{11}&B_{12}&B_{16}\\B_{21}&B_{22}&B_{26}\\B_{16}&B_{26}&B_{66}\end{bmatrix}\begin{bmatrix}\kappa_x\\\kappa_y\\\kappa_{xy}\end{bmatrix}\\\begin{bmatrix}M_x\\M_y\\M_{xy}\end{bmatrix}&=\begin{bmatrix}B_{11}&B_{12}&B_{16}\\B_{21}&B_{22}&B_{26}\\B_{16}&B_{26}&B_{66}\end{bmatrix}\begin{bmatrix}\varepsilon_x^0\\\varepsilon_y^0\\\gamma_{xy}^0\end{bmatrix}+\begin{bmatrix}D_{11}&D_{12}&D_{16}\\D_{21}&D_{22}&D_{26}\\D_{16}&D_{26}&D_{66}\end{bmatrix}\begin{bmatrix}\kappa_x\\\kappa_y\\\kappa_{xy}\end{bmatrix}\end{aligned}\right\}\tag{2-12}$$

式中，A_{ij}，B_{ij}，D_{ij} 由下式定义：

$$\left.\begin{aligned}A_{ij}&=\sum_{k=1}^{N}(\bar{Q}_{ij})_k(z_k-z_{k-1})\\B_{ij}&=\frac{1}{2}\sum_{k=1}^{N}(\bar{Q}_{ij})_k(z_k^2-z_{k-1}^2)\\D_{ij}&=\frac{1}{3}\sum_{k=1}^{N}(\bar{Q}_{ij})_k(z_k^3-z_{k-1}^3)\end{aligned}\right\}\tag{2-13}$$

其中，A_{ij} 是内力与应变相关的刚度系数，统称为拉伸刚度；D_{ij} 是内力矩与曲率及扭曲率相关的刚度系数，统称为弯曲刚度；B_{ij} 是弯扭与拉伸之间的耦合关系，统称为耦合刚度。式(2-12)可简写为

$$\begin{bmatrix}\boldsymbol{N}\\\boldsymbol{M}\end{bmatrix}=\begin{bmatrix}\boldsymbol{A}&\boldsymbol{B}\\\boldsymbol{B}&\boldsymbol{D}\end{bmatrix}\begin{bmatrix}\boldsymbol{\varepsilon}^0\\\boldsymbol{K}\end{bmatrix}\tag{2-14}$$

式中
$$\boldsymbol{\varepsilon}^0=\begin{bmatrix}\varepsilon_x^0\\\varepsilon_y^0\\\gamma_{xy}^0\end{bmatrix},\quad\boldsymbol{K}=\begin{bmatrix}K_x\\K_y\\K_{xy}\end{bmatrix},\quad\boldsymbol{N}=\begin{bmatrix}N_x\\N_y\\N_{xy}\end{bmatrix},\quad\boldsymbol{M}=\begin{bmatrix}M_x\\M_y\\M_{xy}\end{bmatrix}$$

$$\boldsymbol{A}=[A_{ij}],\quad\boldsymbol{B}=[B_{ij}],\quad\boldsymbol{D}=[D_{ij}]$$

2.2.4　单向板的非线性应力-应变关系

尽管一般视纤维增强复合材料为脆性材料，然而试验发现，与基体相关的面内剪切和横向压缩响应表现出显著的非线性，即 $\tau_{12}-\gamma_{12}$ 和 $\sigma_{22}-\varepsilon_{22}(\sigma_{22}<0)$ 为明显的非线性应力-应变关系。

2.2.4.1　非线性响应的表达

大多数研究者重点关注了面内剪切非线性行为，对横向压缩非线性行为有所忽视，对两种非线性行为之间的耦合关系研究也较少。目前常用的复合材料剪切试验方法有$[\pm 45]_n$正交板拉伸试验(ASTM D3518)、$[10]_n$单向板偏轴拉伸试验、V 型缺口梁试验(ASTM D5379)、V 型缺口轨道剪切试验(ASTM D7078)、轨道剪切试验(ASTM D4255)、平板扭曲试验(ASTM D3044)和圆柱扭转试验(ASTM D5448)等。试验发现，剪切应力-应变非线性响应的性态与基体材料的韧性有关，低韧性基体材料在高应变范围内应力增加平缓，而韧性基体材料持续保持着一定的承载能力，且韧性基体比低韧性基体破坏应变高得多，如图 2-1 所示。为了能描述面内剪切非线性响应，已有学者提出了多种方式来拟合剪切应力-应变关系，如 Hahn 和 Tsai[4]提出用应力的三次项形式来拟合，有

$$\gamma_{12}=\frac{\tau_{12}}{G_{12}}+\beta\tau_{12}^{3} \tag{2-15}$$

式中，β 是非线性因子，当 $\beta=0$ 时该式退化为线性剪切关系。Soutis 等[151]提出用指数形式拟合，有

$$\tau_{12}=S^{L}\left[1-\exp\left(-\frac{G_{12}\gamma}{S^{L}}\right)\right] \tag{2-16}$$

式中，S^{L} 是剪切强度。Falzon 等[5]用三次多项式拟合，有

$$\tau_{12}=c_1\gamma_{12}^{3}-c_2\frac{\gamma_{12}}{|\gamma_{12}|}\gamma_{12}^{2}+c_3\gamma_{12} \tag{2-17}$$

式中，c_1,c_2,c_3 均为三次多项式拟合系数。

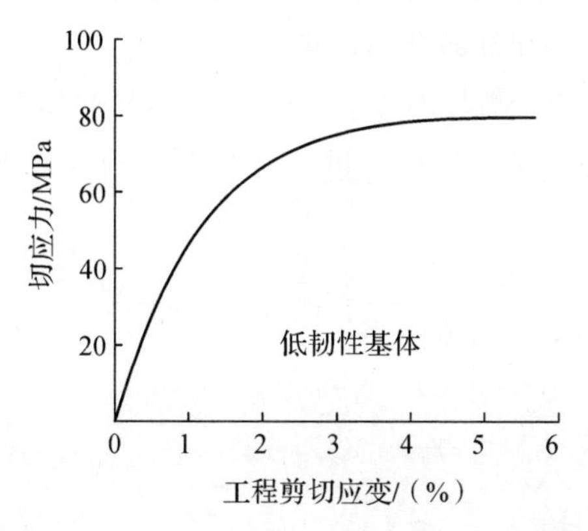

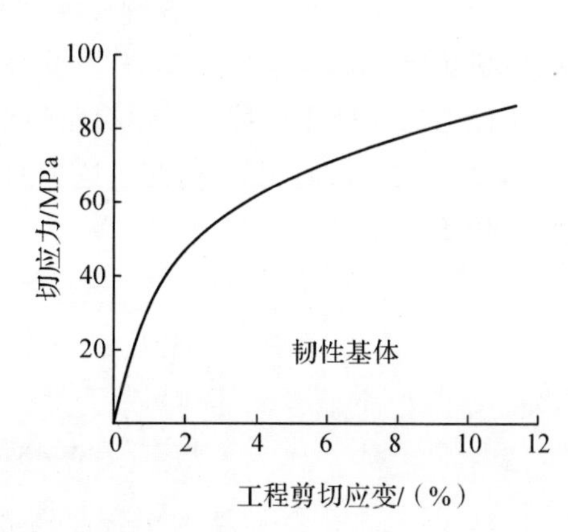

图 2-1　典型的剪切应力-应变响应

Soutis 的指数关系不需要拟合参数，但适用范围有限，当 $\gamma\to\infty$ 时剪应力趋近于剪切强

度与实际并不相符。Falzon 的三次多项式能较好地描述非线性关系，但拟合系数较多，当应变较大时还可能出现应力快速增加的情况。Hahn－Tsai 提出的关系式只需定义一个非线性因子，当 $\beta=0$ 时非线性关系退化为线性关系，使用较为广泛，但 Hahn 和 Tsai 以应力为变量的多项式在编写有限元程序时并不方便(以应变为变量将更利于程序实现)。另外，Hahn－Tsai 关系式的适用范围也有限，有时无法给出满意的拟合结果。图 2－2 表明，用 Hahn－Tsai 关系式拟合 IM7/8552 复合材料的剪切响应[6]时难以得到满意的结果。相比之下，样条插值和外推的方法能较好地拟合不同性能和不同情况的试验结果。

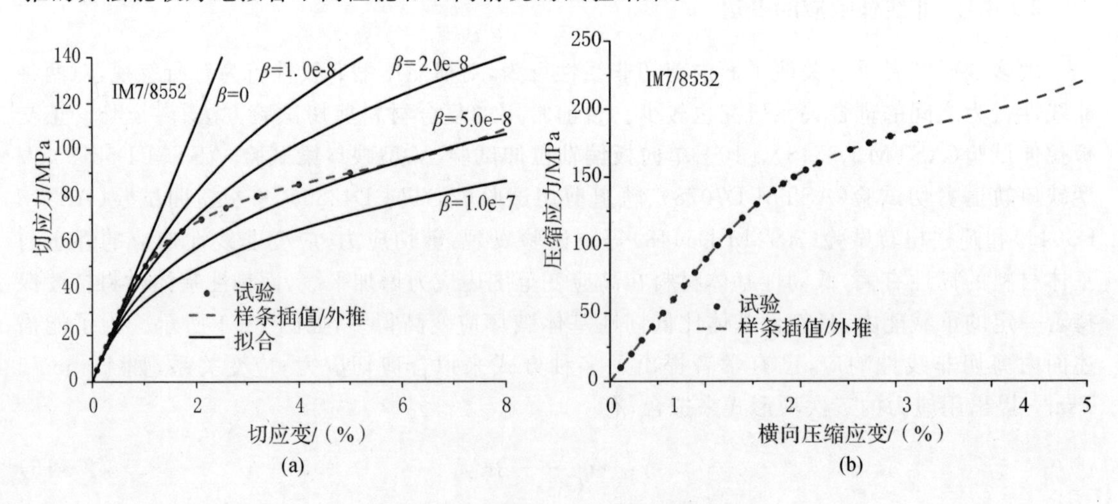

图 2－2　非线性应力-应变曲线拟合

(a) 切应力-切应变曲线；(b) 横向压缩应力-应变曲线

2.2.4.2　单调加载时响应的非线性叠加效应

横向压缩和面内剪切会出现非线性行为的可能原因包括：基体黏弹性行为，基体逐渐屈服，或宏观断裂前存在大量微小裂纹。图 2－3 是不同 $|\tau_{12}/\sigma_{22}|$ 下的横向压缩响应变化示意图，随着应力比 $|\tau_{12}/\sigma_{22}|$ 的增加，τ_{12} 所占比例提高，横向压缩响应 $(\sigma_{22},\varepsilon_{22})$ 曲线越低。然而，Koerber 等[7]对单向板进行偏轴压缩试验时发现，若面内剪切载荷 τ_{12} 叠加横向压缩载荷 σ_{22} 时，剪切响应[(τ_{12},γ_{12}) 曲线]并不受叠加的横向压缩载荷的影响。

为了能考虑载荷叠加对非线性响应的影响，记面内剪切的等效应变为 $\gamma_{12}^{\mathrm{eq}}$，横向压缩的等效应变为 $\varepsilon_{22}^{\mathrm{eq}}$，在当前时刻 t 下，两者达到的最大值分别是 $\gamma_{12}^{\mathrm{eq,max}}$ 和 $\varepsilon_{22}^{\mathrm{eq,max}}$，那么剪切模量 G_{12} 和基体模量 E_{22} 分别是

$$G_{12}=G_{12}(\gamma_{12}^{\mathrm{eq,max}}) \tag{2-18}$$

$$E_{22}=E_{22}(\varepsilon_{22}^{\mathrm{eq,max}}),\sigma_{22}<0 \tag{2-19}$$

式中

$$\gamma_{12}^{\mathrm{eq,max}}=\max_{t^*\leqslant t}\{\gamma_{12}^{\mathrm{eq}}\},\quad \gamma_{12}^{\mathrm{eq}}=|\gamma_{12}| \tag{2-20}$$

$$\varepsilon_{22}^{\mathrm{eq,max}}=\max_{t^*\leqslant t}\{\varepsilon_{22}^{\mathrm{eq}}\},\quad \varepsilon_{22}^{\mathrm{eq}}=\sqrt{\varepsilon_{22}^2+\gamma_{12}^2} \tag{2-21}$$

由上述定义可以看出，G_{12} 只与 γ_{12} 有关，而 E_{22} 同时受到 ε_{22} 和 γ_{12} 的影响，只有当 $\gamma_{12}=0$ 时得到的 $(\sigma_{22},\varepsilon_{22})$ 曲线与单轴压缩试验一致。

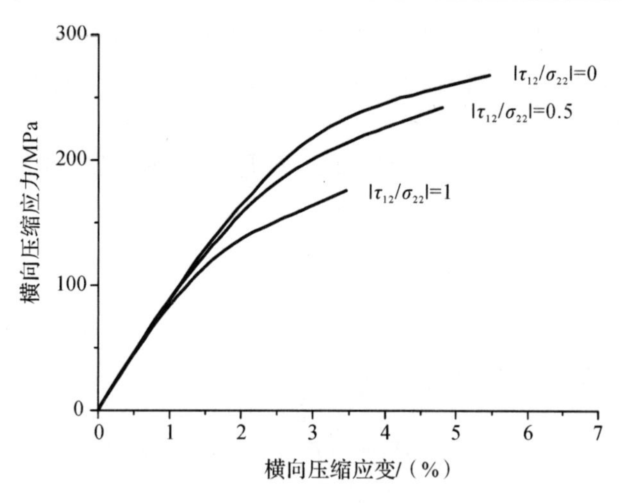

图 2－3　σ_{22} 和 τ_{12} 共同作用下的横向压缩响应变化示意图

在图 2－4 所示的横向压缩响应曲线中，定义应力比 $R=|\tau_{12}/\sigma_{22}|$，$R=0$ 表示 $(\sigma_{22},\varepsilon_{22})$ 曲线是单轴横向压缩响应，$R>0$ 表示同时作用有 τ_{12} 和 σ_{22} 时的横向压缩响应。当 σ_{22} 和 τ_{12} 为单调加载时，对于 $R=0$ 的一点 A，其对应的应力和应变为 σ_{22} 和 ε_{22}，此时点 A 的割线模量为

$$E_{22,0}^{\mathrm{sec}}=\left|\frac{\sigma_{22}}{\varepsilon_{22}}\right| \tag{2-22}$$

若该应变状态 ε_{22} 下的应力比增加为 $R>0$，由式(2－21)得到的等效应变为 $\varepsilon_{22}^{\mathrm{eq}}$，在 $R=0$ 曲线上对应的等效应力为 $\sigma_{22}^{\mathrm{eq}}$，即图中点 B，那么在 ε_{22} 下 $R>0$ 时的割线模量为

$$E_{22,R}^{\mathrm{sec}}=\left|\frac{\sigma_{22}^{\mathrm{eq}}}{\varepsilon_{22}^{\mathrm{eq}}}\right| \tag{2-23}$$

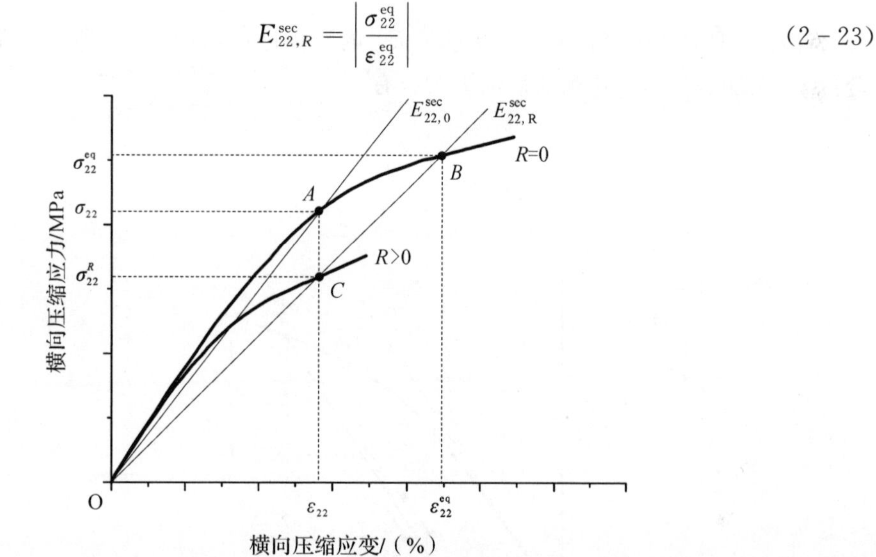

图 2－4　割线模量定义示意图

对于任意 $R>0$ 的情况，以图 2－4 为例说明其对应的横向压缩响应的确定过程：在任意组合应变状态 ε_{22} 和 γ_{12} 下，首先通过式(2－21)得到的等效应变 $\varepsilon_{22}^{\mathrm{eq}}$，并通过 $R=0$ 时的响应曲

线得到与 ε_{22}^{eq} 对应的等效应力 σ_{22}^{eq}，即确定出图 2-4 中点 B，再由式(2-23)算出 $R>0$ 时的割线模量 $E_{22,R}^{sec}$，进而得到 $R>0$ 时与 ε_{22} 对应的应力 σ_{22}^{R}（对应图 2-4 中点 C），最终获得 $R>0$ 时的横向压缩响应曲线。

注意到式(2-23)中，当 $R=0$ 时 $\varepsilon_{22}^{eq}=\varepsilon_{22}$，则 $E_{22,R}^{sec}$ 可退化为 $E_{22,0}^{sec}$，因此上述非线性处理过程保持了较好的一致性。在 $R>0$ 时剪切割线模量为

$$G_{12,R}^{sec}=\left|\frac{\tau_{12}^{eq}}{\gamma_{12}^{eq}}\right|=\left|\frac{\tau_{12}}{\gamma_{12}}\right|=G_{12,0}^{sec} \tag{2-24}$$

假设在任意组合载荷状态下，上述确定 $E_{22,R}^{sec}$ 和 $G_{12,R}^{sec}$ 的过程均成立，则单调加载时，可将经典层合板理论的应力-应变关系式(2-1)修改为

$$\begin{bmatrix}\sigma_{11}\\ \sigma_{22}\\ \tau_{12}\end{bmatrix}=\frac{1}{1-\nu_{12}\nu_{21}}\begin{bmatrix}E_{11} & \nu_{12}E_{22s} & 0\\ \nu_{12}E_{22s} & E_{22s} & 0\\ 0 & 0 & (1-\nu_{12}\nu_{21})G_{12s}\end{bmatrix}\begin{bmatrix}\varepsilon_{11}\\ \varepsilon_{22}\\ \gamma_{12}\end{bmatrix} \tag{2-25}$$

式中

$$E_{22s}=\begin{cases}E_{22,R}^{sec}, \sigma_{22}<0\\ E_{22}^{0}, \sigma_{22}\geqslant 0\end{cases}, \quad G_{12s}=G_{12,R}^{sec} \tag{2-26}$$

其中，E_{22}^{0} 为横向拉伸弹性模量。式(2-25)也可以写成张量形式，即

$$\boldsymbol{\sigma}=\boldsymbol{C}^{nl}:\boldsymbol{\varepsilon} \tag{2-27}$$

用式(2-25)代替式(2-1)进行层合板分析，就能得到用全量形式表示的层合板非线性应力-应变关系和层合板刚度。

2.2.4.3 卸载或重加载

卸载或重加载按照斜率为初始模量 E_{ij}^{0} 的路径进行，如图 2-5 所示。在当前时刻 t，应变分量 ε_{ij} 在加载历程中达到的最值为 ε_{ij}^{m}，有

$$\varepsilon_{ij}^{m}=\begin{cases}\max\limits_{t^*\leqslant t}\{\varepsilon_{ij}\}, & \varepsilon_{ij}\geqslant 0\\ \min\limits_{t^*\leqslant t}\{\varepsilon_{ij}\}, & \varepsilon_{ij}<0\end{cases} \quad (i,j=1,2) \tag{2-28}$$

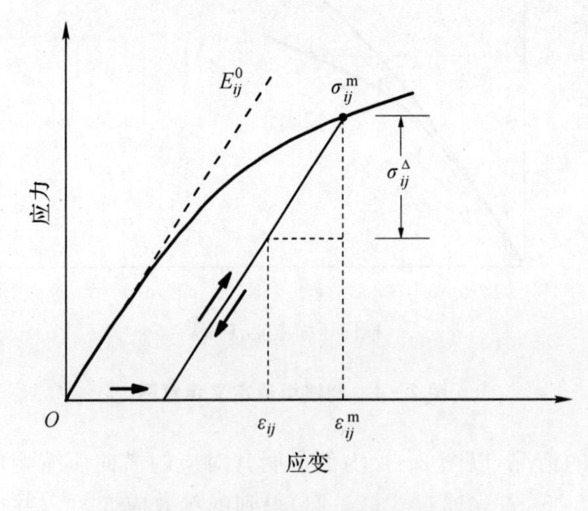

图 2-5 卸载或重加载路径示意图

最值应力 $\boldsymbol{\sigma}^{\mathrm{m}}$ 为

$$\boldsymbol{\sigma}^{\mathrm{m}} = \boldsymbol{C}^{\mathrm{nl}} : \boldsymbol{\varepsilon}^{\mathrm{m}} \tag{2-29}$$

以初始模量计算得到的差值应力 $\boldsymbol{\sigma}^{\Delta}$ 为

$$\boldsymbol{\sigma}^{\Delta} = \boldsymbol{C}^{0} : (\boldsymbol{\varepsilon}^{\mathrm{m}} - \boldsymbol{\varepsilon}) \tag{2-30}$$

其中，$\boldsymbol{\varepsilon}$ 为当前时刻的应变，且有

$$\boldsymbol{C}^{\mathrm{nl}} = \frac{1}{1-\nu_{12}\nu_{21}}\begin{bmatrix} E_{11} & \nu_{12}E_{22\mathrm{s}} & 0 \\ \nu_{12}E_{22\mathrm{s}} & E_{22\mathrm{s}} & 0 \\ 0 & 0 & (1-\nu_{12}\nu_{21})G_{12\mathrm{s}} \end{bmatrix}$$

$$\boldsymbol{C}^{0} = \frac{1}{1-\nu_{12}\nu_{21}}\begin{bmatrix} E_{11} & \nu_{12}E_{22}^{0} & 0 \\ \nu_{12}E_{22}^{0} & E_{22}^{0} & 0 \\ 0 & 0 & (1-\nu_{12}\nu_{21})G_{12}^{0} \end{bmatrix}$$

当前时刻的应力为

$$\sigma_{ij} = \begin{cases} \sigma_{ij}^{\mathrm{m}} - \sigma_{ij}^{\Delta}, & |\sigma_{ij}^{\mathrm{m}}| \geqslant |\sigma_{ij}^{\Delta}| \\ 0, & |\sigma_{ij}^{\mathrm{m}}| < |\sigma_{ij}^{\Delta}| \end{cases} \tag{2-31}$$

2.3　复合材料层合板强度的就地效应

2.3.1　层合板强度的就地效应现象

在传统强度理论研究中，通常将单向板（unidirectional laminate）试验获得的拉伸、压缩和剪切强度值作为材料的固有属性并将其用于建立强度准则，进而预测多向层合板的强度。然而 Parvizi 等[8]，Dvorak 等[9]，Flaggs 等[10]通过一系列试验研究发现，对于铺层方向和厚度都相同的子层，它在多向层合板内和在单向板内表现出的基体强度（包括横向拉伸和剪切强度）不同，在层合板内时表现的强度明显高于单向板内。许多文献将层合板的这种现象称为就地效应（in - situ effect）。

Flaggs 等[10]的试验显示，$[0_2/90]_{\mathrm{S}}$层合板中 90° 子层的横向拉伸强度是$[90]_n$单向板强度值的 2.48 倍。然而，层合板内铺层的就地强度并非恒定值，而是随着该铺层的厚度、铺层所在的位置和相邻层方向的变化而变化。Dvorak 等[9]研究发现，层合板内铺层的就地强度值还与该铺层的厚度有关，铺层厚度越薄则就地强度值越高。如图 2 - 6 所示的 T300/934 复合材料层合板[11]，随着 90° 层厚度增加，该 90° 层的横向拉伸就地强度在一定范围内逐渐降低，而后趋于稳定；在 90° 层厚度相同的情况下，相邻铺层为 0° 层时横向拉伸就地强度较高。

层合板就地效应产生的机理目前尚未有明确的解释，Camanho 等[12]认为这是由层合板内其他相邻铺层的约束作用造成的；Pinho 等[13]认为在层合板中，当铺层厚度和与其相邻层方向不同时，该层所处的边界条件会改变，从而使得裂纹起始和生长所需的应力水平不同。

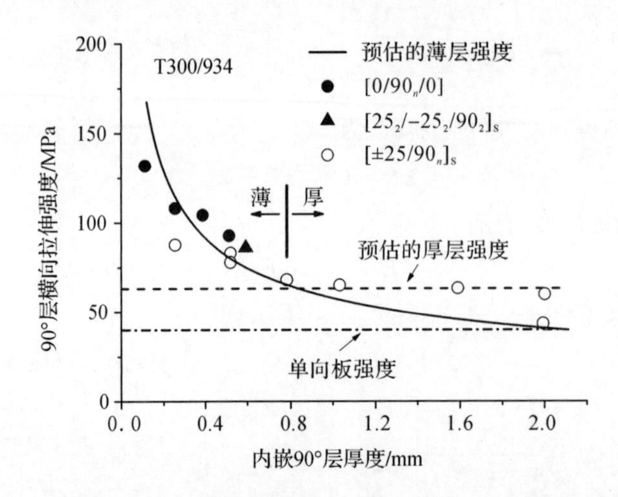

图 2-6 T300/934 层合板内嵌 90°层横向拉伸就地强度与铺层厚度关系[11]

国外一些学者逐渐认识到层合板就地效应的重要性,并开始在强度理论中考虑这一因素。Sun 等[14]提出直接用 1.5 倍的单向板横向拉伸和剪切强度值作为对应的就地强度,并用就地强度建立强度准则来预测层合板失效;Rotem 等[15]用 1.2 倍的单向板强度作为就地强度;Chang 等[16]提出用如下公式计算就地强度:

$$Y_{\mathrm{is}}^{\mathrm{T}}=Y_{0}^{\mathrm{T}}\left[1+A\,\frac{\sin(\Delta\theta)}{N^{B}}\right],\quad S_{\mathrm{is}}^{\mathrm{L}}=S_{0}^{\mathrm{L}}\left[1+C\,\frac{\sin(\Delta\theta)}{N^{D}}\right] \tag{2-32}$$

式中,$Y_{\mathrm{is}}^{\mathrm{T}}$ 和 $S_{\mathrm{is}}^{\mathrm{L}}$ 分别是横向拉伸和面内剪切就地强度;Y_{0}^{T} 和 S_{0}^{L} 是单向板试验得到的横向拉伸和面内剪切强度;$\Delta\theta$ 是相邻铺层与当前铺层角度差的最小值;N 是当前计算层共包含的层数;A,B,C,D 是试验拟合参数。该方法简单、易用,但需要大量试验来拟合公式中所需的材料常数。Dvorak 等[9]基于断裂力学理论,提出了一种计算就地强度的力学模型和方法,随后 Camanho 等[12]在 Dvorak 等的基础上考虑了剪切非线性对就地强度计算的影响。Dvorak 等提出的就地强度理论模型相比其他方法更加科学、有效,且不需要试验拟合参数,是当前较为流行的一种计算方法。下面就介绍 Dvorak 等提出的力学模型。

2.3.2 基于断裂力学假设的层合板就地强度模型

图 2-7 所示的裂纹模型中,1-2-3 坐标系表示材料坐标系,1 方向表示纤维纵向,2 方向表示横向,3 方向表示厚度方向。假设层合板内的单向层(unidirectional ply)厚度为 t,微裂纹核(crack nucleus)的宽度为 2δ,裂纹长度沿 1 方向并远大于 2δ。随着外载荷增加,微裂纹核的宽度增加,当宽度达到临界值 $2\delta_{\mathrm{C}}$ 时微裂纹发展成宏观裂隙(slit crack)。其中,微裂纹核形成的原因可能是基体存在孔隙,或残余热应力、制造缺陷等造成的纤维与基体之间脱黏。

当受到横向拉伸或面内剪切作用时,微裂纹核在 1-3 平面内的扩展方向可能沿着 1 方向或 3 方向,或在两个方向同时扩展;将沿着 1 方向扩展的裂纹称为 L 向裂纹,将沿 3 方向扩展的裂纹称为 T 向裂纹。另外,在平面应力假设下,横向拉伸应力 σ_{22} 主导Ⅰ型断裂模式,面内剪应力 τ_{12} 主导剪切型断裂模式。

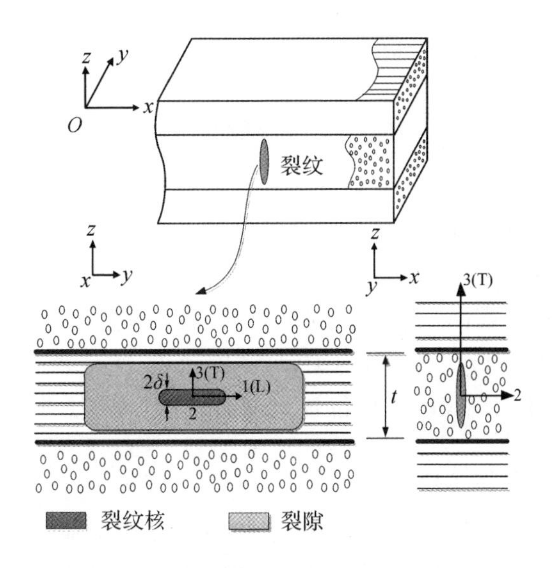

图 2-7　基于断裂力学假设的裂纹模型

Dvorak 等根据 Eshelby 本征应变理论，推导出无限大均匀弹性体中包含一个椭球体夹杂时的相互作用能(interaction energy)表达式。Laws[17] 将该表达式推广应用于含裂隙问题。Camanho 等[12] 在此基础上，对于正交各向异性材料，且不考虑相邻铺层方向的影响，导出平面应力状态下考虑剪切非线性的相互作用能 E_{int} 的表达式为

$$E_{\text{int}}=\frac{1}{2}\pi\delta^2\left(\Lambda_{22}^{\circ}\sigma_{22}^2+2\int_0^{\gamma_{12}}\tau_{12}\mathrm{d}\gamma_{12}\right)=\frac{1}{2}\pi\delta^2\left[\Lambda_{22}^{\circ}\sigma_{22}^2+\chi(\gamma_{12})\right] \tag{2-33}$$

式中，$\Lambda_{22}^{\circ}=2\left(\frac{1}{E_{22}}-\frac{\nu_{21}^2}{E_{11}}\right)$；$E_{11}$ 和 E_{22} 为弹性模量；ν_{21} 为泊松比；δ 为微裂纹核宽度的一半；σ_{22} 为横向正应力；γ_{12} 和 σ_{12} 分别为面内剪应变和剪应力；$\chi(\gamma_{12})=2\int_0^{\gamma_{12}}\tau_{12}\mathrm{d}\gamma_{12}$ 。需要注意的是，此处的 E_{int} 是指裂纹宽度为 2δ 时 L 方向单位长度的相互作用能。

假设裂纹在 L 方向的长度为 a_{L}，当裂纹沿着 T 方向扩展时，裂纹面积的变化为 $\partial A=2a_{\text{L}}\partial\delta$，总的相互作用能是 $a_{\text{L}}E_{\text{int}}$，则 T 向裂纹的能量释放率 $G(\text{T})$ 为

$$G(\text{T})=\frac{\partial(a_{\text{L}}E_{\text{int}})}{\partial A}=\frac{1}{2}\frac{\partial E_{\text{int}}}{\partial\delta} \tag{2-34}$$

将式(2-33)代入式(2-34)，可以得到Ⅰ型和剪切型 T 向裂纹对应的能量释放率分别为

$$G_{\text{I}}(\text{T})=\frac{\pi\delta}{2}\Lambda_{22}^{\circ}\sigma_{22}^2 \tag{2-35}$$

$$G_{\text{shear}}(\text{T})=\frac{\pi\delta}{2}\chi(\gamma_{12}) \tag{2-36}$$

当裂纹沿着 L 方向扩展时，裂纹面积的变化为 $\partial A=2\delta\partial a_{\text{L}}$，总的相互作用能是 $a_{\text{L}}E_{\text{int}}$，且由式(2-33)不难看出 E_{int} 与裂纹长度 a_{L} 无关，可得 L 向裂纹的能量释放率 $G(\text{L})$ 为

$$G(\text{L})=\frac{\partial(a_{\text{L}}E_{\text{int}})}{\partial A}=\frac{E_{\text{int}}}{2\delta} \tag{2-37}$$

将式(2-33)代入式(2-37)，可得Ⅰ型和剪切型 L 向裂纹对应的能量释放率分别为

$$G_{\mathrm{I}}(\mathrm{L})=\frac{\pi\delta}{4}\Lambda_{22}^{o}\sigma_{22}^{2} \tag{2-38}$$

$$G_{\mathrm{shear}}(\mathrm{L})=\frac{\pi\delta}{4}\chi(\gamma_{12}) \tag{2-39}$$

由上述推导不难看出，驱动 T 向裂纹和 L 向裂纹扩展所需的能量与微裂纹核 3 方向的宽度 2δ 相关，与 1 方向的长度无关。由于层合板内单向层厚度和位置的不同将导致就地强度值不同，因此需将单向层分为 3 种类型：内嵌厚层（embedded thick ply）、内嵌薄层（embedded thin ply）和外表面层（outer surface ply）。其中，当单向层厚度大于微裂纹核的临界宽度时（即 $t>2\delta_{\mathrm{C}}$）将其定义为厚层，而 $t\leqslant 2\delta_{\mathrm{C}}$ 时定义为薄层。根据 Dvorak 等[9]对碳-环氧复合材料的分析结果，可用单向层厚度为 0.8mm（或包含 5～6 个单层）来区分厚层与薄层。

2.3.2.1　内嵌厚层的就地强度

若用 $\delta_{\mathrm{IC}}(\mathrm{L})$ 和 $\delta_{\mathrm{IC}}(\mathrm{T})$ 分别表示Ⅰ型 L 向和 T 向裂纹对应的临界宽度值，Dvorak 研究发现二者的关系为 $\delta_{\mathrm{IC}}(\mathrm{T})<\delta_{\mathrm{IC}}(\mathrm{L})$，因此在内嵌厚层中 T 向裂纹比 L 向裂纹先出现，即微裂纹核宽度达到 $\delta_{\mathrm{IC}}(\mathrm{T})$ 时，产生的宏观裂隙首先沿着 3 方向扩展；当微裂纹核的宽度达到 $\delta_{\mathrm{IC}}(\mathrm{L})$ 时，裂隙将向 1 方向和 3 方向同时扩展。由式(2-35)得到

$$G_{\mathrm{IC}}(\mathrm{T})=\frac{\pi\delta}{2}\Lambda_{22}^{o}\left(Y_{\mathrm{is}}^{\mathrm{T}}\right)^{2} \tag{2-40}$$

式中，$G_{\mathrm{IC}}(\mathrm{T})$ 为 T 向Ⅰ型断裂韧度；$Y_{\mathrm{is}}^{\mathrm{T}}$ 为横向拉伸就地强度。

面内剪切非线性关系用多项式表示为

$$\gamma_{12}=\frac{\tau_{12}}{G_{12}}+\beta\tau_{12}^{3} \tag{2-41}$$

式中，β 为非线性因子；当 $\beta=0$ 时退化为线性剪切关系。将式(2-41)代入式(2-36)并求积分后，得

$$G_{\mathrm{shearC}}(\mathrm{T})=\pi\delta\left[\frac{\left(S_{\mathrm{is}}^{\mathrm{L}}\right)^{2}}{2G_{12}}+\frac{3}{4}\beta\left(S_{\mathrm{is}}^{\mathrm{L}}\right)^{4}\right] \tag{2-42}$$

式中，$G_{\mathrm{shearC}}(\mathrm{T})$ 为 T 向剪切断裂韧度；$S_{\mathrm{is}}^{\mathrm{L}}$ 为纵向剪切就地强度。

分别求解式(2-40)和式(2-42)可得到 $Y_{\mathrm{is}}^{\mathrm{T}}$ 和 $S_{\mathrm{is}}^{\mathrm{L}}$，然而式中包含的微裂纹核的半宽度值 δ 很难通过试验获得。为解决这一困难，Dvorak 认为可将单向板考虑为未受约束的特殊厚层，并假设单向板在拉伸作用下的裂隙为表面裂纹，剪切作用下的裂纹为中心裂纹，应用断裂力学中这两种裂纹类型的应力强度因子经典解形式，并结合式(2-35)和式(2-36)可分别得到单向板的断裂韧度为

$$G_{\mathrm{IC}}(\mathrm{T})=\left(1.12^{2}\times 2\right)\frac{\pi\delta}{2}\Lambda_{22}^{o}\left(Y^{\mathrm{T}}\right)^{2} \tag{2-43}$$

$$G_{\mathrm{shearC}}(\mathrm{T})=2\pi\delta\left[\frac{\left(S^{\mathrm{L}}\right)^{2}}{2G_{12}}+\frac{3}{4}\beta\left(S^{\mathrm{L}}\right)^{4}\right] \tag{2-44}$$

式中，Y^{T} 和 S^{L} 分别为由单向板试验得到的横向拉伸和剪切强度值。将式(2-43)和式(2-44)分别与式(2-40)和式(2-42)对应，可以得到内嵌厚层的就地强度为

$$Y_{\mathrm{is}}^{\mathrm{T}}=1.12\sqrt{2}\,Y^{\mathrm{T}} \tag{2-45}$$

$$S_{is}^{L}=\sqrt{\frac{(1+\beta\lambda G_{12}^{2})1/2-1}{3\beta G_{12}}} \quad (2-46)$$

式中，$\lambda=\frac{12(S^{L})^{2}}{G_{12}}+18\beta(S^{L})^{4}$。注意到在式(2－45)和式(2－46)中，内嵌厚层的就地强度值与厚度无关，这与 Crossman 等[11]的试验结果一致，即在图 2－6 所示的试验结果中，当 90°层厚度大于 0.8mm 时，其横向拉伸就地强度值基本保持不变。

2.3.2.2 内嵌薄层的就地强度

在图 2－8 所示的内嵌薄层中，由于单向层厚度很薄，微裂纹核宽度达到临界值前已贯穿整个薄层厚度(即 $t\leqslant 2\delta_{\mathrm{IC}}$)，但随着载荷的增加仍然能够形成沿 1 方向扩展的宏观裂隙，因此横向拉伸就地强度 Y_{is}^{T} 可由式(2－38)并令 $2\delta=t$ 得到，即

$$Y_{is}^{T}=\sqrt{\frac{8G_{\mathrm{IC}}(L)}{\pi t\Lambda_{22}^{o}}} \quad (2-47)$$

式中，$G_{\mathrm{IC}}(L)$ 为 L 向Ⅰ型断裂韧度；t 为单向层厚度。

将式(2－41)代入式(2－39)并求积分后，得

$$G_{\mathrm{shearC}}(\mathrm{L})=\pi t\left[\frac{(S_{is}^{L})^{2}}{8G_{12}}+\frac{3}{16}\beta(S_{is}^{L})^{4}\right] \quad (2-48)$$

式中，$G_{\mathrm{shearC}}(\mathrm{L})$ 为 L 向剪切断裂韧度。求解式(2－48)得到的 S_{is}^{L} 与式(2－46)形式相同，此时系数 $\lambda=\frac{48G_{\mathrm{shearC}}(\mathrm{L})}{\pi t}$。

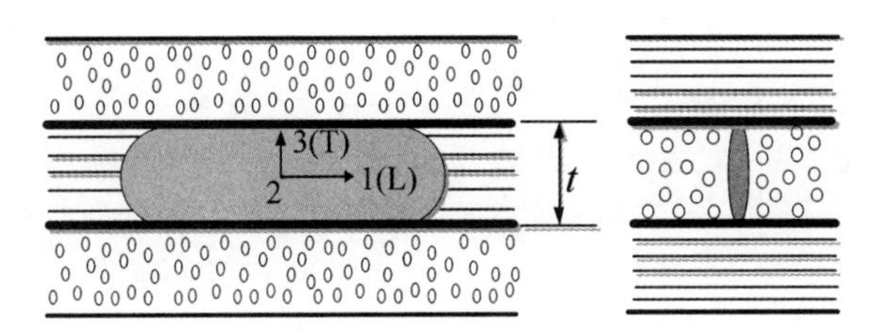

图 2－8 内嵌薄层示意图

面内剪应力 τ_{12} 作用下的 L 向裂纹实际上是Ⅱ型断裂，且由于基体断裂与层间断裂的断裂模式相似，因此可分别用Ⅰ型和Ⅱ型层间断裂韧度 G_{IC} 和 G_{IIC} 表示面内基体的断裂韧度 $G_{\mathrm{IC}}(\mathrm{L})$ 和 $G_{\mathrm{shearC}}(\mathrm{L})$。

2.3.2.3 外表面层的就地强度

当外表面层较薄时(见图 2－9)，将其考虑为未受约束的特殊薄层，同样用应力强度因子经典解形式，由式(2－38)和式(2－39)得能量释放率为

$$G_{\mathrm{IC}}(\mathrm{L})=(1.12^{2}\times 2)\frac{\pi t}{8}\Lambda_{22}^{o}(Y_{is}^{T})^{2} \quad (2-49)$$

$$G_{\mathrm{shearC}}(\mathrm{L})=2\pi t\left[\frac{(S_{is}^{L})^{2}}{8G_{12}}+\frac{3}{16}\beta(S_{is}^{L})^{4}\right] \quad (2-50)$$

由式(2－49)推导得到横向拉伸就地强度 Y_{is}^{T} 为

$$Y_{is}^{T}=1.79\sqrt{\frac{G_{\mathrm{IC}}(\mathrm{L})}{\pi t\Lambda_{22}^{o}}} \tag{2-51}$$

求解式(2-50)得到的 S_{is}^{L} 形式与式(2-46)形式相同,此时系数 $\lambda=\frac{24G_{\mathrm{shearC}}(L)}{\pi t}$。

当外表面层较厚时,可认为就地强度值与单向板强度相同,即 $Y_{is}^{T}=Y^{T}$,$S_{is}^{L}=S^{L}$。

至此,基于断裂力学假设推导得到了层合板内嵌厚层、内嵌薄层和外表面层的就地强度理论计算方法,并列于表 2-2 中。将上述公式用于预测 T300/934 层合板的就地强度(见图 2-6)时可以看出,计算得到的内嵌 90° 层横向拉伸就地强度与试验结果吻合较好,预测的趋势与试验相符,计算结果显示 0.8mm 可认为是薄层和厚层的分界。

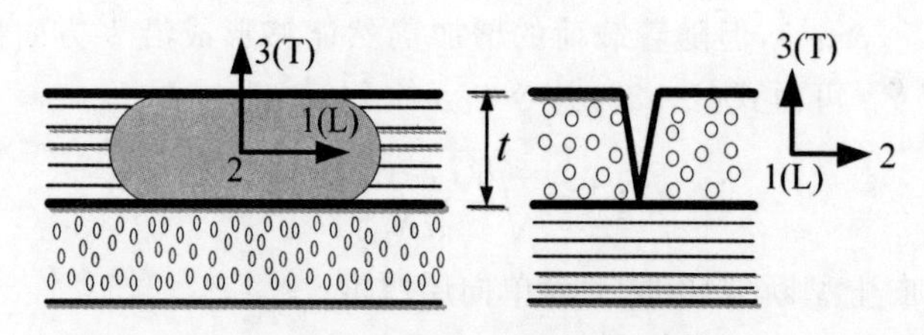

图 2-9 外表面薄层示意图

表 2-2 横向拉伸和剪切就地强度计算方法总结

铺层类型	表达式
内嵌厚层	$Y_{is}^{T}=1.12\sqrt{2}Y^{T}$ $S_{is}^{L}=\sqrt{\frac{(1+\beta\lambda G_{12}^{2})\,1/2-1}{3\beta G_{12}}}$, $\lambda=\frac{12\,(S^{L})^{2}}{G_{12}}+18\beta\,(S^{L})^{4}$
内嵌薄层	$Y_{is}^{T}=\sqrt{\frac{8G_{\mathrm{IC}}(\mathrm{L})}{\pi t\Lambda_{22}^{o}}}$, $\lambda=\frac{48G_{\mathrm{shearC}}(\mathrm{L})}{\pi t}$
外表面薄层	$Y_{is}^{T}=1.79\sqrt{\frac{G_{\mathrm{IC}}(\mathrm{L})}{\pi t\Lambda_{22}^{o}}}$, $\lambda=\frac{24G_{\mathrm{shearC}}(\mathrm{L})}{\pi t}$
外表面厚层	$Y_{is}^{T}=Y^{T}$, $S_{is}^{L}=S^{L}$

2.4 反映失效机理的强度准则

从失效分析奥运会(WWFE)得出的结论表明,基于失效机理型的强度理论通常具有较高的预测精度。Puck 理论作为其中具有代表性的理论,对后来的强度理论发展有着重要影响。在 Puck 的启发之下,美国 NASA 朗利研究中心(Langley Research Center)提出了基于失效机理的 LaRC 系列强度理论,它在近年的研究中受到极大关注,本节主要介绍 Puck 强度准则和 LaRC 系列强度准则。

2.4.1　Puck 强度准则

Puck 强度理论经历了多年的发展和改进，本节主要介绍 Puck 等在 1998—2002 年间在 WWFE - I 中的工作[2,18-19]。Deuschle 和 Kröplin[20]将 Puck 理论用于预测三维应力状态下的结构失效问题，评估结果显示 Puck 理论仍然是较为先进的理论之一。

Puck 理论认为，复合材料单向层的破坏可以分为纤维失效(Fiber Failure，FF)模式和纤维间失效(Inter - Fibre Failure，IFF)模式，纤维间失效 IFF 模式就是常说的基体失效模式。

2.4.1.1　纤维失效(FF)

Puck 认为纤维失效针对的是纤维本身而不是单向板，因此用复合材料中纤维的应变状态来判断失效起始条件：

$$\frac{1}{\varepsilon_{1T}}\left(\varepsilon_{11}+\frac{\nu_{f12}}{E_{f1}}m_{\sigma f}\sigma_{22}\right)=1 \tag{2-52}$$

$$\frac{1}{\varepsilon_{1C}}\left(\varepsilon_{11}+\frac{\nu_{f12}}{E_{f1}}m_{\sigma f}\sigma_{22}\right)=-1 \tag{2-53}$$

式中，ε_{1T} 和 ε_{1C} 是单向板沿 1 方向破坏时的最大应变；E_{f1} 是纤维在 1 方向的弹性模量；ν_{f12} 是纤维的泊松比(1 方向应力引起的 2 方向应变)；$m_{\sigma f}$ 用来考虑由于纤维横向模量和基体模量之间差别导致的应力放大效应，对于玻璃纤维 $m_{\sigma f}\approx 1.3$，对于碳纤维 $m_{\sigma f}\approx 1.1$。

试验发现，纤维压缩失效还受到剪切的影响，因此 Puck 在式(2 - 53)的基础上增加了一项经验项以考虑剪切对纤维压缩失效起始的贡献，即

$$\frac{1}{\varepsilon_{1C}}\left|\varepsilon_{11}+\frac{\nu_{f12}}{E_{f1}}m_{\sigma f}\sigma_{22}\right|+(10\gamma_{21})^2=1 \tag{2-54}$$

因此，Puck 的 FF 强度准则为

$$\left.\begin{aligned}&\frac{1}{\varepsilon_{1T}}\left(\varepsilon_{11}+\frac{\nu_{f12}}{E_{f1}}m_{\sigma f}\sigma_{22}\right)=1 \quad ，\text{纤维拉伸失效}\\&\frac{1}{\varepsilon_{1C}}\left|\varepsilon_{11}+\frac{\nu_{f12}}{E_{f1}}m_{\sigma f}\sigma_{22}\right|+(10\gamma_{21})^2=1 \quad ，\text{纤维压缩失效}\end{aligned}\right\} \tag{2-55}$$

2.4.1.2　纤维间失效(IFF)

在横向应力和面内剪应力的单独或共同作用下，平行于纤维方向会形成一个应力作用面(action plane)，基体的破坏断裂将沿着作用面发生，如图 2 - 10 所示。Puck 用作用面上的应力分量来建立强度准则，其强度准则的基本思想是通过适用于脆性材料的 Mohr - Coulomb 准则描述断裂起始：

$$\left(\frac{\sigma_n}{R_{\perp}^{(+)A}}\right)^2+\left(\frac{\tau_{nt}}{R_{\perp\perp}^{A}}\right)^2+\left(\frac{\tau_{nl}}{R_{\perp\parallel}^{A}}\right)^2=1, \quad \text{当}\ \sigma_n\geqslant 0\ \text{时} \tag{2-56}$$

$$\left(\frac{\tau_{nt}}{R_{\perp\perp}^{A}-p_{\perp\perp}^{A}\sigma_n}\right)^2+\left(\frac{\tau_{nl}}{R_{\perp\parallel}^{A}-p_{\perp\parallel}^{A}\sigma_n}\right)^2=1, \quad \text{当}\ \sigma_n<0\ \text{时} \tag{2-57}$$

式中，σ_n 是作用面法向应力分量；τ_{nt} 和 τ_{nl} 分别是作用面上的横向和纵向剪切应力分量；σ_n，τ_{nt}，τ_{nl} 可通过作用面的断裂角 θ_{fp} 来转换(见图 2 - 10)；$R_{\perp}^{(+)A}$ 是作用面法向的抗拉伸断裂强

度；$R_{\perp\perp}^{A}$ 和 $R_{\perp\parallel}^{A}$ 分别是作用面的横向和纵向抗剪切断裂强度；$p_{\perp\perp}^{A}$ 和 $p_{\perp\parallel}^{A}$ 表示摩擦因子，其中 $p_{\perp\perp}^{A}$ 是 $\sigma_n \leqslant 0$ 范围内 (σ_n, τ_{nt}) 失效包线在 $\sigma_n = 0$ 的斜率，$p_{\perp\parallel}^{A}$ 是 $\sigma_n \leqslant 0$ 范围内 (σ_n, τ_{nl}) 失效包线在 $\sigma_n = 0$ 的斜率。事实上，式(2-56)也曾由 Hashin[1] 提出过，不过由于当时的条件限制，Hashin 并未将这一思想实现。

为了能更好地与试验结果吻合，Puck 将式(2-56)和式(2-57)进一步分别修改为

$$c_2\left(\frac{\sigma_n}{R_{\perp}^{(+)A}}\right)^2 + c_1\frac{\sigma_n}{R_{\perp}^{(+)A}} + \left(\frac{\tau_{nt}}{R_{\perp\perp}^{A}}\right)^2 + \left(\frac{\tau_{nl}}{R_{\perp\parallel}^{A}}\right)^2 = 1 \quad 当\ \sigma_n \geqslant 0\ 时 \tag{2-58}$$

$$\frac{\tau_{nt}^2}{(R_{\perp\perp}^{A})^2 - 2p_{\perp\perp}^{(-)}R_{\perp\perp}^{A}\sigma_n} + \frac{\tau_{nl}^2}{(R_{\perp\parallel}^{A})^2 - 2p_{\perp\parallel}^{(-)}R_{\perp\parallel}^{A}\sigma_n} = 1 \quad 当\ \sigma_n < 0\ 时 \tag{2-59}$$

式(2-58)和式(2-59)是 Puck 准则的最基本形式，其中的摩擦因子 $p_{\perp\perp}^{(-)}$ 和 $p_{\perp\parallel}^{(-)}$ 满足如下关系式：

$$\frac{p_{\perp\perp}^{(-)}}{R_{\perp\perp}^{A}} = \frac{p_{\perp\parallel}^{(-)}}{R_{\perp\parallel}^{A}} = \left(\frac{p}{R}\right) = \text{const} \tag{2-60}$$

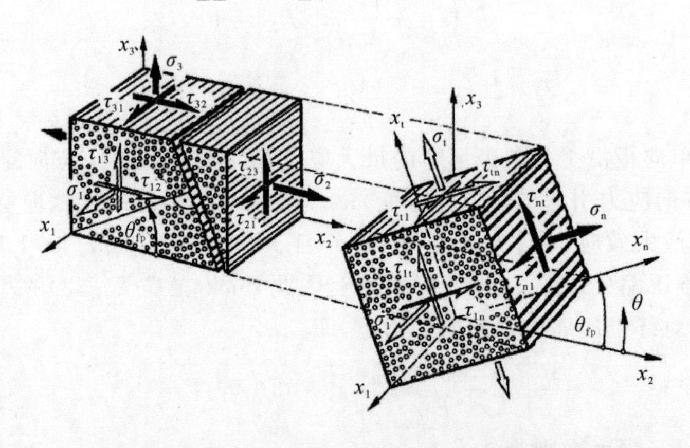

图 2-10 Puck 理论中的作用面示意图[2]

为了在数学上更便于处理，最终的 Puck 强度准则针对面内应力作用下的纤维间断裂失效，在其基本形式的基础上做了变化。Puck 以作用面法向抗拉强度 $R_{\perp}^{(+)A}$（初始值为 Y_T）、横向抗压强度 $R_{\perp}^{(-)}$（初始值为 Y_C）和作用面纵向抗剪切断裂强度 $R_{\perp\parallel}^{A}$ 等强度参数为依据，在横向应力 σ_{22} 和面内切应力 τ_{21}（$=\tau_{12}$）坐标系中，用两个椭圆曲线和一个抛物线曲线构建了纤维间断裂应力包线，如图 2-11 所示。当 $\sigma_{22} > 0$ 时，纤维间失效受横向拉伸应力 σ_{22} 控制，作用面呈现平断口，IFF 属于模式 A 断裂。当 $\sigma_{22} < 0$ 时，压缩应力 σ_{22} 不大但切应力 τ_{21} 较大，断裂由 τ_{21} 引起，σ_{22} 对断裂起阻碍作用，作用面仍然呈现平断口，IFF 属于模式 B 断裂。当 $\sigma_{22} < 0$ 时，压缩应力 σ_{22} 较大，和

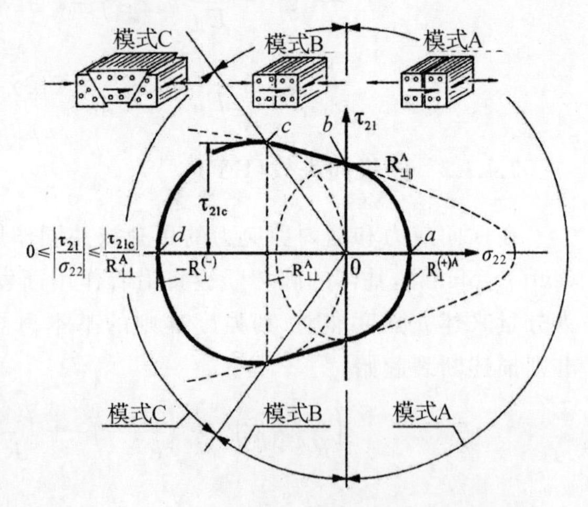

图 2-11 Puck 理论中纤维间失效应力包线[2]

切应力 τ_{21} 共同导致沿倾斜作用面的断裂，IFF 属于模式 C 断裂。

在高 σ_{11} 应力水平下（大于 70% X_T），尽管还未达到单向板纤维方向的最终破坏强度 X_T，但已有部分纤维逐渐断裂，单根纤维的断裂将引起局部纤维和基体之间的脱黏损伤，从而降低了作用面的断裂阻抗，导致失效应力包线的收缩。为此，Puck 定义了收缩因子：

$$f_w = 1 - \left|\frac{\sigma_{11}}{\sigma_{1D}}\right| \tag{2-61}$$

式中，σ_{1D} 是为此线性强度退化所定义的一个应力参数，其确定方法可以参阅文献[2]。

于是，在平面应力状态下，IFF 模式的强度准则最终形式为

(1)当 $\sigma_{22} \geqslant 0$ 时，IFF 为模式 A，此时断裂角 $\theta_{fp} = 0^\circ$，即

$$\sqrt{\left(\frac{\tau_{21}}{S_{21}}\right)^2 + \left(1 - p_{\perp\parallel}^{(+)}\frac{Y_T}{S_{21}}\right)^2\left(\frac{\sigma_{22}}{Y_T}\right)^2} + p_{\perp\parallel}^{(+)}\frac{\sigma_{22}}{S_{21}} = 1 - \left|\frac{\sigma_{11}}{\sigma_{1D}}\right| \tag{2-62}$$

(2)当 $\sigma_{22} < 0$ 且 $0 \leqslant \left|\frac{\sigma_{22}}{\tau_{21}}\right| \leqslant \left|\frac{R_{\perp\perp}^A}{\tau_{21c}}\right|$ 时，IFF 为模式 B，此时断裂角 $\theta_{fp} = 0^\circ$，即

$$\frac{1}{S_{21}}\left(\sqrt{\tau_{21}^2 + (p_{\perp\parallel}^{(-)}\sigma_{22})^2} + p_{\perp\parallel}^{(-)}\sigma_{22}\right) = 1 - \left|\frac{\sigma_{11}}{\sigma_{1D}}\right| \tag{2-63}$$

(3)当 $\sigma_{22} < 0$ 且 $0 \leqslant \left|\frac{\tau_{21}}{\sigma_2}\right| \leqslant \left|\frac{\tau_{21c}}{R_{\perp\perp}^A}\right|$ 时，IFF 为模式 C，此时断裂角 $\theta_{fp} \neq 0^\circ$，即

$$\left[\left(\frac{\tau_{21}}{2(1 + p_{\perp\perp}^{(-)}S_{21})}\right)^2 + \left(\frac{\sigma_{22}}{Y_C}\right)^2\right]\frac{Y_C}{(-\sigma_{22})} = 1 - \left|\frac{\sigma_{11}}{\sigma_{1D}}\right| \tag{2-64}$$

其中，S_{21} 是单向板的剪切强度；Y_T 和 Y_C 分别是单向板的横向拉伸和压缩强度；τ_{21c} 是图 2-11中断裂模式 B 和 C 过渡点处的切应力 τ_{21} 的大小。其余参数定义如下：

在 (σ_{22}, τ_{21}) 曲线的 $\sigma_{22} \geqslant 0$ 段：

$$p_{\perp\parallel}^{(+)} = -\left(\frac{d\tau_{21}}{d\sigma_{22}}\right)_{\sigma_{22}=0}$$

在 (σ_{22}, τ_{21}) 曲线的 $\sigma_{22} \leqslant 0$ 段：

$$p_{\perp\parallel}^{(-)} = -\left(\frac{d\tau_{21}}{d\sigma_{22}}\right)_{\sigma_{22}=0}$$

$$R_{\perp\perp}^A = \frac{Y_C}{2(1 + p_{\perp\perp}^{(-)})} = \frac{S_{21}}{2p_{\perp\parallel}^{(-)}}\left(\sqrt{1 + 2p_{\perp\parallel}^{(-)}\frac{Y_C}{S_{21}}} - 1\right)$$

$$p_{\perp\perp}^{(-)} = p_{\perp\parallel}^{(-)}\frac{R_{\perp\perp}^A}{S_{21}}$$

$$\tau_{21c} = S_{21}\sqrt{1 + 2p_{\perp\perp}^{(-)}}$$

2.4.2　LaRC05 强度准则

LaRC 系列强度准则吸收了 Puck 关于纤维间损伤模式(IFF)的相关思想，并将基体损伤准则与纤维压缩失效联系在一起。具有影响力的 LaRC 系列强度准则按提出的时间顺序主要是 LaRC03[21]，LaRC04[22]和 LaRC05[13]，这几种准则一脉相承。考虑到篇幅有限，这里只介绍 LaRC05 强度准则，也就是 WWFE-Ⅱ中的 Pinho 理论。LaRC05 准则的主要特点有以下方面：

(1)考虑了三维应力状态的影响;

(2)考虑了静水应力的作用;

(3)考虑了层合板的就地效应(in-situ effect);

(4)在纤维压缩失效中应用了弯折模型(kink model);

(5)能考虑剪切非线性和横向压缩非线性效应。

试验发现[23-24],在静水压力作用下复合材料的弹性模量和剪切模量随着外部压力的增加而增加,即存在压力相关性(pressure dependence)。LaRC05 准则用简单的线性关系来描述这一现象:

$$E_2 = E_2^0 + \eta_E p \tag{2-65}$$

$$G_{12} = G_{12}^0 + \eta_G p \tag{2-66}$$

式中,E_2^0 和 G_{12}^0 是大气压下的割线杨氏模量和剪切模量,通常在横向压缩和面内剪切作用下,割线模量 E_2^0 和 G_{12}^0 是非线性变化的;η_E 和 η_G 分别是对应的斜率因子,由试验获得。定义横向静水压力 p 为

$$p = -\frac{\sigma_2 + \sigma_3}{2} \tag{2-67}$$

LaRC05 准则用式(2-65)和式(2-66)中考虑静水压力的模量下建立三维非线性应力-应变关系,将得到的应力代入强度准则中判断材料失效起始。

2.4.2.1 基体失效

Puck 等[2,18]根据试验观察发现,复合材料横向基体失效时会产生一个平行于纤维方向的断裂面,Puck 将该断裂面称为应力作用面,断裂面与厚度方向的夹角 α 随着应力状态的不同而发生变化[见图 2-12(a)]。图 2-12(b)是典型的 σ_{22} 和 τ_{12} 组合作用下复合材料的失效包线(failure envelope),如图所示,当单向板受横向拉伸($\sigma_{22} > 0$)和面内剪切单独或共同作用时,断裂面垂直于单向板的厚度中面,即 $\alpha = 0°$;在单向板受横向压缩($\sigma_{22} < 0$)和面内剪切作用情况下,当 $|\sigma_{22}|$ 处于较低水平时 $\alpha = 0°$,随着 $|\sigma_{22}|$ 增加夹角 α 逐渐增加。Puck 通过试验发现,单向板受纯横向压缩时虽然最大剪应力在 $\alpha = \pm 45°$ 平面内,然而许多碳-环氧复合材料的断裂面夹角是 $\alpha_0 = 53° \pm 2°$,两者之间的差异是由断裂面上的压缩正应力引起的内摩擦应力导致的。根据上述现象,Puck 用断裂面上的应力分量来建立失效准则。

在平面应力状态下,作用在断裂面上的应力可通过横向应力 σ_{22}、面内剪应力 τ_{12} 和断裂面夹角 α [见图 2-12(a)]得到:

$$\left.\begin{aligned} \sigma^n &= \cos^2\alpha\sigma_{22} \\ \tau^T &= -\sin\alpha\cos\alpha\sigma_{22} \\ \tau^L &= \cos\alpha\tau_{12} \end{aligned}\right\} \tag{2-68}$$

式中,σ^n 为作用在断裂面上的正应力;τ^T 为横向剪应力;τ^L 为纵向剪应力。

当 $\sigma^n < 0$ 时,断裂面处于压缩闭合状态,此时断裂面上的内摩擦应力一定程度上阻碍了剪切失效的发生,为了反映这一现象,Puck 使用 Mohr - Coulomb(M - C)强度准则来描述基体压缩失效并获得了很好的精度。

当 $\tau^L = 0$ 时,M - C 强度准则的表达式为

$$\tau^T + \mu^T\sigma^n = S^T \tag{2-69}$$

式中，S^{T} 为横向剪切强度；μ^{T} 为横向摩擦因数。

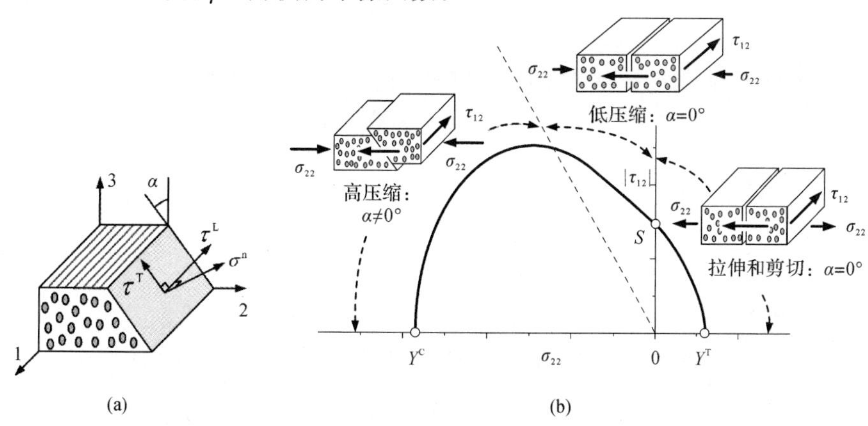

图 2-12　基体断裂面示意图

(a) 基体断裂面定义；(b) 横向应力和剪应力组合作用下基体断裂面示意图

如图 2-13 所示，图中 Mohr 圆代表横向压缩断裂时的应力状态，Coulomb 断裂线代表式(2-69)中的强度准则，φ 为内摩擦角。横向摩擦系数 μ^{T} 反映了断裂线在 $\sigma^{n}=0$ 处的斜率，即 $\mu^{T}=-\left(\dfrac{d\tau^{T}}{d\sigma^{n}}\right)_{\sigma^{n}=0}$。只有当 Mohr 圆与 Coulomb 失效线相切时，切点 P 所代表斜面的应力状态 (σ^{nc},τ^{Tc}) 才满足失效起始条件，σ^{nc} 和 τ^{Tc} 分别是断裂斜面上的临界正应力和横向剪应力。根据图 2-13 中关系可知

$$\mu^{T}=-\frac{1}{\tan(2\alpha_0)}, \quad S^{T}=\frac{Y^{C}}{2\tan\alpha_0} \tag{2-70}$$

$$|\tau^{Tc}|=S^{T}-\mu^{T}\sigma^{nc}, \quad \sigma^{nc}=-Y^{C}\cos^2\alpha_0 \tag{2-71}$$

式中，Y^{C} 为横向压缩强度；α_0 为单向板受纯横向压缩时的断裂面夹角。对碳-环氧复合材料，通常 $\alpha_0\approx 53°\pm 2°$，则由式(2-70)可知，$0.21\leqslant\mu^{T}\leqslant 0.36$，$0.35Y^{C}\leqslant S^{T}\leqslant 0.405Y^{C}$。

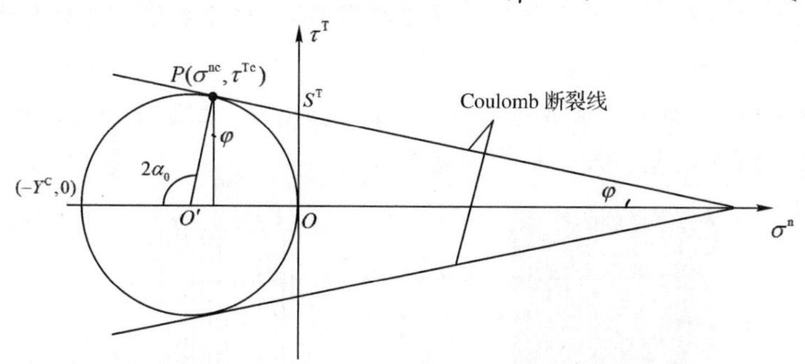

图 2-13　Mohr - Coulomb 强度准则示意图

如果还要考虑纵向剪应力 τ^{L}，则可类似地定义

$$|\tau^{Lc}|=S^{L}-\mu^{L}\sigma^{nc} \tag{2-72}$$

其中，S^{L} 是纵向剪切强度。μ^{L} 是纵向摩擦系数，是(σ^{n},τ^{L})断裂线在 $\sigma^{n}=0$ 处的斜率，即 $\mu^{L}=-\left(\dfrac{d\tau^{L}}{d\sigma^{n}}\right)_{\sigma^{n}=0}$，因此 μ^{L} 需在试验建立 (σ_{22},τ_{12}) 失效包线后确定，当缺乏试验时可用如下近似关系代替：

$$\mu^{\mathrm{L}}=\mu^{\mathrm{T}}\frac{S^{\mathrm{L}}}{S^{\mathrm{T}}} \tag{2-73}$$

于是,在平面应力状态下基体压缩失效的准则可以表达为

$$\left(\frac{\tau^{\mathrm{T}}}{\tau^{\mathrm{Tc}}}\right)^{2}+\left(\frac{\tau^{\mathrm{L}}}{\tau^{\mathrm{Lc}}}\right)^{2}=1 \tag{2-74}$$

将式(2-71)和式(2-72)代入式(2-74),并结合层合板的就地效应,可以得到

$$\left(\frac{\tau^{\mathrm{T}}}{S_{\mathrm{is}}^{\mathrm{T}}-\mu^{\mathrm{T}}\sigma^{\mathrm{n}}}\right)^{2}+\left(\frac{\tau^{\mathrm{L}}}{S_{\mathrm{is}}^{\mathrm{L}}-\mu^{\mathrm{L}}\sigma^{\mathrm{n}}}\right)^{2}=1,\quad 当\ \sigma^{\mathrm{n}}<0\ 时 \tag{2-75}$$

式中,$S_{\mathrm{is}}^{\mathrm{T}}$ 和 $S_{\mathrm{is}}^{\mathrm{L}}$ 分别为纵向剪切强度和横向剪切强度的就地值。

当 $\sigma^{\mathrm{n}}\geqslant 0$ 时断裂面处于张开状态,LaRC05 的基体拉伸失效起始准则为

$$\left(\frac{\tau^{\mathrm{T}}}{S_{\mathrm{is}}^{\mathrm{T}}-\mu^{\mathrm{T}}\sigma^{\mathrm{n}}}\right)^{2}+\left(\frac{\tau^{\mathrm{L}}}{S_{\mathrm{is}}^{\mathrm{L}}-\mu^{\mathrm{L}}\sigma^{\mathrm{n}}}\right)^{2}+\left(\frac{\sigma^{\mathrm{n}}}{Y_{\mathrm{is}}^{\mathrm{T}}}\right)^{2}=1,\quad 当\ \sigma^{\mathrm{n}}\geqslant 0\ 时 \tag{2-76}$$

式中,$Y_{\mathrm{is}}^{\mathrm{T}}$ 为横向拉伸就地强度。

由式(2-75)和式(2-76)可以看出,基体失效准则考虑了作用在断裂面上的正应力 σ^{n} 对失效破坏的影响,压缩正应力相当于提高了材料的有效剪切强度,拉伸正应力降低了其有效剪切强度。

2.4.2.2 纤维失效

纤维拉伸失效起始准则用最大应力准则:

$$\frac{\sigma_{11}}{X^{\mathrm{T}}}=1,\quad 当\ \sigma_{11}\geqslant 0\ 时 \tag{2-77}$$

根据 Argon[25] 的假设,由于纤维增强复合材料含有微小缺陷等,纤维排列存在局部初始偏转角(misalignment angle),纵向压缩使得偏转的纤维发生转动,随着压缩载荷增加纤维转动增加。在压缩作用到达一定水平后,纤维之间的剪切导致支撑纤维的基体逐渐损伤,随后纤维在剪切和压缩的共同作用下发生断裂。试验结果显示,当压缩作用比较显著时,失效后会形成一个弯折带(kink band),如图 2-14(a)所示;而当压缩作用不够显著时,纤维与基体之间只有劈裂(split)破坏发生,而不会形成弯折带。因此,LaRC05 准则[13] 将纤维压缩失效考虑为由纤维偏转导致支撑纤维的基体发生损伤引起的。

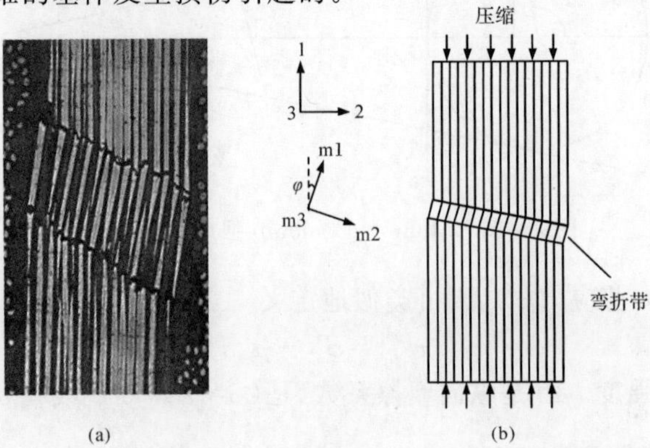

图 2-14 Pinho 等[13] 试验观察到的弯折带及纤维压缩弯折失效示意图

(a)观察到的弯折带;(b)纤维弯折示意图

在平面应力状态下,若将偏转纤维对应的坐标系称为m坐标系,则坐标系m下的偏轴应力分量σ_{11}^{m},σ_{22}^{m},τ_{12}^{m}为

$$\left.\begin{aligned}\sigma_{11}^{m}&=\sigma_{11}\cos^2\varphi+\sigma_{22}\sin^2\varphi+\tau_{12}\sin(2\varphi)\\ \sigma_{22}^{m}&=\sigma_{11}\sin^2\varphi+\sigma_{22}\cos^2\varphi-\tau_{12}\sin(2\varphi)\\ \tau_{12}^{m}&=-\frac{\sigma_{11}-\sigma_{22}}{2}\sin(2\varphi)+\tau_{12}\cos(2\varphi)\end{aligned}\right\}\tag{2-78}$$

式中,φ为纤维在当前应力状态下的偏转角。

当处于纤维单轴压缩的临界破坏状态时,$\sigma_{11}=-X^{C}$且$\sigma_{22}=\tau_{12}=0$,若此时纤维偏转角用φ^{C}表示,则偏轴应力分量为

$$\left.\begin{aligned}\sigma_{11}^{m}&=-X^{C}\cos^2\varphi^{C}\\ \sigma_{22}^{m}&=-X^{C}\sin^2\varphi^{C}\\ \tau_{12}^{m}&=X^{C}\sin\varphi^{C}\cos\varphi^{C}\end{aligned}\right\}\tag{2-79}$$

式中,X^{C}是由试验获得的纤维压缩强度。

如前所述,纤维压缩失效被认为是由支撑纤维的基体发生损伤所引起的,因此可将偏轴应力分量σ_{22}^{m}和τ_{12}^{m}代入基体强度准则来求得压缩失效起始点。另外,φ^{C}通常都较小,纤维压缩失效以纤维之间的剪切为主(即τ_{12}^{m}主导),此时支撑纤维的基体失效时的断裂角$\alpha=0$,则基体压缩失效强度准则可直接写为

$$\tau_{12}^{m}+\mu^{L}\sigma_{22}^{m}=S^{L}\tag{2-80}$$

将式(2-79)代入式(2-80),得

$$\mu^{L}\tan^2\varphi^{C}-\tan\varphi^{C}+\frac{S^{L}}{X^{C}}\frac{1}{\cos^2\varphi^{C}}=0\tag{2-81}$$

$$\mu^{L}\tan^2\varphi^{C}-\tan\varphi^{C}+\frac{S^{L}}{X^{C}}\frac{\sin^2\varphi^{C}+\cos^2\varphi^{C}}{\cos^2\varphi^{C}}=0\tag{2-82}$$

整理后,得

$$\left(\mu^{L}+\frac{S^{L}}{X^{C}}\right)\tan^2\varphi^{C}-\tan\varphi^{C}+\frac{S^{L}}{X^{C}}=0\tag{2-83}$$

求解式(2-83)的二次方程并取较小的根,可得φ^{C}的表达式为

$$\varphi^{C}=\arctan\left[\frac{1-\sqrt{1-4\frac{S^{L}}{X^{C}}\left(\mu^{L}+\frac{S^{L}}{X^{C}}\right)}}{2\left(\mu^{L}+\frac{S^{L}}{X^{C}}\right)}\right]\tag{2-84}$$

纤维单轴压缩失效起始时,由式(2-79)得到的偏轴剪切应力为$\tau_{12}^{m}=\frac{1}{2}\sin(2\varphi^{C})X^{C}$,在非线性剪切响应中,其对应的剪应变$\gamma_{12}^{mC}$为

$$\gamma_{12}^{mC}=\gamma\left[\frac{1}{2}\sin(2\varphi^{C})X^{C}\right]\tag{2-85}$$

式中,$\gamma_{12}=\gamma(\tau_{12})$表示非线性剪切应变-应力响应。

初始偏转角φ^{0}为

$$\varphi^{0}=\varphi^{C}-\gamma_{12}^{mC}\tag{2-86}$$

即

$$\varphi^0 = \varphi^C - \gamma\left[\frac{1}{2}\sin(2\varphi^C)X^C\right] \tag{2-87}$$

式(2-87)是求解初始偏转角的一般表达式,若剪切响应为线性,则 φ^0 可简化为

$$\varphi^0 = \varphi^C - \frac{\sin(2\varphi^C)X^C}{2G_{12}} \tag{2-88}$$

在小角度假设下,式(2-88)可以写成更简单的形式,即

$$\varphi^0 = \varphi^C - \frac{\varphi^C X^C}{G_{12}} = \varphi^C\left(1 - \frac{X^C}{G_{12}}\right) \tag{2-89}$$

通过式(2-87)、式(2-88)或式(2-89)即可求得初始偏转角 φ^0,φ^0 的物理意义在于量化初始缺陷的严重程度。

总的纤维偏转角 φ 可分解为代表初始缺陷的初始偏转角 φ^0 和由于剪切引起的额外偏转 φ^R,即 $\varphi = \varphi^0 + \varphi^R$。当已知外部施加的应力载荷 $\sigma_{11}, \sigma_{22}, \tau_{12}$ 时,需要实时求解偏转坐标系下的剪应变 γ_{12}^m 以获得总的纤维偏转角 φ,γ_{12}^m 可通过求解如下方程得到:

$$\tau(\gamma_{12}^m) = -\frac{\sigma_{11} - \sigma_{22}}{2}\sin[2(\varphi^0 + \gamma_{12}^m)] + |\tau_{12}|\cos[2(\varphi^0 + \gamma_{12}^m)] \tag{2-90}$$

式中,$\tau_{12} = \tau(\gamma_{12})$ 表示剪切应力-应变响应。

通过迭代求解式(2-90)可得到 γ_{12}^m,则总的纤维偏转角为

$$\varphi = \frac{\tau_{12}}{|\tau_{12}|}(\varphi^0 + \gamma_{12}^m) \tag{2-91}$$

在小角度假设下,式(2-90)可近似为

$$\tau(\gamma_{12}^m) = (\varphi^0 + \gamma_{12}^m)(\sigma_{22} - \sigma_{11}) + |\tau_{12}| \tag{2-92}$$

当剪切响应为线性时,式(2-92)可简化为

$$G_{12}\gamma_{12}^m = (\varphi^0 + \gamma_{12}^m)(\sigma_{22} - \sigma_{11}) + |\tau_{12}|$$

$$\gamma_{12}^m = \frac{\varphi^0(\sigma_{22} - \sigma_{11}) + |\tau_{12}|}{\sigma_{11} - \sigma_{22} + G_{12}} \tag{2-93}$$

将式(2-89)和式(2-93)代入式(2-91),可得到线性剪切时的纤维偏转角为

$$\varphi = \frac{\varphi^C(G_{12} - X^C) + |\tau_{12}|}{\sigma_{11} - \sigma_{22} + G_{12}} \tag{2-94}$$

不难发现,在每个应力状态下都要通过迭代求解式(2-90)来获得 γ_{12}^m,使得计算效率十分低下,且可能出现结果无法收敛的情况。为了简化这一过程,用初始偏转角坐标系下的剪应变 γ_{12}^{m0} 代替 γ_{12}^m 来求解 φ,则式(2-90)被修改为

$$\tau(\gamma_{12}^{m0}) = -\frac{\sigma_{11} - \sigma_{22}}{2}\sin(2\varphi^0) + |\tau_{12}|\cos(2\varphi^0) \tag{2-95}$$

即

$$\gamma_{12}^{m0} = \gamma\left[-\frac{\sigma_{11} - \sigma_{22}}{2}\sin(2\varphi^0) + |\tau_{12}|\cos(2\varphi^0)\right] \tag{2-96}$$

初始偏转角 φ^0 需要通过迭代求解如下方程获得:

$$\varphi^0 = \varphi^C - \gamma\left[\frac{1}{2}\sin(2\varphi^0)X^C\right] \tag{2-97}$$

则,总的纤维偏转角变为

$$\varphi=\frac{\tau_{12}}{|\tau_{12}|}(\varphi^{0}+\gamma_{12}^{m0}) \tag{2-98}$$

对纤维压缩失效，根据应力状态的不同，将式(2-78)中的偏轴应力带入式(2-75)或式(2-76)的基体失效准则中。另外，纤维偏转时支撑的基体以剪切变形为主，因此失效时断裂面夹角 $\alpha=0$。由于压缩程度不同可能导致发生纤维弯折(kink)或纤维劈裂(split)两种不同的现象，两种模式使用相同的强度准则形式，即

$$\left(\frac{\tau_{23}^{m}}{S_{is}^{T}-\mu^{T}\sigma_{22}^{m}}\right)^{2}+\left(\frac{\tau_{12}^{m}}{S_{is}^{L}-\mu^{L}\sigma_{22}^{m}}\right)^{2}+\left(\frac{\langle\sigma_{22}^{m}\rangle_{+}}{Y_{is}^{T}}\right)^{2}=1,\quad \sigma_{11}<0 \tag{2-99}$$

LaRC05 用准则 $0.5X^{C}$ 来区分弯折和劈裂两种模式：当 $\sigma_{11}\leqslant -X^{C}/2$ 时，预测得到纤维 kink 模式；若 $\sigma_{11}\geqslant -X^{C}/2$，预测得到纤维 split 模式。两种模式的进一步区分是为了在退化过程中将它们区别处理。

表 2-3 列出了 LaRC05 强度准则的表达式。

表 2-3 LaRC05 强度准则总结

失效模式	表达式
基体拉伸 ($\sigma_{22}\geqslant 0$) 基体压缩 ($\sigma_{22}<0$)	$\left(\frac{\tau^{T}}{S_{is}^{T}-\mu^{T}\sigma^{n}}\right)^{2}+\left(\frac{\tau^{L}}{S_{is}^{L}-\mu^{L}\sigma^{n}}\right)^{2}+\left(\frac{\langle\sigma^{n}\rangle_{+}}{Y_{is}^{T}}\right)^{2}=1$
纤维拉伸 ($\sigma_{11}\geqslant 0$)	$\frac{\sigma_{11}}{X^{T}}=1$
纤维压缩 ($\sigma_{11}<0$)	$\left(\frac{\tau_{23}^{m}}{S_{is}^{T}-\mu^{T}\sigma_{22}^{m}}\right)^{2}+\left(\frac{\tau_{12}^{m}}{S_{is}^{L}-\mu^{L}\sigma_{22}^{m}}\right)^{2}+\left(\frac{\langle\sigma_{22}^{m}\rangle_{+}}{Y_{is}^{T}}\right)^{2}=1$ 纤维弯折：$\sigma_{11}\leqslant -X^{C}/2$； 纤维劈裂：$\sigma_{11}\geqslant -X^{C}/2$

2.5 一种基于失效机理的非线性强度理论

在本节中，我们将在 LaRC05 准则的基础上进行改进，针对纤维压缩失效，提出更加广泛的准则形式，得到适用于平面应力状态的强度准则，最后，针对 WWFE 的多种试验进行理论预测并作对比。

2.5.1 基体失效准则

和 LaRC05 准则相同，结合层合板的就地效应，得到平面应力状态下基体压缩失效的强度准则表达式为

$$f_{mc}=\left(\frac{\tau^{T}}{S^{T}-\mu^{T}\sigma^{n}}\right)^{2}+\left(\frac{\tau^{L}}{S_{is}^{L}-\mu^{L}\sigma^{n}}\right)^{2},\quad 当\ \sigma^{n}<0\ 时 \tag{2-100}$$

式中，f_{mc} 为基体压缩失效指数，当 $f_{mc}\geqslant 1$ 时基体压缩失效起始。

在复杂应力状态下材料点的断裂面夹角 α 并不一定是 0° 或 53°，为了求得任意应力状态

下的 α，可在 $0^\circ \leqslant \alpha \leqslant 90^\circ$ 范围内取出 α 代入式(2-68)和式(2-100)，使得 f_{mc} 最大者就是当前应力状态下的断裂面夹角。

当 $\sigma^n \geqslant 0$ 时断裂面处于张开状态，采用与 LaRC05 准则相似的基体拉伸强度准则：

$$f_{mt} = \left(\frac{\tau^T}{S^T - \mu^T \sigma^n}\right)^2 + \left(\frac{\tau^L}{S_{is}^L - \mu^L \sigma^n}\right)^2 + \left(\frac{\sigma^n}{Y_{is}^T}\right)^2, \quad 当\ \sigma^n \geqslant 0\ 时 \tag{2-101}$$

式中，f_{mt} 为基体拉伸失效指数，当 $f_{mt} \geqslant 1$ 时基体拉伸失效起始。由于目前已有的文献中尚未明确表明横向剪切强度 S^T 或横向压缩强度 Y^C 存在就地效应，因此式(2-100)和式(2-101)没有采用 LaRC05 基体失效强度准则中的 S_{is}^T。

2.5.2 纤维失效准则

2.5.2.1 纤维拉伸失效

纤维拉伸失效用最大应力准则为

$$f_{ft} = \frac{\sigma_{11}}{X^T}, \quad 当\ \sigma_{11} \geqslant 0\ 时 \tag{2-102}$$

式中，f_{ft} 为纤维拉伸失效指数，当 $f_{ft} \geqslant 1$ 时纤维拉伸失效起始；X^T 为纤维纵向拉伸强度。

2.5.2.2 纤维压缩失效——弯折模型

由于压缩程度不同可能导致发生纤维弯折(kink)或纤维劈裂(split)两种不同的现象，两种模式使用相同的强度准则形式，即

$$f_{fc} = f_{kink} = f_{split} = \begin{cases} \left|\dfrac{\tau_{12}^m}{S_{is}^L - \mu^L \sigma_{22}^m}\right| & \sigma_{22}^m < 0 \\ \left(\dfrac{\tau_{12}^m}{S_{is}^L - \mu^L \sigma_{22}^m}\right)^2 + \left(\dfrac{\sigma_{22}^m}{Y_{is}^T}\right)^2 & \sigma_{22}^m \geqslant 0 \end{cases} \tag{2-103}$$

式中，f_{kink} 和 f_{split} 分别为纤维弯折和纤维劈裂失效指数，当 $f_{kink} \geqslant 1$ 时，纤维弯折失效起始，当 $f_{split} \geqslant 1$ 时，纤维劈裂失效起始。

LaRC05 准则用 $0.5X^C$ 来区分弯折和劈裂两种模式，而通过对失效包线的预测发现，当选取 $0.8X^C$ 作为压缩程度显著与否的标志时，预测结果与试验结果吻合得较好，即当 $|\sigma_{11}| \leqslant 0.8X^C$ 且 $f_{fc} \geqslant 1$ 时表示纤维劈裂损伤发生，当 $|\sigma_{11}| > 0.8X^C$ 且 $f_{fc} \geqslant 1$ 时表示纤维弯折断裂发生。区分 kink 和 split 的目的是在退化过程中将它们区别处理。

2.5.3 纤维压缩失效——一种改进模型[36]

纤维压缩失效过程十分复杂，目前已有的纤维压缩失效模型都难以得到较全面的预测结果。Gutkin 等[26]采用单边缺口紧凑压缩试件进行原位观察试验来研究纤维压缩的破坏机理，试验结果显示，根据应力状态的不同，纤维纵向压缩破坏后存在三种模式(见图 2-15)：剪切驱动型纤维压缩破坏(shear-driven fibre compressive failure)、纤维弯折(fibre kinking)和纤维与基体之间的劈裂(fibre/matrix split)。当纤维纵向压缩载荷单独作用，或叠加少量面内剪

切时，破坏模式为剪切驱动型纤维压缩破坏，该模式下纤维沿着剪切断裂面相互错动，剪切断裂面与纤维排列方向的夹角基本上成 45°；当纤维纵向压缩叠加中等水平的面内剪切载荷时，破坏模式为纤维弯折，此时将形成一个明显的弯折带（kink band）；当纤维纵向压缩叠加较高水平的剪切载荷时，将产生纤维与基体之间的劈裂裂纹（fibre/matrix split），而不会形成弯折带。事实上，纤维劈裂模式可以认为是基体失效。

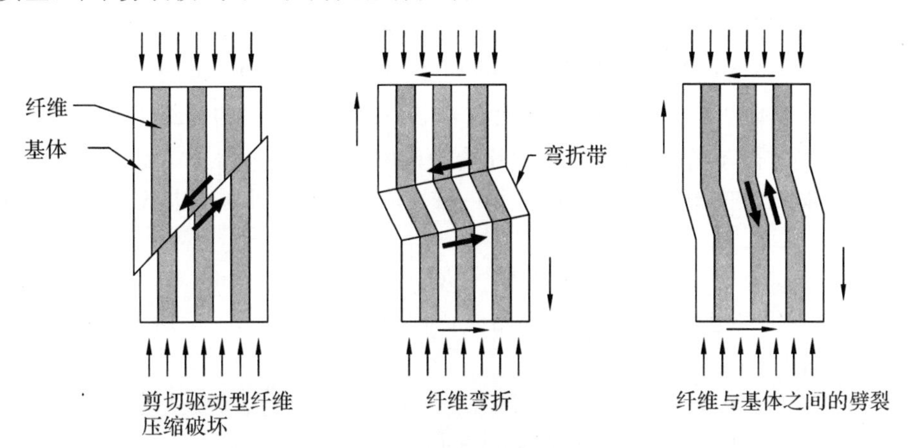

图 2-15　纤维压缩破坏的三种模式

kink 模型假设在高压缩水平下纤维必然以弯折模式断裂，纤维的初始偏转角 φ^0 由单轴压缩破坏时的偏转角 φ^C 推导而来[见式(2-87)]，因此 kink 模型也就无法预测可能出现的剪切驱动型纤维压缩破坏模式。用 kink 模型预测 (σ_{11},τ_{12}) 失效包线时发现，当剪切响应为线性时，失效包线为剪切强度 S^L 和纤维压缩强度 X^C 之间的一条直线；当剪切响应为非线性时，失效包线略往下凹，且随着非线性程度的增加，包线下凹的曲度增大，如图 2-16 所示。和试验结果的对比说明，kink 模型在预测破坏模式和失效包线时存在一定的局限性。

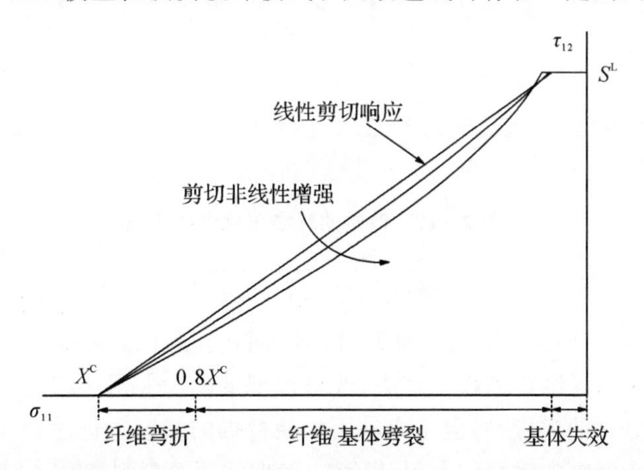

图 2-16　线性和非线性剪切响应时 kink 模型预测的(σ_{11},τ_{12})失效包线

为了解决 kink 模型的不足，我们首先将纤维初始偏转角的定义做简单修改。

纤维初始偏转角用来量化表征材料的初始缺陷，将作为一个独立的材料常数，并用符号

$\tilde{\varphi}^0$ 表示，$\tilde{\varphi}^0$ 需要单独给出而不再是由 φ^C 推导而来，其中 $\tilde{\varphi}^0 \in [0,\varphi^0]$。$\tilde{\varphi}^0=0$ 表示材料完整无初始缺陷，随着给定的 $\tilde{\varphi}^0$ 的增加，初始缺陷的严重程度也增加；当 $\tilde{\varphi}^0=\varphi^0$ 时，退化为原始的 kink 模型。$\tilde{\varphi}^0$ 很难通过试验直接测量得到，因此等效的做法是进行参数迭代计算出 (σ_{11},τ_{12}) 失效包线，在 $|\sigma_{11}|\leqslant 0.8X^C$ 范围内预测包线能够与试验吻合较好时，对应的 $\tilde{\varphi}^0$ 作为选取值。

在对 kink 模型修改过程中，除了将纤维初始偏转角改为直接给定外，其余步骤与原始 kink 模型相同。图 2-17 给出了当选取不同 $\tilde{\varphi}^0$ 时计算得到的 (σ_{11},τ_{12}) 失效包线，当 $\tilde{\varphi}^0=\varphi^0$ 时预测的纯纤维压缩强度与 X^C 相同，然而随着 $\tilde{\varphi}^0$ 的降低，预测的纯纤维压缩强度增加并高于 X^C，这显然与实际不符，因此还需要提出合理的解决办法。

为了限制纯纤维压缩强度的范围，提出一种剪切驱动型纤维压缩失效的强度准则：

$$f_{\text{shear-driven}}=\left|\frac{\sigma_{11}}{X^C}\right|+\left|\frac{\tau_{12}}{S_{\text{is}}^L}\right|^n \tag{2-104}$$

式中，右边第二项用来考虑剪切对失效起始的贡献，$n\geqslant 2$。如图 2-17 所示，随着 n 的减小，预测的包线逐渐向下倾斜。

纤维压缩失效指数 f_{fc} 选取 f_{kink} 和 $f_{\text{shear-driven}}$ 中的较大者，失效模式与 f_{kink} 和 $f_{\text{shear-driven}}$ 中首先达到 1 者对应。那么，改进模型得到的纤维压缩失效起始强度准则为

$$f_{\text{fc}}=\max\{f_{\text{kink}},f_{\text{shear-driven}}\} \tag{2-105}$$

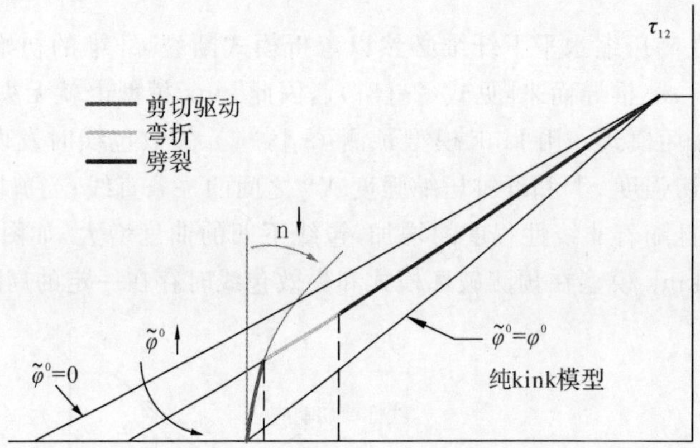

图 2-17　改进的纤维压缩失效模型

在图 2-17 所示的 (σ_{11},τ_{12}) 失效包线中，当 $\tilde{\varphi}^0$ 较小时，改进模型能够预测出 3 种失效模式，包线总体上呈现两个阶段。当 $\tilde{\varphi}^0$ 增大时，剪切驱动型纤维压缩模式所占的比例减少；当 $\tilde{\varphi}^0=\varphi^0$ 时，剪切驱动型纤维压缩模式消失，改进模型退化为 kink 模型。

改进模型具有更好的适应性，但是在缺乏试验数据的情况下仍然建议选取 $\tilde{\varphi}^0=\varphi^0$ 来将改进模型退化为预测结果更为保守的 kink 模型。增加的两个材料参数 $\tilde{\varphi}^0$ 和 n 难以从试验中直接测得，二者选取的方法为通过参数迭代计算出 (σ_{11},τ_{12}) 失效包线，将能够与试验包线吻合较好的参数作为选取值，在此基础上可将这两个材料参数用于复杂结构的失效破坏分析。

上述强度准则见表 2-4。

表 2-4　基于失效机理的强度准则总结

失效模式	表达式
基体拉伸失效（$\sigma^{n} \geqslant 0$）	$f_{mt}=\left(\frac{\tau^{T}}{S^{T}-\mu^{T}\sigma^{n}}\right)^{2}+\left(\frac{\tau^{L}}{S_{is}^{L}-\mu^{L}\sigma^{n}}\right)^{2}+\left(\frac{\sigma^{n}}{Y_{is}^{T}}\right)^{2}$
基体压缩失效（$\sigma^{n}<0$）	$f_{mc}=\left(\frac{\tau^{T}}{S^{T}-\mu^{T}\sigma^{n}}\right)^{2}+\left(\frac{\tau^{L}}{S_{is}^{L}-\mu^{L}\sigma^{n}}\right)^{2}$
纤维拉伸失效（$\sigma_{11} \geqslant 0$）	$f_{ft}=\frac{\sigma_{11}}{X^{T}}$
纤维压缩失效（$\sigma_{11}<0$）	$f_{fc}=\max\{f_{kink}, f_{shear\text{-}driven}\}$ $f_{kink}=f_{split}=\begin{cases}\left\lvert\frac{\tau_{12}^{m}}{S_{is}^{L}-\mu^{L}\sigma_{22}^{m}}\right\rvert, & \sigma_{22}^{m}<0\\ \left(\frac{\tau_{12}^{m}}{S_{is}^{L}-\mu^{L}\sigma_{22}^{m}}\right)^{2}+\left(\frac{\sigma_{22}^{m}}{Y_{is}^{T}}\right)^{2}, & \sigma_{22}^{m}\geqslant 0\end{cases}$ $f_{shear\text{-}driven}=\left\lvert\frac{\sigma_{11}}{X^{C}}\right\rvert+\left\lvert\frac{\tau_{12}}{S_{is}^{L}}\right\rvert^{n}$ 注：$\lvert\sigma_{11}\rvert \leqslant 0.8X^{C}$：纤维劈裂； $\lvert\sigma_{11}\rvert > 0.8X^{C}$：纤维弯折

2.5.4　自适应的材料性能退化方法

2.5.4.1　不同失效模式下材料性能退化方案

采用刚度退化的方式来体现材料的渐进失效过程，具体如下：

当 $f_{mt}>1$ 时，基体拉伸失效起始，此时基体裂纹面处于张开状态，随着载荷的增加，材料将逐渐失去横向拉伸和剪切承载能力，因此用退化后的弹性参数 ηE_{22s}，ηG_{12s} 和 $\eta\nu_{12}$ 来表征这一过程，其中 E_{22s} 表示横向割线模量，G_{12s} 表示剪切割线模量，ν_{12} 是泊松比，η 是退化系数。

当 $f_{mc}>1$ 时，基体压缩失效起始，此时基体裂纹面处于闭合状态，随着压缩载荷的增加，闭合的裂纹面由于接触作用仍然有传递横向压缩载荷的能力，因此只将剪切性能退化，即用 ηG_{12s} 来表征这一过程。

当 $f_{split}>1$ 时，纤维压缩劈裂失效起始，这种失效模式表示支撑纤维的基体发生损伤，但在最终纤维断裂前基体还有一定的承载能力。因此可将其按照基体失效的方法对待，即 $\sigma_{22}^{m} \geqslant 0$ 时用 ηE_{22s}、ηG_{12s} 和 $\eta\nu_{12}$ 表征，当 $\sigma_{22}^{m}<0$ 时用 ηG_{12s} 表征。

当 $f_{ft}>1$ 时纤维发生拉伸断裂，当 $f_{fc}>1$ 时纤维发生压缩弯折断裂或剪切驱动型纤维压缩破坏，这两种失效模式将造成材料灾难性的破坏并失去所有的承载能力。因此将 E_{11}、E_{22s}、G_{12s} 和 ν_{12} 全部置 0 来表征这两种破坏过程，其中 E_{11} 表示纵向弹性模量。上述材料性能退化方法在表 2-5 中给出。

表 2-5　失效起始后材料性能退化方法总结

失效模式	退化方法
基体拉伸失效（$\sigma_n \geqslant 0$）	$E_{22s} \to \eta E_{22s}$，$G_{12s} \to \eta G_{12s}$，$\nu_{12} \to \eta\nu_{12}$
基体压缩失效（$\sigma_n < 0$）	$G_{12s} \to \eta G_{12s}$
纤维拉伸失效（$\sigma_{11} \geqslant 0$）	$E_{11} \to 0$，$E_{22s} \to 0$，$G_{12s} \to 0$，$\nu_{12} \to 0$
纤维压缩失效（$\sigma_{11} < 0$）	$\lvert\sigma_{11}\rvert \leqslant 0.8X^C$ —纤维劈断： $\sigma_{22}^m \geqslant 0$：$E_{22s} \to \eta E_{22s}$，$G_{12s} \to \eta G_{12s}$，$\nu_{12} \to \eta\nu_{12}$ $\sigma_{22}^m < 0$：$G_{12s} \to \eta G_{12s}$ $\lvert\sigma_{11}\rvert > 0.8X^C$ —纤维弯折/剪切驱动破坏： $E_{11} \to 0$，$E_{22s} \to 0$，$G_{12s} \to 0$，$\nu_{12} \to 0$

2.5.4.2　退化系数 η 的确定

此处采用 Puck 等[18]提出的一种确定退化系数的方法，其基本过程可描述如下：

对任意一个材料点，失效起始前表 2-4 中各个失效模式的失效指数 $f_{mt} > 1$，$f_{mc} > 1$，$f_{split} > 1$，退化系数 η 初值为 1。随着载荷的增加，当满足 $f_{mt} > 1$，$f_{mc} > 1$ 或 $f_{split} > 1$ 时表示对应的失效模式发生，此时能使最大失效指数值返回 1.0 的折算比例为

$$\frac{1}{\max\{f_{mt},\ f_{mc},\ f_{split}\}}$$

并以此作为当前的退化系数 η。图 2-18 给出了失效指数 f 与退化系数 η 之间的关系，这种退化方式不需要人为设定退化系数的具体数值，η 由当前载荷状态的失效指数 f 自动求解确定，因此称之为自适应的退化方式。不难发现，由于退化过程中 f 保持为 1，这意味着对 f 有贡献的相关应力分量在退化过程中基本保持不变。

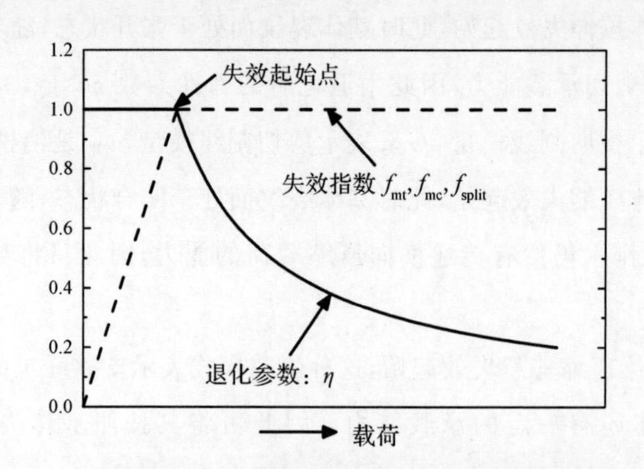

图 2-18　失效指数与退化系数的关系

2.5.5　强度分析流程

考虑就地效应的强度分析方法流程在图 2-19 中给出，其中虚线区域表示计算就地强度

的过程。在该方法流程中,有如下 3 点值得注意:①就地效应只存在于多向层合板中,而对单向板无需考虑就地效应,因此在进行单向板强度分析时需将流程图中虚线区域的步骤忽略;②本书在进行理论分析时,将纤维拉伸断裂、纤维压缩弯折断裂和潜在的分层作为获得最终强度的条件,然而在对实际构件(如加筋壁板)进行有限元分析时,单个单元的纤维破坏或层间分层并不一定导致整个构件的破坏,因此在此情况下可用其他条件作为获得最终强度的条件;③在强度分析过程中,需要将每一层的就地强度分别计算并代入相应的强度准则中,即层合板内所有铺层的就地强度都需要考虑,而不仅仅是 90° 铺层。

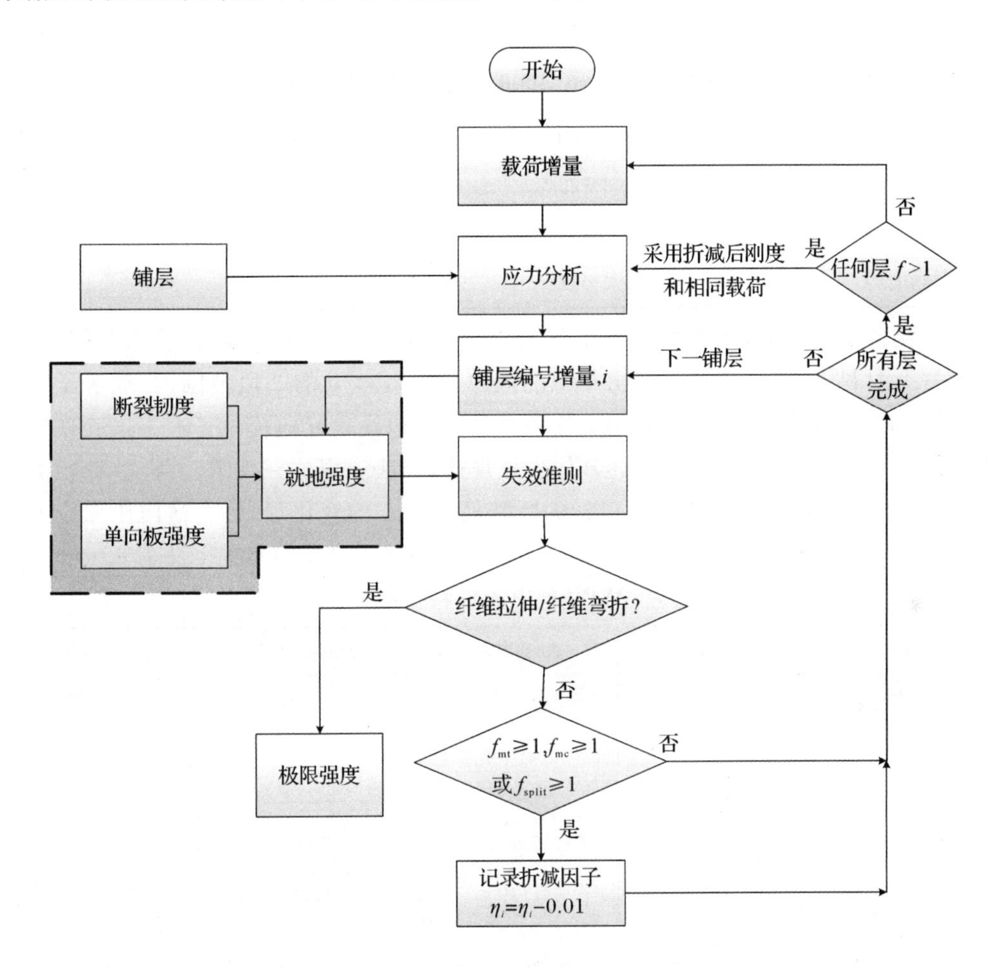

图 2-19　考虑就地效应的强度分析流程

2.5.6　算例验证

选取 WWFE 和其他部分文献中的几种试验结果,预测单向板和层合板在简单和复杂应力状态下的失效包线和应力应变曲线。

2.5.6.1 单向板$\sigma_{22}-\tau_{12}$失效起始包线预测

选取文献中的AS4/3501－6[27]、T800/3900－2[28]和IM7－8552[7]三种碳纤维增强复合材料，以及WWFE－Ⅰ中的E－glass/LY556玻璃纤维增强复合材料，预测在横向拉压和面内剪切组合作用下的$\sigma_{22}-\tau_{12}$失效起始包线。材料性能参数分别在表2－6和表2－7中给出，其中T800/3900－2的强度值X^T和X^C文献[28]中未给出，但并不影响预测$\sigma_{22}-\tau_{12}$失效起始包线。作为对比，同时给出了Hashin准则的预测结果，Hashin准则为表2－1中1980年提出的形式。

表2－6　AS4/3501－6，T800/3900－2，IM7－8552的材料性能参数

材料	X^T/MPa	X^C/MPa	Y^T/MPa	Y^C/MPa	S^L/MPa	μ^L
AS4/3501－6[27]	2 300	1 725	60.2	285	73.4	0.49
T800/3900－2[28]	—	—	48.8	202	102	0.36
IM7/8552[7]	2 323	1 017	160	255	89.6	0.38

预测得到的$\sigma_{22}-\tau_{12}$失效起始包线在图2－20中给出。可以看到，无论是碳纤维还是玻璃纤维增强复合材料，试验结果都呈现出相似的规律，在$\sigma_{22}<0$的一段范围内，随着压缩应力$|\sigma_{22}|$的增加，剪切强度逐渐提高，本书方法预测的失效包线很好地反映了这一试验现象和趋势。而Hashin准则以椭圆方程来描述基体失效规律，无法表现这一现象趋势，故而预测精度较差。图2－20(a)(b)还给出了预测得到的断裂面夹角α的变化规律，当横向压缩应力较低时，$\alpha=0°$，随着压缩程度增加，α迅速增加到45°，并最终在高压缩水平下变为$\alpha=53°$。

表2－7　WWFE中的材料性能参数[29]

材料	AS4/3501－6	E－glass/LY556	E－glass/MY750	T300/BSL914C
E_{11}/GPa	126	53.48	45.6	138
E_{22}/GPa	11	17.7	16.2	11
ν_{12}	0.28	0.278	0.278	0.28
G_{12}/GPa	6.6	5.83	5.83	5.5
X^T/MPa	1950	1140	1280	1500
X^C/MPa	1480	570	800	900
Y^T/MPa	48	35	40	27
Y^C/MPa	200	114	145	200
S^L/MPa	79	72	73	80
$G_{\mathrm{I}C}$/(kJ·m^{-2})	0.22	0.165	0.165	0.22
$G_{\mathrm{II}C}$/(kJ·m^{-2})	0.5*	0.25*	0.25*	0.5*
非线性剪切响应	yes	yes	yes	yes
非线性横向压缩响应	yes	no	yes	no

注：*代表经验值。

以图 2－20 (d)中看到，对 E－glass/LY556 材料，若用表 2－7 中给出的强度值进行失效预测($Y^C=114$ MPa，$S^L=72$ MPa)，则得到的失效包线在高压缩应力时与试验结果误差较大。然而不难发现，表 2－7 中给定的 Y^C 和 S^L 明显与图中的试验结果偏离，若选取图中试验得到的强度值再次进行预测($Y^C=137.8$ MPa，$S^L=61.2$ MPa，$\mu^L=0.45$)，得到的失效包线可以获得更好的预测精度。

对 $\sigma_{22}-\tau_{12}$ 失效起始包线进行理论预测能考察基体失效强度准则的预测精度，由图 2－20 的结果看到，LaRC05 基体失效强度准则具有很好的预测精度，基体失效理论发展已具有一定的成熟度和强健性。

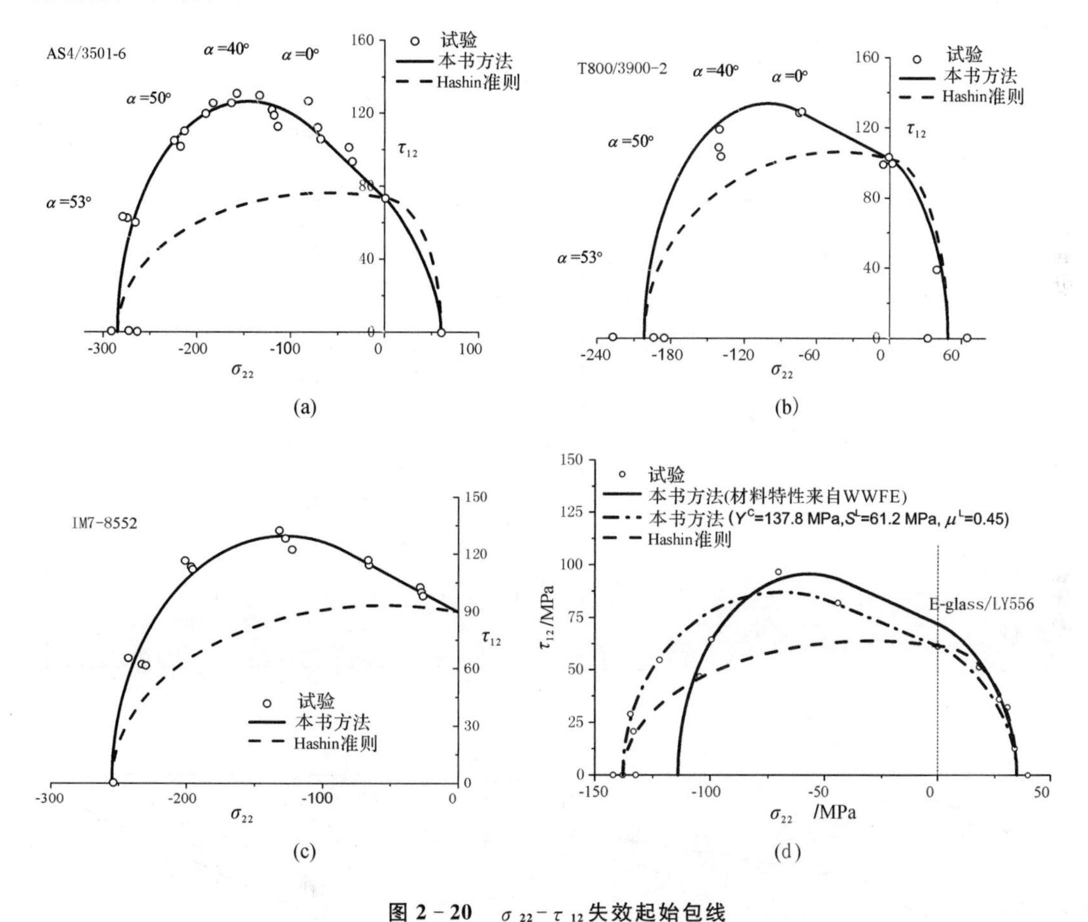

图 2－20　$\sigma_{22}-\tau_{12}$ 失效起始包线

(a) AS4/3501－6；(b) T800/3900－2；(c) IM7/8552；(d) E－glass/LY556

2.5.6.2　单向板 $\sigma_{11}-\tau_{12}$ 失效起始包线预测

选取 WWFE－Ⅰ中的 T300/914C 和 Michaeli 等[30]的 T300/LY556 两种碳纤维增强复合材料，预测在纤维纵向和面内剪切载荷组合作用下的 $\sigma_{11}-\tau_{12}$ 失效起始包线，其中 T300/BSL914C 的材料性能数据在表 2－7 中给出，Michaeli 的 T300/LY556 只给出了 $X^T=1\,500$ MPa，$X^C=905$ MPa，$S^L=80$ MPa，剩余所需的性能数据(包括非线性响应曲线)选取自表 2－7 中的 E－glass/LY556。

在非线性分析过程中需要输入剪切和横向压缩非线性响应曲线，将试验获得的数据点进行三次样条插值/外推后得到的输入曲线在图 2-21 中给出。其中 E-glass/LY556 和 T300/914C 文献中都只给出了剪切非线性的试验结果，未给出横向压缩非线性响应的试验结果，因此将其用线性关系代替。

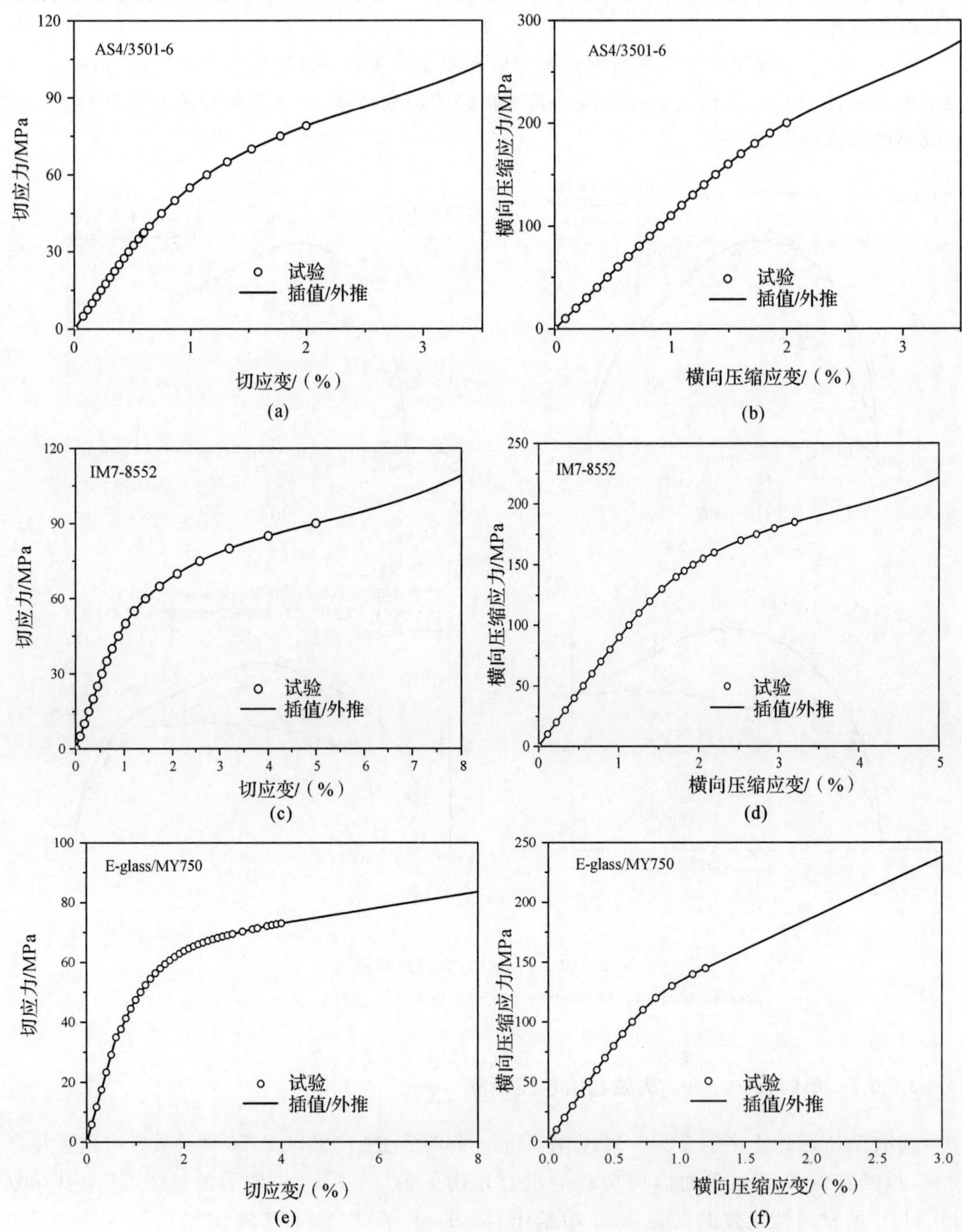

图 2-21　面内剪切和横向压缩应力-应变响应的插值和外推

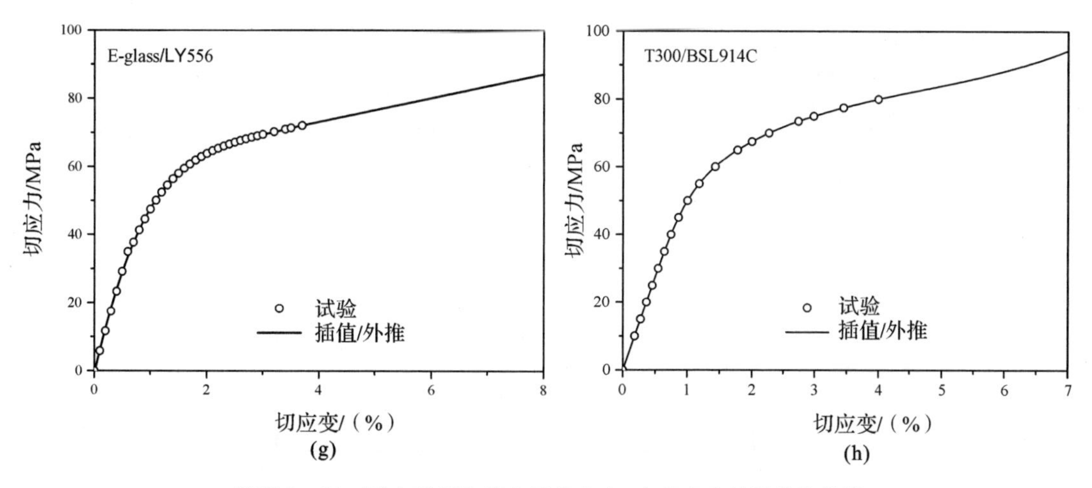

续图 2-21　面内剪切和横向压缩应力-应变响应的插值和外推

对两种材料进行理论预测得到的 σ_{11}-τ_{12}失效起始包线在图 2-22 中给出。由图 2-22(a)看到，当 $\sigma_{11}>0$ 时，试验得到的纤维拉伸强度受叠加的剪切载荷影响很小，用最大应力准则可以得到足够精确的预测结果。当 $\sigma_{11}<0$ 时，随着初始偏转角 $\tilde{\varphi}^0$ 的增加，改进模型预测的结果的失效包线的上段逐渐向下收缩，当 $\tilde{\varphi}^0=\varphi^0=4.2°$ 时改进模型退化为纯 kink 模型，从试验结果来看 kink 模型预测的结果偏保守。当选取 $\tilde{\varphi}^0=1.72°$，$n=4$ 时能够使预测结果更加接近试验所表现的趋势，且由于剪切非线性的影响，失效包线的上段略向下凹。

图 2-22(b)的试验结果中，在较高的纤维纵向压缩载荷下，纤维压缩失效强度受剪切载荷影响较小。当选取 $\tilde{\varphi}^0=2.3°$，$n=6$ 时，改进模型能够很好地表征这一试验趋势，然而纯 kink 模型(对应 $\tilde{\varphi}^0=4.1°$)预测的结果偏保守，无法描述该试验现象。

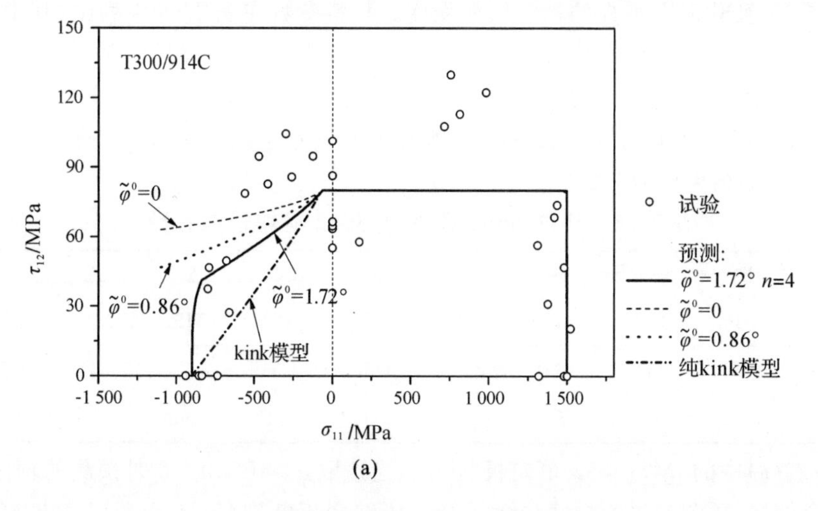

图 2-22　σ_{11}-τ_{12}失效包线

(a)T300/914C；

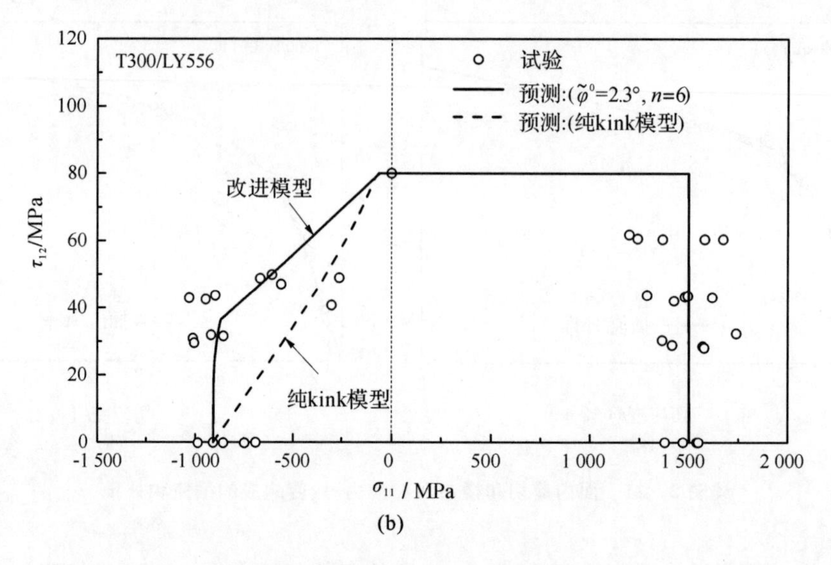

续图 2-22　$\sigma_{11}-\tau_{12}$ 失效包线

(b) T300/LY556

纤维压缩改进模型能够灵活而合理地预测出纤维压缩破坏时的试验现象和趋势，且可以通过选取初始偏转角将改进模型退化为预测结果更保守的 kink 模型。同时注意到，$\tilde{\varphi}^0$ 通常都较小(小于 4°)，预测的失效包线在一定范围内对 $\tilde{\varphi}^0$ 较敏感，合理、准确地选取 $\tilde{\varphi}^0$ 需要通过试验建立 $\sigma_{11}-\tau_{12}$ 失效起始包线实现。

2.5.6.3　角铺层板的压缩失效起始包线预测

选取材料为 IM7/8552[7,31] 的单向板 $[\theta]_{24}$ 和材料为 AS4/3502[32] 的层合板 $[\pm\theta]_s$，分别预测 $0°\leqslant\theta\leqslant 90°$ 变化时两种板的轴向压缩强度。材料参数在表 2-8 中列出，其中 AS4/3502 的轴向摩擦因数 μ^L 在文献中未给出，可通过式(2-73)的关系近似得到；其非线性响应关系也没有给出，因此采用线性分析。另外，AS4/3502 层合板的就地强度已在文献[32]中直接给出，为 $S_{is}^L=95.1$ MPa，不必再计算。预测得到的压缩失效包线如图 2-23 所示，同样给出了 Hashin 准则的预测结果作为对比。

表 2-8　IM7/8552 和 AS4/3502 材料性能参数

材料	E_{11}/GPa	E_{22}/GPa	G_{12}/GPa	ν_{12}	X^T/MPa	X^C/MPa	Y^T/MPa	Y^C/MPa	S^L/MPa	μ^L
AS4/3502[32]	127.6	11.3	6.0	0.278	1 861	1 045	51.7	244	95.1	—
IM7/8552[7]	171.0	9.1	5.3	0.32	2 323	1017	160	255	89.6	0.38

对图 2-23(a)中的 IM7/8552 单向板 $[\theta]_{24}$，当选取 $\tilde{\varphi}^0=0°$，$n=6$ 时预测的轴向压缩强度与试验值吻合较好，预测的失效模式包含了纤维压缩弯折断裂(FC)、纤维压缩劈裂(SP)和基体压缩失效(MC)三种，同时给出了断裂面夹角 α 的变化曲线，在基体压缩失效模式下，随着 θ 的增加 α 逐渐趋向于 53°。kink 模型预测的结果在 $\theta=15°$ 时偏小，在 $\theta\geqslant 30°$ 时的预测结果与改进模型的预测结果一致。

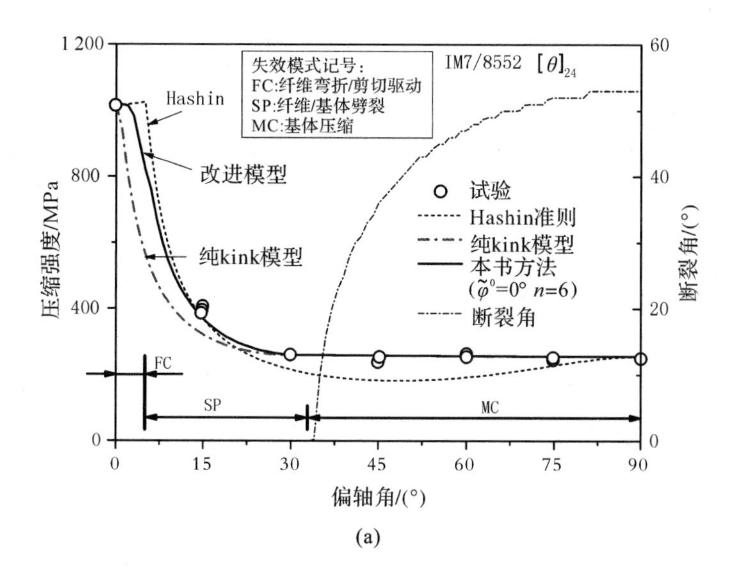

(a)

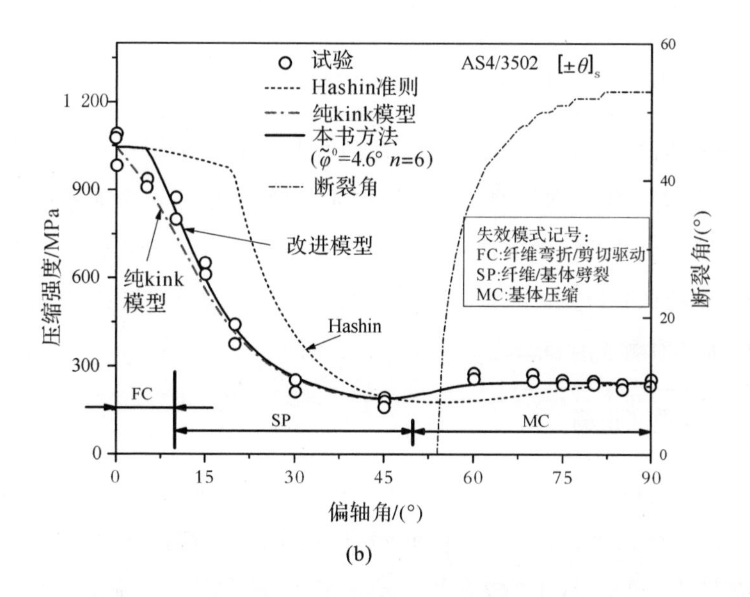

(b)

图 2-23 压缩强度与 θ 的关系

(a) IM7/8552 单向板$[\theta]_{24}$；(b) AS4/3502 对称角铺设层合板$[\pm\theta]_s$

图 2-23(b)中的 AS4/3502 层合板$[\pm\theta]_s$，kink 模型可以得到很好的预测精度，若选取 $\tilde{\varphi}^0=4.6°$，$n=6$，改进模型的预测精度并没有明显提升。Hashin 准则预测结果的精度不够理想，当 θ 较小时预测强度高于试验值，这是因为在纤维压缩失效时没有考虑到剪切对损伤起始的贡献；而当 θ 较大时预测强度低于试验值，这是因为在 Hashin 基体失效准则中没有考虑到横向压缩应力会提高有效剪切强度。

2.5.6.4　单向板 σ_{11}-σ_{22} 失效起始包线预测

对 WWFE-Ⅰ[29]中的 E-glass/MY750 单向板进行非线性分析，预测在纤维纵向和横向

组合作用下的 σ_{11}-σ_{22} 失效起始包线，材料性能参数已在表 2-7 中给出，得到的结果在图 2-24 中给出，图中给出了各段对应的失效模式。

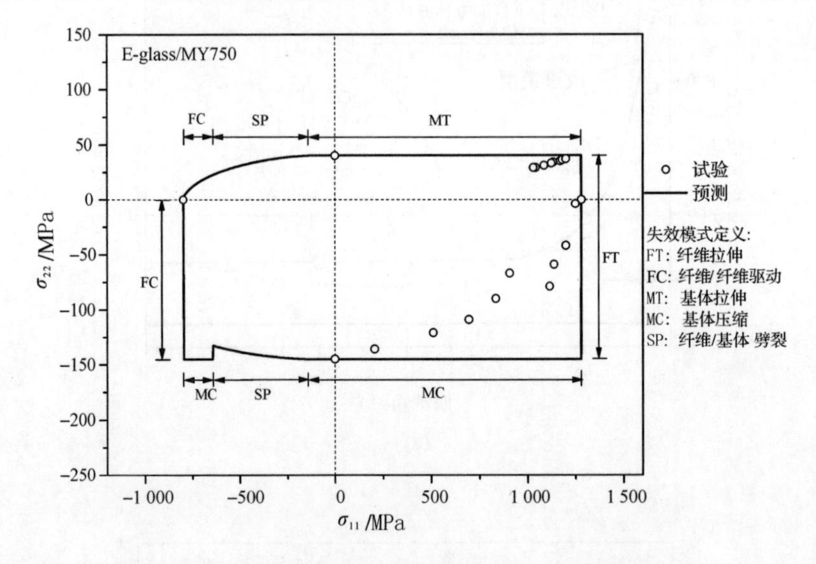

图 2-24　E-glass/MY750 单向板 σ_{11}-σ_{22} 失效起始包线

从图 2-24 中可以看到，在第四象限内预测包线与试验结果有一定误差，试验结果显示，横向基体压缩强度随着纤维方向拉伸载荷的增加而降低，强度理论未能预测到这种现象。另外，第二和第三象限内也缺乏试验数据用来表明在这两类组合加载状态下材料的失效破坏趋势，因此还需要更多的试验研究以获得不同组合载荷工况下的强度包线，并不断改进和发展当前强度理论以提高其预测范围和精度。

2.5.6.5　层合板强度预测

针对 WWFE 的部分层合板，预测在复杂载荷下的失效起始和最终破坏失效包线，以及给定双轴应力比下的应力-应变曲线，验证本章方法的可靠性。材料性能数据在表 2-7 中给出，非线性响应在图 2-21 中给出，相关文献中未给出 E-glass/LY556 横向压缩非线性的试验结果，将其用线性关系代替。层合板铺层都考虑了强度的就地效应，能量释放率 G_{IIC} 为估计值。由于缺乏广泛的试验数据，保守起见，在进行层合板的强度预测时若涉及纤维压缩模式，都将改进模型退化为 kink 模型使用。

(1)$[90/\pm45/0]_s$ 层合板。准各向同性层合板 $[90/\pm45/0]_s$ 的材料为 AS4/3501-6，单层厚度 $t=0.137\,5$ mm，根据各个铺层位置和厚度的不同，按照表 2-2 中的方法分别计算得到就地强度并将其在表 2-9 中列出(非线性因子 $\beta=3.96\times10^{-8}$ [29])。当层合板内的单层出现任何一种损伤形式时层合板失效起始，可计算得到失效起始包线；只有当层合板内单层出现纤维拉伸断裂、纤维压缩断裂或发生潜在的分层时，认为层合板最终破坏，可计算得到层合板最终破坏包线，如图 2-25 所示。

表 2-9　$[90/\pm45/0]_s$层合板各个铺层的就地强度

铺层方向	铺层属性	厚度	Y_{is}^{T} / MPa	S_{is}^{L} / MPa
90°	表面薄层	t	95	87
45°	内嵌薄层	t	150	106
−45°	内嵌薄层	t	150	106
0°	内嵌薄层	2 t	106	87

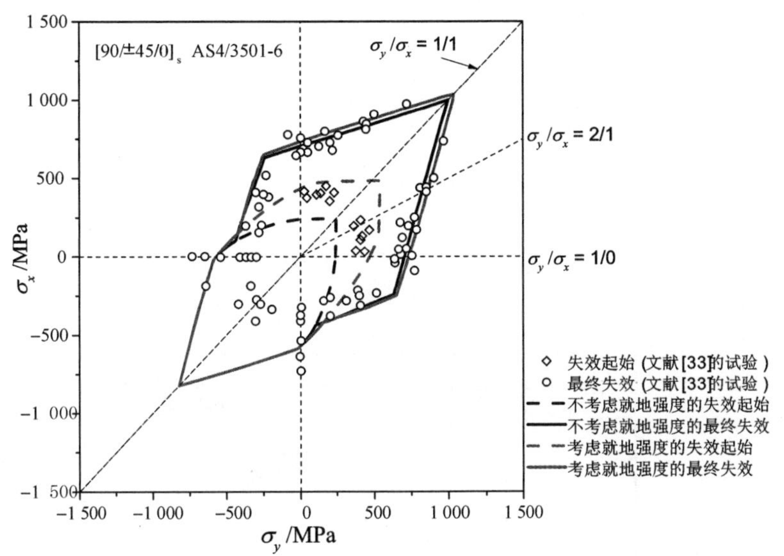

图 2-25　$[90/\pm45/0]_s$层合板失效起始和最终破坏包线

从图 2-25 中可以看到，由于材料为准各向同性，失效包线在 $\sigma_y / \sigma_x = 1/1$ 处基本对称。考虑就地强度时，预测得到的失效起始和最终破坏包线在第 1、第 2 和第 4 象限内吻合较好；在第 3 象限内(即受到双轴压缩载荷时)预测强度高于试验值。文献[33]指出双轴压缩试验过程中试件的纤维过早发生局部屈曲失稳使得试件提前破坏，试验过程未能实现稳定的压缩状态，而本书强度理论没有考虑纤维压缩屈曲破坏模式，因此，预测的层合板强度高于试验结果。仔细观察预测的包线后发现，第一象限内的失效起始包线在 $\sigma_y / \sigma_x = 1/1$ 处并不对称，而是存在一个较小的偏差(偏下部分起始强度更高)，这是由内嵌层和表面层的就地强度不同造成的。

作为对比，图 2-25 同时给出了不考虑就地强度时层合板的失效起始和最终破坏包线(使用相同的强度准则)。可以看出，在不考虑就地强度的情况下，预测的层合板失效起始明显低于试验值，预测的最终破坏强度与试验结果吻合较好，略低于考虑就地强度时的结果。这是由就地强度对基体失效起始有较大影响，对纤维主导的破坏模式影响相对有限造成的。在强度分析中考虑层合板的就地效应有助于提高预测失效起始的准确性和计算精度。

(2)$[90/\pm30]_s$层合板。对称均衡层合板$[90/\pm30]_s$的材料为 E-glass/LY556，90°层的单层厚度为 0.172 mm，30°层的单层厚度为 0.414 mm，预测得到的 $\sigma_y-\sigma_x$ 和 $\sigma_x-\tau_{xy}$ 强度包线在图 2-26 中给出。可以看到，$[90/\pm30]_s$层合板在 x 方向具有比 y 方向更强的承载能力，理

论预测的失效包线基本能够表现出试验趋势，总的来说具有较好的吻合度。

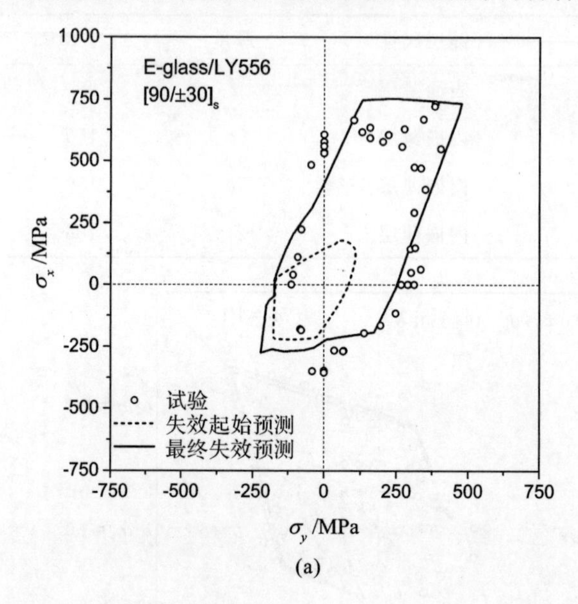

(a)

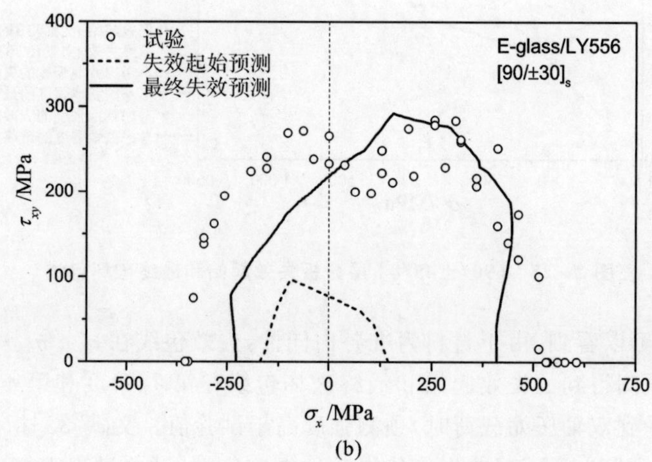

(b)

图 2-26 ［90/±30］$_s$层合板的失效包线

(a) $\sigma_y-\sigma_x$ 失效包线；(b) $\sigma_x-\tau_{xy}$ 失效包线

2.6 本 章 小 结

本章内容主要包括以下几方面：

(1)针对基体存在横向压缩和面内剪切非线性行为的情况，提出了一种利用等效应变来考虑二者之间非线性叠加耦合效应的方法，给出了不同载荷组合下等效应变的定义，在此基础上结合经典层合板理论提出相应的非线性本构关系。

(2)介绍了复合材料就地效应，推导了 Dvorak 等基于断裂力学假设的层合板就地强度计算方法，将层合板子层分为内嵌厚层、内嵌薄层和外表面层，不同类型的层对应不同的计算方法。

（3）介绍了Puck和LaRC05强度理论。针对LaRC05准则中kink模型预测范围不足的情况，在保持kink模型基本特征的前提下，增加了一种描述剪切驱动型纤维压缩破坏起始的强度准则，其相比单纯的kink模型具有更好的适应性，并可退化为kink模型。此外，给出了包括非线性应力分析、强度准则建立和失效退化方法的流程。

（4）预测了一些单向板和层合板在简单和复杂应力状态下的失效包线和应力-应变曲线，并讨论了关键参数对结果的影响。结果表明，改进的强度理论在大多数情况下具有良好的预测精度和适应性。

参考文献

[1] HASHIN Z. Failure criteria for unidirectional fiber composites. Journal of Applied Mechanics, 1980, 47(2): 329 - 334.

[2] PUCK A, SCHÜRMANN H. Failure analysis of FRP laminates by means of physically based phenomenological models. Composites Science and Technology, 1998, 58(7): 1045 - 1067.

[3] HASHIN Z, ROTEM A. A fatigue failure criterion for fiber reinforced materials. Journal of Composite Materials, 1973, 7(4): 448 - 464.

[4] HAHN H T, TSAI S W. Nonlinear elastic behavior of unidirectional composite laminae. Journal of Composite Materials, 1973, 7(1): 102 - 118.

[5] FALZON B G, APRUZZESE P. Numerical analysis of intralaminar failure mechanisms in composite structures. Part II: Applications. Composite Structures, 2011, 93(2): 1047 - 1053.

[6] KADDOUR A S, HINTON M J, Smith P A, et al. Mechanical properties and details of composite laminates for the test cases used in the third world - wide failure exercise. Journal of Composite Materials, 2013, 47(20/21): 2427 - 2442.

[7] KOERBER H, XAVIER J, CAMANHO P P. High strain rate characterisation of unidirectional carbon - epoxy IM7 - 8552 in transverse compression and in - plane shear using digital image correlation. Mechanics of Materials, 2010, 42(11): 1004 - 1019.

[8] PARVIZI A, GARRETT K, BAILEY J. Constrained cracking in glass fibre - reinforced epoxy cross - ply laminates. Journal of Material Science, 1978, 13(1): 195 -201.

[9] DVORAK G J, LAWS N. Analysis of progressive matrix cracking in composite laminates II. First ply failure. Journal of Composite Materials, 1987, 21(4): 309 - 329.

[10] FLAGGS D L, KURAL M H. Experimental determination of the in situ transverse lamina strength in graphite/epoxy laminates. Journal of Composite Materials, 1982, 16(2): 103 - 116.

[11] CROSSMAN F W, WARREN W J, WANG A S D, et al. Initiation and growth of transverse cracks and edge delamination in composite laminates, Part 2: Experimental correlation. Journal of Composite Materials, 1980, 14(1): 88-108.

[12] CAMANHO P P, DAVILA C G, PINHO S T, et al. Prediction of in situ strengths and matrix cracking in composites under transverse tension and in-plane shear. Composites: Part A, 2006, 37(2): 165-176.

[13] PINHO S T, DARVIZEH R, ROBINSON P, et al. Material and structural response of polymer-matrix fibre-reinforced composites. Journal of Composite Materials, 2012, 46(19/20): 2313-2341.

[14] SUN C T, TAO J. Prediction of failure envelopes and stress/strain behaviour of composite laminates. Composites Science and Technology, 1998, 58(7): 1125-1136.

[15] ROTEM A. Prediction of laminate failure with the Rotem failure criterion. Composites Science and Technology, 1998, 58(7): 1083-1094.

[16] CHANG F K, LESSARD L B. Damage tolerance of laminated composites containing an open hole and subjected to compressive loadings. I: Analysis. Journal of Composite Materials, 1991, 25(1): 2-43.

[17] LAWS N. A note on interaction energies associated with cracks in anisotropic solids. Philosophical Magazine, 1977, 36(2): 367-372.

[18] PUCK A, SCHÜRMANN H. Failure analysis of FRP laminates by means of physically based phenomenological models. Composites Science and Technology, 2002, 62(12): 1633-1662.

[19] PUCK A, KOPP J, KNOPS M. Guidelines for the determination of the parameters in Puck's action plane strength criterion. Composites Science and Technology, 2002, 62(3): 371-378.

[20] DEUSCHLE H M, KRÖPLIN B H. Finite element implementation of Puck's failure theory for fibre-reinforced composites under three-dimensional stress. Journal of Composite Materials, 2012, 46(19/20): 2485-2513.

[21] DÁVILA C G, CAMANHO P P. Failure criteria for FRP laminates in plane stress[R]. NASA/TM-2003-212663, Langley Research Center, Hampton, 2003.

[22] PINHO S T, DÁVILA C G, CAMANHO P P, et al. Failure models and criteria for FRP under in-plane or three-dimensional stress states including shear non-linearity [R]. NASA/TM-2005-213530, Langley Research Center, Hampton, 2005.

[23] SHIN E S, PAE K D. Effects of hydrostatic pressure on in-plane shear properties of graphite/epoxy composites. Journal of composite materials, 1992, 26(6): 828-868.

[24] HOPPEL C P R, BOGETTI T A, GILLESPIE J W. Literature review-effects of hydrostatic pressure on the mechanical behavior of composite materials. Journal of Thermoplastic Composite Materials, 1995, 8(4): 375-409.

[25] ARGON A S. Fracture of composites. Treatise on Materials Science and Technology, 1972(1): 79-114.

[26] GUTKIN R, PINHO S T, ROBINSON P, et al. On the transition from shear - driven fibre compressive failure to fibre kinking in notched CFRP laminates under longitudinal compression. Composites Science and Technology, 2010, 70(8): 1223 - 1231.

[27] DANIEL I M, LUO J J, SCHUBEL P M, et al. Interfiber/interlaminar failure of composites under multi - axial states of stress. Composites Science and Technology, 2009, 69(6): 764 - 771.

[28] SWANSON S R, QIAN Y. Multiaxial characterization of T800/3900 - 2 carbon/epoxy composites. Composites Science and Technology, 1992, 43(2): 197 - 203.

[29] SODEN P D, HINTON M J, KADDOUR A S. Lamina properties, lay - up configurations and loading conditions for a range of fibre - reinforced composite laminates. Composites Science and Technology, 1998, 58(7): 1011 - 1022.

[30] MICHAELI W, MANNIGEL M, PRELLER F. On the effect of shear stresses on the fibre failure behaviour in CFRP. Composites Science and Technology, 2009, 69(9): 1354 - 1357.

[31] CATALANOTTI G, CAMANHO P P, MARQUES A T. Three - dimensional failure criteria for fiber - reinforced laminates. Composite Structures, 2013, 95: 63 - 79.

[32] SHUART M J. Failure of compression - loaded multidirectional composite laminates. AIAA Journal, 1989, 27(9): 1274 - 1279.

[33] SODEN P D, HINTON M J, KADDOUR A S. Biaxial test results for strength and deformation of a range of E - glass and carbon fibre reinforced composite laminates: failure exercise benchmark data. Composites Science and Technology, 2002, 62(12): 1489 - 1514.

[34] 李彪，李亚智，丁瑞香. 基于物理机制的层合板失效分析方法. 复合材料学报，2013，30：158 - 162.

[35] 李彪，李亚智，杨帆. 考虑复合材料层合板就地效应的强度理论. 航空学报，2014，35(11)：3025 - 3036.

[36] 李彪. 基于失效机理的复合材料层合板强度分析方法[D]. 西安：西北工业大学，2015.

第3章　纤维增强复合材料层合板界面断裂

纤维增强复合材料通常是用单向带或织物预浸料铺设而成的叠层结构。层合板的力学性能具有可设计性，根据实际使用需要，不同铺层可以是不同的铺设方向。层合板的相邻子层之间通过树脂胶层黏结，层间胶层的力学性能远弱于层内，当受到外来物的冲击等外力作用时，容易出现层间界面处树脂胶层开裂，即所谓的分层(delamination)。分层是复合材料层合板等叠层结构特有的损伤类型，由于包含在结构内部，这种损伤模式具有隐蔽性。分层损伤一旦产生，结构刚度和强度将大大降低，尤其是压缩强度会明显降低，严重威胁结构的完整性。因此，在对复合材料结构产品进行整体性能评价时，需要充分评估分层损伤发生的位置、范围以及分层损伤对结构剩余强度的影响。

3.1　层合板层间分层研究方法

3.1.1　分层断裂性能测试方法

复合材料分层实质上是层间界面的断裂问题。根据裂纹前端区域的变形特征，断裂力学将断裂类型分为三种基本形式：张开型(Ⅰ型)、滑开型(Ⅱ型)和撕开型(Ⅲ型)，如图3-1所示。复合材料层合板的层间开裂可以归为这3种基本断裂形式之一或它们的某些形式的叠加。裂纹扩展的驱动力参数可用裂纹前端对应不同开裂模式的能量释放率来表示，分别记为G_{I}、G_{II}和G_{III}，而不同开裂模式下抵抗层间开裂的能力称为断裂韧度(或临界能量释放率)，分别用G_{IC}、G_{IIC}和G_{IIIC}表示。为了建立分层断裂准则以便进行层间断裂行为分析，需要测定这些层间断裂韧度，目前已有许多文献以及国家或行业标准涉及分层断裂韧度的试验测定方法。

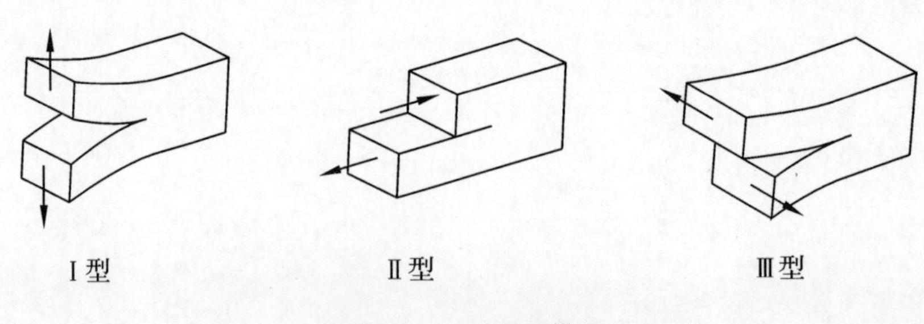

图3-1　三种断裂模式

3.1.1.1　Ⅰ型分层试验方法

双悬臂梁试验(Double Cantilever Beam, DCB)是测定Ⅰ型分层断裂的试验方法，如图3-

2 所示。DCB 试验需要在 0°单向板中面的一端插入厚度很薄的不黏层(如聚四氟乙烯薄膜)作为预制初始裂纹,并将钢琴铰链或加载块粘到试件两面,通过对铰链或加载块施加张开位移,同时记录对应的载荷和裂纹长度,计算获得Ⅰ型断裂韧度 G_{IC}。DCB 具有试验过程简单、方法直观、影响因素少等优点,发展较为成熟,包含了丰富的试验[1-3]、数值模拟[4-5]和解析[6]方面的大量文献,并被美国材料与试验协会(American Society for Testing and Materials, ASTM)收录为 ASTM D5528 标准试验[7]。

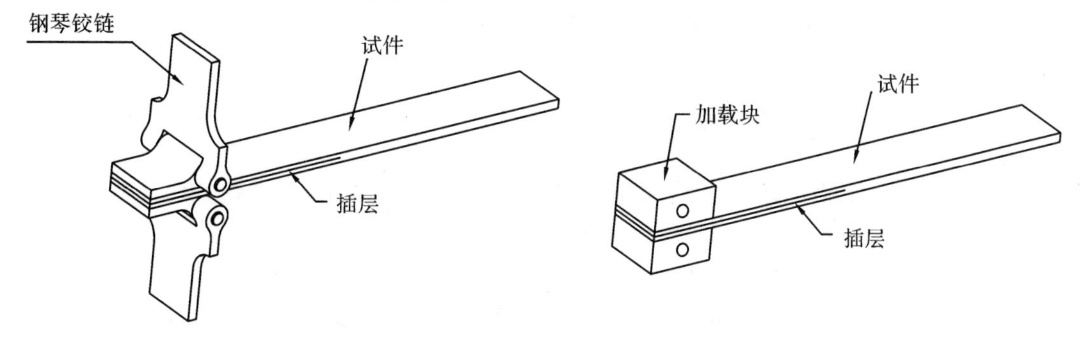

图 3-2　DCB 试验示意图

3.1.1.2　Ⅱ型分层试验方法

目前已提出的Ⅱ型分层断裂试验方法有多种,如 ONF(Over Notched Flexure)[8], ELS (End Loaded Split)[9-10,21-22], CNF(Center Notched Flexure)[11], stabilized ENF[12], 3ENF (Three - point bend End Notched Flexure)[13-16], 4ENF(Four - point bend End Notched Flexure)[17-21]等,如图 3-3 所示。

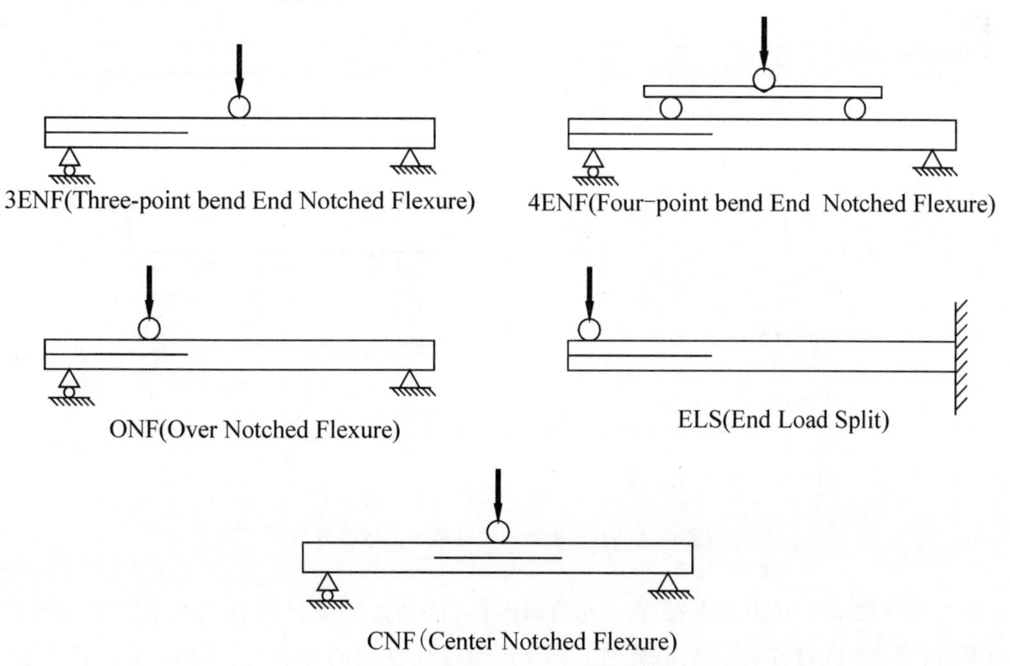

图 3-3　Ⅱ型分层断裂试验方法

不似相对成熟的Ⅰ型分层断裂的DCB方法，对Ⅱ型分层断裂试验方法存在一些争议，主要是因为影响结果的因素较多，试验分散性较大，不同试验方法给出的Ⅱ型断裂韧度$G_{\mathrm{II}C}$结果差异也比较大。在这些方法中，3ENF是使用较多的测定$G_{\mathrm{II}C}$的方法，并已收录为ASTM D7905标准[16]，但其缺点也很明显，就是层间裂纹扩展不稳定，仅能够得到裂纹起始扩展时的$G_{\mathrm{II}C}$，难以获得完整的R阻力曲线。4ENF试验[17]近些年来逐渐受到关注，其优点是裂纹扩展比较稳定，因而能够建立完整的R阻力曲线。但4ENF试验测得的$G_{\mathrm{II}C}$相比3ENF差异较大，这一差异和内外跨距比有关，也可能和裂纹面摩擦和裂纹长度计量不准有关，总之还需进一步研究。

3.1.1.3 Ⅰ+Ⅱ混合型分层试验方法

实际结构中的分层可能包含混合的断裂模式，由于其他类型的混合断裂模式(如Ⅱ+Ⅲ混合型，Ⅰ+Ⅱ+Ⅲ混合型)很难通过试验测定，Ⅰ+Ⅱ混合型分层断裂就成为研究层合板复杂状态下分层起始和扩展规律的主要方式。目前文献中已有的试验方法包括：SLB(Single Leg Bending)[24-25]，ADCB(Asymmetric DCB)[26-27]，FRMM(Fixed Ratio Mixed Mode)[28-29]，Modified Arcan Method[30]，CLS(Cracked Lap Shear)[31-32]，MMB(Mixed - mode Bending)[33-34]等，如图3-4所示。

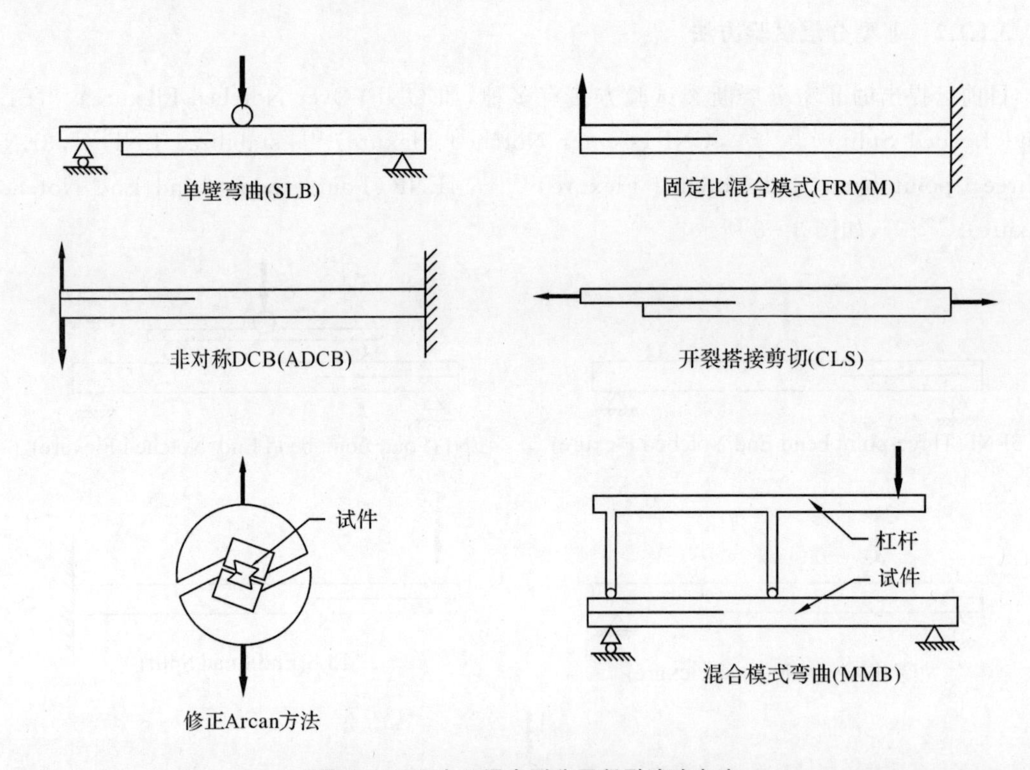

图3-4 Ⅰ+Ⅱ混合型分层断裂试验方法

混合型分层试验方法大多存在一定的局限性，比如无法满足混合比大范围变化的需求。相对而言，MMB试验方法[32]具有优势。MMB通过杠杆式的加载装置来实现Ⅰ型和Ⅱ型载荷的组合，杠杆支点对试件施加向下载荷从而使其发生Ⅱ型滑动，同时对试件包含预制裂纹的一端施加向上载荷从而产生Ⅰ型张开，通过调整加载点在杠杆上的位置来实现Ⅰ型和Ⅱ型的比例变化，理论上可以实现 $G_{\mathrm{II}}/G_{\mathrm{T}}$ 从 0 到 1 范围内的变化，所需试件形式与 DCB，3ENF 和 4ENF 相同，并已发展了对应的理论解析解[6]，试验装置经过多年的改进和发展[34-36]，目前已十分成熟，被收录为 ASTM D6671 标准试验[37]，在世界范围内广泛使用。

3.1.1.4　Ⅲ型分层试验方法

对Ⅲ型分层问题的研究目前相对缺乏，已有的试验方法包括 SCB(Split Cantilever Beam)[40]，CRS(Crack Rail Shear)[41]，ECT(Edge Crack Torsion)[42-45]等，如图 3-5 所示。

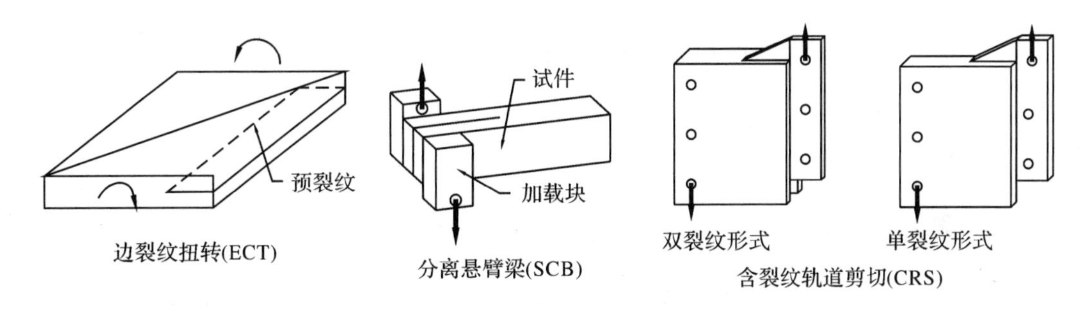

图 3-5　Ⅲ型分层断裂试验方法

Ⅲ型分层试验实施较为困难，在上述方法中由 Lee 提出的 ECT 试验方法[42]相对较理想，应用最多。有关文献的试验测定结果[45,47-49]显示，聚合物基复合材料层合板的 G_{IIIC} 基本上都高于 G_{IIC}，因此目前普遍将 G_{IIIC} 等同于 G_{IIC} 使用的做法偏保守。

3.1.2　分层扩展数值模拟方法

复合材料分层断裂的数值模拟一直是复合材料研究领域中的重点及热点，分层数值模拟方法大致可分为断裂力学方法和损伤力学方法两大类，断裂力学方法包括虚拟裂纹闭合技术(Virtual Crack Closure TechniQue, VCCT)[50-52]、J 积分法(J - integral method)[53-54]、虚拟裂纹扩展法(virtual crack extension)[55]、等效域积分法(eQuivalent domain integral method)[56-57]等，而其中又以 VCCT 应用最为广泛。损伤力学方法以内聚力单元法(Cohesive Zone Model, CZM)[58-59]为主。

3.1.2.1　虚拟裂纹闭合技术

1977 年，Rybicki 和 Kanninen[50]提出了虚拟裂纹闭合技术(VCCT)。VCCT 假设裂纹由初始位置扩展增量 Δa 所需的能量与将裂纹闭合 Δa 所做的功相等，而且认为虚拟裂纹尖端后面的张开位移和初始裂纹尖端后面的张开位移近似相等。假设裂纹位于笛卡儿坐标系的 x 轴，在如图 3-6 所示的有限元模型中，裂纹尖端的Ⅰ型和Ⅱ型的能量释放率可以近似写成

$$G_{\mathrm{I}}=\frac{1}{2B\Delta a}F_{ef}^{y}(v_c-v_d)\tag{3-1}$$

$$G_{\mathrm{II}} = \frac{1}{2B\Delta a} F_{ef}^{x} (u_c - u_d) \tag{3-2}$$

式中，B 是裂纹体厚度；F_{ef}^{x} 和 F_{ef}^{y} 是节点对 e，f 分别沿着 x 和 y 方向的节点力的大小；u_c 和 v_c 是节点 c 沿着 x 和 y 方向的节点位移；u_d 和 v_d 是节点 d 沿着 x 和 y 方向的节点位移。

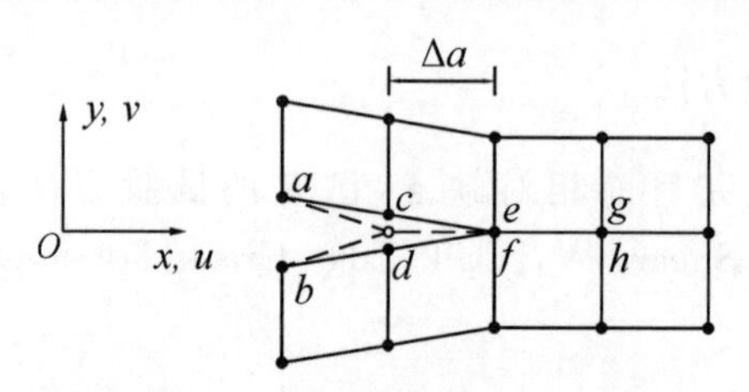

图 3-6　VCCT 计算能量释放率示意图

VCCT 简单、易用，计算效率高，无需裂尖奇异单元，预测裂纹演化过程十分有效。但 VCCT 的使用条件是需要给出初始损伤位置，这无疑限制了 VCCT 的应用范围。

3.1.2.2　内聚力单元法

内聚力单元法(Cohesive Zone Models, CZM)是在层合板各层之间，或在结构可能发生分层的位置布置内聚力界面单元(cohesive element)，当内聚力单元在周围其他单元作用下的应力达到界面强度时分层损伤起始，单元进入不可逆的损伤软化阶段。当单元进一步承受载荷，且能量释放率达到临界值时分层损伤扩展。CZM 消除了裂纹尖端的奇异性，可以用来研究大多数的界面开裂问题，例如黏结结构的强度预测[60-61]，层合板螺栓连接受载孔边的分层问题[62-63]，层合板受冲击后的分层现象[64-66]等；易于有限元程序的实现，不需要给出初始损伤位置就可以预测分层损伤的起始和扩展。CZM 不断得到发展和完善，已成为十分有力的计算工具，国内外许多学者基于该方法在多方面进行了相关研究[4-5,67-90]。

3.1.3　分层断裂研究存在的问题

复合材料层合板强度研究领域的发展仍然存在诸多亟待解决的问题，主要包括以下几方面：

(1)分层断裂试验是理解界面破坏机理和获取断裂参数的主要手段，尽管目前已相继提出了多种Ⅱ型分层试验方法，但这些方法均存在一定缺陷而不够完善，而对更加困难的Ⅲ型和复杂混合型分层试验方法的相关研究更是十分有限。

(2)分层断裂的数值模拟方法以 VCCT 和 CZM 为主，CZM 由于具有不需要给定初始损伤位置，及良好的通用性而受到青睐。然而，CZM 进一步发展的最大障碍来自低下的计算效率，较高的计算成本使其难以应用于大规模工程结构分析中。因此，分层断裂的数值分析方法需要着重解决计算效率问题。

本章首先介绍 CZM 的基本原理，在此基础上，结合笔者项目组李彪等的研究工作[91-94]，介绍一种适合与板壳单元配合使用的新型组合界面单元及相应的层合板三维板壳叠层模型，并通过应用算例考查基于实体建模的 CZM 和基于新型组合界面单元的板壳叠层模型的计算效率和精度。

3.2　内聚力单元法原理和应用

3.2.1　内聚力单元的平衡方程

CZM基于损伤力学理论，通过界面单元刚度的连续衰减模拟层间损伤，由于引入了带有损伤软化本构的内聚力单元(cohesive element)，使得在裂纹扩展路径上，裂纹尖端存在一个很小的软化区域，称之为内聚力区域(cohesive zone)。

复合材料分层分析以三维实体有限元模型为主，如图3-7所示，层合板子层用实体单元模拟，在各子层的实体单元之间嵌入厚度为零或厚度很小的内聚力单元以模拟层间胶层。面内变形和损伤过程由实体单元表征，层间变形和损伤过程由内聚力单元表征。

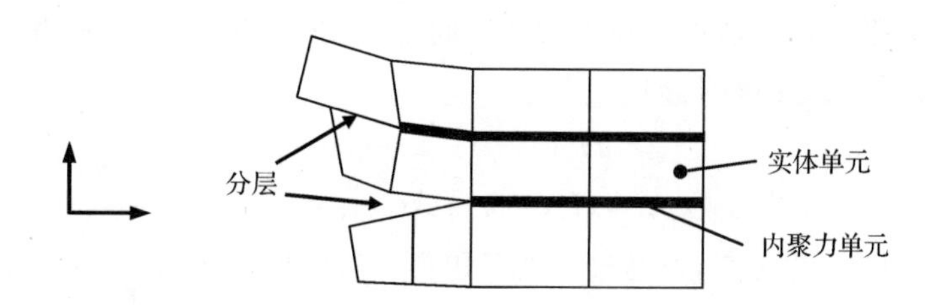

图3-7　复合材料分层分析三维实体有限元模型

内聚力单元是八节点单元，有4个节点对，每个节点对位置重合或相距很近。这里仅讨论零厚度的内聚力单元，节点对编号如图3-8所示，节点号后面的“－”号表示底面节点，“＋”号表示顶面节点。4个重合节点对构成的面为参考面，单元的本构关系是以应力和节点对的相对位移建立的。

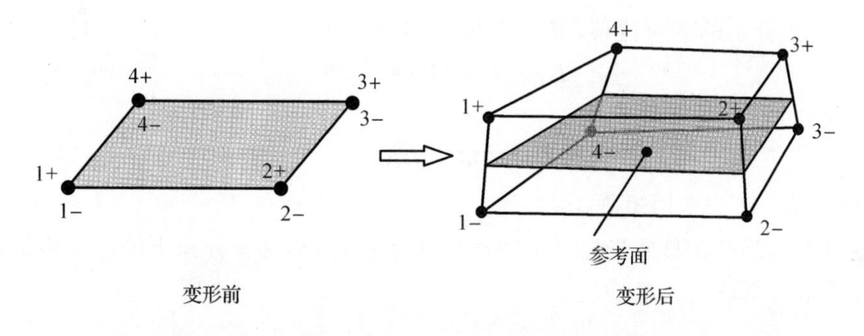

图3-8　零厚度内聚力单元

用向量$\boldsymbol{u}_C^N$表示8个节点的位移，即

$$\boldsymbol{u}_C^N=[\boldsymbol{u}_C^{N-}\mid\boldsymbol{u}_C^{N+}]^T=[u_C^{1-}\quad v_C^{1-}\quad w_C^{1-}\quad\cdots\quad u_C^{4+}\quad v_C^{4+}\quad w_C^{4+}]_{24\times1}^T$$

节点对之间的相对位移为

$$\Delta \boldsymbol{u}_{\mathrm{C}}^{\mathrm{N}}=\boldsymbol{\Phi} \boldsymbol{u}_{\mathrm{C}}^{\mathrm{N}}=\left[-\boldsymbol{I}_{12\times12} \mid \boldsymbol{I}_{12\times12}\right] \boldsymbol{u}_{\mathrm{C}}^{\mathrm{N}} \tag{3-3}$$

内聚力单元参考面内任意点的相对位移可通过形函数转换得到，即

$$\Delta \boldsymbol{u}_{\mathrm{C}}(\xi,\eta)=\boldsymbol{H}(\xi,\eta) \Delta \boldsymbol{u}_{\mathrm{C}}^{\mathrm{N}} \tag{3-4}$$

式中，ξ 和 η 为等参元自然坐标系下的坐标值，$\boldsymbol{H}(\xi,\eta)$ 为形函数矩阵，即

$$\boldsymbol{H}(\xi,\eta)=\begin{bmatrix} N_1 & 0 & 0 & \cdots & N_4 & 0 & 0 \\ 0 & N_1 & 0 & \cdots & 0 & N_4 & 0 \\ 0 & 0 & N_1 & \cdots & 0 & 0 & N_4 \end{bmatrix}_{3\times12} \tag{3-5}$$

其中，N_k 是标准形函数，有 $N_k=\dfrac{1}{4}(1+\xi_k\xi)(1+\eta_k\eta)$，$\xi,\eta \in [-1,\ 1]$。

内聚力单元节点对的坐标为

$$\boldsymbol{x}_{\mathrm{C}}^{\mathrm{N}}=\left[x_{\mathrm{C}}^{1}\ y_{\mathrm{C}}^{1}\ z_{\mathrm{C}}^{1} \cdots\ x_{\mathrm{C}}^{4}\ y_{\mathrm{C}}^{4}\ z_{\mathrm{C}}^{4}\right]_{12\times1}^{\mathrm{T}}$$

定义参考面上虚拟面单元的等参元，则任意点的坐标可通过形函数表示：

$$\boldsymbol{x}_{\mathrm{C}}(\xi,\eta)=\boldsymbol{H}(\xi,\eta) \boldsymbol{x}_{\mathrm{C}}^{\mathrm{N}} \tag{3-6}$$

对于一般单元形状，内聚力单元需要局部坐标系来计算在法向和切向的局部变形。在一个任意给定点，其切平面可以通过该面内的两个向量 $\boldsymbol{v}_\xi$ 和 $\boldsymbol{v}_\eta$ 来表示，而 $\boldsymbol{v}_\xi$ 和 $\boldsymbol{v}_\eta$ 可通过总体坐标向量对局部坐标系求偏导得到，即

$$\left.\begin{aligned} v_{\xi i}&=x_{\mathrm{C}}(\xi,\eta)_{i,\xi}=H(\xi,\eta)_{i,\xi}\cdot x_{\mathrm{C}i}^{\mathrm{N}} \\ v_{\eta i}&=x_{\mathrm{C}}(\xi,\eta)_{i,\eta}=H(\xi,\eta)_{i,\eta}\cdot x_{\mathrm{C}i}^{\mathrm{N}} \end{aligned} \quad (i=1,\ 2,\ 3)\right\} \tag{3-7}$$

一般情况下 $\boldsymbol{v}_\xi$ 和 $\boldsymbol{v}_\eta$ 非正交，可通过二者叉积得到法向单位向量 $\boldsymbol{v}_n$，然后求得切向单位向量 $\boldsymbol{v}_s$ 和 $\boldsymbol{v}_t$：

$$\left.\begin{aligned} \boldsymbol{v}_{\mathrm{n}}&=(\boldsymbol{v}_\xi \times \boldsymbol{v}_\eta)\,||\,\boldsymbol{v}_\xi \times \boldsymbol{v}_\eta\,||^{-1} \\ \boldsymbol{v}_{\mathrm{s}}&=\boldsymbol{v}_\xi\,||\,\boldsymbol{v}_\xi\,||^{-1} \\ \boldsymbol{v}_{\mathrm{t}}&=\boldsymbol{v}_n \times \boldsymbol{v}_s \end{aligned}\right\} \tag{3-8}$$

定义转换张量矩阵 $\boldsymbol{\Theta}=(\boldsymbol{v}_{\mathrm{s}},\boldsymbol{v}_{\mathrm{t}},\boldsymbol{v}_{\mathrm{n}})$，可将总体坐标系下的相对位移转换到局部坐标系下：

$$\boldsymbol{\delta}=\boldsymbol{\Theta}^{\mathrm{T}} \Delta \boldsymbol{u}_{\mathrm{C}}=\boldsymbol{\Theta}^{\mathrm{T}} \boldsymbol{H}(\xi,\eta) \Delta \boldsymbol{u}_{\mathrm{C}}^{\mathrm{N}}=\boldsymbol{\Theta}^{\mathrm{T}} \boldsymbol{H}(\xi,\eta) \boldsymbol{\Phi} \boldsymbol{u}_{\mathrm{C}}^{\mathrm{N}}=\boldsymbol{B} \boldsymbol{u}_{\mathrm{C}}^{\mathrm{N}} \tag{3-9}$$

式中，$\boldsymbol{\delta}$ 为局部坐标系的相对位移；$\boldsymbol{B}$ 为几何矩阵，有

$$\boldsymbol{B}_{3\times24}=\boldsymbol{\Theta}^{\mathrm{T}} \boldsymbol{H}(\xi,\eta) \boldsymbol{\Phi} \tag{3-10}$$

定义内聚力单元的本构关系为

$$\boldsymbol{\tau}=\boldsymbol{D}\boldsymbol{\delta}=\boldsymbol{D}\boldsymbol{B} \boldsymbol{u}_{\mathrm{C}}^{\mathrm{N}} \tag{3-11}$$

式中，$\boldsymbol{\tau}$ 为牵引力；$\boldsymbol{D}$ 为本构矩阵。

若内聚力单元节点在总体坐标系下的虚位移是 $\boldsymbol{u}_{\mathrm{C}}^{\mathrm{N}*}$，局部坐标系下的虚位移是 $\boldsymbol{\delta}^*$，那么内聚力单元的虚功原理形式就是

$$(\boldsymbol{u}_{\mathrm{C}}^{\mathrm{N}*})^{\mathrm{T}} \boldsymbol{F}_{\mathrm{C}}^{\mathrm{N}}=\int_{\Gamma} (\boldsymbol{\delta}^*)^{\mathrm{T}} \boldsymbol{\tau}\, \mathrm{d}\Gamma \tag{3-12}$$

将式(3-9)代入，得

$$(\boldsymbol{u}_{\mathrm{C}}^{\mathrm{N}*})^{\mathrm{T}} \boldsymbol{F}_{\mathrm{C}}^{\mathrm{N}}=(\boldsymbol{u}_{\mathrm{C}}^{\mathrm{N}*})^{\mathrm{T}} \int_{\Gamma} \boldsymbol{B}^{\mathrm{T}} \boldsymbol{\tau}\, \mathrm{d}\Gamma \tag{3-13}$$

当 $(\boldsymbol{u}_{\mathrm{C}}^{\mathrm{N}*})^{\mathrm{T}}$ 是任意非零向量时，要使等号左右相等，需满足下式：

$$\boldsymbol{F}_{\mathrm{C}}^{\mathrm{N}}=\int_{\Gamma}\boldsymbol{B}^{\mathrm{T}}\boldsymbol{\tau}\,\mathrm{d}\Gamma \tag{3-14}$$

将式(3-11)代入式(3-14),得

$$\boldsymbol{F}_{\mathrm{C}}^{\mathrm{N}}=\int_{\Gamma}\boldsymbol{B}^{\mathrm{T}}\boldsymbol{\tau}\,\mathrm{d}\Gamma=\int_{\Gamma}\boldsymbol{B}^{\mathrm{T}}\boldsymbol{D}\boldsymbol{B}\,\mathrm{d}\Gamma\cdot\boldsymbol{u}_{\mathrm{C}}^{\mathrm{N}} \tag{3-15}$$

式(3-15)就是内聚力单元的刚度方程 $\boldsymbol{F}_{\mathrm{C}}^{\mathrm{N}}=\boldsymbol{K}_{\mathrm{C}}^{\mathrm{e}}\cdot\boldsymbol{u}_{\mathrm{C}}^{\mathrm{N}}$,其中

$$(\boldsymbol{K}_{\mathrm{C}}^{\mathrm{e}})_{24\times24}=\int_{\Gamma}\boldsymbol{B}^{\mathrm{T}}\boldsymbol{D}\boldsymbol{B}\,\mathrm{d}\Gamma \tag{3-16}$$

是内聚力单元的刚度矩阵。内聚力单元节点力向量和刚度矩阵的具体形式是

$$\boldsymbol{F}_{\mathrm{C}}^{\mathrm{N}}=\int_{\Gamma}\boldsymbol{B}^{\mathrm{T}}\boldsymbol{\tau}\,\mathrm{d}\Gamma=\int_{-1}^{1}\int_{-1}^{1}\boldsymbol{B}^{\mathrm{T}}\boldsymbol{\tau}\parallel\boldsymbol{v}_{\xi}\times\boldsymbol{v}_{\eta}\parallel\mathrm{d}\xi\,\mathrm{d}\eta \tag{3-17}$$

$$\boldsymbol{K}_{\mathrm{C}}^{\mathrm{e}}=\int_{\Gamma}\boldsymbol{B}^{\mathrm{T}}\boldsymbol{D}\boldsymbol{B}\,\mathrm{d}\Gamma=\int_{-1}^{1}\int_{-1}^{1}\boldsymbol{B}^{\mathrm{T}}\boldsymbol{D}\boldsymbol{B}\parallel\boldsymbol{v}_{\xi}\times\boldsymbol{v}_{\eta}\parallel\mathrm{d}\xi\,\mathrm{d}\eta \tag{3-18}$$

3.2.2　内聚力单元的本构关系

通过定义式(3-11)中的牵引力-局部相对位移的本构关系就能表征界面的软化过程。目前许多学者提出了不同的材料模型[75, 97-98],如图 3-9 所示。不同曲线形式的本构关系在描述裂纹前端的应力场分布时有所差异。但有研究表明,不同形式的本构关系对结构的整体力学响应无明显影响,所以目前大多数文献使用的还是最简单的双线性形式的损伤软化本构关系。

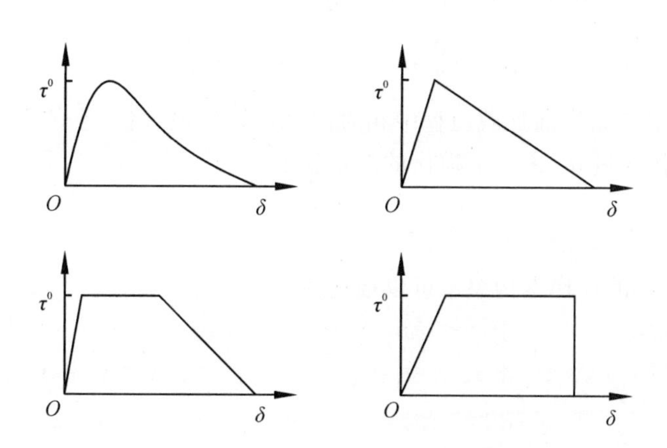

图 3-9　不同形式的本构关系

3.2.2.1　单一型分层损伤本构关系

纯Ⅰ型、Ⅱ型或Ⅲ型界面分层的双线性损伤本构形式如图 3-10 所示。δ_3^0,δ_1^0,δ_2^0 分别是Ⅰ,Ⅱ,Ⅲ型的分层损伤起始位移,δ_3^{f},δ_1^{f},δ_2^{f} 则是完全损伤时对应的最终失效位移,τ_3, τ_1, τ_2 是三种模式对应的牵引力(应力),N, S, T 是相应的界面强度。三角形下的面积分别定义为断裂韧度 G_{IC},G_{IIC},G_{IIIC} ,则有

$$G_{\text{IC}} = \int_0^{\delta_3^f} \tau_3 \mathrm{d}\delta_3, \quad G_{\text{IIC}} = \int_0^{\delta_1^f} \tau_1 \mathrm{d}\delta_1, \quad G_{\text{IIIC}} = \int_0^{\delta_2^f} \tau_2 \mathrm{d}\delta_2 \tag{3-19}$$

则单一型分层的最终失效位移为

$$\delta_3^f = 2G_{\text{IC}}/N, \quad \delta_1^f = 2G_{\text{IIC}}/S, \quad \delta_2^f = 2G_{\text{IIIC}}/T \tag{3-20}$$

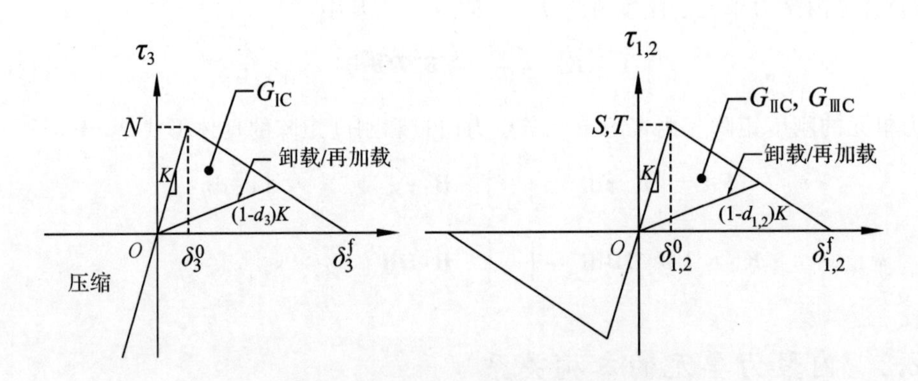

图 3-10　单一型双线性分层损伤本构关系

简单起见,可认为Ⅰ,Ⅱ,Ⅲ型分层的弹性阶段初始刚度 K 相同,则有

$$\tau_i = K\delta_i, \quad i = 1,2,3 \tag{3-21}$$

且认为界面强度 $S = T$,则单一损伤模式下的损伤起始位移为

$$\delta_3^0 = \frac{N}{K}, \delta_1^0 = \delta_2^0 = \delta_{\text{shear}}^0 = \frac{S}{K} \tag{3-22}$$

最大相对位移 $\delta_i^{\max}$ 是当前加载历程中相对位移达到的最大值,它的引入表明损伤是不可逆的过程。定义损伤变量 d_i 来表示损伤的严重程度:

$$d_i = \frac{\delta_i^f(\delta_i^{\max} - \delta_i^0)}{\delta_i^{\max}(\delta_i^f - \delta_i^0)}; \quad i = 1,\ 2,\ 3, \quad 0 \leqslant d_i \leqslant 1 \tag{3-23}$$

那么,上述双线性形式的损伤本构关系可以描述为

$$\tau_i = \begin{cases} K\delta_i, & \delta_i^{\max} \leqslant \delta_i^0 \\ (1 - d_i)K\delta_i, & \delta_i^0 < \delta_i^{\max} < \delta_i^f, \quad i = 1,\ 2,\ 3; \quad \tau_3 = K\delta_3, \delta_3 \leqslant 0 \\ 0, & \delta_i^{\max} \geqslant \delta_i^f \end{cases} \tag{3-24}$$

式中的本构关系可以防止裂纹面之间发生大的穿透。处于卸载或重新加载状态时,牵引力-局部相对位移关系按照指向原点的弹性割线刚度进行,即图 3-10 中的 $(1 - d_i)K$ 。

3.2.2.2　混合型分层损伤本构关系

在复合材料结构实际应用中,分层损伤更有可能在混合模式的加载下发生。许多学者提出了描述这种混合模式损伤的起始和演化准则,这里介绍目前较流行的 Camanho 等[99] 提出的损伤起始和演化准则,如图 3-11 所示。

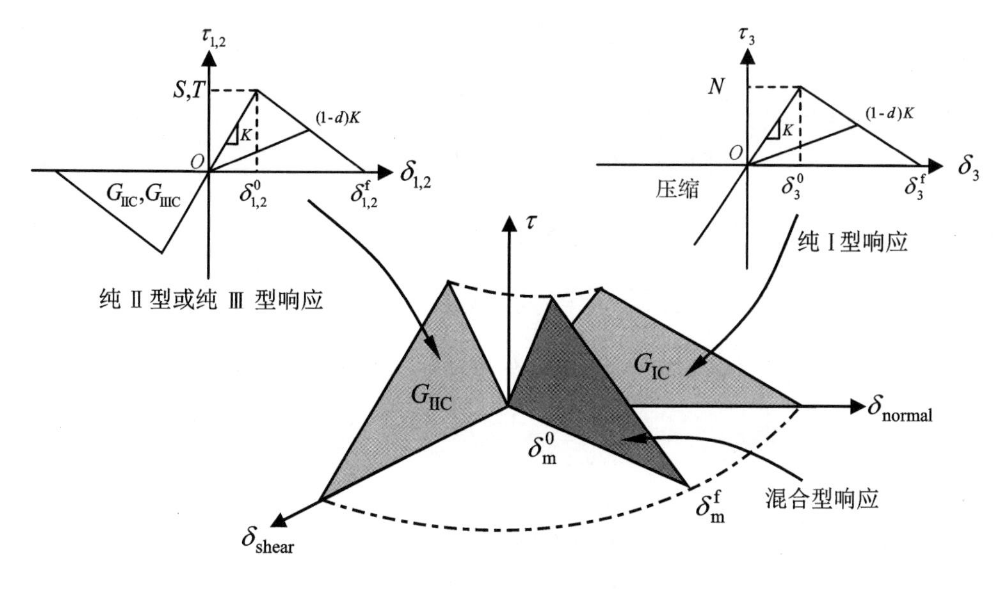

图 3-11　混合型分层损伤本构关系

混合型分层损伤起始采用基于牵引力的二次损伤起始准则为

$$\left(\frac{\langle \tau_3 \rangle}{N}\right)^2 + \left(\frac{\tau_1}{S}\right)^2 + \left(\frac{\tau_2}{T}\right)^2 = 1 \tag{3-25}$$

由于Ⅱ型和Ⅲ型分层的机理相似，可假设 $S=T$。式(3-25)中，$\langle\rangle$ 为 Macaulay 符号，有

$$\langle \tau_3 \rangle = \begin{cases} \tau_3, \tau_3 > 0 \\ 0, \tau_3 \leqslant 0 \end{cases} \tag{3-26}$$

意味着法向压缩牵引力对损伤起始不产生贡献。当式(3-25)左边值大于或等于 1 时，分层损伤起始。

分层损伤的扩展采用 Benzeggagh 和 Kenane[100] 提出的基于能量释放率的损伤演化准则(B-K 准则)：

$$G_{\mathrm{IC}} + (G_{\mathrm{IIC}} - G_{\mathrm{IC}})\left(\frac{G_{\mathrm{shear}}}{G_{\mathrm{T}}}\right)^{\eta} = G_{\mathrm{C}} \tag{3-27}$$

其中，$G_{\mathrm{shear}} = G_{\mathrm{II}} + G_{\mathrm{III}}$，$G_{\mathrm{T}} = G_{\mathrm{I}} + G_{\mathrm{II}} + G_{\mathrm{III}}$；$G_{\mathrm{IC}}$，$G_{\mathrm{IIC}}$ 分别是Ⅰ，Ⅱ型断裂韧度；参数 η 是一个试验拟合参数。

定义剪切相对位移为

$$\delta_{\mathrm{shear}} = \sqrt{\delta_1^2 + \delta_2^2} \tag{3-28}$$

混合模式下的总相对位移为

$$\delta_{\mathrm{m}} = \sqrt{\delta_{\mathrm{shear}}^2 + \langle \delta_3 \rangle^2} \tag{3-29}$$

式中，δ_{shear} 表示剪切相对位移。

当法向张开位移 $\delta_3 > 0$ 时，定义混合比(mixity ratio)为

$$\beta = \frac{\delta_{\mathrm{shear}}}{\delta_3} \tag{3-30}$$

由于假设界面强度 $S=T$，当 $\tau_3 > 0$ 时，式(3-25)可改写成

$$\left(\frac{\delta_3}{\delta_3^0}\right)^2+\left(\frac{\delta_{\text{shear}}}{\delta_1^0}\right)^2=1 \tag{3-31}$$

由式(3-30)和式(3-31)解出：

$$(\delta_3)^2=\frac{(\delta_1^0\delta_3^0)^2}{(\delta_1^0)^2+(\beta\delta_3^0)^2} \tag{3-32}$$

则当 $\tau_3>0$ 时混合型分层的损伤起始位移为

$$\delta_{\text{m}}^0=\sqrt{(\delta_3)^2+(\delta_{\text{shear}})^2}=\delta_3\sqrt{1+\beta^2}=\delta_1^0\delta_3^0\sqrt{\frac{1+\beta^2}{(\delta_1^0)^2+(\beta\delta_3^0)^2}} \tag{3-33}$$

当 $\tau_3<0$ 时，$\delta_{\text{m}}^0=\delta_{\text{shear}}^0$ 。所以，混合型分层的损伤起始位移可总结为

$$\delta_{\text{m}}^0=\begin{cases}\delta_3^0\delta_1^0\sqrt{\dfrac{1+\beta^2}{(\delta_1^0)^2+(\beta\delta_3^0)^2}}, & \delta_3>0\\ \delta_{\text{shear}}^0, & \delta_3\leqslant 0\end{cases} \tag{3-34}$$

当混合型分层损伤演化时，对应的能量释放率分别是

$$G_{\text{I}}=\frac{1}{2}K\delta_{\text{mf}}^3\delta_{\text{m0}}^3,\quad G_{\text{shear}}=\frac{1}{2}K\delta_{\text{m0}}^{\text{shear}}\delta_{\text{mf}}^{\text{shear}} \tag{3-35}$$

其中，δ_{m0}^3，$\delta_{\text{m0}}^{\text{shear}}$ 分别是混合型分层损伤法向和切向的损伤起始位移；δ_{mf}^3，$\delta_{\text{mf}}^{\text{shear}}$ 分别是混合型分层损伤法向和切向的最终失效位移。由式(3-29)可得

$$\left.\begin{aligned}\delta_{\text{m0}}^3&=\frac{\delta_{\text{m}}^0}{\sqrt{1+\beta^2}},\quad \delta_{\text{mf}}^3=\frac{\delta_{\text{m}}^{\text{f}}}{\sqrt{1+\beta^2}}\\ \delta_{\text{m0}}^{\text{shear}}&=\frac{\beta\delta_{\text{m}}^0}{\sqrt{1+\beta^2}},\quad \delta_{\text{mf}}^{\text{shear}}=\frac{\beta\delta_{\text{m}}^{\text{f}}}{\sqrt{1+\beta^2}}\end{aligned}\right\} \tag{3-36}$$

将式(3-36)代入式(3-35)，得完全损伤状态时，有

$$G_{\text{shear}}=\frac{1}{2}K\delta_{\text{m}}^{\text{f}}\delta_{\text{m}}^0\frac{\beta^2}{1+\beta^2},\quad G_{\text{T}}=\frac{1}{2}K\delta_{\text{m}}^{\text{f}}\delta_{\text{m}}^0 \tag{3-37}$$

式(3-27)可重写为

$$G_{\text{I C}}+(G_{\text{II C}}-G_{\text{I C}})\left(\frac{\beta^2}{1+\beta^2}\right)^\eta=G_{\text{C}} \tag{3-38}$$

于是可以得到混合型分层完全损伤时的最终失效位移为

$$\delta_{\text{m}}^{\text{f}}=\begin{cases}\dfrac{2}{K\delta_{\text{m}}^0}\left[G_{\text{I C}}+(G_{\text{II C}}-G_{\text{I C}})\left(\dfrac{\beta^2}{1+\beta^2}\right)^\eta\right], & \delta_3>0\\ \sqrt{(\delta_1^{\text{f}})^2+(\delta_2^{\text{f}})^2}, & \delta_3\leqslant 0\end{cases} \tag{3-39}$$

类似于单一型分层，可以定义混合模式的损伤变量为

$$d=\frac{\delta_{\text{m}}^{\text{f}}(\delta_{\text{m}}^{\max}-\delta_{\text{m}}^0)}{\delta_{\text{m}}^{\max}(\delta_{\text{m}}^{\text{f}}-\delta_{\text{m}}^0)},0\leqslant d\leqslant 1 \tag{3-40}$$

$$\delta_{\text{m}}^{\max}=\max\{\delta_{\text{m}}^{\max},\delta_{\text{m}}\} \tag{3-41}$$

混合型分层模式下，界面的本构关系写成指标形式为

$$\tau_p=D_{pq}\delta_q \tag{3-42}$$

其中

$$D_{pq}=\begin{cases}\bar{\delta}_{pq}K, & \delta_{\mathrm{m}}^{\max}\leqslant\delta_{\mathrm{m}}^{0}\\ \bar{\delta}_{pq}\left[(1-d)K+Kd\,\bar{\delta}_{p3}\dfrac{\langle-\delta_3\rangle}{-\delta_3}\right], & \delta_{\mathrm{m}}^{0}<\delta_{\mathrm{m}}^{\max}<\delta_{\mathrm{m}}^{\mathrm{f}}\\ \bar{\delta}_{p3}\,\bar{\delta}_{3q}\dfrac{\langle-\delta_3\rangle}{-\delta_3}K, & \delta_{\mathrm{m}}^{\max}>\delta_{\mathrm{m}}^{\mathrm{f}}\end{cases}\tag{3-43}$$

式中，$\bar{\delta}_{pq}$ 是 Kronecker 符号。

3.2.3　内聚力单元的切线刚度矩阵

用有限元隐式求解器计算非线性问题时常用 Newton - Raphson 方法迭代求解，这需要给出单元的切线刚度矩阵。内聚力单元的切线刚度矩阵用指标形式定义为

$$K_{ij}^{\mathrm{T}}=\frac{\partial F_i^{\mathrm{M}}}{\partial u_j^{\mathrm{M}}}\tag{3-44}$$

将式(3 - 15)的平衡方程写成指标形式为

$$F_i^{\mathrm{M}}=\int_{\Gamma}B_{pi}D_{pq}B_{qj}\,\mathrm{d}\Gamma\cdot u_j^{\mathrm{M}}\tag{3-45}$$

根据损伤状态的不同(未损伤，损伤软化阶段，或完全损伤)，将式(3 - 45)代入式(3 - 44)，并联系式(3 - 43)中的本构关系，可以得到内聚力单元的切线刚度矩阵如下。

1. 未损伤阶段($\delta_{\mathrm{m}}^{\max}\leqslant\delta_{\mathrm{m}}^{0}$)

损伤起始之前，内聚力单元处于弹性阶段，$D_{pq}=\bar{\delta}_{pq}K$，则切线刚度矩阵为

$$K_{ij}^{\mathrm{t}}=\frac{\partial F_i^{\mathrm{M}}}{\partial u_j^{\mathrm{M}}}=\int_{\Gamma}B_{pi}KB_{pj}\,\mathrm{d}\Gamma\tag{3-46}$$

2. 损伤软化阶段($\delta_{\mathrm{m}}^{0}<\delta_{\mathrm{m}}^{\max}<\delta_{\mathrm{m}}^{\mathrm{f}}$)

损伤起始后单元处于软化阶段，此时 $D_{pq}=\bar{\delta}_{pq}\left[(1-d)K+Kd\,\bar{\delta}_{p3}\dfrac{\langle-\delta_3\rangle}{-\delta_3}\right]$，则

$$\begin{aligned}K_{ij}^{\mathrm{t}}&=\frac{\partial F_i^{\mathrm{M}}}{\partial u_j^{\mathrm{M}}}=\int_{\Gamma}B_{pi}D_{pq}B_{qj}\,\mathrm{d}\Gamma+\int_{\Gamma}B_{pi}\frac{\partial D_{pq}}{\partial u_j^{\mathrm{M}}}\delta_q\,\mathrm{d}\Gamma\\&=K_{ij}^{\mathrm{t1}}+K_{ij}^{\mathrm{t2}}\end{aligned}\tag{3-47}$$

其中

$$\frac{\partial D_{pq}}{\partial u_j^{\mathrm{M}}}=\frac{\partial D_{pq}}{\partial\delta_w}\frac{\partial\delta_w}{\partial u_j^{\mathrm{C}}}=\left(\frac{\partial D_{pq}}{\partial d}\frac{\partial d}{\partial\delta_w}\right)B_{wj}\tag{3-48}$$

式中

$$\frac{\partial D_{pq}}{\partial d}=-K\,\bar{\delta}_{pq}\left(1-\bar{\delta}_{p3}\frac{\langle-\delta_3\rangle}{-\delta_3}\right)=-K\Psi_{pq}^{*}\tag{3-49}$$

其中

$$\Psi_{pq}^{*}=\bar{\delta}_{pq}\left(1-\bar{\delta}_{p3}\frac{\langle-\delta_3\rangle}{-\delta_3}\right)\tag{3-50}$$

在式(3 - 48)中，还有

$$\frac{\partial d}{\partial \delta_w}=\frac{\partial d}{\partial \delta_m^{max}}\frac{\partial \delta_m^{max}}{\partial \delta_w} \tag{3-51}$$

由式(3-40),可得

$$\frac{\partial d}{\partial \delta_m^{max}}=\frac{\delta_m^f \delta_m^0}{(\delta_m^{max})^2(\delta_m^f-\delta_m^0)} \tag{3-52}$$

由式(3-41)可推得

$$\frac{\partial \delta_m^{max}}{\partial \delta_w}=\frac{\delta_w}{\delta_m}\rho(\delta_m^{max},\delta_m)\left(1-\bar{\delta}_{3w}+\frac{\langle \delta_3 \rangle}{\delta_3}\bar{\delta}_{3w}\right)=\frac{\delta_w}{\delta_m}\rho(\delta_m^{max},\delta_m)\Psi_w^{**}(\delta_3) \tag{3-53}$$

其中

$$\rho(\delta_m^{max},\delta_m)=\begin{cases}1, & \delta_m>\delta_m^{max}(\text{软化中})\\ 0, & \delta_m\leqslant\delta_m^{max}(\text{卸载})\end{cases} \tag{3-54}$$

将式(3-49)~式(3-53)代入式(3-48),得

$$\frac{\partial D_{pq}}{\partial u_j^M}=-K\Psi_{pq}^*\frac{\delta_m^f\delta_m^0}{(\delta_m^{max})^2(\delta_m^f-\delta_m^0)}\frac{\delta_w}{\delta_m}\rho(\delta_m^{max},\delta_m)\Psi_w^{**}(\delta_3)B_{wj} \tag{3-55}$$

那么,联立式(3-47)和式(3-55),就可以得到 K_{ij}^{t2} 为

$$K_{ij}^{t2}=-\int_\Gamma B_{pi}\Psi_{pq}^*\delta_q\frac{K\delta_m^f\delta_m^0}{(\delta_m^{max})^2(\delta_m^f-\delta_m^0)}\frac{\delta_w}{\delta_m}\rho(\delta_m^{max},\delta_m)\Psi_w^{**}(\delta_3)B_{wj}\,d\Gamma \tag{3-56}$$

3.完全损伤阶段($\delta_m^{max}\geqslant\delta_m^f$)

当单元完全损伤后,其损伤变量 $d=1$, $D_{pq}=\bar{\delta}_{p3}\bar{\delta}_{3q}\frac{\langle -\delta_3 \rangle}{-\delta_3}K$,则

$$K_{ij}^t=\int_\Gamma B_{pi}\bar{\delta}_{p3}\bar{\delta}_{3q}\frac{\langle -\delta_3 \rangle}{-\delta_3}KB_{qj}\,d\Gamma \tag{3-57}$$

3.2.4 黏性调整

在用内聚力单元模拟分层损伤过程中,当损伤起始时,采用隐式算法会遇到严重的收敛困难,这是由 CRC3D8 单元达到应力峰值后不稳定的弹性回跳(elastic snap - back instability)引起的。储存在周围材料内的弹性能量迅速通过内聚力单元释放,这导致内聚力单元的突然破裂,造成数值计算收敛困难。

目前,许多学者提出了解决这类问题的方法,最简单、有效的方法就是对界面单元的本构关系进行黏性调整(viscous regularization)。本构关系的黏性调整,就是允许牵引力超出本构所设定的形式,使得界面单元的切线刚度矩阵在足够小的时间增量内保持正定。本节采用的黏性调整方法[101]是通过引入黏性损伤变量 d_v 来代替常规的无黏损伤变量 d 来实现的,这样的调整可以大大提高收敛性,且合适的取值对计算结果无明显影响。

定义 d_v 的演化方程为

$$\dot{d}_v=\frac{1}{\mu}(d-d_v) \tag{3-58}$$

其中,μ 是黏性系数,表示黏性系统的松弛时间,通常取一个很小的值(小于典型的时间增量)。当前增量步下的黏性损伤变量是

$$d_v(t+\Delta t)=d_v(t)+\frac{1}{\mu}[d(t+\Delta t)-d_v(t+\Delta t)]\Delta t \tag{3-59}$$

$$d_v(t+\Delta t)=\frac{d_v(t)+\dfrac{\Delta t}{\mu}d(t+\Delta t)}{1+\dfrac{\Delta t}{\mu}} \tag{3-60}$$

式中，t 表示时间；Δt 表示时间增量。式(3-60)中，当 $\Delta t/\mu \to \infty$ 时，系统松弛为无黏系统。$0 \leqslant d \leqslant 1$，$0 \leqslant d_v \leqslant 1$。特别地，当单元处于软化阶段时，其切线刚度矩阵是

$$\begin{aligned} K_{ij}^{t} &= \int_{\Gamma} B_{pi} D_{pq} B_{qj} \, d\Gamma + \int_{\Gamma} B_{pi} \frac{\partial D_{pq}}{\partial u_j^{M}} \delta_q \, d\Gamma \\ &= K_{ij}^{t1} + K_{ij}^{t2} \end{aligned} \tag{3-61}$$

对于 K_{ij}^{t1}，只需将式(3-61)中 D_{pq} 的损伤变量 d 用 d_v 代替。

对于 K_{ij}^{t2}，切线刚度阵推导时，式(3-48)可做如下调整：

$$\frac{\partial D_{pq}}{\partial u_j^{M}}=\left(\frac{\partial D_{pq}}{\partial d_v}\frac{\partial d_v}{\partial d}\frac{\partial d}{\partial \delta_w}\right)B_{wj} \tag{3-62}$$

此时 K_{ij}^{t2} 中除了前面推导中含有的内容外，还增加了一项 $\frac{\partial d_v}{\partial d}$。由式(3-60)可知，假若上一时刻 t 时的黏性损伤变量 $d_v(t)$ 确定，则下一时刻 $t+\Delta t$ 时，$\frac{\partial d_v}{\partial d}=\frac{\Delta t/\mu}{1+\Delta t/\mu}$。当时间增量值 Δt 很小时，常常预示着收敛困难。当 $\frac{\Delta t}{\mu} \to 0$ 时，$K_{ij}^{t2} \to 0$，此时切线刚度矩阵正定，本增量步下就可以获得收敛解。但有一点需要注意，黏性系数 μ 的选择将同时影响计算结果的精度和计算收敛性，需要做细致的参数选择讨论合适的 μ 值，这一工作将在后面中给出。

3.3 新型组合界面单元

通常将内聚力单元和三维实体单元结合进行层合板结构的建模分析。根据内聚力单元的原理，在外力作用下，在界面裂纹前缘存在一个可称为内聚力区域(cohesive zone)的损伤软化区域。内聚力区域的存在消除了裂尖奇异性，对于典型的聚合物基复合材料，其长度通常只有1mm 左右。在内聚力区域内需要有足够数量的单元才能保证数值模拟的精确性和稳定性，研究者们[76,95]分别提出了该区域需要存在的单元个数(从 2～10 个不等)。这样的限制就使得计算分层问题时要求的单元尺寸很小，当采用传统三维实体单元和内聚力单元计算时，模型的计算规模很大。一些研究者提出使用人为降低界面强度的方法来增加内聚力区域的长度，从而可以增大内聚力单元的尺寸。但值得注意的是，这样的做法将导致裂纹前端的应力分布不正确，进而影响面内单元的应力分布和失效模式，因此这样的做法只适用于裂纹长度远大于 cohesive zone 长度的情况[96]。

另外，复合材料结构大多是典型的薄壁结构，在工程实际应用中常用计算效率和精度更高的板壳单元来建模计算。为此，提出了一种适合与板壳单元配合使用的新型界面单元以及与之相应的层合板三维板壳叠层模型，以便计算复杂载荷下的层间损伤过程。

3.3.1 板壳叠层有限元模型描述

图 3－12 是考虑复合材料层合板分层断裂的两种有限元模型示意图。图 3－12(a)是常用的三维实体单元和内聚力单元结合的三维实体模型,图 3－12(b)是将二维板壳单元和新型界面单元结合的所谓板壳叠层模型。新型界面单元是由刚性元和厚度为零的内聚力单元组合而成的整体,称为组合界面单元(combined interfacial element)。在图 3－12(b)所示的板壳叠层模型中,将层合板分成多个子层,子层用其厚度中面处建立的四节点四边形板壳单元模拟,有限厚度的八节点组合界面单元用来连接不同的相邻子层板壳单元,面内变形和损伤由板壳单元表征,层间变形和损伤由组合界面单元承担。

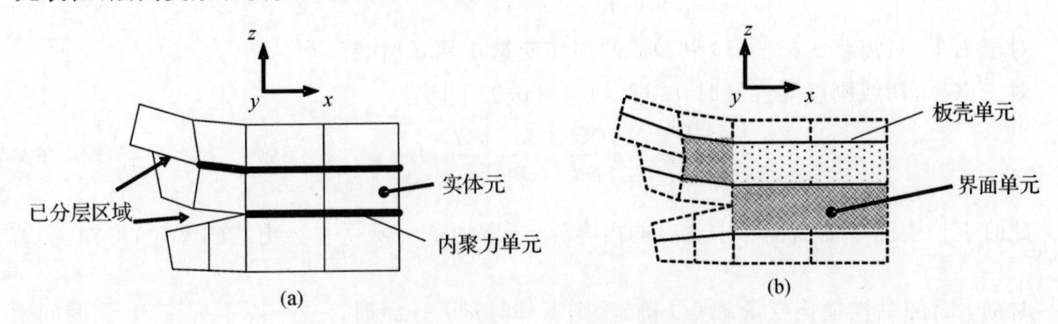

图 3－12 复合材料分层分析有限元模型

(a)三维实体模型;(b)板壳叠层模型

3.3.2 组合界面单元分析

组合界面单元中,刚性元主节点与板壳单元节点相连,副节点与零厚度的内聚力单元对应节点相连,如图 3－13 所示。板壳单元的平动和转动位移通过刚性元传递到内部内聚力单元上,层间损伤实际上是通过内部的内聚力单元体现的,单个刚性元的长度体现了子层板壳的半个厚度。

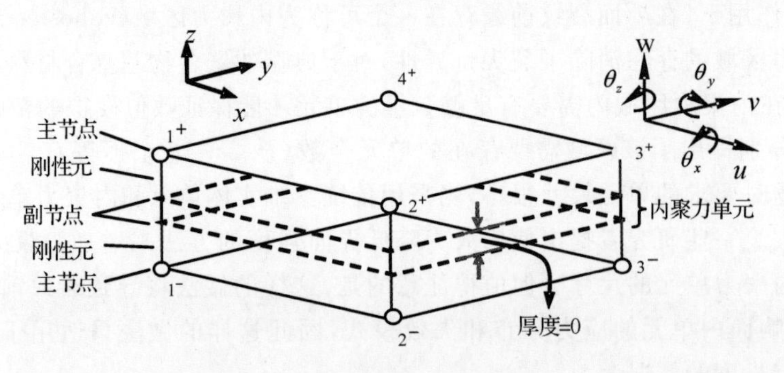

图 3－13 组合界面单元结构示意图

通过推导组合界面单元的刚度方程,缩聚掉内部自由度,使组合界面单元在板壳单元节点自由度以外不额外增加自由度。根据商业有限元软件 ABAQUS 对单元的命名规则，可将组合界面单元命名为 CRC3D8(Combined Rigid - Cohesive element)，即三维八节点完全积分刚性元-内聚力单元的组合界面单元。

在新型组合界面单元 CRC3D8 中，与底面节点相连的刚性元用 $1^-,2^-,3^-,4^-$ 标记，与顶面节点相连的刚性元用 $1^+,2^+,3^+,4^+$ 标记，那么对第 i 个刚性元（$i=1^-,2^-,\cdots,3^+,4^+$），其主、副节点的位移列阵和节点力列阵分别为：

主节点位移列阵：$\boldsymbol{u}_{\mathrm{M}}^i=[u_{\mathrm{M}}^i \quad v_{\mathrm{M}}^i \quad w_{\mathrm{M}}^i \quad \theta_{x\mathrm{M}}^i \quad \theta_{y\mathrm{M}}^i \quad \theta_{z\mathrm{M}}^i]^{\mathrm{T}}$；

副节点位移列阵：$\boldsymbol{u}_{\mathrm{S}}^i=[u_{\mathrm{S}}^i \quad v_{\mathrm{S}}^i \quad w_{\mathrm{S}}^i \quad \theta_{x\mathrm{S}}^i \quad \theta_{y\mathrm{S}}^i \quad \theta_{z\mathrm{S}}^i]^{\mathrm{T}}$；

主节点节点力列阵：$\boldsymbol{F}_{\mathrm{M}}^i=[F_{x\mathrm{M}}^i \quad F_{y\mathrm{M}}^i \quad F_{z\mathrm{M}}^i \quad M_{x\mathrm{M}}^i \quad M_{y\mathrm{M}}^i \quad M_{z\mathrm{M}}^i]^{\mathrm{T}}$；

副节点节点力列阵：$\boldsymbol{F}_{\mathrm{S}}^i=[F_{x\mathrm{S}}^i \quad F_{y\mathrm{S}}^i \quad F_{z\mathrm{S}}^i \quad M_{x\mathrm{S}}^i \quad M_{y\mathrm{S}}^i \quad M_{z\mathrm{S}}^i]^{\mathrm{T}}$。

其中，下标 M 和 S 分别表示主节点和副节点；u,v,w 表示沿着 $x,\ y,\ z$ 方向的平动自由度；$\theta_x,\theta_y,\theta_z$ 表示绕 $x,\ y,\ z$ 轴的转动自由度；F_x,F_y,F_z 表示沿着 $x,\ y,\ z$ 方向的节点力；M_x,M_y,M_z 表示绕 $x,\ y,\ z$ 轴的节点弯矩。

主、副节点的位移转换关系为

$$\boldsymbol{u}_{\mathrm{S}}^i=\boldsymbol{t}_{\mathrm{u}}^i\,\boldsymbol{u}_{\mathrm{M}}^i \tag{3-63}$$

式中，$\boldsymbol{t}_{\mathrm{u}}^i$ 为第 i 个刚性元主、副节点之间的位移转换矩阵，即

$$\boldsymbol{t}_{\mathrm{u}}^i=\begin{bmatrix}1 & 0 & 0 & 0 & z_{\mathrm{S}}^i-z_{\mathrm{M}}^i & -(y_{\mathrm{S}}^i-y_{\mathrm{M}}^i)\\ 0 & 1 & 0 & -(z_{\mathrm{S}}^i-z_{\mathrm{M}}^i) & 0 & x_{\mathrm{S}}^i-x_{\mathrm{M}}^i\\ 0 & 0 & 1 & y_{\mathrm{S}}^i-y_{\mathrm{M}}^i & -(x_{\mathrm{S}}^i-x_{\mathrm{M}}^i) & 0\\ 0 & 0 & 0 & 1 & 0 & 0\\ 0 & 0 & 0 & 0 & 1 & 0\\ 0 & 0 & 0 & 0 & 0 & 1\end{bmatrix} \tag{3-64}$$

式中，$x_j^i,y_j^i,z_j^i\ (j=\mathrm{M,S})$ 表示第 i 个刚性元的主节点或副节点的 $x,\ y,\ z$ 坐标。

同样地，第 i 个刚性元的主、副节点的节点力之间的关系为

$$\boldsymbol{F}_{\mathrm{S}}^i=\boldsymbol{t}_{\mathrm{F}}^i\,\boldsymbol{F}_{\mathrm{M}}^i \tag{3-65}$$

式中，$\boldsymbol{t}_{\mathrm{F}}^i$ 为第 i 个刚性元主、副节点之间的节点力转换矩阵。事实上，处于平衡状态的刚性元的主、副节点力的虚功之和为零，则有如下关系：

$$(\boldsymbol{F}_{\mathrm{M}}^i)^{\mathrm{T}}\delta\,\boldsymbol{u}_{\mathrm{M}}^i+(\boldsymbol{F}_{\mathrm{S}}^i)^{\mathrm{T}}\delta\,\boldsymbol{u}_{\mathrm{S}}^i=0 \tag{3-66}$$

将式(3-63)和式(3-64)代入式(3-66)，可得

$$(\boldsymbol{F}_{\mathrm{M}}^i)^{\mathrm{T}}\delta\,\boldsymbol{u}_{\mathrm{M}}^i+(\boldsymbol{t}_{\mathrm{F}}^i\,\boldsymbol{F}_{\mathrm{M}}^i)^{\mathrm{T}}\,\boldsymbol{t}_{\mathrm{u}}^i\delta\,\boldsymbol{u}_{\mathrm{M}}^i=0 \tag{3-67}$$

由此可见

$$(\boldsymbol{t}_{\mathrm{F}}^i)^{\mathrm{T}}\,\boldsymbol{t}_{\mathrm{u}}^i=-\boldsymbol{I} \tag{3-68}$$

故有

$$(\boldsymbol{t}_{\mathrm{F}}^i)^{\mathrm{T}}=-(\boldsymbol{t}_{\mathrm{u}}^i)^{-1}\ \text{或}\ (\boldsymbol{t}_{\mathrm{u}}^i)^{\mathrm{T}}=-(\boldsymbol{t}_{\mathrm{F}}^i)^{-1} \tag{3-69}$$

CRC3D8 单元主节点的坐标 $\boldsymbol{x}_{\mathrm{M}}^{\mathrm{N}}$ 为

$$\boldsymbol{x}_{\mathrm{M}}^{\mathrm{N}}=[\boldsymbol{x}_{\mathrm{M}}^-\mid\boldsymbol{x}_{\mathrm{M}}^+]^{\mathrm{T}}=[x_{\mathrm{M}}^{1-}\quad y_{\mathrm{M}}^{1-}\quad z_{\mathrm{M}}^{1-}\quad\cdots\quad x_{\mathrm{M}}^{4+}\quad y_{\mathrm{M}}^{4+}\quad z_{\mathrm{M}}^{4+}]_{24\times1}^{\mathrm{T}} \tag{3-70}$$

式中，$\boldsymbol{x}_{\mathrm{M}}^-$，$\boldsymbol{x}_{\mathrm{M}}^+$ 分别是底面和顶面主节点坐标。CRC3D8 单元的副节点对坐标 $\boldsymbol{x}_{\mathrm{S}}^{\mathrm{N}}$ 是：

$$\boldsymbol{x}_{\mathrm{S}}^{\mathrm{N}}=[x_{\mathrm{S}}^{1-}\quad y_{\mathrm{S}}^{1-}\quad z_{\mathrm{S}}^{1-}\quad\ldots\quad x_{\mathrm{S}}^{4+}\quad y_{\mathrm{S}}^{4+}\quad z_{\mathrm{S}}^{4+}]_{24\times1}^{\mathrm{T}} \tag{3-71}$$

假设 CRC3D8 单元主节点在总体坐标系下的位移为

$$\begin{aligned}\boldsymbol{u}_{\mathrm{M}}^{\mathrm{N}} &= [\boldsymbol{u}_{\mathrm{M}}^{-} \mid \boldsymbol{u}_{\mathrm{M}}^{+}]^{\mathrm{T}} \\ &= [u_{\mathrm{M}}^{1-} \quad v_{\mathrm{M}}^{1-} \quad w_{\mathrm{M}}^{1-} \quad \theta_{x\mathrm{M}}^{1-} \quad \theta_{y\mathrm{M}}^{1-} \quad \theta_{z\mathrm{M}}^{1-} \quad \cdots \quad u_{\mathrm{M}}^{4+} \quad v_{\mathrm{M}}^{4+} \quad w_{\mathrm{M}}^{4+} \quad \theta_{x\mathrm{M}}^{4+} \quad \theta_{y\mathrm{M}}^{4+} \quad \theta_{z\mathrm{M}}^{4+}]_{48\times 1}^{\mathrm{T}}\end{aligned} \tag{3-72}$$

式中，$\boldsymbol{u}_{\mathrm{M}}^{-}$ 和 $\boldsymbol{u}_{\mathrm{M}}^{+}$ 分别为底面和顶面的主节点位移，也就是与界面单元相连的板壳单元节点位移。那么，可以得到 CRC3D8 单元所有主、副节点位移之间的转换关系为

$$\boldsymbol{u}_{\mathrm{S}}^{\mathrm{N}} = \boldsymbol{T}_{\mathrm{u}}\, \boldsymbol{u}_{\mathrm{M}}^{\mathrm{N}} \tag{3-73}$$

式中，$\boldsymbol{u}_{\mathrm{S}}^{\mathrm{N}}$ 为 CRC3D8 单元副节点位移向量；$\boldsymbol{T}_{\mathrm{u}}$ 为单元的位移转换矩阵：

$$\boldsymbol{T}_{\mathrm{u}} = \begin{bmatrix} \boldsymbol{t}_{\mathrm{u}}^{1} & \boldsymbol{0} & \cdots & \boldsymbol{0} \\ \boldsymbol{0} & \boldsymbol{t}_{\mathrm{u}}^{2} & \cdots & \boldsymbol{0} \\ \vdots & \vdots & & \vdots \\ \boldsymbol{0} & \boldsymbol{0} & \cdots & \boldsymbol{t}_{\mathrm{u}}^{8} \end{bmatrix}_{48\times 48} \tag{3-74}$$

类似地，CRC3D8 单元的主、副节点力关系可以写成

$$\boldsymbol{F}_{\mathrm{S}}^{\mathrm{N}} = \boldsymbol{T}_{\mathrm{F}}\, \boldsymbol{F}_{\mathrm{M}}^{\mathrm{N}} \tag{3-75}$$

式中，$\boldsymbol{F}_{\mathrm{M}}^{\mathrm{N}}$ 和 $\boldsymbol{F}_{\mathrm{S}}^{\mathrm{N}}$ 分别是 CRC3D8 单元的主节点和副节点的节点力向量；$\boldsymbol{T}_{\mathrm{F}}$ 是节点力转换矩阵。可以看到，$\boldsymbol{T}_{\mathrm{u}}$ 和 $\boldsymbol{T}_{\mathrm{F}}$ 都是分块对角矩阵，且它们的子阵都是方阵，因此可通过式(3-69)得到如下关系：

$$\boldsymbol{T}_{\mathrm{u}}^{\mathrm{T}} = -\boldsymbol{T}_{\mathrm{F}}^{-1} \tag{3-76}$$

通过式(3-73)和式(3-75)，板壳单元节点的平动和转动自由度、节点力就通过刚性元传递到了内部的内聚力单元上，且板壳单元的厚度也通过刚性元体现出来。

CRC3D8 单元的副节点位移 $\boldsymbol{u}_{\mathrm{S}}^{\mathrm{N}}$ 中的转动自由度对于与之共节点的内聚力单元没有明确的物理含义，在分析中不予考虑。为此，可将 $\boldsymbol{u}_{\mathrm{S}}^{\mathrm{N}}$ 转化为不含转动自由度的内聚力单元节点位移 $\boldsymbol{u}_{\mathrm{C}}^{\mathrm{N}}$，即

$$\boldsymbol{u}_{\mathrm{C}}^{\mathrm{N}} = \boldsymbol{\psi}\, \boldsymbol{u}_{\mathrm{S}}^{\mathrm{N}} \tag{3-77}$$

其中，

$$\boldsymbol{\psi} = \begin{bmatrix} \boldsymbol{\gamma} & & & \\ & \boldsymbol{\gamma} & & \\ & & \cdots & \\ & & & \boldsymbol{\gamma} \end{bmatrix}_{24\times 48} \quad \text{且}\ \boldsymbol{\gamma} = \begin{bmatrix} 1 & 0 & 0 & 0 & 0 & 0 \\ 0 & 1 & 0 & 0 & 0 & 0 \\ 0 & 0 & 1 & 0 & 0 & 0 \end{bmatrix}_{3\times 6} \tag{3-78}$$

和上述节点位移转换类似，若用 $\boldsymbol{F}_{\mathrm{C}}^{\mathrm{N}}$ 表示 CRC3D8 单元内聚力单元的节点力，则其可以用 $\boldsymbol{F}_{\mathrm{S}}^{\mathrm{N}}$ 表示为

$$\boldsymbol{F}_{\mathrm{C}}^{\mathrm{N}} = -\boldsymbol{\psi}\boldsymbol{F}_{\mathrm{S}}^{\mathrm{N}} \tag{3-79}$$

由式(3-14)，即

$$\boldsymbol{F}_{\mathrm{C}}^{\mathrm{N}} = \int_{\Gamma} \boldsymbol{B}^{\mathrm{T}} \boldsymbol{\tau}\, \mathrm{d}\Gamma \tag{3-80}$$

将式(3-73)、式(3-77)、式(3-11) 和式(3-79)代入式(3-80)，得

$$-\boldsymbol{\psi}\, \boldsymbol{F}_{\mathrm{S}}^{\mathrm{N}} = \int_{\Gamma} \boldsymbol{B}^{\mathrm{T}} \boldsymbol{D} \boldsymbol{B}\, \mathrm{d}\Gamma \cdot \boldsymbol{\psi}\, \boldsymbol{T}_{\mathrm{u}}\, \boldsymbol{u}_{\mathrm{M}}^{\mathrm{N}}$$

利用 $\boldsymbol{\psi}\, \boldsymbol{\psi}^{\mathrm{T}} = \boldsymbol{I}_{24\times 24}$，将上式右边构造成如下形式：

$$-\boldsymbol{\psi}\boldsymbol{F}_{\mathrm{S}}^{\mathrm{N}}=\boldsymbol{\psi}\boldsymbol{\psi}^{\mathrm{T}}\int_{\Gamma}\boldsymbol{B}^{\mathrm{T}}\boldsymbol{D}\boldsymbol{B}\mathrm{d}\Gamma\cdot\boldsymbol{\psi}\boldsymbol{T}_{\mathrm{u}}\boldsymbol{u}_{\mathrm{M}}^{\mathrm{N}}$$

或写成

$$\boldsymbol{\psi}\left(\boldsymbol{F}_{\mathrm{S}}^{\mathrm{N}}+\boldsymbol{\psi}^{\mathrm{T}}\int_{\Gamma}\boldsymbol{B}^{\mathrm{T}}\boldsymbol{D}\boldsymbol{B}\mathrm{d}\Gamma\cdot\boldsymbol{\psi}\boldsymbol{T}_{\mathrm{u}}\boldsymbol{u}_{\mathrm{M}}^{\mathrm{N}}\right)=\boldsymbol{0}$$

注意到上式中 $\boldsymbol{\psi}$ 为 24×48 的非零矩阵，而且没有元素全都为 0 的行，$\boldsymbol{F}_{\mathrm{S}}^{\mathrm{N}}+\boldsymbol{\psi}^{\mathrm{T}}\int_{\Gamma}\boldsymbol{B}^{\mathrm{T}}\boldsymbol{D}\boldsymbol{B}\mathrm{d}\Gamma\cdot\boldsymbol{\psi}\cdot\boldsymbol{T}_{\mathrm{u}}\boldsymbol{u}_{\mathrm{M}}^{\mathrm{N}}$ 是 48×1 的向量，若要 $\boldsymbol{\psi}$ 矩阵与该向量的乘积向量为 **0**，那么只能是该向量为 **0** 向量，即

$$-\boldsymbol{F}_{\mathrm{S}}^{\mathrm{N}}=\boldsymbol{\psi}^{\mathrm{T}}\int_{\Gamma}\boldsymbol{B}^{\mathrm{T}}\boldsymbol{D}\boldsymbol{B}\mathrm{d}\Gamma\cdot\boldsymbol{\psi}\boldsymbol{T}_{\mathrm{u}}\boldsymbol{u}_{\mathrm{M}}^{\mathrm{N}}\tag{3-81}$$

将式(3-75)($\boldsymbol{F}_{\mathrm{S}}^{\mathrm{N}}=\boldsymbol{T}_{\mathrm{F}}\boldsymbol{F}_{\mathrm{M}}^{\mathrm{N}}$)代入式(3-81)，得

$$-\boldsymbol{T}_{\mathrm{F}}\boldsymbol{F}_{\mathrm{M}}^{\mathrm{N}}=\boldsymbol{\psi}^{\mathrm{T}}\int_{\Gamma}\boldsymbol{B}^{\mathrm{T}}\boldsymbol{D}\boldsymbol{B}\mathrm{d}\Gamma\cdot\boldsymbol{\psi}\boldsymbol{T}_{\mathrm{u}}\boldsymbol{u}_{\mathrm{M}}^{\mathrm{N}}$$

左右两边都左乘 $\boldsymbol{T}_{\mathrm{F}}^{-1}$ ，得

$$\boldsymbol{F}_{\mathrm{M}}^{\mathrm{N}}=-\boldsymbol{T}_{\mathrm{F}}^{-1}\boldsymbol{\psi}^{\mathrm{T}}\int_{\Gamma}\boldsymbol{B}^{\mathrm{T}}\boldsymbol{D}\boldsymbol{B}\mathrm{d}\Gamma\cdot\boldsymbol{\psi}\boldsymbol{T}_{\mathrm{u}}\boldsymbol{u}_{\mathrm{M}}^{\mathrm{N}}$$

利用式(3-76)($\boldsymbol{T}_{\mathrm{u}}^{\mathrm{T}}=-\boldsymbol{T}_{\mathrm{F}}^{-1}$)，最终可得

$$\boldsymbol{F}_{\mathrm{M}}^{\mathrm{N}}=(\boldsymbol{\psi}\boldsymbol{T}_{\mathrm{u}})^{\mathrm{T}}\int_{\Gamma}\boldsymbol{B}^{\mathrm{T}}\boldsymbol{D}\boldsymbol{B}\mathrm{d}\Gamma\cdot(\boldsymbol{\psi}\boldsymbol{T}_{\mathrm{u}})\boldsymbol{u}_{\mathrm{M}}^{\mathrm{N}}\tag{3-82}$$

式(3-82)就是 CRC3D8 单元的刚度方程。CRC3D8 单元的刚度矩阵为

$$\boldsymbol{K}_{\mathrm{CRC3D8}}=(\boldsymbol{\psi}\boldsymbol{T}_{\mathrm{u}})^{\mathrm{T}}\int_{\Gamma}\boldsymbol{B}^{\mathrm{T}}\boldsymbol{D}\boldsymbol{B}\mathrm{d}\Gamma\cdot(\boldsymbol{\psi}\boldsymbol{T}_{\mathrm{u}})\tag{3-83}$$

不难发现

$$\boldsymbol{K}_{\mathrm{CRC3D8}}=(\boldsymbol{\psi}\boldsymbol{T}_{\mathrm{u}})^{\mathrm{T}}\boldsymbol{K}_{\mathrm{cohesive}}(\boldsymbol{\psi}\boldsymbol{T}_{\mathrm{u}})\tag{3-84}$$

$$\boldsymbol{F}_{\mathrm{M}}^{\mathrm{N}}=(\boldsymbol{\psi}\boldsymbol{T}_{\mathrm{u}})^{\mathrm{T}}\boldsymbol{F}_{\mathrm{cohesive}}\tag{3-85}$$

其中，$\boldsymbol{K}_{\mathrm{cohesive}}$ 和 $\boldsymbol{F}_{\mathrm{cohesive}}$ 分别是常规内聚力单元的刚度矩阵和节点力向量，具体形式是：

$$\boldsymbol{K}_{\mathrm{cohesive}}=\int_{\Gamma}\boldsymbol{B}^{\mathrm{T}}\boldsymbol{D}\boldsymbol{B}\mathrm{d}\Gamma=\int_{-1}^{1}\int_{-1}^{1}\boldsymbol{B}^{\mathrm{T}}\boldsymbol{D}\boldsymbol{B}\parallel v_{\xi}\times v_{\eta}\parallel\mathrm{d}\xi\mathrm{d}\eta\tag{3-86}$$

$$\boldsymbol{F}_{\mathrm{cohesive}}=\int_{\Gamma}\boldsymbol{B}^{\mathrm{T}}\tau\mathrm{d}\Gamma=\int_{-1}^{1}\int_{-1}^{1}\boldsymbol{B}^{\mathrm{T}}\boldsymbol{\tau}\parallel v_{\xi}\times v_{\eta}\parallel\mathrm{d}\xi\mathrm{d}\eta\tag{3-87}$$

由式(3-84)和式(3-85)可以看到，CRC3D8 单元在常规内聚力单元的基础上，增加矩阵 $\boldsymbol{\psi}$ 和位移转换矩阵 $\boldsymbol{T}_{\mathrm{u}}$ 就可以考虑板壳的转动和厚度偏移；其刚度矩阵和节点力向量形式简单，易于有限元程序实现。

3.3.3　板壳叠层模型积分方案的选择

一些研究表明，界面单元采用 Newton-Cotes 积分方案比常规的 Gauss 积分方案更有优越性，当界面单元内存在高梯度应力场时，Gauss 积分方法会引起应力场严重的虚假震荡。另一个需要选择的是积分点数，由于存在界面裂纹的扩展和单元的软化现象，使用全积分方案会比减缩积分更有优势。因此，对 CRC3D8 单元，建议选取 Newton-Cotes 完全积分方法。

3.4 分层断裂性能试验件的理论解

组合界面单元 CRC3D8 在 ABAQUS 隐式用户自定义单元子程序 UEL 中实现。为了验证 CRC3D8 单元，将根据有关文献中给出的分层断裂性能试验参数，用板壳叠层模型建模计算，并与 ABAQUS 中实体建模和内聚力单元计算结果作对比，同时给出相应的理论解析解结果。

分层断裂性能试验是测定复合材料界面断裂参数的基本试验，主要包括 DCB 试验、3ENF 试验和 MMB 试验等。为了对应用 CRC3D8 单元的结果进行验证，有必要给出几种常用分层断裂试验的理论解析解。

3.4.1 基本原理

Griffith 将裂纹失稳扩展看成结构产生新的表面，从能量平衡的观点出发，产生新表面所需的能量由势能的变化给出。对于宽度为 B，裂纹长度为 a 的裂纹体，其临界能量释放率定义为

$$G_C = \lim_{\Delta a \to 0} \frac{1}{B\Delta a}(\Delta U_e - \Delta U_s) \tag{3-88}$$

其中，ΔU_e 和 ΔU_s 分别是外力功和应变能的变化量；Δa 是裂纹扩展量。若界面断裂试验的变形行为是线弹性的，则载荷 P 和位移 δ 呈线性关系，变形柔度 C 是裂纹长度 a 的函数：

$$C(a) = \frac{\delta}{P} \tag{3-89}$$

则可以推导出用柔度表示的能量释放率为

$$G = \frac{P^2}{2B}\frac{\mathrm{d}C}{\mathrm{d}a} \tag{3-90}$$

3.4.2 修正梁理论解

分层断裂试验相当于属于梁的弯曲问题，可通过经典弯曲梁理论给出载荷和挠度的表达式，再考虑裂尖的转动和局部变形效应，对裂纹长度进行修正。

3.4.2.1 DCB 试验的理论解

DCB 试件形式如图 3-14 所示，其开裂部分单个悬臂视为受外力 P 作用且长度为 a 的悬臂梁(见图 3-15)，可应用经典悬臂梁弯曲变形挠度公式，并根据式(3-90)确定能量释放率。所得到的 DCB 模型加载端的变形挠度和能量释放率表达式为

$$\delta_{\mathrm{I}} = \frac{8\,(a + \chi_{\mathrm{I}} h)^3}{E_{11} b h^3} P \tag{3-91}$$

$$G_{\mathrm{I}} = \frac{12 P^2\,(a + \chi_{\mathrm{I}} h)^2}{E_{11} b^2 h^3} \tag{3-92}$$

式(3－91)和式(3－92)中，已考虑裂纹尖端(悬臂根部)的局部变形和转动，用有效裂纹长度 $a+\chi_{\mathrm{I}}h$ [101-102]代替真实裂纹长度 a。χ_{I} 是由材料弹性参数得到的常数，有

$$\chi_{\mathrm{I}}=\sqrt{\frac{E_{11}}{11G_{12}}\left[3-2\left(\frac{\Gamma}{1+\Gamma}\right)^{2}\right]},\quad \Gamma=1.18\frac{\sqrt{E_{11}E_{22}}}{G_{12}} \tag{3-93}$$

式中，E_{22}是横向弹性模量；G_{12}是剪切模量。

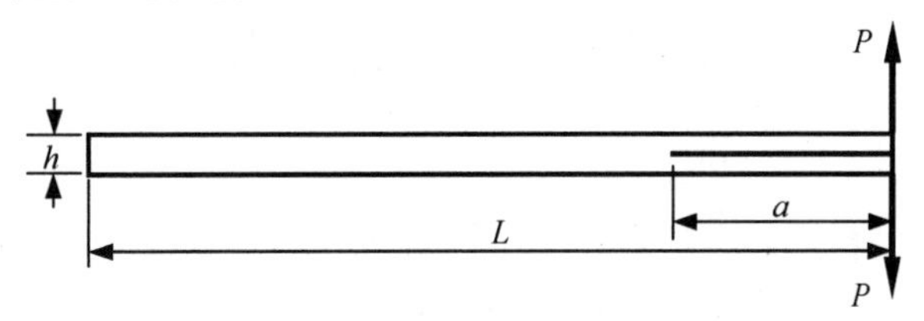

图 3－14　DCB 试件示意图

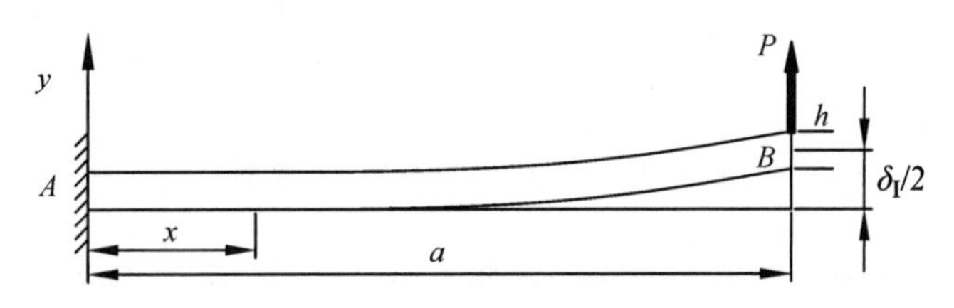

图 3－15　DCB 梁单悬臂变形示意图

当裂纹长度 a 给定时，裂纹扩展前的加载点载荷-张开位移关系($P-\delta_{\mathrm{I}}$ 曲线)由式(3－91)决定；在式(3－92)中令 $G_{\mathrm{I}}=G_{\mathrm{IC}}$ (Ⅰ型断裂韧度)，联立式(3－91)和式(3－92)，消除裂纹长度，可得到裂纹扩展中的 $P-\delta_{\mathrm{I}}$ 关系。

3.4.2.2　3ENF 试验的理论解

图 3－16 所示的含层间裂纹的弯曲梁，预制裂纹长度为 a。用修正梁理论得出的加载点的载荷-位移关系是

$$\delta_{\mathrm{3ENF}}=\frac{3\,(a+\chi_{\mathrm{II}}h)^{3}+2L^{3}}{8E_{11}bh^{3}}P \tag{3-94}$$

式中，已用有效裂纹长度 $a+\chi_{\mathrm{II}}h$ 代替真实裂纹长度 a，来考虑裂尖的转动、裂尖局部变形和支撑轴的转动等效应 [10]，$\chi_{\mathrm{II}}=0.42\chi_{\mathrm{I}}$ 。将式(3－94)代入式(3－90)，可以得到Ⅱ型能量释放率 G_{II} 的表达式为

$$G_{\mathrm{II}}=\frac{9\,(a+\chi_{\mathrm{II}}h)^{2}}{16E_{11}b^{2}h^{3}}P^{2} \tag{3-95}$$

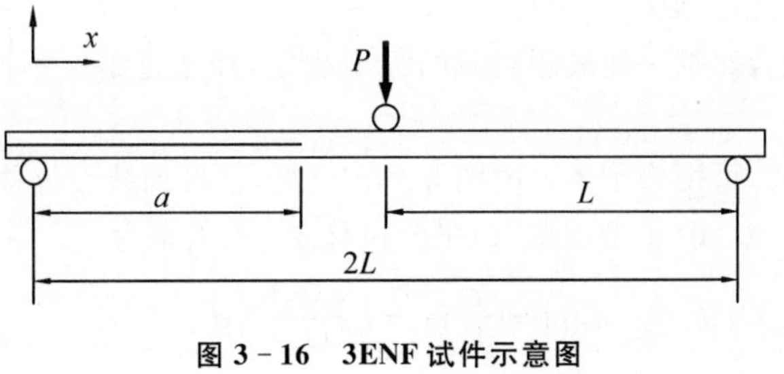

图 3－16　3ENF 试件示意图

3.4.2.3 MMB 试验的理论解

在如图 3－17 所示的 MMB 试验中，根据杠杆的平衡关系，可分别得到试件裂纹端和中间位置承受的载荷，以实现Ⅰ型和Ⅱ型断裂的复合型加载。

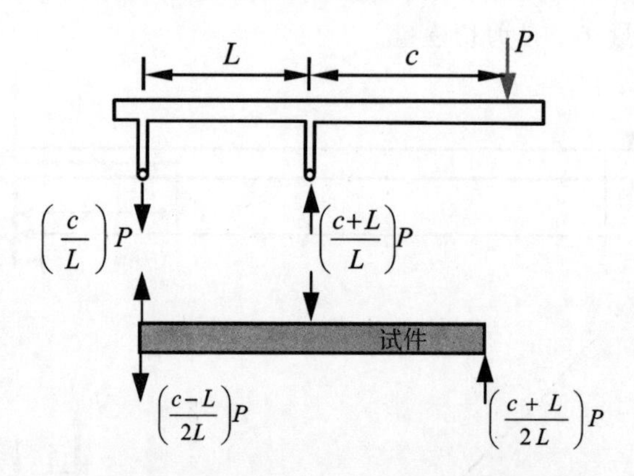

图 3－17　MMB 试件及受力示意图

根据图 3－17，且加载点载荷为 P_{MMB}，按照平衡关系和叠加原理可分解出作用于试件的纯Ⅰ型载荷 P_{I} 和纯Ⅱ型载荷 P_{II}：

$$P_{\mathrm{I}}=\left(\frac{3c-L}{4L}\right)P_{\mathrm{MMB}},\quad P_{\mathrm{II}}=\left(\frac{c+L}{L}\right)P_{\mathrm{MMB}} \tag{3-96}$$

将式(3－96)的两式分别代入式(3－92)和式(3－95)，即可获得 MMB 试验混合加载时的Ⅰ型和Ⅱ型能量释放率，即

$$G_{\mathrm{I}}=\frac{12\,(a+\chi_{\mathrm{I}}h)^2}{E_{11}b^2h^3}P_{\mathrm{I}}^2,\quad G_{\mathrm{II}}=\frac{9\,(a+\chi_{\mathrm{II}}h)^2}{16E_{11}b^2h^3}P_{\mathrm{II}}^2 \tag{3-97}$$

将式(3－97)的两式相加，可得到 MMB 试验能量释放率的表达式为

$$G_{\mathrm{MMB}}=G_{\mathrm{I}}+G_{\mathrm{II}}=\frac{12\,(3c-L)^2\,(a+\chi_{\mathrm{I}}h)^2+9\,(c+L)^2\,(a+\chi_{\mathrm{II}}h)^2}{16L^2E_{11}b^2h^3}\times P_{\mathrm{MMB}}^2 \tag{3-98}$$

另外，根据变形几何关系可以推导得出 MMB 试验杠杆加载点的载荷-位移关系为

$$\delta_{\mathrm{MMB}}=\frac{4\,(3c-L)^2\,(a+\chi_{\mathrm{I}}h)^3+(c+L)^2\left[3\,(a+\chi_{\mathrm{II}}h)^3+2L^3\right]}{8L^2E_{11}bh^3}\times P_{\mathrm{MMB}} \tag{3-99}$$

将式(3－99)代入式(3－90)，也可以得到式(3－98)。

定义 MMB 试验的模式混合比为 $G_{\mathrm{II}}/G_{\mathrm{MMB}}$。由式(3－97)和式(3－98)可见，如果忽略裂纹长度修正，则模式混合比唯一地被距离 c 的大小决定，即通过给定不同的 c 值，可以获得不同的混合比。

加载杠杆刚度很大，可视为刚体。由图 3－18 可见，杠杆加载点位移 δ_{MMB} 和试件中点(Ⅱ型加载点)位移 d_c 及裂纹端(Ⅰ型加载点)张开位移 δ_{I} 的关系为

$$\delta_{\mathrm{MMB}}=\frac{c}{L}\delta_{\mathrm{I}}+\left(\frac{c+L}{L}\right)d_c \tag{3-100}$$

所以，进行 MMB 试验模拟分析时，不必建立加载杠杆的有限元模型，按照式(3-100)建立位移约束方程即可。

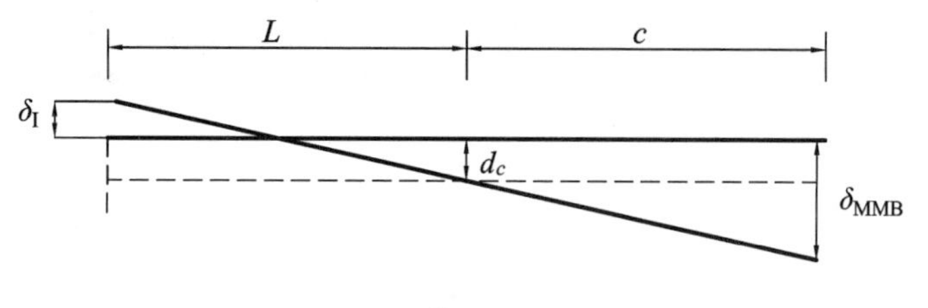

图 3-18　加载杠杆刚性关系图

3.5　界面单元参数影响分析

选取文献[4]中的 DCB 试验，应用 CRC3D8 界面单元进行数值模拟。DCB 试件长度为 150 mm，宽为 20 mm。试件材料为 T300/977-2 的单向板$[0]_{24}$，纤维方向沿板的长度方向，材料性能参数如表 3-1 所示。DCB 试件开裂部分单臂的厚度为 1.98 mm，预制初始裂纹长度为 55 mm。

表 3-1　T300/977-2 材料性能参数[4]

E_{11}	$E_{22}=E_{33}$	$G_{12}=G_{13}$	G_{23}
150.0 GPa	11.0 GPa	6.0 GPa	3.7 GPa
$\nu_{12}=\nu_{13}$	ν_{23}	G_{IC}	N
0.25	0.45	0.352 $\mathrm{kJ/m^2}$	60 MPa

DCB 的有限元模型由 ABAQUS 建立，分别在两个梁臂中面位置建立四节点四边形壳单元 S4R；在除预制初始裂纹的区域内，用有厚度的 CRC3D8 单元连接上、下壳单元，记录加载端的载荷位移历程。界面刚度的选取应足够大，以保证被连接板在损伤之前是刚性连接的，在此选取 $K=10^6\ \mathrm{N/mm^3}$。下面分别讨论参数选取对计算结果的影响。

3.5.1　黏性调整参数选取

黏性调整用来缓解隐式求解时 CRC3D8 单元的收敛困难。当单元尺寸为 0.5 mm 时，将式(3-58)中的黏性系数 μ 从 1×10^{-6} 到 1×10^{-3} 范围内变化，不同 μ 值得到的 DCB 载荷-位移曲线如图 3-19 所示，其中解析解由 3.4 节中的梁理论得到。从图 3-19 可以看出，黏性系数 μ 的选择将同时影响计算精度和计算收敛性。当 $\mu\geqslant10^{-5}$ 时，随着 μ 值的增加，预测结果误差增加；当 $\mu=10^{-3}$ 时结果不可用；当 $\mu\leqslant10^{-5}$ 时，模拟结果与解析解一致，数值模拟结果与试验结果也基本一致。因此，当黏性系数不大于 10^{-5} 时，对 CRC3D8 单元采用黏性调整方法对预测结果无影响。

图 3-20 是不同黏性系数与增量步总数、预测的载荷峰值误差的关系，随着 μ 的增加，计算精度下降，增量步总数减少。用 ABAQUS 的自动增量步方法求解时，增量步总数的减少意

味着收敛性提高，计算机时减少。同时，当 $\mu = 2.3 \times 10^{-5}$ 时，增量步总数和计算误差都在较低水平，因此在实际应用中，为使计算结果获得足够的精度和使用较少的计算机时，可以选取 $\mu = 2.3 \times 10^{-5}$ 。

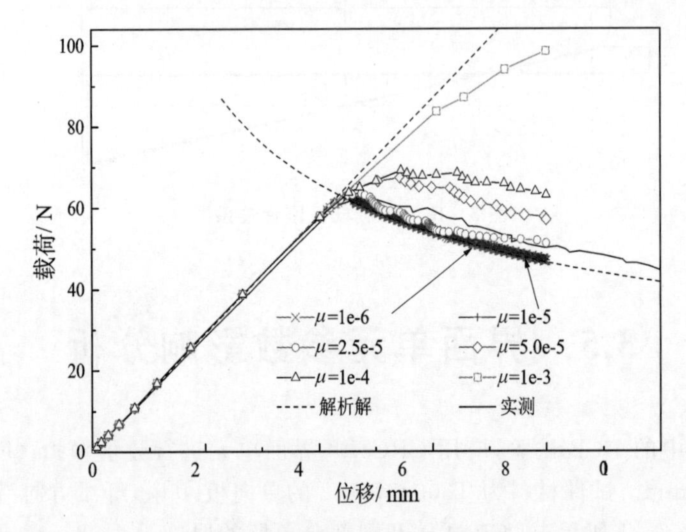

图 3-19　不同黏性系数时 DCB 试验的载荷-位移曲线

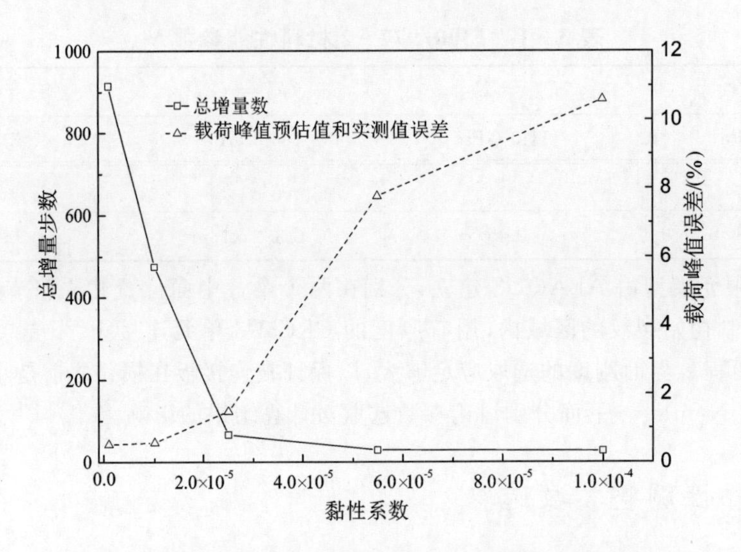

图 3-20　不同黏性系数时增量步总数和预测载荷峰值误差关系

3.5.2　网格尺寸敏感性

壳单元和 CRC3D8 单元组成了 DCB 的板壳叠层模型，为了研究该模型中单元尺寸变化对计算结果的影响，分别计算了单元尺寸从 0.25 mm 到 2 mm 变化时 DCB 试验的载荷-位移曲线。为避免黏性调整的影响，将黏性系数统一设为 $\mu = 10^{-6}$ 。从图 3-21(a)可以看到，当单元尺寸为 0.25 mm 和 0.5 mm 时，载荷位移曲线与理论解析解一致，0.5 mm 的单元尺寸可以满足计算精度要求；随着单元尺寸的增加，模拟结果误差增大；当单元尺寸为 2 mm 时结果不可用。

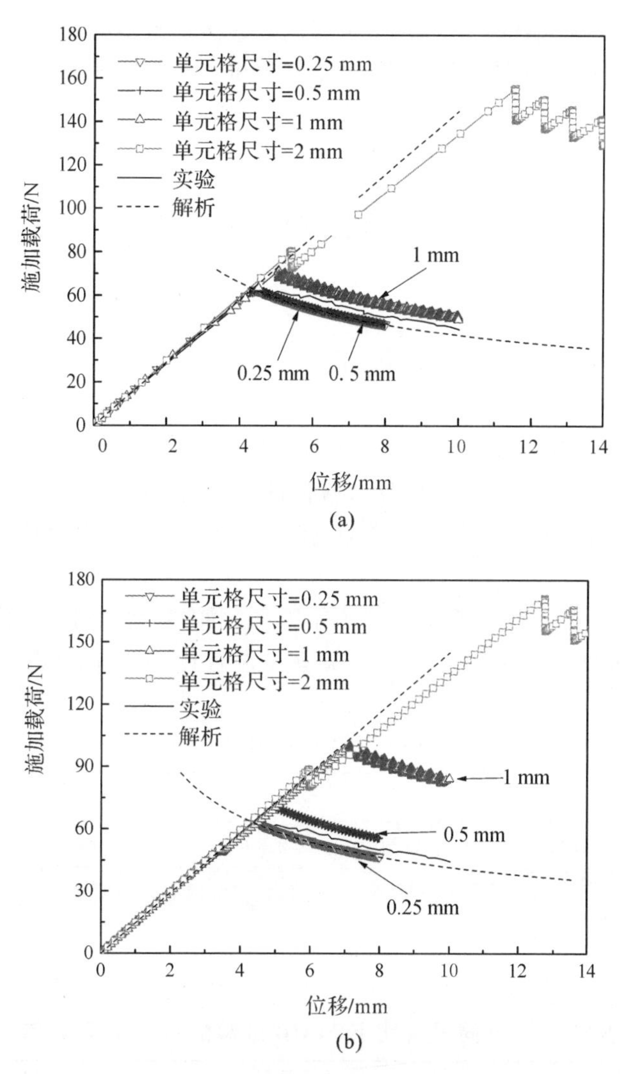

图 3-21　网格尺寸变化时 DCB 的载荷-位移曲线

(a)板壳叠层模型；(b)三维实体模型

另外，也考查了传统 3D 实体单元和零厚度内聚力单元组成的实体模型中单元尺寸变化的影响。梁臂用 C3D8I 实体元模拟，层间用厚度为零的 COH3D8 单元模拟。实体元 C3D8I 是非协调模式单元，其内部引入了一个增强单元变形梯度的附加自由度，允许变形梯度在一阶单元的单元域上线性变化，因而能够克服自锁问题。此外，这种非协调单元使用完全积分，也不存在沙漏问题，不需要细分网格就可以得到很好的精度。因此，C3D8I 单元比其他实体元更适合于弯曲问题的模拟。实体模型计算得到的载荷-位移曲线如图 3-21(b)所示，实体模型中单元尺寸为 0.5 mm 时，计算得到的曲线与板壳叠层模型单元尺寸为 1 mm 时相当，实体模型网格尺寸为 0.25 mm 时，计算得到的载荷-位移曲线才与解析解一致。

计算结果稳定时板壳叠层模型的网格尺寸是 0.5 mm×0.5 mm，此时模型节点总数为

24 682,自由度总数为 148 092;而计算结果稳定时实体模型的网格尺寸是 0.25 mm×0.25 mm,此时模型节点总数为 194 726,自由度总数为 584 178。在获得同样精度的情况下,板壳叠层模型节点总数为实体模型的 12.7%,自由度总数为实体模型的 25.4%。从上述对比可以看到,在模拟Ⅰ型分层时,与实体模型相比,板壳单元和 CRC3D8 单元组成的板壳叠层模型允许用更大的单元尺寸,从而减少了内聚力区域内的单元数量。

3.6 数值算例

3.6.1 ENF 和 MMB 试验模拟

选取文献[95]中的 ENF 和 MMB 试验进行数值模拟。试件材料为 AS4/PEEK 单向板 $[0]_{24}$,材料性能参数列于表 3-2 中。两种试验试件相同,长为 102 mm,宽为 25.4 mm,单个梁臂厚为 1.56 mm,纤维方向沿板的长度方向,在试件一端沿厚度中面预制长度为 a_0 的初始裂纹。

对 MMB 试验,表 3-3 给出不同混合比 $G_{\mathrm{II}}/G_{\mathrm{MMB}}$ 下的初始预制裂纹长度 a_0、混合型断裂韧度 G_{C} 和加载杠杆长度 c。事实上 ENF 试验就是混合比 $G_{\mathrm{II}}/G_{\mathrm{MMB}}$ 为 100% 的 MMB 试验情况。

表 3-2 AS4/PEEK 材料性能参数[95]

E_{11}	$E_{22}=E_{33}$	$G_{12}=G_{13}$	G_{23}	$\nu_{12}=\nu_{13}$	ν_{23}
122.7 GPa	10.1 GPa	5.5GPa	3.7 GPa	0.25	0.45
G_{IC}	G_{IIC}	N	S	K	η (B-K 参数)
0.969 kJ/m^2	1.719 kJ/m^2	80 MPa	100 MPa	10^6 N/mm^3	2.284

表 3-3 不同混合比下 MMB 试验的 G_c, a_0 和 c 值

$G_{\mathrm{II}}/G_{\mathrm{T}}$	0% (DCB)	20%	50%	80%	100% (ENF)
G_{C}/(kJ·m^{-2})	0.969	1.103	1.131	1.376	1.719
a_0/mm	32.9	33.7	34.1	31.4	39.3
c /mm	—	109.4	44.4	28.4	—

ENF 和 MMB 的板壳叠层模型由减缩积分壳单元 S4R 和组合界面单元 CRC3D8 单元建立,分别在各个梁臂中面建立一层壳单元,在上、下梁臂的两层壳单元之间插入 CRC3D8 单元,并将预制初始裂纹区域 CRC3D8 单元的损伤状态设为完全损伤,即令该区域 CRC3D8 单元 $d=1$。CRC3D8 单元有处理接触的能力,能够防止接触面之间发生大的侵入。

作为对比,同样用 ABAQUS 提供的实体单元和界面单元建立三维实体模型,梁臂用非协调实体单元 C3D8I 模拟,每个梁臂在厚度方向仅有一层 C3D8I 单元,在上、下两层 C3D8I 单元之间嵌入八节点零厚度的内聚力单元 COH3D8。

对板壳叠层模型和三维实体模型都划分0.5mm网格，选取黏性系数 $\mu=1\times10^{-6}$ 。MMB试验模拟无需建立杠杆式试验装置的有限元模型，可以通过式(3－100)中给出的位移关系，在中间一排节点、末端一排节点和加载点之间建立多点约束方程，即可达到杠杆式加载的目的。图3－22给出了典型的板壳叠层模型和三维实体模型图，图3－23给出不同混合比下ENF和MMB试验加载点的载荷-位移曲线，包括试验结果、解析解结果、板壳叠层模型和三维实体模型的模拟结果。为了清楚地看到变形效果，同时给出了三维实体模型的 S_{11} 应力云图，云图均为载荷-位移曲线中各自位移最大时的应力状态。

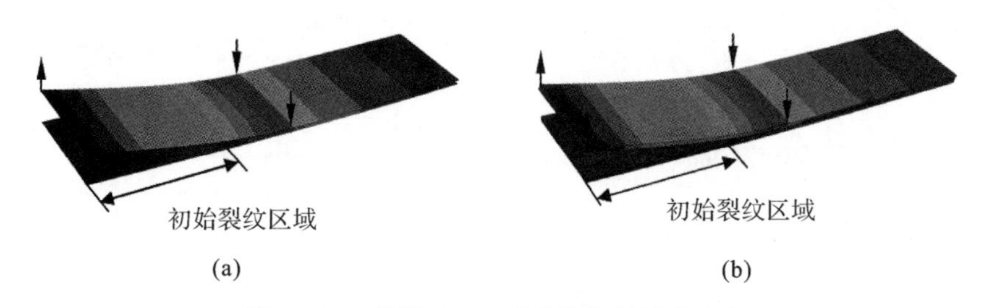

图3－22　典型MMB试验的模型形式对比

(a)板壳叠层模型；(b)三维实体模型

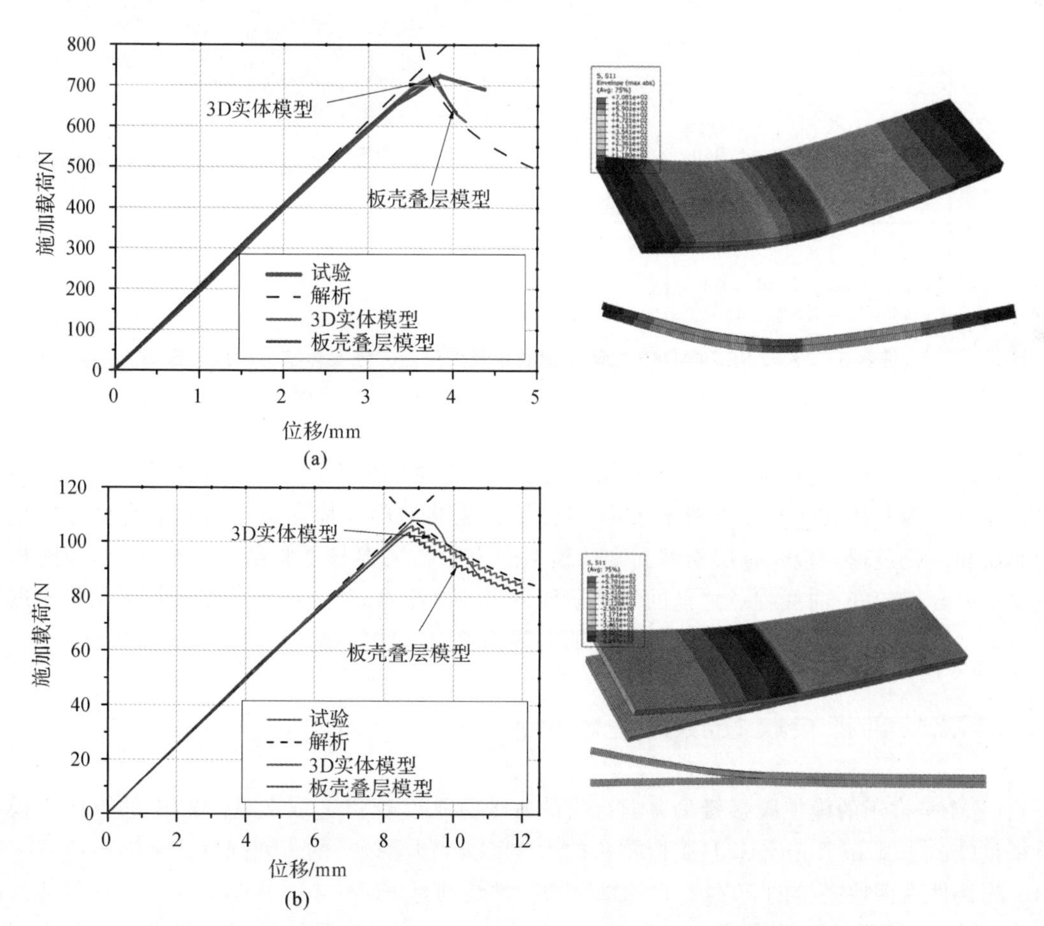

图3－23　ENF和MMB试验模拟结果及变形后三维实体模型的应力云图

(a) ENF: $G_{\mathrm{II}}/G_{\mathrm{T}}=100\%$；(b) MMB: $G_{\mathrm{II}}/G_{\mathrm{T}}=20\%$；

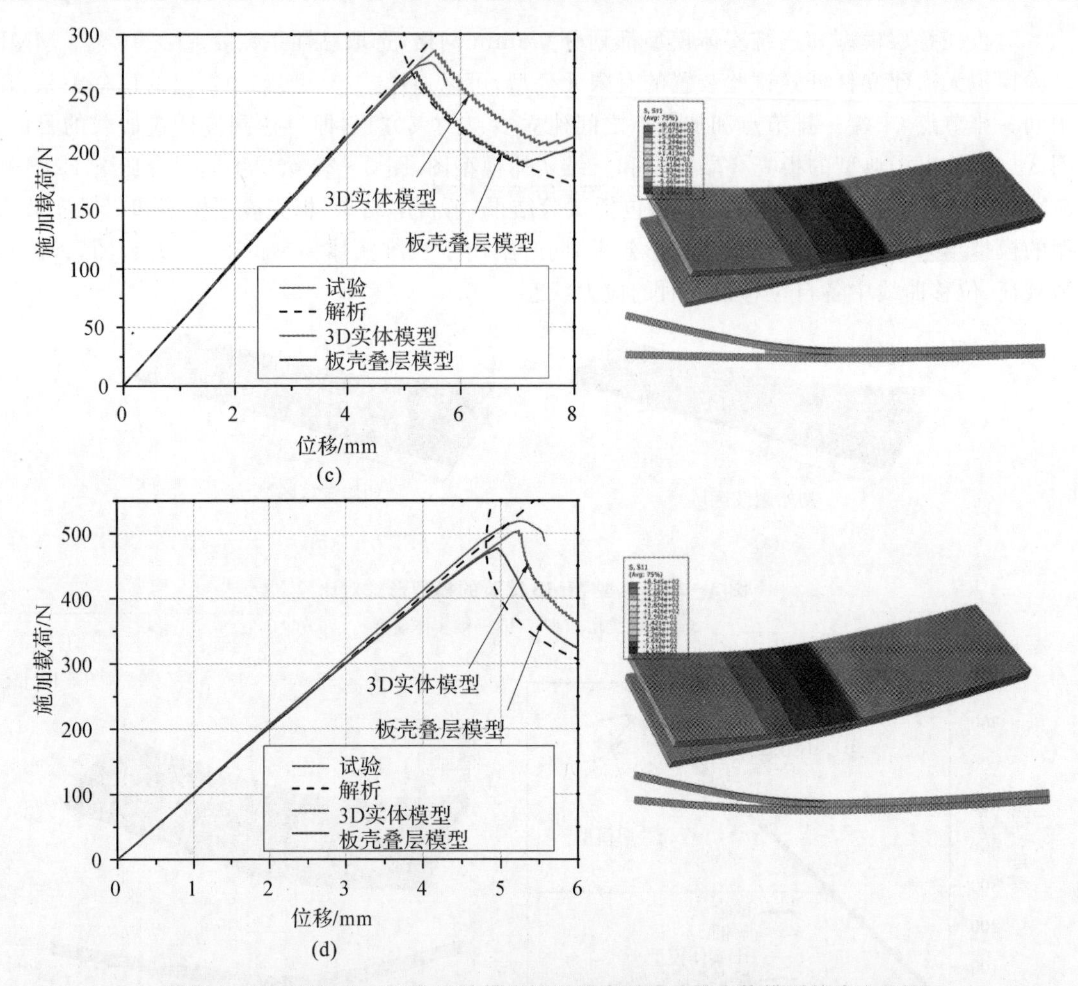

续图 3-23　ENF 和 MMB 试验模拟结果及变形后三维实体模型的应力云图

(c) MMB: $G_{\text{II}}/G_{\text{T}}=50\%$; (d) MMB: $G_{\text{II}}/G_{\text{T}}=80\%$

从图 3-23 的载荷-位移曲线结果可以看出，板壳叠层模型能够很好地模拟 ENF 和各种混合比例下 MMB 试件的分层破坏，CRC3D8 单元能够准确地描述单一型和混合型分层损伤的起始和演化过程。板壳叠层模型和实体模型的模拟结果都与试验结果十分接近，与解析解结果也吻合得较好；曲线拐点之前的线性阶段四者基本重合，说明两种模型模拟的结构刚度都十分准确，板壳叠层模型和实体模型模拟的曲线拐点与试验较接近。

3.6.2　单搭接胶接接头失效模拟

CZM 是常用的模拟胶接接头力学行为的数值方法。这里选取文献[72]中的算例来模拟单搭接(Single Lap Joint, SLJ)胶接接头的力学行为，预测接头的失效强度。

连接件由两块搭接的 2024-T3 铝板构成，黏结剂是 FM 73M OST，SLJ 的几何尺寸如图 3-24 所示。铝板的弹性模量 $E=73.1$ GPa，泊松比 $\nu=0.33$，黏结剂的材料性能参数列于表 3-4中。

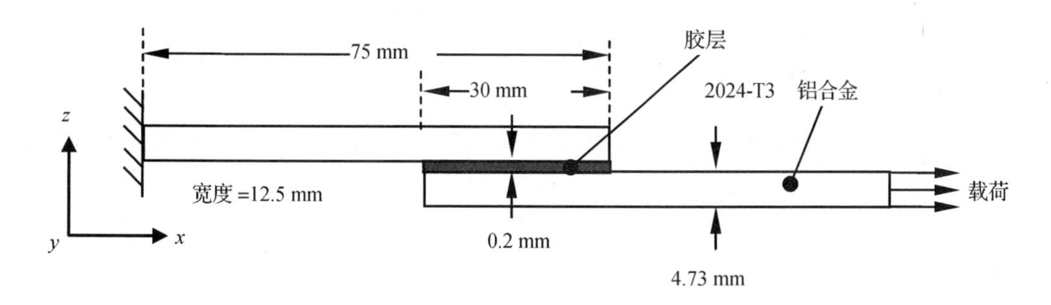

图 3－24　单搭接胶结接头几何形式

表 3－4　单搭接胶结接头胶层材料性能参数[72]

$G_{\mathrm{I}C}$	$G_{\mathrm{II}C}$	N	S	K	η (B－K 参数)
1.4 kJ/m^2	2.8 kJ/m^2	114 MPa	66 MPa	10^6 N/mm^3	2

为了模拟胶接接头的损伤失效过程，分别建立板壳叠层模型和三维实体模型。在板壳叠层模型中，分别在两块铝板的厚度中面上建立减缩积分壳单元 S4R，并在搭接区域插入 CRC3D8 单元，单元厚度等于两层壳单元的距离 4.93 mm，模型面内网格尺寸为 0.5 mm。在三维实体模型中，被连接板用非协调实体元 C3D8I 模拟，搭接区的胶层用八节点 COH3D8 单元模拟，COH3D8 厚度是 0.2 mm，整个实体模型划分单元尺寸为 0.5 mm(包括厚度方向网格)。对模型一端施加固支约束以模拟刚性夹持，对另一端施加等位移载荷。

两种模型得到的载荷-位移曲线在图 3－25 中给出，胶接接头的试验强度值为 10 kN。板壳叠层模型预测的强度结果是 9.77 kN，误差为 2.3%；实体模型的计算过程在载荷下降前中断，得到的载荷是 9.6 kN，这可能是接头瞬间脆性断裂使得计算无法继续进行。在载荷-位移曲线的拐点之前，实体模型和板壳叠层模型模拟的曲线基本重合。

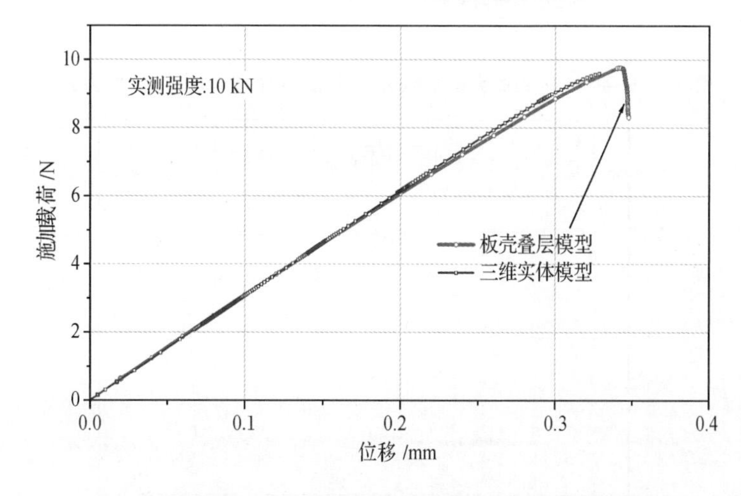

图 3－25　板壳叠层模型和实体模型预测的单搭接胶接接头的载荷-位移曲线

图 3－26 和图 3－27 分别是胶接接头实体模型和胶接接头板壳叠层模型在最大变形时的

von Mises 应力云图。这时在搭接区两端处的胶层内应力水平很高，胶层的内聚力单元有明显的脱胶现象，同时包含有Ⅰ型和Ⅱ型损伤。在搭接区之外，被连接板的弯曲使其产生了较高的应力水平。

从板壳叠层模型中取出载荷峰值时沿搭接区长度方向损伤变量 d 的分布，示于图 3-28 中。可以看到，在载荷峰值处已有多个单元损伤，且损伤呈对称分布。在载荷达到拐点之前，胶层实际已从其两端区域开始发生损伤。载荷峰值之后，损伤从搭接区两边迅速向内扩张并连通，载荷-位移曲线快速下降，接头失效破坏。

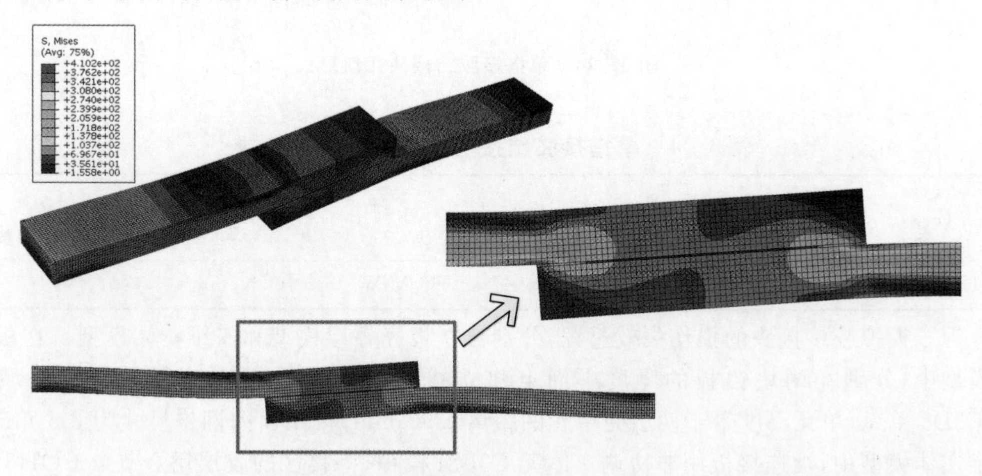

图 3-26　胶接接头实体模型最大变形时的 von Mises 应力云图

图 3-27　胶接接头板壳叠层模型最大变形时的 von Mises 应力云图

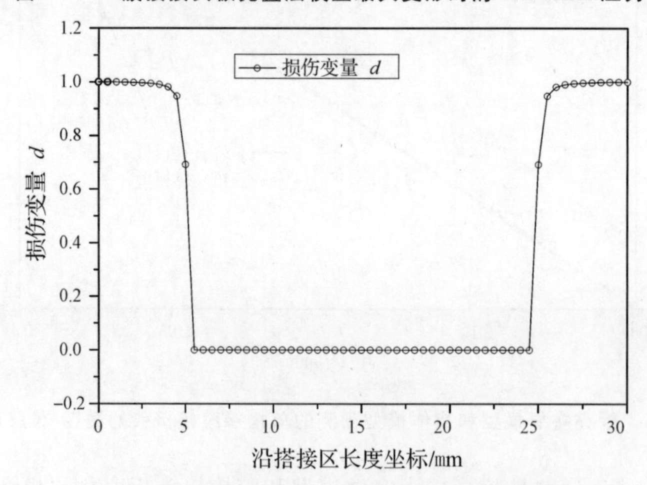

图 3-28　损伤变量 d 沿搭接区长度方向分布

3.7 本章小结

本章简要介绍了复合材料层合结构的界面断裂特性的测试方法，着重讨论了基于损伤力学和断裂力学的内聚力单元法的原理，内容包括内聚力单元法的有限元列式、含损伤本构关系、非线性迭代中的切线刚度和为改善迭代收敛性引入的黏性调整问题等。

然后，提出了一种基于内聚力单元的新型组合界面单元和板壳叠层模型，推导了组合界面单元的有限元列式，并分别采用了应用实体单元和内聚力单元的有限元模型和应用新型组合界面单元的板壳叠层模型，对标准的单一型和混合型界面断裂测试试验和单搭接胶接试验算例进行了计算，结果表明两种模型分析结果吻合良好。板壳叠层模型和实体模型相比有较低的网格敏感性，可进一步降低计算规模，提高计算效率。

参考文献

[1] WHITNEY J M, BROWNING C E, HOOGSTEDEN W. A double cantilever beam test for characterizing mode I delamination of composite materials. Journal of Reinforced Plastics and Composites, 1982, 1(4): 297 - 313.

[2] LA SAPONARA V, MULIANA H, HAJ - ALI R, et al. Experimental and numerical analysis of delamination growth in double cantilever laminated beams. Engineering Fracture Mechanics, 2002, 69(6): 687 - 699.

[3] 矫桂琼，高健，邓强. 复合材料的 I 型层间断裂韧性. 复合材料学报，1994，11(1)：113 -118.

[4] TURON A, DAVILA C G, CAMANHO P P, et al. An engineering solution for mesh size effects in the simulation of delamination using cohesive zone models. Engineering Fracture Mechanics, 2007, 74(10): 1665 - 1682.

[5] MEO M, THIEULOT E. Delamination modelling in a double cantilever beam. Composite Structures, 2005, 71(3): 429 - 434.

[6] REEDER J R, DEMARCO K, WHITLEY K S. The use of doubler reinforcement in delamination toughness testing. Composites Part A: Applied Science and Manufacturing, 2004, 35(11): 1337 - 1344.

[7] ASTM. Standard test method for mode I interlaminar fracture toughness of unidirectional fiber - reinforced polymer matrix composites. ASTM D5528 - 13, Philadelphia, 2013.

[8] TANAKA K, YUASA T, KATSURA K. Continuous mode II interlaminar fracture toughness measurement by over notched flexure test// Proceedings of the 4th European Conference on Composites: Testing and Standardisation, Lisbon, 1998: 171 -179.

[9] MOORE D R, WILLIAMS J G, PAVAN A. Fracture mechanics testing methods for polymers, Adhesives and Composites. Vol. 28, Elsevier, 1st ed. 2001.

[10] WANG Y, WILLIAMS J G. Corrections for mode II fracture toughness specimens of composites materials. Composites Science and Technology, 1992, 43(3): 251 - 256.

[11] MAIKUMA H, GILLESPIE J W, WHITNEY J M. Analysis and experimental characterization of the center notch flexural test specimen for mode II interlaminar fracture. Journal of Composite Materials, 1989, 23(8): 756 - 786.

[12] KAGEYAMA K, KIKUCHI M, YANAGISAWA N. Stabilized end notched flexure test - Characterization of mode II interlaminar crack growth. Composite Materials: Fatigue and Fracture, 1991, 3(1): 210 - 225.

[13] Japanese Industrial Standards. Testing methods for interlaminar fracture toughness of carbon fiber reinforced plastics. JIS K 7086ERTA - 1996,1997.

[14] ASD - STAN. Aerospace Series Carbon Fibre Reinforced Plastics Test Method Determination of Interlaminar Fracture Toughness Energy Mode II. GIIC Edition P1. AECMA PREN 6034 - 1995,1995.

[15] CARLSSON L A, GILLESPIE J W, PIPES R B. On the analysis and design of the end notched flexure (ENF) specimen for mode II testing. Journal of Composite Materials, 1986, 20(6): 594 - 604.

[16] ASTM. Standard Test Method for Determination of the Mode II Interlaminar Fracture Toughness of Unidirectional Fiber - Reinforced Polymer Matrix Composites. ASTM D7905 - 19, Philadelphia, 2019.

[17] MARTIN R H, DAVIDSON B D. Mode II fracture toughness evaluation using four point bend, end notched flexure test. Plastics, Rubber and Composites, 1999, 28(8): 401 - 406.

[18] SCHUECKER C, DAVIDSON B D. Evaluation of the accuracy of the four - point bend end - notched flexure test for mode II delamination toughness determination. Composites Science and Technology, 2000, 60(11): 2137 - 2146.

[19] SCHUECKER C, DAVIDSON B D. Effect of friction on the perceived mode II delamination toughness from three - and four - point bend end - notched flexure tests. ASTM Special Technical Publication, 2001, 1383: 334 - 344.

[20] SUN X, DAVIDSON B D. Numerical evaluation of the effects of friction and geometric nonlinearities on the energy release rate in three - and four - point bend end - notched flexure tests. Engineering Fracture Mechanics, 2006, 73(10): 1343 - 1361.

[21] DAVIDSON B D, SUN X, VINCIQUERRA A. Influences of friction, geometric nonlinearities, and fixture compliance on experimentally observed toughnesses from three and four - point bend end - notched flexure tests. Journal of Composite Materials, 2007, 41(10): 1177 - 1196.

[22] BLACKMAN B R K, BRUNNER A J, WILLIAMS J G. Mode II fracture testing of composites: a new look at an old problem. Engineering Fracture Mechanics, 2006, 73

(16): 2443 - 2455.
[23] RUSSELL A J, STREET K N. The effect of matrix toughness on delamination: static and fatigue fracture under mode II shear loading of graphite fiber composites. Toughened Composites, ASTM STP, 1987, 937: 275 - 294.
[24] YOON S H, HONG C S. Modified end notched flexure specimen for mixed mode interlaminar fracture in laminated composites. International Journal of Fracture, 1990, 43(1): 3 - 9.
[25] SZEKRÉNYES A, UJ J. Beam and finite element analysis of quasi - unidirectional composite SLB and ELS specimens. Composites Science and Technology, 2004, 64 (15): 2393 - 2406.
[26] CHARALAMBIDES M, KINLOCH A J, WANG Y, et al. On the analysis of mixed - mode failure. International Journal of Fracture, 1992, 54(3): 269 - 291.
[27] MOLLÓN V, BONHOMME J, VIÑA J, et al. Mixed mode fracture toughness: an empirical formulation for determination in asymmetric DCB specimens. Engineering Structures, 2010, 32(11): 3699 - 3703.
[28] CHEN J, CRISFIELD M, KINLOCH A J, et al. Predicting progressive delamination of composite material specimens via interface elements. Mechanics of Composite Materials and Structures, 1999, 6(4): 301 - 317.
[29] KINLOCH A J, WANG Y, WILLIAMS J G, et al. The mixed - mode delamination of fibre composite materials. Composites Science and Technology, 1993, 47 (3): 225 -237.
[30] NIKBAKHT M, CHOUPANI N, HOSSEINI S R. 2D and 3D interlaminar fracture assessment under mixed - mode loading conditions. Materials Science and Engineering: A, 2009, 516(1): 162 - 168.
[31] MALL S, YUN K T. Effect of adhesive ductility on cyclic debond mechanism in composite - to - composite bonded joints. The Journal of Adhesion, 1987, 23(4): 215 - 231.
[32] LAI Y H, DWAYNE RAKESTRAW M, DILLARD D A. The cracked lap shear specimen revisited—a closed form solution. International Journal of Solids and Structures, 1996, 33(12): 1725 - 1743.
[33] CREWS J H, REEDER J R. A mixed - mode bending apparatus for delamination testing. National Aeronautics and Space Administration, Langley Research Center, 1988.
[34] REEDER J R, CREWS J H. Mixed - mode bending method for delamination testing. AIAA Journal, 1990, 28(7): 1270 - 1276.
[35] REEDER J R, CREWS J H. Redesign of the mixed - mode bending delamination test to reduce nonlinear effects. Journal of Composites Technology & Research, 1992, 14: 12 - 19.
[36] 贾普荣，矫桂琼. 复合材料混合型层间断裂韧性及失效判据. 西北工业大学学报，1996，

14(1)：105－109.
[37] ASTM. Standard Test Method for Mixed Mode I－Mode II Interlaminar Fracture Toughness of Unidirectional Fiber Reinforced Polymer Matrix Composites. ASTM D6671M－19，Philadelphia，2019.
[38] DE MORAIS A B，PEREIRA A B. Mixed mode I+II interlaminar fracture of glass/epoxy multidirectional laminates － Part 1：Analysis. Composites Science and Technology，2006，66(13)：1889－1895.
[39] DE MOURA M，OLIVEIRA J M Q，MORAIS J J L，et al. Mixed－mode I/II wood fracture characterization using the mixed－mode bending test. Engineering Fracture Mechanics，2010，77(1)：144－152.
[40] DONALDSON S L. Mode III interlaminar fracture characterization of composite materials. Composites Science and Technology，1988，32(3)：225－249.
[41] BECHT G，GILLESPIE Jr J W. Design and analysis of the crack rail shear specimen for mode III interlaminar fracture. Composites Science and Technology，1988，31(2)：143－157.
[42] LEE S M. An edge crack torsion method for mode III delamination fracture testing. Journal of Composites Technology & Research，1993，15(3)：193－201.
[43] DE MORAIS A B，PEREIRA A B，DE MOURA M，et al. Mode III interlaminar fracture of carbon/epoxy laminates using the edge crack torsion (ECT) test. Composites Science and Technology，2009，69(5)：670－676.
[44] MARAT－MENDES R，DE FREITAS M. Characterisation of the edge crack torsion (ECT) test for the measurement of the mode III interlaminar fracture toughness. Engineering Fracture Mechanics，2009，76(18)：2799－2809.
[45] ZHAO D，WANG Y. Mode III fracture behavior of laminated composite with edge crack in torsion. Theoretical and Applied Fracture Mechanics，1998，29(2)：109－123.
[46] ROBINSON P，SONG D Q. The development of an improved mode III delamination test for composites. Composites Science and Technology，1994，52(2)：217－233.
[47] PEREIRA A B，DE MORAIS A B，DE MOURA M. Design and analysis of a new six－point edge crack torsion (6ECT) specimen for mode III interlaminar fracture characterisation. Composites Part A：Applied Science and Manufacturing，2011，42(2)：131－139.
[48] DE MORAIS A B，PEREIRA A B，DE MOURA M. Mode III interlaminar fracture of carbon/epoxy laminates using the six－point edge crack torsion (6ECT). Composites Part A：Applied Science and Manufacturing，2011，42(11)：1793－1799.
[49] DE MORAIS A B，PEREIRA A B. Mode III interlaminar fracture of carbon/epoxy laminates using a four－point bending plate test. Composites Part A：Applied Science and Manufacturing，2009，40(11)：1741－1746.
[50] RYBICKI E F，KANNINEN M F. A finite element calculation of stress intensity factors by a modified crack closure integral. Engineering Fracture Mechanics，1977，9

(4): 931 - 938.

[51] SHOKRIEH M M, RAJABPOUR - SHIRAZI H, HEIDARI - RARANI M, et al. Simulation of mode I delamination propagation in multidirectional composites with R - curve effects using VCCT method. Computational Materials Science, 2012, 65: 66 -73.

[52] YANG C, CHADEGANI A, TOMBLIN J S. Strain energy release rate determination of prescribed cracks in adhesively - bonded single - lap composite joints with thick bondlines. Composites Part B: Engineering, 2008, 39(5): 863 - 873.

[53] LEE L J, TU D W. J integral for delaminated composite laminates. Composites Science and Technology, 1993, 47(2): 185 - 192.

[54] RICE J R. A path independent integral and the approximate analysis of strain concentration by notches and cracks. Journal of Applied Mechanics, 1968, 35(2): 379 -386.

[55] HWANG C G, WAWRZYNEK P A, INGRAFFEA A R. On the virtual crack extension method for calculating the derivatives of energy release rates for a 3D planar crack of arbitrary shape under mode - I loading. Engineering Fracture Mechanics, 2001, 68(7): 925 - 947.

[56] NIKISHKOV G P, ATLURI S N. Calculation of fracture mechanics parameters for an arbitrary three - dimensional crack, by the "equivalent domain integral" method. International Journal for Numerical Methods in Engineering, 1987, 24(9): 1801 -1821.

[57] MORAN B, SHIH C F. Crack tip and associated domain integrals from momentum and energy balance. Engineering Fracture Mechanics, 1987, 27(6): 615 - 642.

[58] SCHÖN J, NYMAN T, BLOM A, et al. A numerical and experimental investigation of delamination behaviour in the DCB specimen. Composites Science and Technology, 2000, 60(2): 173 - 184.

[59] LORENTZ E. A mixed interface finite element for cohesive zone models. Computer Methods in Applied Mechanics and Engineering, 2008, 198(2): 302 - 317.

[60] LI S, THOULESS M D, WAAS A M, et al. Mixed - mode cohesive - zone models for fracture of an adhesively bonded polymer - matrix composite. Engineering Fracture Mechanics, 2006, 73(1): 64 - 78.

[61] HAFIZ T A, ABDEL WAHAB M M, CROCOMBE A D, et al. Mixed - mode fracture of adhesively bonded metallic joints under quasi - static loading. Engineering Fracture Mechanics, 2010, 77(17): 3434 - 3445.

[62] CHISHTI M, WANG C H, THOMSON R S, et al. Numerical analysis of damage progression and strength of countersunk composite joints. Composite Structures, 2012, 94(2): 643 - 653.

[63] FRIZZELL R M, MCCARTHY C T, MCCARTHY M A. Simulating damage and delamination in fibre metal laminate joints using a three - dimensional damage model with cohesive elements and damage regularisation. Composites Science and

Technology, 2011, 71(9): 1225 - 1235.

[64] 林智育，许希武. 复合材料层板低速冲击后剩余压缩强度. 复合材料学报，2008, 25(1): 140 - 146.

[65] LI B, LI Y Z, LI X, et al. Numerical simulation of compression - after - impact process of composite laminates. Key Engineering Materials, 2013, 525: 265 - 268.

[66] 姚振华，李亚智，刘向东，等. 复合材料层合板低速冲击后剩余压缩强度研究. 西北工业大学学报，2012, 30(4): 518 - 523.

[67] ALFANO G, CRISFIELD M A. Finite element interface models for the delamination analysis of laminated composites: mechanical and computational issues. International Journal for Numerical Methods in Engineering, 2001, 50(7): 1701 - 1736.

[68] TURON A, CAMANHO P P, COSTA J, et al. Accurate simulation of delamination growth under mixed - mode loading using cohesive elements: definition of interlaminar strengths and elastic stiffness. Composite Structures, 2010, 92(8): 1857 - 1864.

[69] YE Q, CHEN P. Prediction of the cohesive strength for numerically simulating composite delamination via CZM - based FEM. Composites Part B: Engineering, 2011, 42(5): 1076 - 1083.

[70] SCHÖN J, NYMAN T, BLOM A, et al. Numerical and experimental investigation of a composite ENF - specimen. Engineering Fracture Mechanics, 2000, 65(4): 405 -433.

[71] KHORAMISHAD H, CROCOMBE A D, KATNAM K B, et al. Fatigue damage modelling of adhesively bonded joints under variable amplitude loading using a cohesive zone model. Engineering Fracture Mechanics, 2011, 78(18): 3212 - 3225.

[72] KHORAMISHAD H, CROCOMBE A D, KATNAM K B, et al. Predicting fatigue damage in adhesively bonded joints using a cohesive zone model. International Journal of Fatigue, 2010, 32(7): 1146 - 1158.

[73] ATAS A, MOHAMED G F, SOUTIS C. Effect of clamping force on the delamination onset and growth in bolted composite laminates. Composite Structures, 2012, 94(2): 548 - 552.

[74] XU W, WEI Y. Strength analysis of metallic bonded joints containing defects. Computational Materials Science, 2012, 53(1): 444 - 450.

[75] GOYAL V K, JOHNSON E R, DAVILA C G. Irreversible constitutive law for modeling the delamination process using interfacial surface discontinuities. Composite Structures, 2004, 65(3): 289 - 305.

[76] TURON A, CAMANHO P P, COSTA J, et al. A damage model for the simulation of delamination in advanced composites under variable - mode loading. Mechanics of Materials, 2006, 38(11): 1072 - 1089.

[77] ALFANO G. On the influence of the shape of the interface law on the application of cohesive - zone models. Composites Science and Technology, 2006, 66(6): 723 - 730.

[78] HU N, ZEMBA Y, OKABE T, et al. A new cohesive model for simulating delamination propagation in composite laminates under transverse loads. Mechanics of

Materials，2008，40(11)：920－935.
[79] 管国阳，矫桂琼，潘文革. 湿热环境下复合材料的混合型层间断裂特性研究. 复合材料学报，2004，21(2)：81－86.
[80] 陈普会，柴亚南. 整体复合材料结构失效分析的粘聚区模型. 南京航空航天大学学报，2008，40(4)：442－446.
[81] 姚辽军，赵美英，万小朋. 基于 CDM－CZM 的复合材料补片补强参数分析. 航空学报，2012，33(4)：666－671.
[82] 朱亮，崔浩，李玉龙，等. 含缺陷复合材料 T 型接头失效数值分析. 航空学报，2012，33(2)：287－296.
[83] 崔浩，李玉龙，刘元镛，等. 基于黏聚区模型的含填充区复合材料接头失效数值模拟. 复合材料学报，2010，27(2)：161－168.
[84] 关志东，刘德博，李星，等. 基于界面单元的复合材料层间损伤分析方法. 复合材料学报，2012 (2)：130－134.
[85] 刘德博，关志东，李星，等. 基于界面单元的复合材料 II 型层间损伤分析. 复合材料学报，2012 (5)：151－156.
[86] 喻溅鉴，周储伟. 复合材料疲劳分层的界面单元模型. 复合材料学报，2009，26(6)：167 -172.
[87] 杨小辉，胡坤镜，赵宁，等. 内聚力界面单元在胶接接头分层仿真中的应用. 计算机仿真，2010，27(10)：317－320.
[88 陈丽华，徐元铭，刘博. 复合材料分层问题中界面层方法的数值研究. 复合材料学报，2010 (3)：144－149.
[89] 刘伟先，周光明，王新峰，等. 复合材料 DCB 试件裂纹扩展理论分析. 复合材料学报，2014，31(1)：207－212.
[90] 刘伟先，周光明，王新峰. 复合材料 ENF 试件裂纹扩展理论分析. 航空学报，2014，35(1)：187－194.
[91] 李彪，李亚智，刘向东，等. 层合板层间断裂分析的组合界面单元及其特性. 复合材料学报，2013，30(5)：159－165
[92] 李彪，李亚智，胡博海. 一种层压复合材料组合界面单元及有限元模型. 航空学报，2013，34(6)：1370－1378
[93] LI B，LI Y Z，SU J. A combined interface element to simulate interfacial fracture of laminated shell structures. Composites Part B：Engineering，2014，58：217－227
[94] 李彪. 基于失效机理的复合材料层合板强度分析方法. 西安：西北工业大学，2015.
[95] MOËS N，BELYTSCHKO T. Extended finite element method for cohesive crack growth. Engineering Fracture Mechanics，2002，69(7)：813－833.
[96] YANG Q D，FANG X J，SHI J X，et al. An improved cohesive element for shell delamination analyses. International Journal for Numerical Methods in Engineering，2010，83(5)：611－641.
[97] TVERGAARD V，HUTCHINSON J W. The relation between crack growth resistance and fracture process parameters in elastic－plastic solids. Journal of the Mechanics and

Physics of Solids, 1992, 40(6): 1377 - 1397.

[98] CUI W, WISNOM M R. A combined stress - based and fracture - mechanics - based model for predicting delamination in composites. Composites, 1993, 24(6): 467 - 474.

[99] CAMANHO P P, DAVILA C G, DE MOURA M F. Numerical simulation of mixed - mode progressive delamination in composite materials. Journal of Composite Materials, 2003, 37(16): 1415 - 1438.

[100] BENZEGGAGH M L, KENANE M. Measurement of mixed - mode delamination fracture toughness of unidirectional glass/epoxy composites with mixed - mode bending apparatus. Composites Science and Technology, 1996, 56(4): 439 - 449.

[101] LAPCZYK I, HURTADO J A. Progressive damage modeling in fiber - reinforced materials. Composites Part A: Applied Science and Manufacturing, 2007, 38(11): 2333 - 2341.

[102] HASHEMI S, KINLOCH A J, WILLIAMS J G. Corrections needed in double - cantilever beam tests for assessing the interlaminar failure of fibre - composites. Journal of Materials Science Letters, 1989, 8(2): 125 - 129.

[103] HASHEMI S, KINLOCH A J, WILLIAMS J G. The analysis of interlaminar fracture in uniaxial fibre - polymer composites. Proceedings of the Royal Society of London. A. Mathematical and Physical Sciences, 1990, 427(1872): 173 - 199.

第 4 章　三维编织复合材料力学性能

4.1　纺织复合材料分类

目前，有很多预制体适合用于制作纺织复合材料，这些预制体都表现出面内具有多轴增强相、厚度增强相和净成形工艺等特点。根据纤维的状态和构造不同可以把纤维增强复合材料分为 4 大类(见表 4－1)：离散型、连续型、平面型及三维一体型。对纤维织构的详细分类如图 4－1 所示[1]。

表 4－1　复合材料纤维构造

增强体系	纤维构造	纤维长度	纤维取向
离散型	短切纤维	离散型	自由的
连续型	纤维长丝	连续型	线性
平面型	简单织物	连续型	平面
三维一体型	高级织物	连续型	三维

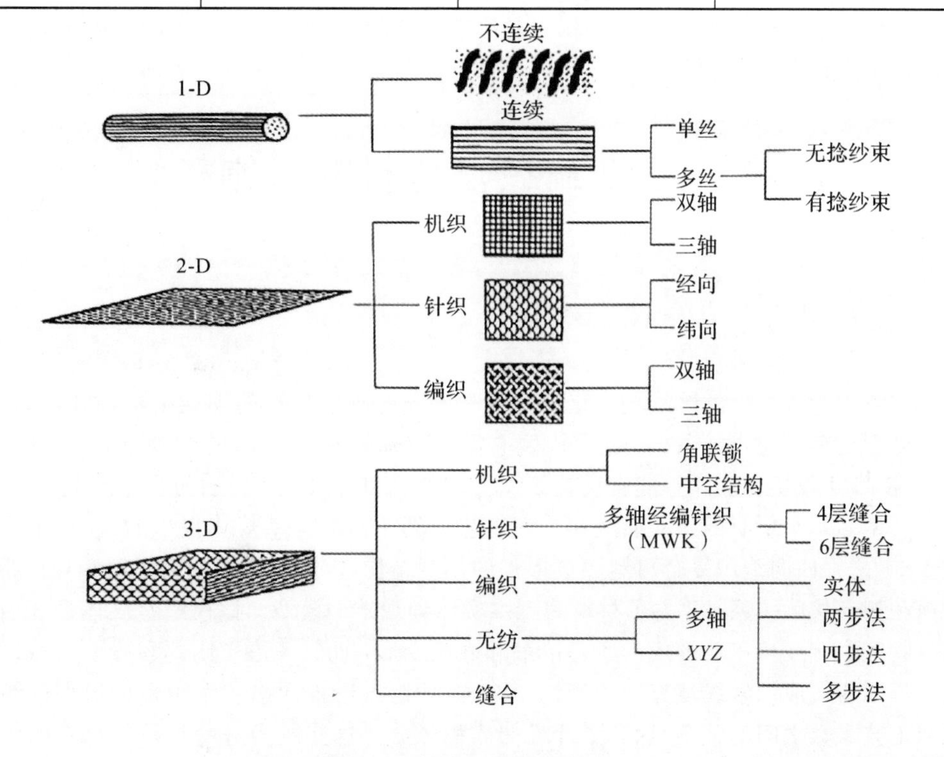

图 4－1　纤维织构的分类

1. 离散型

离散型复合材料纤维不连续，纤维的方向和位置随机分布，如晶须或纤维弥散增强复合材料等。由于纤维的增强方位很难控制，所以离散型复合材料的强度相对较低。

2. 连续型

连续型复合材料纤维连续并且排列整齐，纤维方向呈线性，如单向纤维增强复合材料。由于纤维在一个方向增强，该类复合材料表现低的抗分层能力。

3. 平面型

平面型复合材料的纤维连续并在平面内相互交叠，通过层合使材料达到一定的厚度，如简单织物层合板复合材料。由于缺少在厚度方向的增强相，该复合材料的层间强度主要由基体及纤维/基体界面性能控制。

4. 三维一体型

三维一体型复合材料在面内和面外都有纤维增强，纤维以纤维束的形式通过一些纺织工艺(如机织、针织、编织和缝合等)整体成型，如三维正交复合材料、机织复合材料和三维编织复合材料等。这些三维织物除了纤维束在空间的取向不同会影响复合材料的性能外，织物的织构形式在成型过程中基体表现不同的渗透性也同样会影响复合材料的性能。

织物预制体可以通过纤维-织物工艺、纱线-织物工艺或结合两种工艺得到。1988 年，Olry 开发了 Noveltex 方法，利用纤维针刺得到了针刺织物。1989 年，日本 Fukuta 也利用流体射流代替针得到了与 Noveltex 方法相似的针刺织物。与纤维-织物工艺相比，纱线-织物工艺这种利用平直纱线或扭曲纱线得到的形式更普遍。图 4-2 为利用纱线-织物的机织、针织、编织和非织造工艺得到的织物预制体。通过巧妙的设计，织物能够满足复合材料构件稳定性、适应性和可成型性等要求。

4.2 三维编织复合材料单胞模型

4.2.1 引言

三维编织预成形件的纱线构造决定了以其增强的复合材料的细观结构，同时也是分析三维编织复合材料力学性能的基础。本章主要介绍郑锡涛所提出的细观结构模型的正轴模型[2]，该模型比较切合实际并能够反映编织工艺参数和编织纱线影响的几何模型。

该模型是基于现有的试验研究和编织工艺中携纱器的运动规律提出的，模型中研究了四步法 1×1 三维四向编织复合材料预成形件的细观结构，重点研究了材料内部区域纤维束的空间走向和相互接触关系，建立了材料的三维实体细观结构模型。该模型不仅体现了内部纤维束因打紧工序相互挤压而形成的紧密接触和截面变形，而且考虑了内部和表面区域纱线因挤紧状态不同所造成的纱线填充因子变化。同时，郑锡涛还推导出了编织预成形件的结构参数与编织工艺参数之间的关系，计算了纤维的体积分数。这些既为进一步研究材料的细观结构模型奠定了基础，也为三维编织复合材料的力学性能分析提供了理论基础。

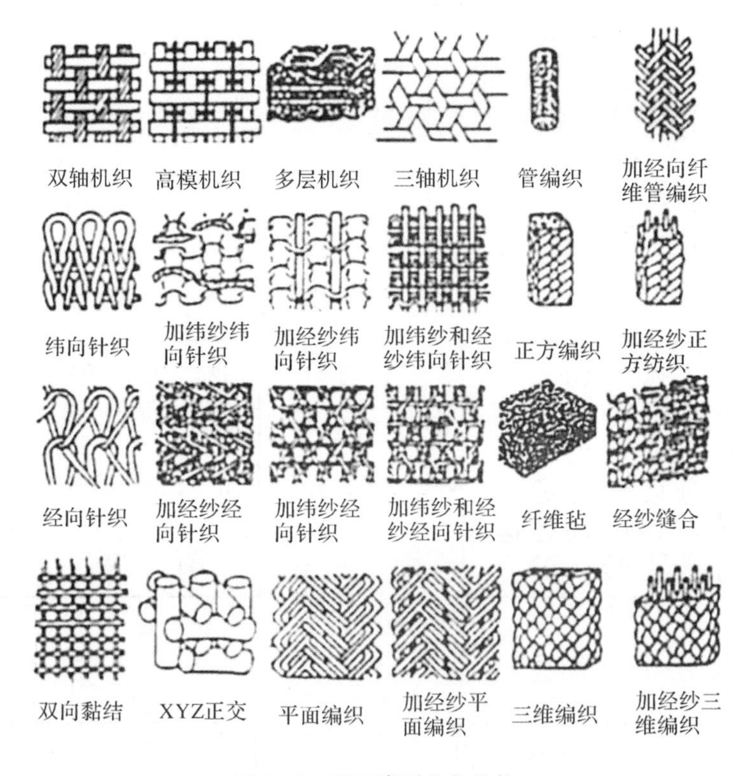

图 4-2　不同类型织物结构

4.2.2　四步法 1×1 三维编织过程

在三维编织中，编织纱线由携纱器携带，并按预成形件的截面形态排列。以四步法 1×1 方型编织为例，主体携纱器排布成 m 行和 n 列的主体阵列，附加携纱器间隔排列在主体阵列的周围。每一携纱器上携带一根编织纱线。编织过程由行和列的四步间歇运动实现。第一步，相邻的行相互错动一个位置；第二步，相邻的列相互错动一个位置；第三步和第四步分别与第一步和第二步相反。经过四步运动，完成一个机器循环，如图 4-3 所示。“打紧”工序使纱线更紧密地交织在一起。在一个机器循环中获得的预成形件长度定义为花节长度，用 h 标识。纱线不断地重复上述四个编织步骤，再加上打紧和织物输出运动就可完成编织过程，纱线将相互交织在一起形成最终的结构。

对于矩形截面预成形件，编织纱线的总根数可以通过主体纱的行数和列数来定义，记为 $[m\times n]$，其中 m 为主体纱的行数，n 为主体纱的列数，总的纱线根数 N 为

$$N=mn+m+n \tag{4-1}$$

因此，图 4-4 中所示的编织纱线总根数为 24。

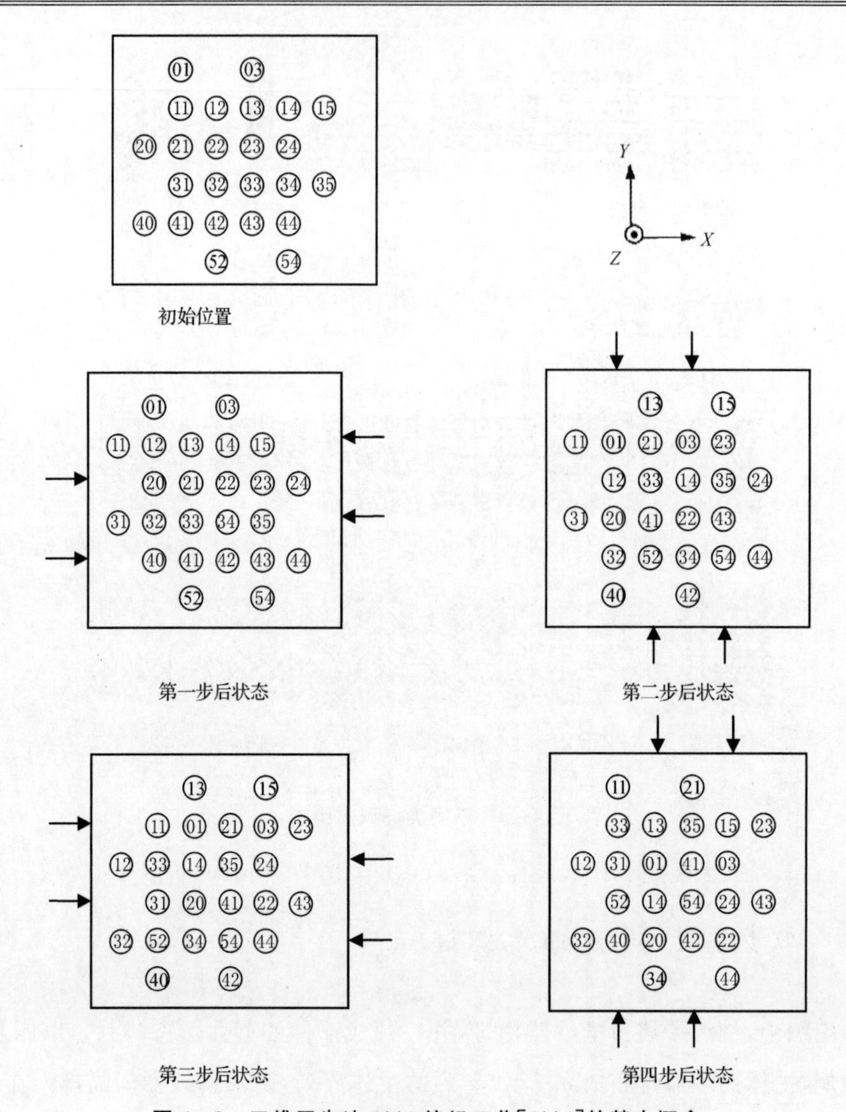

图 4-3　三维四步法 1×1 编织工艺[4×4]的基本概念

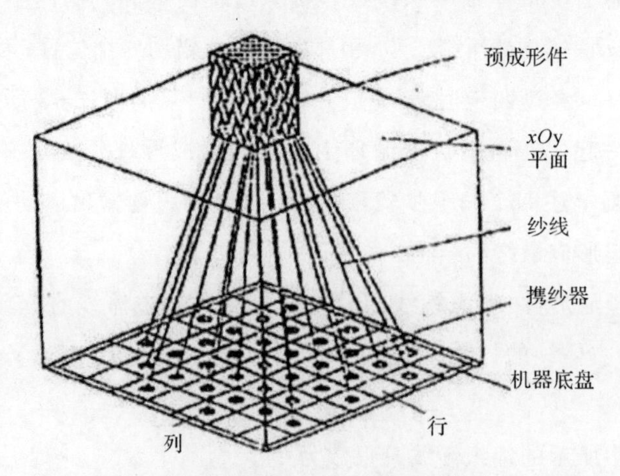

图 4-4　四步法 1×1 三维编织示意图

4.2.3　基本假设

为分析三维四向编织预成形件的细观结构，推导有关编织工艺参数之间的关系，建立以下几个假设：

(1) 预成形件的内部编织纱线(纤维束)的横截面为椭圆形，其长半轴为 a，短半轴为 b；

(2) 编织工艺足够稳定，以保证一定长度范围内编织结构的均匀一致性；

(3) 预成形件中所有纱线为相同的材料，具有相同的纱线填充因子、细度和柔韧度；

(4) 纱线处于挤紧状态，且在空间保持直线走向；

(5) 纤维在空间的交织过程中，交点处由于纤维相互作用而产生的互锁与弯曲被忽略。

根据四步法编织过程和上面所做的假设，下面将研究三维四向编织预成形件的结构组成，寻找能够代表其性能的可重复的最小结构单元，即单胞模型。由于携纱器在预成形件内部区域、表面区域和棱角区域的运动具有不同的特点，因此在各个区域纱线的交织结构也是不同的。根据编织工艺过程，纱线随携纱器运动，一个机器循环后所有纱线相互交织形成一定长度的编织物。在一个机器循环中，考虑每根纱线在编织物长度方向上的移动及其在空间的位置和形状，就可得到纱线的空间运动轨迹，从而得到单胞模型。

4.2.4　编织纱线的面内运动规律

在连续的编织过程中，每一个携纱器均沿着固定的折线轨道，穿越内部，遍历所有边界，经若干步后回到初始位置，如图 4-5 中携纱器 1 的运动轨迹。在携纱器从一个边界运动到另一边界的过程中，第 i 步所处的位置矢量 $\boldsymbol{P}_i$ 为

$$\boldsymbol{P}_i=[x_i \quad y_i] \qquad i=0,\ 1,\ 2,\cdots,\ k \tag{4-2}$$

根据携纱器的运动规律可得

$$\boldsymbol{P}_{i+2}-\boldsymbol{P}_i=\boldsymbol{P}_{i+3}-\boldsymbol{P}_{i+1} \tag{4-3}$$

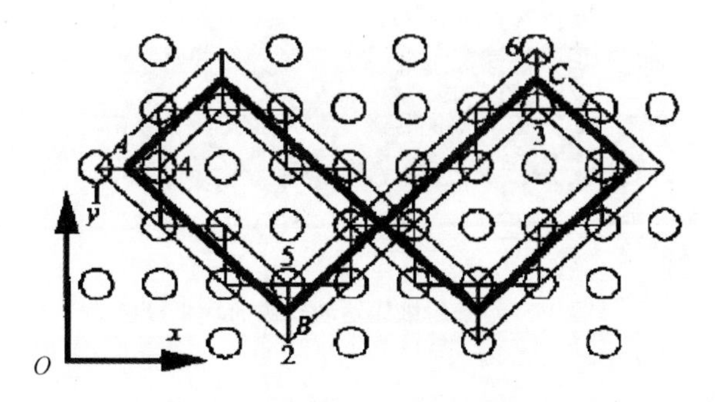

图 4-5　三维编织中携纱器的运动规律

构造一条直线逼近这些位置点。设直线方程为

$$\boldsymbol{P}(t)=\boldsymbol{A}+\boldsymbol{B}t,\quad 0\leqslant t\leqslant k \tag{4-4}$$

其中，$\boldsymbol{A}=[a_x \quad a_y]$，$\boldsymbol{B}=[b_x \quad b_y]$。

由式(4-3)可知，该直线应满足以下约束条件：

$$\boldsymbol{P}'(t)/|\boldsymbol{P}'(t)|=(\boldsymbol{P}_2-\boldsymbol{P}_0)/|\boldsymbol{P}_2-\boldsymbol{P}_0| \tag{4-5}$$

可解得

$$b_x=\frac{x_2-x_0}{y_2-y_0}b_y \tag{4-6}$$

采用最小二乘法拟合时，将约束条件式(4-6)引入目标函数，有

$$J=\sum_{i=0}^{k}|\boldsymbol{P}(i)-\boldsymbol{P}_i|^2+\lambda\left(b_x-\frac{x_2-x_0}{y_2-y_0}b_y\right) \tag{4-7}$$

其中，λ 为拉格朗日乘子。

欲使 J 为最小，必须满足下列方程：

$$\left[\frac{\partial J}{\partial a_x}\ \frac{\partial J}{\partial b_x}\ \frac{\partial J}{\partial a_y}\ \frac{\partial J}{\partial b_y}\ \frac{\partial J}{\partial \lambda}\right]=\mathbf{0} \tag{4-8}$$

解线性方程组式(4-8)可得所需直线方程。

如图 4-5 中携纱器 1 沿着折线轨迹，从左边界 1 点运动到下边界 2 点。在此过程中，它始终在两条平行的线段 12 和 45 之间运动。采用最小二乘法对携纱器 1 的相关运动位置点进行拟合，得到其运动趋势线 AB。该线段通过相邻携纱器位置点连线的中点。同理可得到携纱器 1 从 1 点开始再回到 1 点时的完整运动轨迹及其运动趋势线。对于携纱器 1 经过整数倍机器循环可到达的位置点上的那些携纱器，它们的运动轨迹与携纱器 1 的相同，只是起始点的位置不同，如图 4-5 中 5 点上的携纱器的运动轨迹。这样可将携纱器分为若干组 (G)：

$$G=\frac{mn}{m\text{ 和 }n\text{ 的最小公倍数}} \tag{4-9}$$

编织纱线在携纱器的携带下完成面内运动。携纱器对编织纱线的运动起到了导向作用，相对而言其位置点对编织纱线的控制是暂时的。因此，编织纱线沿携纱器的运动趋势线方向运动。如图 4-5 中折线 ABC 为携纱器 1 所携带的编织纱线的面内运动轨迹。图 4-6 为全部编织纱线面内运动轨迹。

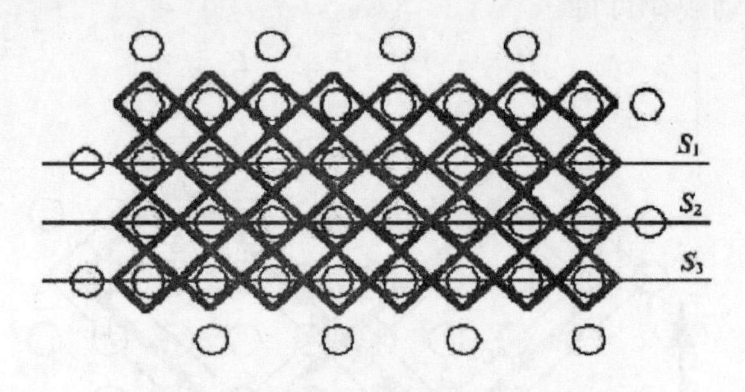

图 4-6 编织纱线运动轨迹的水平投影

4.2.5 编织纱线的空间运动规律及单胞几何模型

由图 4-5 可知携纱器在机器边界的运动规律不同于在机器内部的，这造成了编织纱线在表面区域的编织结构不同于在内部区域的。根据编织工艺过程分析纱线的编织结构。

4.2.5.1　内部编织结构

主体阵列内的携纱器在运动过程中，相邻的行或列的运动方向相反，即第 L 行(或 K 列)携纱器的运动方向与第 $L+1$ 行(或 $K+1$ 列)的相反，与第 $L+2$ 行(或 $K+2$ 列)的相同。这将导致编织结构的重复。为了详细分析纱线在预成形件内部区域的编织结构，考察处于图4-6中平面 S_1 和 S_2 间的携纱器在一个机器循环中的运动，如图4-7所示。图中每一平面表示相应机器运动步骤后携纱器所处的位置，间距为编织花节的四分之一。平面间细实线连接的携纱器为同一携纱器。拓展使用前述趋势线的拟合方法，可得空间携纱器的运动趋势线，即编织纱线的运动轨迹，用粗实线表示。图4-8中包含了一个代表性结构单元体。进一步研究表明，图4-6中平面 S_2 和 S_3 之间的纱线的编织结构如图4-9所示，其不同于图4-8所示的结构。

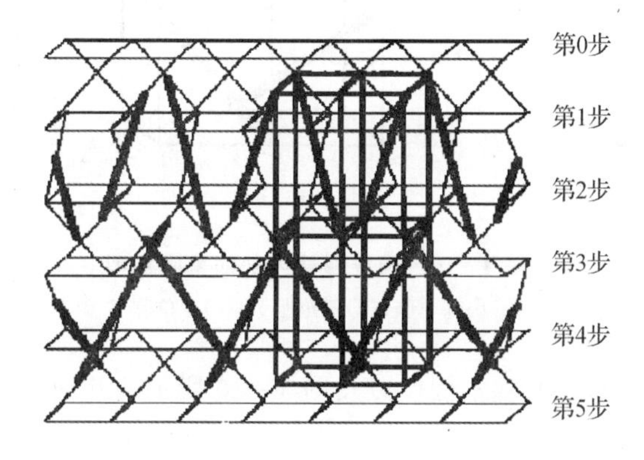

图4-7　平面 S_1 和平面 S_2 间编织纱线的运动轨迹

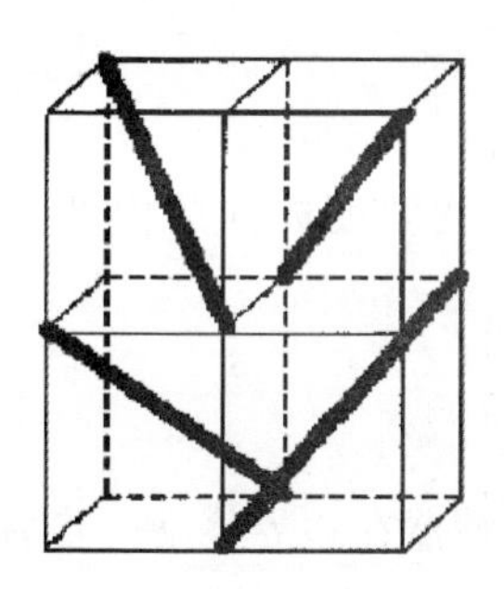

图4-8　平面 S_1 和 S_2 间的纱线编织结构

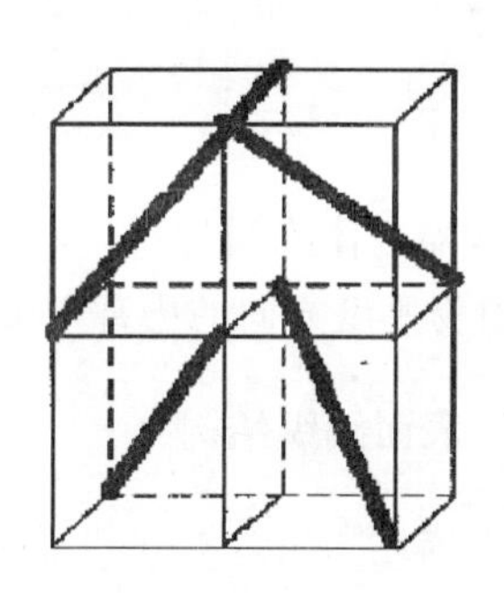

图4-9　平面 S_2 和 S_3 间的纱线编织结构

这样，根据前面的分析可以得到预成形件内部编织结构的单胞模型如图4-10(a)所示。预成形件内部有四种走向的纱线，与编织轴向的夹角为内部编织角 γ。内部单胞的取向平行于预成形件的表面，且高为编织花节长 h。编织纱线的取向由两个角 (φ,γ) 来描述，其中 φ 是纱线轴线在 $X'O'Y'$ 平面内的投影与 X' 轴的交角，有且只有在四步法 1×1 编织中 φ 为45°；γ 是纱线轴向与 Z' 轴的交角，定义为内部编织角。

由每根纱线的取向角可知，预成形件内部是一种由四组平行且伸直的编织纱线组成的空间网络结构。四组编织纱线分别分布于两组相交的平行平面内。每组平行平面的相邻两平面内编织纱线分别以$+\gamma$和$-\gamma$分布。两组平行平面与预成形件的表面成45°角。图4-10(a)所示的内部单胞可以进一步细分为2个大小相等且高为一个编织花节长度h的长方体,如图4-10(b)(c)所示,将它们分别定义为内部亚单胞A和B。这两种亚单胞可以按交替方式重组为整个单胞。亚单胞中四根伸直纱线分别以$+\gamma$和$-\gamma$分布,且编织纱线轴线间的距离为$2b$,其中b是纱线截面的短半轴。

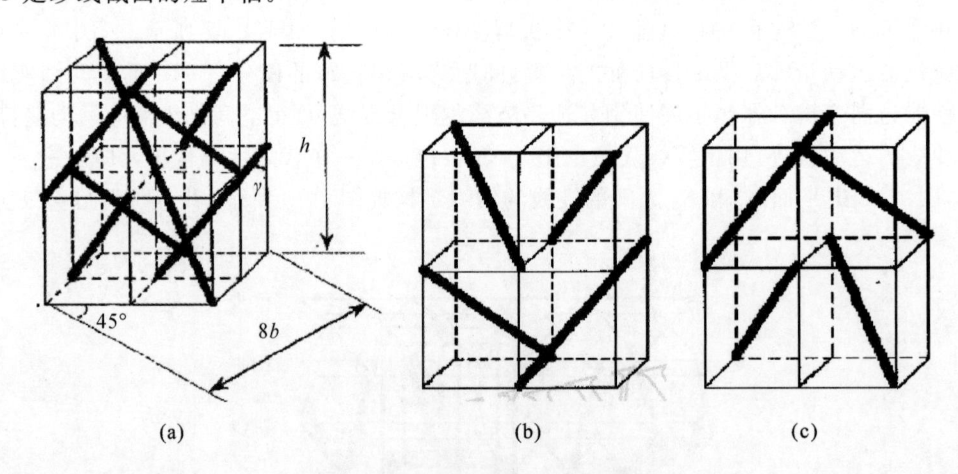

图4-10 预成形件内部的单胞模型

(a)内部单胞;(b)亚单胞A;(c)亚单胞B

对于内部单胞,根据本章的基本假设以及图4-10所示的几何关系,可以得到内部单胞的宽度和厚度为

$$W_{\mathrm{i}}=T_{\mathrm{i}}=4\sqrt{2}\,b \tag{4-10}$$

内部编织角为

$$\tan\gamma=\frac{8b}{h} \tag{4-11}$$

对于携纱器主体阵列为$[m\times n]$的编织结构,沿织物宽度方向的内部单元细胞为$(n-1)/2$个,沿织物厚度方向的内部单元细胞有$(m-1)/2$个。

4.2.5.2 表面编织结构

图4-11描述了携纱器在机器边界的运动规律。携纱器在边界停动一步后改变运动方向返回内部。图中细实线连接同一携纱器,粗实线为拟合得到的携纱器的运动趋势线,即编织纱线的运动轨迹。实际中,编织纱线在预成形件表面应为空间曲线。为了简化模型,这里用折线代替。端点D和F分别为携纱器位置点1和2、5和6连线的中点(分别与内部编织纱线的运动轨迹相连)。折点E为到携纱器位置点2、3、4和5距离平方和最小的点。其位置矢量为

$$\boldsymbol{E}=\left[\frac{1}{4}\sum_{i=1}^{4}x_i\quad\frac{1}{4}\sum_{i=1}^{4}y_i\quad\frac{1}{4}\sum_{i=1}^{4}z_i\right] \tag{4-12}$$

从图4-11中可以提炼出预成形件表面编织结构的单胞模型,如图4-12所示。预成形件表面有两组相互交织的纱线,与编织轴向的夹角为表面编织角β。表面单胞的取向平行于预成形件的表面,且高为编织花节长h。

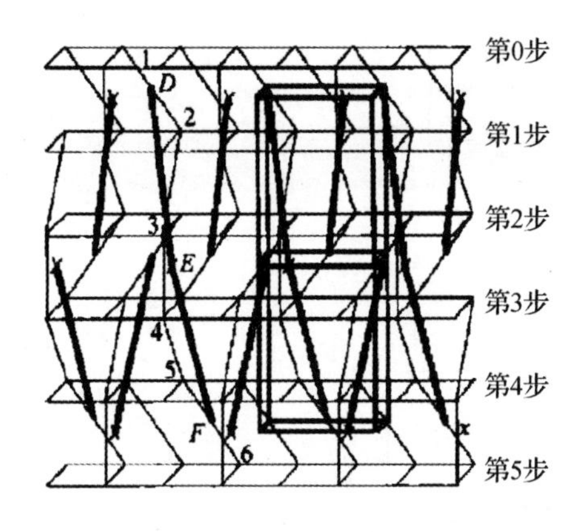

图 4-11　预成形件表面编织纱线的运动轨迹

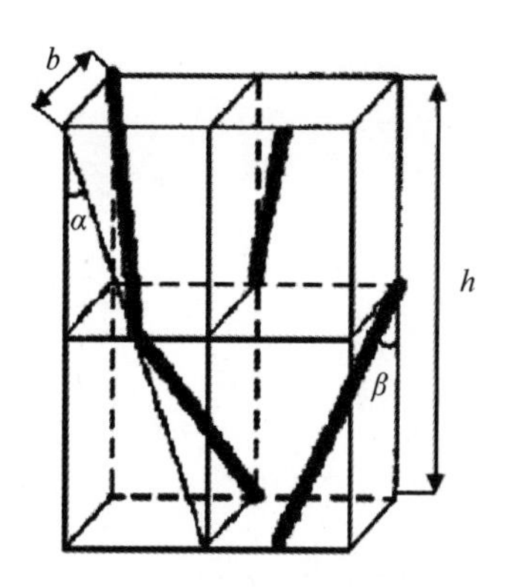

图 4-12　预成形件表面的单胞模型

预成形件表面的纱线编织结构可以提供直观的工艺参数信息，如编织花节长 h 和编织角 α 。编织角 α 是表面编织角 β 在预成形件表面的投影。通常情况下，编织角 α 的测量误差较大，而编织花节长 h 较易测得。

类似前面讨论的预成形件内部单胞，对于表面单胞，根据本章的基本假设以及图 4-12 所示的表面单胞纱线结构的几何关系，可以得到表面单胞的宽度为

$$W_s = 4\sqrt{2}b \tag{4-13}$$

表面单胞的厚度为

$$T_s = 2b \tag{4-14}$$

理论上说，编织纱线在预成形件表面应为一空间曲线，但为了简化模型，采用直线段代替。定义表面编织纱线线段与编织轴方向的夹角为表面编织角 β ，有

$$\tan\beta = \frac{\sqrt{b^2 + (\sqrt{2}b)^2}}{\frac{h}{2}} = \frac{2\sqrt{3}b}{h} \tag{4-15}$$

定义表面纺织纱线在预成形件表面的投影与编织轴方向的夹角为纺织纱线的表面取向角 δ ，有

$$\tan\delta = \frac{2\sqrt{2}b}{h} \tag{4-16}$$

对于携纱器主体阵列为 $[m \times n]$ 的编织结构，沿织物宽度方向的表面单元细胞为 $(n-1)/2$ 个，沿织物厚度方向的表面单元细胞有 $(m-1)/2$ 个，且相对表面单胞结构成反对称结构，相邻表面的单胞结构成镜面对称结构。

图 4-13 是预成形件表面形态的理想化模型。预成形件表面的纱线结构可以由几个工艺参数来描述(见图 4-13)：编织花节宽度 W_s ，编织花节长度 h ，表面取向值 δ 和编织角 α 。编织花节长度 W_s 为表面单胞的宽度，编织角 α 是预成形件表面的纹路线与编织轴向的夹角。

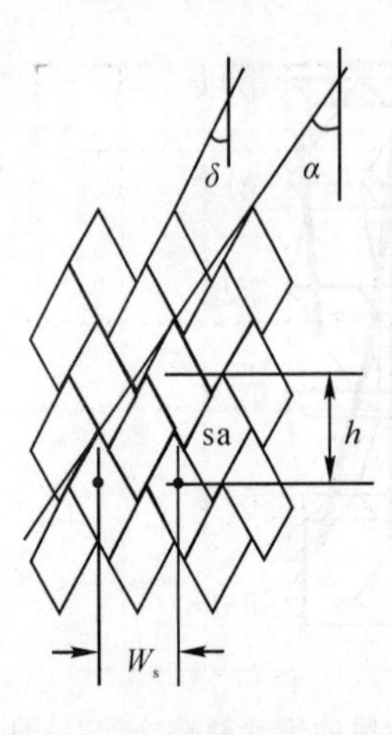

图 4-13 预成形件表面形态的理想化模型

由几何关系，可得表面取向角 δ 与内部编织角 γ 的关系表达式为

$$\tan\delta = \frac{W_s}{2h} = \frac{2\sqrt{2}b}{h} = \frac{\sqrt{2}}{4}\tan\gamma \tag{4-17}$$

由图 4-13 得编织角 α 与内部编织角 γ 之间的关系为

$$\tan\alpha = \frac{W_s}{h} = \frac{4\sqrt{2}b}{h} = \frac{\sqrt{2}}{2}\tan\gamma \tag{4-18}$$

4.2.6 预成形件的外形尺寸

根据假设以及前面纱线运动规律和编织结构的推导，可得三维编织预成形件的外形尺寸如下：

$$W = 4\sqrt{2}b\frac{n-1}{2} + 4b = 2\times\left[\sqrt{2}(n-1)+2\right]b \tag{4-19}$$

$$T = 4\sqrt{2}b\frac{m-1}{2} + 4b = 2\times\left[\sqrt{2}(m-1)+2\right]b \tag{4-20}$$

其中，W 和 T 分别为三维编织预成形件的宽度和厚度。

将式(4-11)代入式(4-19)和式(4-20)，得编织花节长度 h 为

$$h = \frac{8b}{\tan\gamma} = \frac{4W}{[\sqrt{2}(n-1)+2]\tan\gamma} \tag{4-21}$$

或

$$h = \frac{8b}{\tan\gamma} = \frac{4T}{[\sqrt{2}(m-1)+2]\tan\gamma} \tag{4-22}$$

如图 4-14 给出了三维编织预成形件外形尺寸的厚度为 $T=3$ mm 时，由式(4-22)得到的编织花节高度随内部编织角和编织主体纱根数的变化关系。从图中可以看出，编织预成形件外形尺寸不变，当编织主体纱根数一定时，编织花节高度随内部编织角的增大而减小；当内部编织角一定时，编织花节高度随编织主体纱根数的增加而减小。

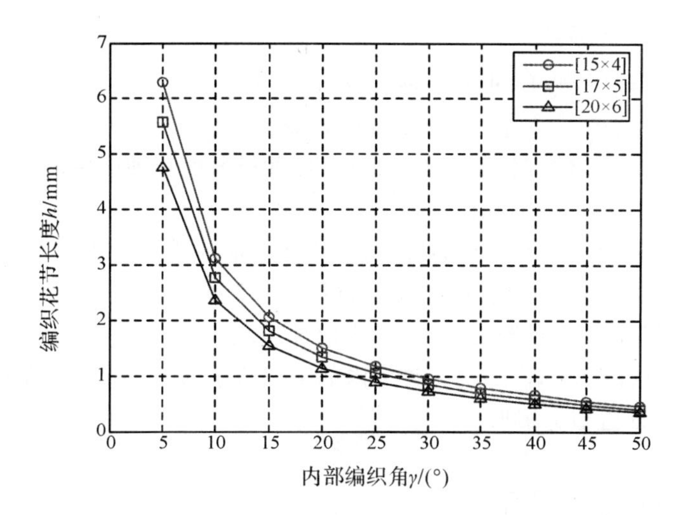

图 4-14　花节长度随编织角和主体纱线根数的变化

4.2.7　纱线打紧

三维编织预成形件是由不同取向的纱线组成的精细空间纤维网状结构。在每个机器循环后都有“打紧”工序，使得编织纱线彼此接触，处于挤紧状态。否则，结构将处于不稳定状态。随着打紧工序的进行，花节高度逐渐减少，在 Z 轴方向逐渐挤紧。沿与预成形件表面成 45°截取一平面，则编织纱线间的空间位置如图 4-15 所示。

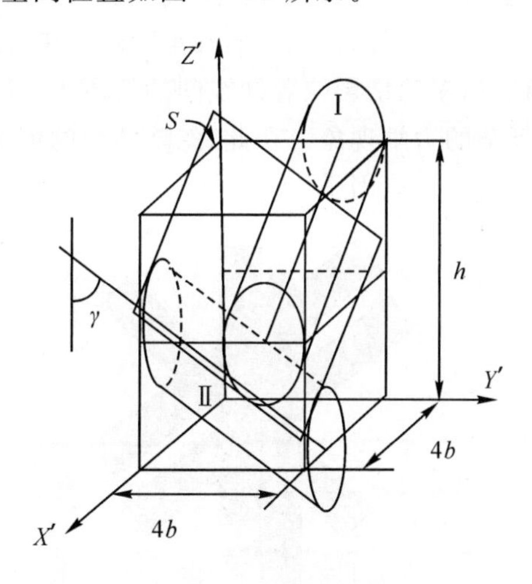

图 4-15　预成形件内部区域的挤紧状态

在给定的坐标系中，两根编织纱线表面的方程(Y1，Y2)可写为

$$\text{Y1}:\ [(x-8b)\cos\gamma+z\sin\gamma]^2/a^2+(y-3b)^2/b^2=1 \tag{4-23}$$

$$\text{Y2}:\ (x-3b)^2/b^2+[(y-4b)\cos\gamma+z\sin\gamma]^2/a^2=1 \tag{4-24}$$

设 S 为 Y1 和 Y2 的切平面，其方程为

$$Ax+By+Cz+D=0 \tag{4-25}$$

其中,A,B,C,D 为待定系数。

根据切平面 S 与 Y1 和 Y2 的几何关系可得

$$a = b\sqrt{3}\cos\gamma \tag{4-26}$$

式(4-26)表明:当 $\gamma < 54.7°$时,$a > b$,即编织纱线横截面长轴比短轴长;当 $\gamma = 54.7°$时,$a = b$,即编织纱线横截面长轴和短轴相等;当 $\gamma > 54.7°$时,$a < b$,即编织纱线横截面长轴比短轴短,但是由于编织纱线牵拉张力的存在,这种状态很难达到。所以,在挤紧状态下,内部编织角 γ 的变化范围为 0°~54.7°。相应地,a/b 也从 1.732 减小到 1。因此,随着编织角的变化,编织纱线的横截面存在两种极限形态:一种为内部编织角 γ 接近 0°,内部编织纱横截面长短轴之比为 1.732,横截面非常扁平;另一种为内部编织角 γ 接近 54.7°,内部编织纱横截面的长短轴之比为 1,横截面近似为圆形。

4.2.8 纱线填充因子

纱线填充因子定义为编织纱线内纤维的体积分数,即

$$k = \frac{\pi D_y^2}{4\Omega} = \frac{D_y^2}{4ab} \tag{4-27}$$

式中,D_y 是编织纱线的等效直径(mm),$D_y = \sqrt{\frac{4\lambda}{\pi\rho}}$;$\lambda$ 是编织纱线的线密度(g/m);ρ 是编织纱线的体积密度(g/cm^3);$\Omega = \pi ab$。

对于纤维束纱线来讲,纱线填充因子在编织过程中的变化情况是非常复杂的。在预成形件内部,每根编织纱线受到来自 6 个不同方向的相邻纱线的挤压,如图 4-16 所示。纱线间挤压力的变化将导致编织纱线填充因子的变化。而在编织过程中,纱线的初始填充因子、纱线的牵引力、打紧力以及编织角等诸多因素影响着纱线间的挤压力。因此,纱线的填充因子在编织过程中的变化是一种非常复杂的力学现象。在此,忽略纱线的填充因子在编织过程中的变化,仅考虑最终预成形件中的纱线的填充因子。

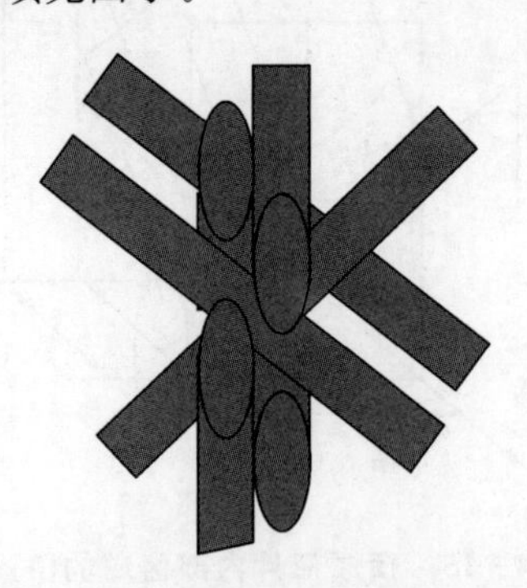

图 4-16 预成形件内部相邻纱线的挤紧状态

根据基本假设(3),将式(4-19)、式(4-20)和式(4-26)代入式(4-27),纱线填充因子 k 可用下式表示,有

$$k=\frac{D_y^2\left[\sqrt{2}(n-1)+2\right]^2}{\sqrt{3}\,W^2\cos\gamma} \tag{4-28}$$

$$k=\frac{D_y^2\left[\sqrt{2}(m-1)+2\right]^2}{\sqrt{3}\,T^2\cos\gamma} \tag{4-29}$$

当主体纱线根数不变时，预成形件中纱线的填充因子随着编织角的增加而增加，随着预成形件外形尺寸的增加而减小。对于纤维束纱线来讲，纱线的填充因子在编织预成形件中的变化存在两种临界状态：其一为纱线的初始填充因子；其二为编织纱线中纤维的排列为密排六方形式，此时纱线的填充因子达到最大值 $k=\frac{\pi}{2\sqrt{3}}\approx 0.906\ 9$。

4.2.9　结构单胞的体积分数

可将三维编织预成形件划分为三个区域：内部区域、表面区域和棱角区域。三个区域具有不同的纱线结构的单胞模型。因此，在宏观上三维编织预成形件是一个如图 4-17 所示的皮芯结构。

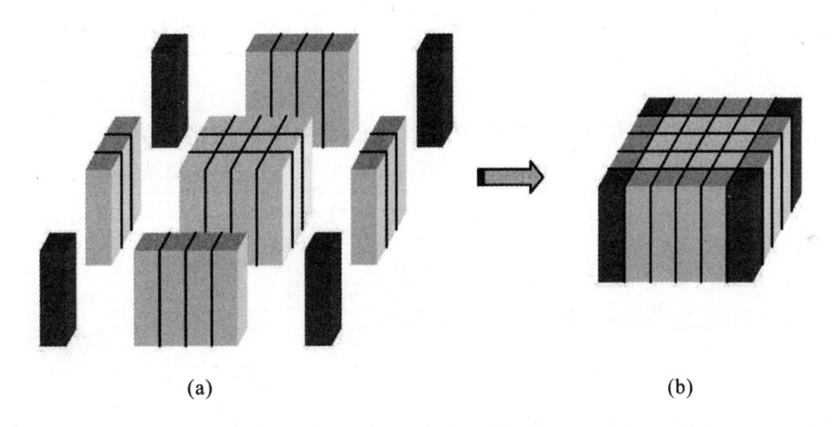

图 4-17　三维编织预成形件的皮芯结构

根据本章所作的假设——编织过程稳定、编织结构均匀，因此在预成形件各区域相同长度上的各类单胞的组成是相同的，即对于同一个预成形件，各类单胞的体积分数是恒定的。因此，可以选择任何一段预成形件来研究纱线体积分数。为了简化问题，我们以一个编织花节长度 h 的预成形件为研究对象，并设携纱器主体阵列为$[m\times n]$，预成形件宽度和厚度分别为 W 和 T 。

一个花节长度上的预成形件体积为 WTh 。

内部单胞的体积为

$$\frac{(m-1)}{2}\frac{(n-1)}{2}W_iT_ih=\frac{(m-1)}{2}\frac{(n-1)}{2}(4\sqrt{2}b)^2h \tag{4-30}$$

表面单胞的体积为

$$(\frac{m-1}{2}+\frac{n-1}{2})\times 2\cdot W_s\cdot T_s\cdot h=(\frac{m-1}{2}+\frac{n-1}{2})\times 2\times 4\sqrt{2}b\times 2b\cdot h \tag{4-31}$$

棱角单胞的体积为

$$4\cdot W_c\cdot T_c\cdot h=4\times(2b)^2\cdot h \tag{4-32}$$

因此,对于主体纱为[$m\times n$]的编织预成形件,每个区域所占整体结构的百分比为

$$\left.\begin{aligned}V_i&=\frac{\frac{(m-1)}{2}\cdot\frac{(n-1)}{2}\cdot(4\sqrt{2}b)^2\cdot h}{W\cdot T\cdot h}\\V_s&=\frac{(\frac{m-1}{2}+\frac{n-1}{2})\times 2\times 4\sqrt{2}b\times 2b\cdot h}{W\cdot T\cdot h}\\V_c&=\frac{4\times(2b)^2\cdot h}{W\cdot T\cdot h}\end{aligned}\right\} \tag{4-33}$$

式中,V_i,V_s,V_c 分别为内部单胞、表面单胞和棱角单胞所占整体结构的百分比。因为预成形件的体积为各单胞的体积和,所以有

$$W\cdot T\cdot h=\frac{(m-1)}{2}\cdot\frac{(n-1)}{2}\cdot(4\sqrt{2}b)^2\cdot h+(\frac{m-1}{2}+\frac{n-1}{2})\times 2\times 4\sqrt{2}b\times 2b\cdot h+4\times(2b)^2\cdot h \tag{4-34}$$

将式(4-34)代入式(4-33)中并化简,得每个区域所占整体结构的百分比为

$$\left.\begin{aligned}V_i&=\frac{(m-1)(n-1)}{mn+(\sqrt{2}-1)m+(\sqrt{2}-1)n-2\sqrt{2}+3}\\V_s&=\frac{\sqrt{2}(m+n-2)}{mn+(\sqrt{2}-1)m+(\sqrt{2}-1)n-2\sqrt{2}+3}\\V_c&=\frac{2}{mn+(\sqrt{2}-1)m+(\sqrt{2}-1)n-2\sqrt{2}+3}\end{aligned}\right\} \tag{4-35}$$

式(4-35)的计算结果表明,棱角区域在整个结构中占的比例很小(见表4-2),因此棱角区域对整个结构的影响很小,一般研究中以表面区域来代替棱角区域(本书中也采用表面区域代替棱角区域),故

$$V_s=1-V_i \tag{4-36}$$

表4-2 预成形件内三个区域所占整体结构的百分比

主体纱[$m\times n$]	三个区域所占百分比/(%)		
	内部	表面	棱角
3×22	54.88	42.50	2.61
4×23	63.86	34.21	1.94
5×25	69.77	28.78	1.45
15×4	61.73	35.33	2.94
17×5	67.88	30.00	2.12
20×6	72.55	25.92	1.53

图 4－18 给出了表面区域所占整体结构的百分比随 m 和 n 的变化情况[由方程式(4－35)计算所得]。当 m 和 n 比较小时，表面区域所占整体结构的百分比可达到 30％以上，其对整体结构的影响不能忽略。

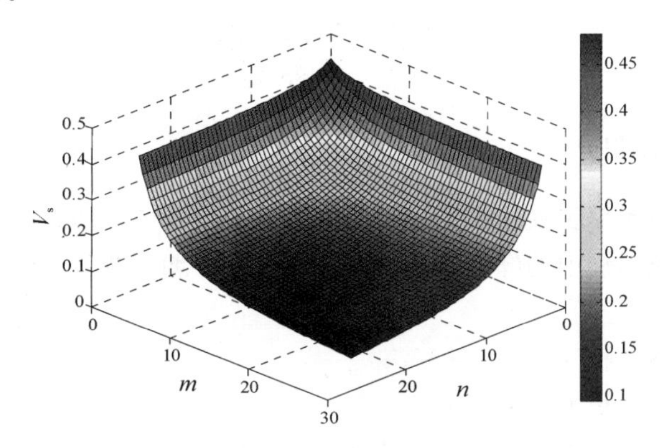

图 4－18　表面区域所占百分比随编织用主体纱线数的变化情况

4.2.10　预成形件的纤维体积分数

根据本章中我们对三维四向编织复合材料所作的假设——预成形件中的所有纱线的横截面均为椭圆形，认为纤维束是实心的纤维体，中间是没有空隙的，长半轴长度为 a，短半轴长度为 b，所以对于几何参数已知的各类单胞中的纱线的体积，我们是可以计算得到的，同时也可以得到各类单胞在一个编织花节长度上的体积，因此就得到了各类单胞中的纤维体积分数。

4.2.10.1　三个区域的纤维体积分数

定义预成形件内部区域的纤维体积分数为内部单胞的纱线体积分数乘以纱线的填充因子，本书中纱线填充因子取 $k=0.7$。

由图 4－10 可得预成形件内部单胞的体积为

$$U_i = W_i \cdot T_i \cdot h = \frac{h^3 \tan^2\gamma}{2} \tag{4-37}$$

内部单胞内的纱线总体积为

$$Y_i = 4\pi abh/\cos\gamma \tag{4-38}$$

由上述定义得内部区域纤维体积分数为

$$V_{if} = \frac{Y_i}{U_i}k = \frac{\pi\sqrt{3}}{8}k \tag{4-39}$$

定义预成形件表面区域的纤维体积分数为表面单胞的纱线体积分数乘以纱线的填充因子。

由图 4－12 可得预成形件表面单胞的体积为

$$U_s = W_s \cdot T_s \cdot h = \frac{\sqrt{2}}{8}h^3\tan^2\gamma \tag{4-40}$$

表面单胞内的纱线总体积为

$$Y_s = 2\pi abh/\cos\beta \tag{4-41}$$

由上述定义得表面区域纤维体积分数为

$$V_{sf} = \frac{Y_s}{U_s}k = \frac{\sqrt{6}\cdot\pi\cdot\cos\gamma}{8\cos\beta}k \tag{4-42}$$

4.2.10.2 总纤维体积分数

根据前面得到的各类单胞在预成形件中的体积分数以及各自的纤维体积分数，由此，便可以很容易求得整个预成形件中的纤维体积分数。假设一个编织花节长度上的预成形件的体积为 V，则

内部单胞中的纤维体积为 $V\cdot V_i\cdot V_{if}$；

表面单胞中的纤维体积为 $V\cdot V_s\cdot V_{sf}$。

三维四向编织复合材料预成形件中的纤维体积分数为

$$V_f = \frac{V\cdot V_i\cdot V_{if} + V\cdot V_s\cdot V_{sf}}{V} = V_i\cdot V_{if} + V_s\cdot V_{sf} \tag{4-43}$$

其中，V_i 和 V_s 分别是内部和表面区域所占整体结构的百分比，可由式(4－35)和式(4－36)得出；V_{if} 和 V_{sf} 分别是内部和表面区域的纤维体积分数，由式(4－39)和式(4－42)分别给出。

预成形件的总纤维体积分数将随着主体纱线数、编织角以及纱线的填充因子的变化而变化。主体纱线数的变化将导致预成形件中各区域所占的百分比变化。随着主体纱线排列的行数和列数的增加，表面区域所占的百分比将逐渐减少，预成形件的总纤维体积分数也将减少并趋于内部区域的纤维体积分数。

此外，预成形件的总纤维体积分数将随着纤维编织纱线填充因子的增加而增加。而当主体纱排列的排数和列数固定时，编织角的增加将导致编织纱线填充因子的增加[由式(4－28)给出]，预成形件的总纤维体积分数也随之增加。

4.3 三维编织复合材料弹性性能预测

4.3.1 引言

在 4.2 中推导了编织预成形件的细观结构模型，本章将在 4.2 节细观结构模型的基础上，应用刚度体积平均化的方法来预测三维四向编织复合材料的弹性性能，并建立结构参数与力学性能间的关系。

4.3.2 基本假设

为了应用复合材料的细观力学的方法来预测纤维束的力学性能，需要对纤维束做出以下假设[2]：

（1）假设组分材料分别是均匀的。尽管纤维束细观是非均匀的，但宏观是均匀的。

（2）假设组分材料分别是连续的，且单向复合材料也是连续的，即认为基体与纤维是紧密结合的。

（3）假设组分材料分别是各向同性或横观各向同性，而纤维束宏观是横观各向同性的。

（4）假设组分材料和纤维束是线弹性的。

（5）假设组分材料和纤维束都是小变形。

（6）假设组分材料和纤维束无初始应力。

（7）忽略复合材料内部的各种损伤及缺陷。

4.3.3　组分材料的性能

本书研究的复合材料主要由碳纤维和环氧树脂组成。要研究编织预成形件的性能，必须先研究复合材料各组分材料的性能，即纤维束的性能和基体的性能。

4.3.3.1　纤维束的性能

纤维束是由织物中的编织纱线注入基体固化成型后形成的。所谓纤维束是指由具有纺织特性的多根连续纤维组成的纱束，具有合适的强度和柔韧性。单根连续纤维称为长丝，而纤维束就是由一定数量的这种长丝紧密捆绑在一起形成的。根据基本假设，我们认为纤维束是实心的棒体，且内部是匀质、无损伤、无缺陷的，在其横断面上的任意两个方向上，纤维的分布和贡献都是相同的，因此，长度远大于其直径而且未受扭转的纤维束都表现为横观各向同性。所以，纤维束的性能就可以等价于单向复合材料的宏观性能[2]。

横观各向同性材料（视 2－3 平面为各向同性面）的正轴刚度矩阵为

$$\boldsymbol{C}=\begin{bmatrix} C_{11} & C_{12} & C_{13} & 0 & 0 & 0 \\ C_{12} & C_{22} & C_{23} & 0 & 0 & 0 \\ C_{13} & C_{23} & C_{33} & 0 & 0 & 0 \\ 0 & 0 & 0 & C_{44} & 0 & 0 \\ 0 & 0 & 0 & 0 & C_{55} & 0 \\ 0 & 0 & 0 & 0 & 0 & C_{66} \end{bmatrix} \tag{4-44}$$

正交各向异性材料的正轴柔度矩阵为

$$\boldsymbol{S}=\begin{bmatrix} S_{11} & S_{12} & S_{13} & 0 & 0 & 0 \\ S_{12} & S_{22} & S_{23} & 0 & 0 & 0 \\ S_{13} & S_{23} & S_{33} & 0 & 0 & 0 \\ 0 & 0 & 0 & S_{44} & 0 & 0 \\ 0 & 0 & 0 & 0 & S_{55} & 0 \\ 0 & 0 & 0 & 0 & 0 & S_{66} \end{bmatrix} \tag{4-45}$$

对于正交各向异性复合材料，纤维束的刚度矩阵［见式（4－44）］与相应的工程弹性常数具有如下关系[3]：

$$\left.\begin{aligned}&C_{11}=\frac{1-\nu_{23}\nu_{32}}{E_2E_3\Delta},\quad C_{12}=\frac{\nu_{21}+\nu_{31}\nu_{23}}{E_2E_3\Delta},\quad C_{13}=\frac{\nu_{31}+\nu_{21}\nu_{32}}{E_2E_3\Delta}\\&C_{22}=\frac{1-\nu_{13}\nu_{31}}{E_1E_3\Delta},\quad C_{23}=\frac{\nu_{32}+\nu_{12}\nu_{31}}{E_1E_2\Delta},\quad C_{33}=\frac{1-\nu_{12}\nu_{21}}{E_1E_2\Delta}\\&C_{44}=G_{23},\quad C_{55}=G_{31},\quad C_{66}=G_{12}\end{aligned}\right\}\tag{4-46}$$

其中，$\Delta=\dfrac{1-\nu_{12}\nu_{21}-\nu_{23}\nu_{32}-\nu_{13}\nu_{31}-2\nu_{21}\nu_{32}\nu_{13}}{E_1E_2E_3}$。

如果使用柔度矩阵，则式(4-45)可用工程弹性常数表示为

$$\left.\begin{aligned}&S_{11}=1/E_{11},\quad S_{12}=-\nu_{21}/E_{22},\quad S_{13}=-\nu_{31}/E_3\\&S_{22}=1/E_{22},\quad S_{23}=-\nu_{32}/E_{33},\quad S_{33}=1/E_{33}\\&S_{44}=1/G_{23},\quad S_{55}=1/G_{31},\quad S_{66}=1/G_{12}\end{aligned}\right\}\tag{4-47}$$

纤维束的工程弹性常数可以用试验方法测定，但在很多情况下应用复合材料的细观力学方法来测定。有关单向复合材料的细观力学模型比较多，比较常见的有串联模型、并联模型、回字形模型、外方内圆模型和同心圆柱模型等等。

在工程应用中，大多数纤维束和组成纤维束的纤维，都可看成是横观各向同性的，故只有5个独立的弹性常数。下面内容中，E 为弹性模量，G 为剪切模量，ν 为泊松比，V 为体积比，下标 f，m 分别代表纤维和树脂，下标 f1，f2 和 f3 分别表示纤维的纵向、横向及厚度方向。依据纤维束三维刚度分析的细观力学基本假设，由各组分材料的工程弹性常数可以推得纤维束三个方向上的工程弹性常数，假设 1，2，3 分别为三个主方向，即纵向、横向及厚度方向。下面给出预测各个弹性常数较好的简化模型与所得公式[4-5]。

(1)纵向弹性模量 E_1。采用片状并联模型，为使不产生拉弯耦合，将纤维与基体形成对称结构形式，纤维和基体的体积比分别为 V_f、V_m。用材料力学分析方法求得纵向弹性模量为

$$E_1=E_{f1}V_f+E_mV_m\tag{4-48}$$

由此公式预测的 E_1 与试验结果相当吻合，或在略高于10%以内。

(2)横向弹性模量 E_2。单向复合材料的弹性模量 $E_2=E_3$。通常采用片状串联模型，利用材料力学分析方法可得横向弹性模量为

$$\frac{1}{E_2}=\frac{V_f}{E_{f2}}+\frac{V_m}{E_m}\tag{4-49}$$

由此公式预测的 E_2 要比试验结果小很多，因此此公式在定量上不合适，一般采用在此公式基础上引入修正系数 η_2 的方法，即

$$E_2=\frac{E_{f2}E_m(V_f+\eta_2V_m)}{V_fE_m+\eta_2V_mE_{f2}}\tag{4-50}$$

式中

$$\eta_2=\frac{0.2}{1-\nu_m}\left(1.1-\sqrt{\frac{E_m}{E_{f2}}}+\frac{3.5E_m}{E_{f2}}\right)(1+0.22V_f)\tag{4-51}$$

这一半经验公式适用于不同的复合材料，误差比较小。

剪切弹性模量 $G_{12}=G_{13}$。通常采用片状串联模型，采用材料力学分析方法可得

$$\frac{1}{G_{12}}=\frac{V_f}{G_{f12}}+\frac{V_m}{G_m}\tag{4-52}$$

此公式预测结果要比试验结果小很多，引入修正系数 η_{12} 后，得

$$G_{12}=\frac{G_{f12}G_m(V_f+\eta_{12}V_m)}{V_fG_m+\eta_{12}V_mG_{f12}} \tag{4-53}$$

式中

$$\eta_{12}=0.28+\sqrt{\frac{E_m}{E_{f2}}} \tag{4-54}$$

这一半经验公式适用于不同的复合材料，误差比较小。

(3)剪切弹性模量 G_{23} 。类似于式(4-53)，可得

$$G_{23}=\frac{G_{f23}G_m(V_f+\eta_{23}V_m)}{V_fG_m+\eta_{23}V_mG_{f23}} \tag{4-55}$$

式中

$$\eta_{23}=0.388-0.665\sqrt{\frac{E_m}{E_{f2}}}+2.56\frac{E_m}{E_{f2}} \tag{4-56}$$

(4)泊松比 ν_{21} 。单向复合材料的泊松比 $\nu_{31}=\nu_{21}$ 。通常采用片状并联模型，利用材料力学分析方法可得 ν_{21} 的预测公式为

$$\nu_{21}=\nu_{f21}V_f+\nu_mV_m \tag{4-57}$$

(5)泊松比 ν_{23} 。泊松比 ν_{23} 可仿照 ν_{21} [见式(4-57)]，并引进修正系数 k ，得

$$\nu_{23}=k(\nu_{f23}V_f+\nu_mV_m) \tag{4-58}$$

式中

$$k=1.095+(0.8-V_f)\left[0.27+0.23\left(1-\frac{E_{f2}}{E_{f1}}\right)\right] \tag{4-59}$$

由此，可以通过组分材料的工程弹性常数得到纤维束三维应力分析所需要的 9 个工程弹性常数。

纤维束为横观各向同性材料，其应力-应变关系[3]为

$$\begin{bmatrix}\sigma_1\\ \sigma_2\\ \sigma_3\\ \tau_{23}\\ \tau_{31}\\ \tau_{12}\end{bmatrix}=\begin{bmatrix}C_{11}&C_{12}&C_{12}&0&0&0\\ C_{12}&C_{22}&C_{23}&0&0&0\\ C_{12}&C_{23}&C_{22}&0&0&0\\ 0&0&0&\frac{1}{2}(C_{22}-C_{23})&0&0\\ 0&0&0&0&C_{66}&0\\ 0&0&0&0&0&C_{66}\end{bmatrix}=\begin{bmatrix}\varepsilon_1\\ \varepsilon_2\\ \varepsilon_3\\ \gamma_{23}\\ \gamma_{31}\\ \gamma_{12}\end{bmatrix} \tag{4-60}$$

记为

$$\boldsymbol{\sigma}=\boldsymbol{C\varepsilon} \tag{4-61}$$

应变-应力关系式为

$$\begin{bmatrix}\varepsilon_1\\ \varepsilon_2\\ \varepsilon_3\\ \gamma_{23}\\ \gamma_{31}\\ \gamma_{12}\end{bmatrix}=\begin{bmatrix}S_{11}&S_{12}&S_{12}&0&0&0\\ S_{12}&S_{22}&S_{23}&0&0&0\\ S_{12}&S_{23}&S_{22}&0&0&0\\ 0&0&0&2(S_{22}-S_{23})&0&0\\ 0&0&0&0&S_{66}&0\\ 0&0&0&0&0&S_{66}\end{bmatrix}\begin{bmatrix}\sigma_1\\ \sigma_2\\ \sigma_3\\ \tau_{23}\\ \tau_{31}\\ \tau_{12}\end{bmatrix} \tag{4-62}$$

其中，$C_{ij}=C_{ji}$，$S_{ij}=S_{ji}$，所以独立常数只有5个。

$$\left.\begin{array}{lll} S_{11}=\dfrac{1}{E_1}, & S_{12}=-\dfrac{\nu_{21}}{E_2}, & S_{13}=-\dfrac{\nu_{31}}{E_3}=S_{12} \\ S_{22}=\dfrac{1}{E_2}, & S_{23}=-\dfrac{\nu_{32}}{E_3}, & S_{33}=\dfrac{1}{E_3}=S_{22} \\ S_{32}=-\dfrac{\nu_{23}}{E_2}=S_{23}, & S_{44}=2\left(\dfrac{1}{E_2}+\dfrac{\nu_{32}}{E_3}\right)=\dfrac{1}{G_{23}}, & S_{66}=\dfrac{1}{G_{12}} \end{array}\right\} \tag{4-63}$$

式中，工程弹性常数利用三维刚度分析的细观力学方法，由各组分材料的工程弹性常数求得。根据正轴刚度和正轴柔度之间的关系，得纤维束的正轴刚度矩阵为

$$\boldsymbol{C}=\boldsymbol{S}-1 \tag{4-64}$$

4.3.3.2 基体的性能

在复合材料中，基体主要起支持和固定纤维材料、传递纤维间的载荷、保护纤维等作用。本书所研究复合材料的基体为环氧树脂，通常情况下，环氧树脂为各向同性材料。

4.3.4 纤维束的坐标转换

在编织预成形件中，编织纱线有四个不同的方向。在各类单胞中，纤维束的方向也有多个。为了得到三维四向编织复合材料力学的弹性常数，需要先分别求解各类单胞的弹性常数，然后采用刚度体积平均化的方法得到复合材料的有效弹性常数。在进行刚度平均化时所使用的弹性常数是总体坐标下的各类单胞的弹性常数，这就要求在求解到单胞内的每个单向复合材料的弹性常数时都要向总体坐标系下转化，需要有局部坐标系（旧坐标系）到总体坐标系（新坐标系）下的应力转换矩阵。

4.3.4.1 应力转换矩阵的推导

假设局部坐标系是(x,y,z)，总体坐标系是(x',y',z')。令总体坐标系与局部坐标系坐标轴夹角余弦值分别为$l_1,l_2,l_3,m_1,m_2,m_3,n_1,n_2,n_3$。局部与总体坐标系之间的转换关系如表4-3所示。

对于图4-19所示的三维单元体，应用弹性力学知识，由平衡方程及切应力互等定律可以推导得到空间应力转换公式如下：

$$\begin{bmatrix}\sigma_{x'}\\ \sigma_{y'}\\ \sigma_{z'}\\ \tau_{y'z'}\\ \tau_{z'x'}\\ \tau_{x'y'}\end{bmatrix}=\begin{bmatrix} l_1^2 & m_1^2 & n_1^2 & 2m_1n_1 & 2l_1n_1 & 2l_1m_1\\ l_2^2 & m_2^2 & n_2^2 & 2m_2n_2 & 2l_2n_2 & 2l_2m_2\\ l_3^2 & m_3^2 & n_3^2 & 2m_3n_3 & 2l_3n_3 & 2l_3m_3\\ l_2l_3 & m_2m_3 & n_2n_3 & m_2n_3+m_3n_2 & l_2n_3+l_3n_2 & l_2m_3+l_3m_2\\ l_3l_1 & m_3m_1 & n_3n_1 & m_3n_1+m_1n_3 & l_3n_1+l_1n_3 & l_3m_1+l_1m_3\\ l_1l_2 & m_1m_2 & n_1n_2 & m_1n_2+m_2n_1 & l_1n_2+l_2n_1 & l_1m_2+l_2m_1 \end{bmatrix}\begin{bmatrix}\sigma_x\\ \sigma_y\\ \sigma_z\\ \tau_{yz}\\ \tau_{zx}\\ \tau_{xy}\end{bmatrix} \tag{4-65}$$

即

$$\boldsymbol{\sigma}'=\boldsymbol{T}_{\sigma}\boldsymbol{\sigma} \tag{4-66}$$

表 4-3　总体坐标系与局部坐标系的转换关系

整体坐标	局部坐标		
	x	y	z
x'	l_1	m_1	n_1
y'	l_2	m_2	n_2
z'	l_3	m_3	n_3

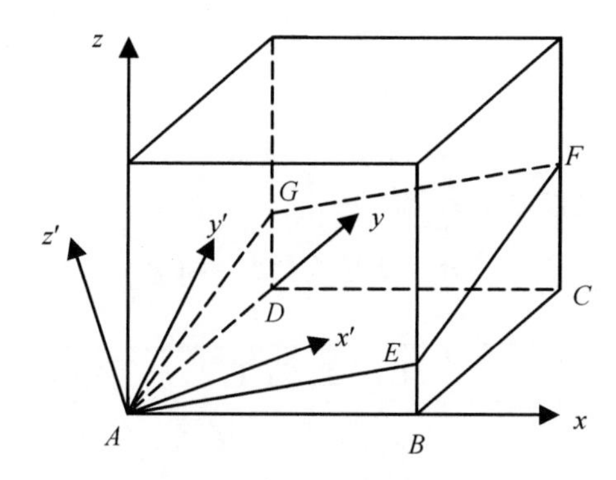

图 4-19　三维单元体

空间应力转换矩阵为

$$\boldsymbol{T}_{\sigma}=\begin{bmatrix} l_1^2 & m_1^2 & n_1^2 & 2m_1n_1 & 2l_1n_1 & 2l_1m_1 \\ l_2^2 & m_2^2 & n_2^2 & 2m_2n_2 & 2l_2n_2 & 2l_2m_2 \\ l_3^2 & m_3^2 & n_3^2 & 2m_3n_3 & 2l_3n_3 & 2l_3m_3 \\ l_2l_3 & m_2m_3 & n_2n_3 & m_2n_3+m_3n_2 & l_2n_3+l_3n_2 & l_2m_3+l_3m_2 \\ l_3l_1 & m_3m_1 & n_3n_1 & m_3n_1+m_1n_3 & l_3n_1+l_1n_3 & l_3m_1+l_1m_3 \\ l_1l_2 & m_1m_2 & n_1n_2 & m_1n_2+m_2n_1 & l_1n_2+l_2n_1 & l_1m_2+l_2m_1 \end{bmatrix} \tag{4-67}$$

同理可得空间应变转换公式为

$$\boldsymbol{\varepsilon}'=\boldsymbol{T}_{\varepsilon}\boldsymbol{\varepsilon} \tag{4-68}$$

式中

$$\boldsymbol{T}_{\varepsilon}=\begin{bmatrix} l_1^2 & m_1^2 & n_1^2 & m_1n_1 & l_1n_1 & l_1m_1 \\ l_2^2 & m_2^2 & n_2^2 & m_2n_2 & l_2n_2 & l_2m_2 \\ l_3^2 & m_3^2 & n_3^2 & m_3n_3 & l_3n_3 & l_3m_3 \\ 2l_2l_3 & 2m_2m_3 & 2n_2n_3 & m_2n_3+m_3n_2 & l_2n_3+l_3n_2 & l_2m_3+l_3m_2 \\ 2l_3l_1 & 2m_3m_1 & 2n_3n_1 & m_3n_1+m_1n_3 & l_3n_1+l_1n_3 & l_3m_1+l_1m_3 \\ 2l_1l_2 & 2m_1m_2 & 2n_1n_2 & m_1n_2+m_2n_1 & l_1n_2+l_2n_1 & l_1m_2+l_2m_1 \end{bmatrix} \tag{4-69}$$

为空间应变转换矩阵。

4.3.4.2 正轴刚度的坐标转换

上面我们得到了三维应力转换矩阵及三维应变转换矩阵，它们将局部坐标下的应力、应变向量转换到了整体坐标系下。为了能够对单向复合材料的刚度矩阵进行坐标转换，要进一步得到由局部刚度到整体刚度的转换公式。

对公式(4－67)和式(4－69)利用下述方向余弦间的恒等关系：

$$l_1^1+l_2^2+l_3^3=1，\quad m_1^1+m_2^2+m_3^3=1，\quad n_1^1+n_2^2+n_3^3=1$$

$$l_1m_1+l_2m_2+l_3m_3=0，\quad n_1m_1+n_2m_2+n_3m_3=0，\quad l_1n_1+l_2n_2+l_3n_3=0$$

可以得到 $\boldsymbol{T}_\sigma^{-1}=\boldsymbol{T}_\varepsilon^{\mathrm{T}}$，即空间应力转换矩阵与空间应变转换矩阵互为转置逆矩阵。

在整体坐标系下应力-应变关系为

$$\boldsymbol{\sigma}'=\overline{\boldsymbol{C}}\boldsymbol{\varepsilon}' \tag{4-70}$$

则把式(4－66)和式(4－68)代入式(4－70)，得

$$\boldsymbol{T}_\sigma\boldsymbol{\sigma}=\overline{\boldsymbol{C}}\boldsymbol{T}_\varepsilon\boldsymbol{\varepsilon} \tag{4-71}$$

将式(4－71)两边同左乘以 $\boldsymbol{T}_\sigma^{-1}$，得

$$\boldsymbol{\sigma}=\boldsymbol{T}_\sigma^{-1}\overline{\boldsymbol{C}}\boldsymbol{T}_\varepsilon\boldsymbol{\varepsilon}=\boldsymbol{C}\boldsymbol{\varepsilon} \tag{4-72}$$

所以

$$\boldsymbol{C}=\boldsymbol{T}_\sigma^{-1}\overline{\boldsymbol{C}}\boldsymbol{T}_\varepsilon \tag{4-73}$$

式(4－73)经变换得

$$\overline{\boldsymbol{C}}=\boldsymbol{T}_\sigma\boldsymbol{C}\,\boldsymbol{T}_\varepsilon^{-1} \tag{4-74}$$

把 $\boldsymbol{T}_\varepsilon^{-1}=\boldsymbol{T}_\sigma^{\mathrm{T}}$ 代入式(4－74)可得

$$\overline{\boldsymbol{C}}=\boldsymbol{T}_\sigma\boldsymbol{C}\,\boldsymbol{T}_\sigma^{\mathrm{T}} \tag{4-75}$$

同理可推导得

$$\overline{\boldsymbol{S}}=\boldsymbol{T}_\varepsilon\boldsymbol{S}\,\boldsymbol{T}_\varepsilon^{\mathrm{T}} \tag{4-76}$$

其中，$\overline{\boldsymbol{C}}$ 和 $\overline{\boldsymbol{S}}$ 分别表示整体坐标系下的刚度矩阵和柔度矩阵。

4.3.5 单胞的弹性常数

对三维四向编织织物的纱线构造已经在 4.2 节中进行了详尽的分析，按照编织纱线在复合材料中的构造特征，可以将其划分为内部单胞、表面单胞和棱角单胞。以下根据编织预成形件内不同的单胞模型，用刚度体积平均化的方法，分别推导各自的弹性常数。由 4.2 节知棱角区域在整个结构中占的比例很小，因此本书中用表面区域来代替棱角区域。

1.内部单胞的弹性常数

内部单胞的纱线真实几何位置如图 4－10 所示。对于内部单胞，可以再次划分为两个亚单胞，即亚单胞 A 和亚单胞 B，参见图 4－10(b)(c)。可见，在一个亚单胞内存在四根纱线，如图 4－20 所示，即存在 4 根纤维束。每根纤维束可以被看作一个单向复合材料，其正轴工程弹性常数可以由 3.3 节相关内容推导求出。

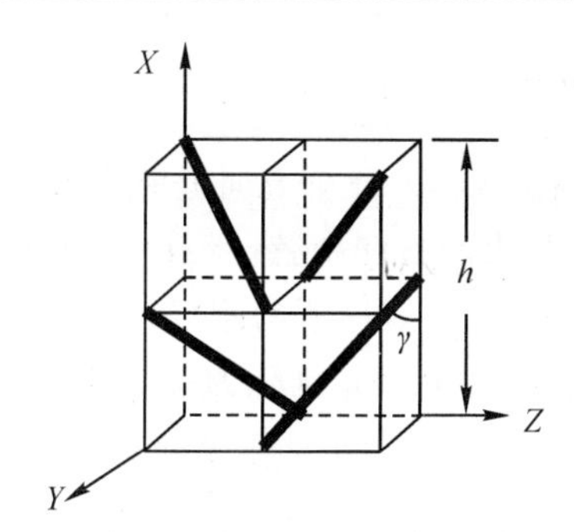

图 4-20　内部单胞中的亚单胞 A

对于亚单胞 A,其刚度矩阵为每根纤维的刚度矩阵转换到总体坐标系上的叠加,即为

$$\boldsymbol{A}=\sum_{k=1}^{4}V_{fk}\,\overline{\boldsymbol{C}}^{(k)} \tag{4-77}$$

式中,V_{fk} 为第 k 根纤维束的体积与单胞中总的纤维体积的比;$\boldsymbol{C}^{(k)}$ 为第 k 根纤维束在总体坐标系下的刚度矩阵。同理,可以得到内部亚单胞 B 的总刚阵 $\boldsymbol{B}$ 为

$$\boldsymbol{B}=\boldsymbol{A}=\sum_{k=1}^{4}V_{fk}\,\overline{\boldsymbol{C}}(k) \tag{4-78}$$

对于内部单胞,4 根纤维束的参数角为(γ,$-\gamma$)和(φ,$-\varphi$)的组合,即为(γ,φ),(γ,$-\varphi$),($-\gamma$,φ),($-\gamma$,$-\varphi$),其中每一纤维束的方向余弦如图 4-21 所示,各纤维束的方向余弦用 γ,φ 表示为

$$\begin{aligned}
&l_1=\cos\gamma, &&l_2=\sin\gamma\cos\varphi, &&l_3=\sin\gamma\sin\varphi\\
&m_1=0, &&m_2=\sin\varphi, &&m_3=-\cos\varphi\\
&n_1=-\sin\gamma, &&n_2=\cos\gamma\cos\varphi, &&n_3=\cos\gamma\sin\varphi
\end{aligned}$$

式中,γ,φ 为单胞中的编织纱线方向角。此时,γ 即内部编织角,φ 也被称作横向编织角,且 $0<\gamma,\varphi<90^\circ$。

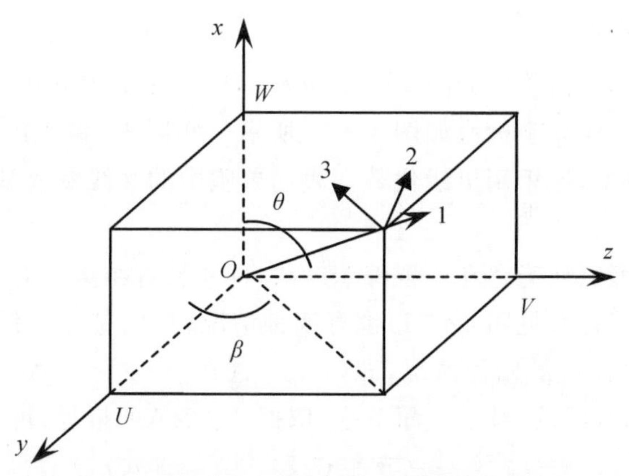

图 4-21　纱线的两种方向角

由图 4-21 可见,对于内部单胞,依据 4.2.5.1 节的推导,可求得

$$\gamma=\arctan\frac{\sqrt{U^2+V^2}}{W}=\arctan\frac{8b}{h} \tag{4-79}$$

$$\varphi = \arctan \frac{U}{V} = 45° \tag{4-80}$$

式中，U，V，W 分别为编织纱线在 y，z，x 三个方向上的步长。

这样，即可得到四个单向纤维束的方向余弦。经计算可知，四个纤维束的方向余弦绝对值均相同，只是符号不同而已，在 $Ox'y'z'$ 坐标下的刚度阵 $\overline{\boldsymbol{C}}$ 中的剪拉及拉剪耦合项互相抵消，对于每个纤维束，其余各项相同，即叠加后总刚阵为正交各向异性。力学单胞中的四个倾斜纤维束的组合模型相当于其有效刚度阵 $\boldsymbol{C}^{(k)}$ 在总体坐标系下的组合，有

$$\boldsymbol{A} = \frac{1}{4} \sum_{k=1}^{4} \overline{\boldsymbol{C}}^{(k)} \tag{4-81}$$

式中

$$\boldsymbol{A} = \begin{bmatrix} A_{11} & A_{12} & A_{13} & 0 & 0 & 0 \\ A_{21} & A_{22} & A_{23} & 0 & 0 & 0 \\ A_{31} & A_{32} & A_{33} & 0 & 0 & 0 \\ 0 & 0 & 0 & A_{44} & 0 & 0 \\ 0 & 0 & 0 & 0 & A_{55} & 0 \\ 0 & 0 & 0 & 0 & 0 & A_{66} \end{bmatrix} \tag{4-82}$$

其中，$A_{ij} = A_{ji}$，且

$$\left.\begin{array}{lll} A_{11} = \overline{C}_{11}, & A_{12} = \overline{C}_{12}, & A_{13} = \overline{C}_{13} \\ A_{22} = \overline{C}_{22}, & A_{23} = \overline{C}_{23}, & A_{33} = \overline{C}_{33} \\ A_{44} = \overline{C}_{44}, & A_{55} = \overline{C}_{55}, & A_{66} = \overline{C}_{66} \end{array}\right\} \tag{4-83}$$

因此，内部单胞在总体坐标系下的有效刚度阵为

$$\overline{\boldsymbol{C}}_i = \frac{1}{2}\boldsymbol{A} + \frac{1}{2}\boldsymbol{B} = \boldsymbol{A} \tag{4-84}$$

2.表面单胞的弹性常数

表面单胞的纱线真实几何位置如图 4-12 所示。与内部单胞分析方法相同，可以得到表面单胞纱线的几何关系。建立坐标系如图 4-22 所示。实际上，编织纱线在预成形件表面应为空间曲线，为了简化模型，这里用折线代替。表面单胞中的纱线浸入基体固化后也被作为单向复合材料处理。

在一个表面单胞内可以认为存在 4 根编织纱线，即 4 根纤维束。对于表面单胞，与内部单胞相似，其纤维束的方向角(参见图 4-21)也有四种情况，仍旧是 4 根纤维束的参数角为(θ，$-\theta$)和(β，$-\beta$)所组合而成的四种情况，即(θ，β)，(θ，$-\beta$)，($-\theta$，β)，($-\theta$，$-\beta$)。此时，由图 4-21 和图 4-22 可见，对于表面单胞，依据 2.5.2 节的推导，可求得

$$\theta = \arctan \frac{\sqrt{U^2 + V^2}}{W} = \arctan \frac{2\sqrt{3}\,b}{h} \tag{4-85}$$

$$\beta = \arctan \frac{U}{V} = \arctan\sqrt{2} \tag{4-86}$$

与内部单胞的推导相同，利用转换公式，可以求得表面单胞在总体坐标系下的有效刚度矩阵 $\overline{\boldsymbol{C}}_s$。

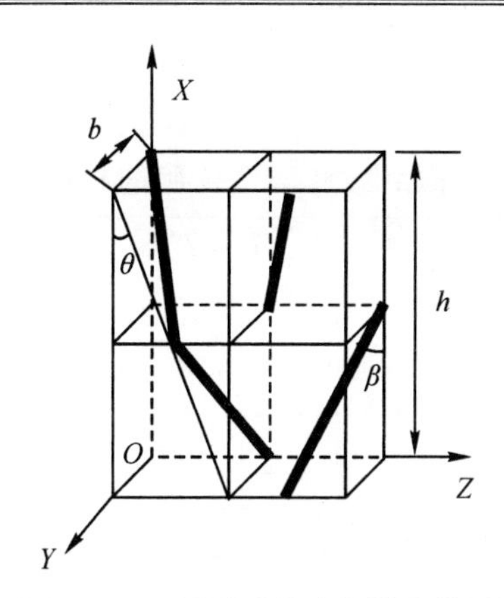

图 4－22　预成形件表面单胞模型

4.3.6　三维编织复合材料的弹性常数

对于三维编织复合材料，内部区域、表面区域和棱角区域具有不同的纱线结构。如 2.9 节所述，在整个织物的横截面上，棱角区域所占比例很小，可将棱角区域看作表面区域处理。此时，表面区域又可以分为四部分，如图 4－23 所示，即在整个织物的横截面上，存在一个内部区域和四个表面区域。

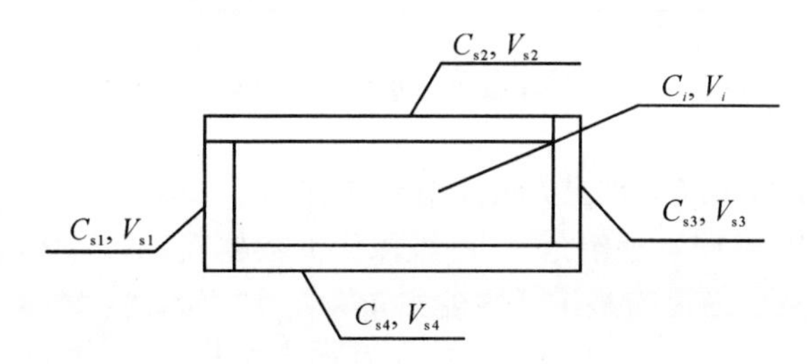

图 4－23　编织截面各种弹性特性材料及其所占体积

三维编织复合材料的有效弹性性能是通过各个区域的弹性性能按体积平均的方法得到的。在总体坐标下，四个表面区域的刚度矩阵要经过坐标转换后才能进行叠加。三维编织复合材料的有效刚度矩阵 $\boldsymbol{C}$ 为

$$\boldsymbol{C}=\frac{C_{s1}V_{s1}+C_{s2}V_{s2}+C_{s3}V_{s3}+C_{s4}V_{s4}+C_iV_i+C_cV_c}{V_{s1}+V_{s2}+V_{s3}+V_{s4}+V_i+V_c} \tag{4-87}$$

从而，三维编织复合材料的柔度矩阵 $\boldsymbol{S}$ 为

$$\boldsymbol{S}=\boldsymbol{C}^{-1} \tag{4-88}$$

再次利用式(4－63)，可以求得三维编织复合材料的有效弹性常数。

4.3.7　三维四向编织复合材料弹性常数预测结果分析

根据前面推导的三维四向编织复合材料刚度矩阵，用 MATLAB 软件计算得到不同纤维体积分数(55％，60％，65％)下，编织预成形件的各工程弹性常数随编织角的变化图(见图

4-24～图4-32)(主体纱线$[m \times n]$为$[15 \times 4]$),其中T300碳纤维和基体的材料材料性能如表4-4所示。

表4-4 碳纤维和环氧树脂的材料性能参数

材料	E_1/GPa	E_2/GPa	G_{12}/GPa	G_{23}/GPa	ν_{12}	ν_{23}
T300碳纤维	220	13.8	9	4.8	0.2	0.25
环氧树脂	4.5		1.68		0.34	

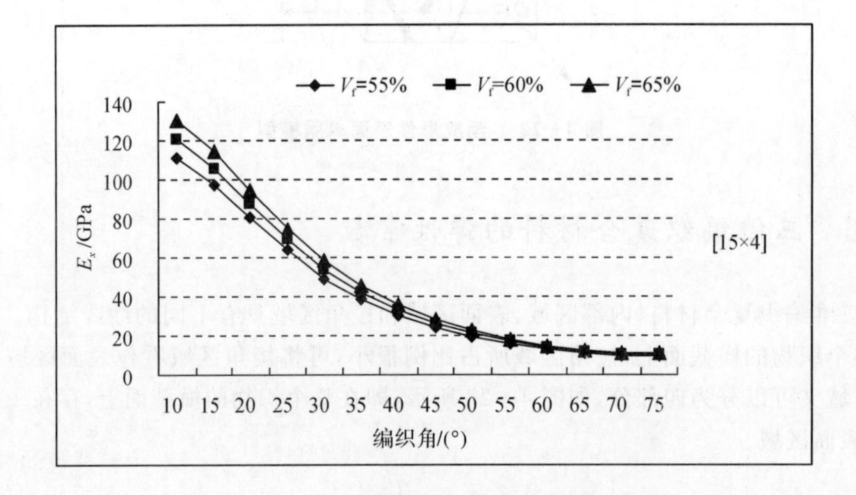

图4-24 E_x随编织角及纤维体积分数的变化图

图4-24所示为编织预成形件主方向上弹性模量E_x随编织角α及纤维体积分数的变化规律。从图中可以看出,在同一编织角下,纤维体积分数越高,E_x的值就越大,当纤维体积分数一定时,E_x随编织角的增大而减小。当编织角$\alpha < 45°$时,E_x随编织角变化的梯度较大,变化比较明显,当编织角$\alpha > 45°$时,E_x随编织角的变化趋缓,并逐渐趋近某一值。

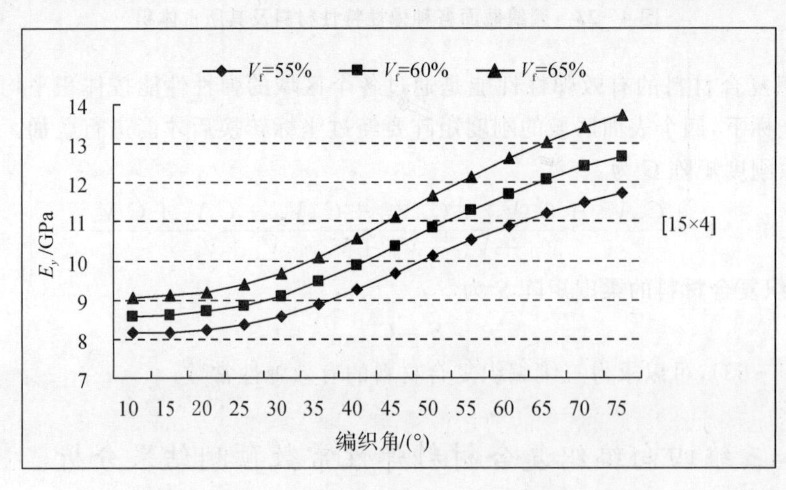

图4-25 E_y随编织角及纤维体积分数的变化图

图 4－25 所示为编织预成形件面内弹性模量 E_y 随编织角 α 及纤维体积分数的变化规律。从图中可以看出，在同一编织角下，纤维体积分数越高，E_y 的值就越大；当纤维体积分数一定时，E_y 随编织角的增大而增大。随着编织角的增大，E_y 的变化梯度也越来越大，说明在较大的编织角下，E_y 的变化越明显。

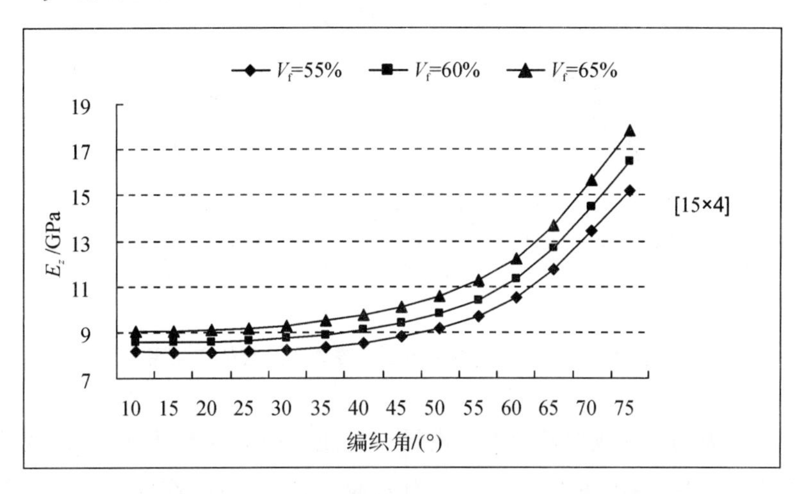

图 4－26　E_z 随编织角及纤维体积分数的变化图

图 4－26 所示为编织预成形件面内弹性模量 E_z 随编织角 α 及纤维体积分数的变化规律。从图中可以看出，在同一编织角下，纤维体积分数越高，E_z 的值就越大；当纤维体积分数一定时，E_z 随编织角的增大而增大，且增长梯度也相应增大。

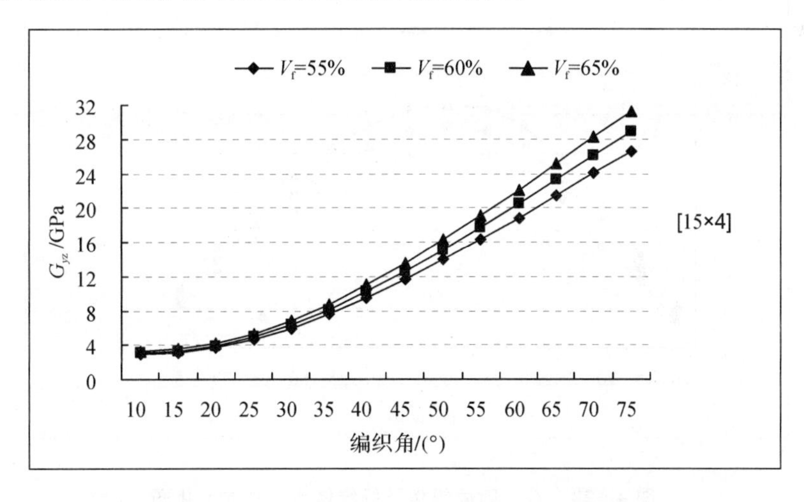

图 4－27　G_{yz} 随编织角及纤维体积分数的变化图

图 4－27 所示为编织预成形件的剪切模量 G_{yz} 随编织角 α 及纤维体积分数的变化规律。从图中可以看出，在同一编织角下，纤维体积分数越高，G_{yz} 的值就越大；当纤维体积分数一定时，G_{yz} 随编织角的增大而增大。随着编织角的增大，G_{yz} 的变化梯度也越来越大，最后几乎成线性关系。

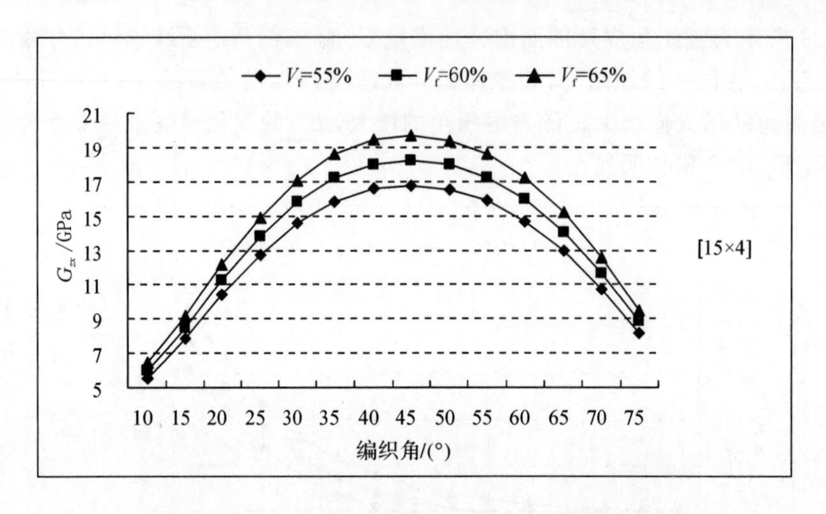

图 4-28　G_{zx} 随编织角及纤维体积分数的变化图

图 4-28 所示为编织预成形件的剪切模量 G_{zx} 随编织角 α 及纤维体积分数的变化规律。从图中可以看出，在同一编织角下，纤维体积分数越高，G_{zx} 的值就越大。当纤维体积分数一定时，G_{zx} 先随编织角的增大而增大，当编织角达到 50°左右时，G_{zx} 达到最大值；当编织角继续增大时，G_{zx} 开始逐渐减小。

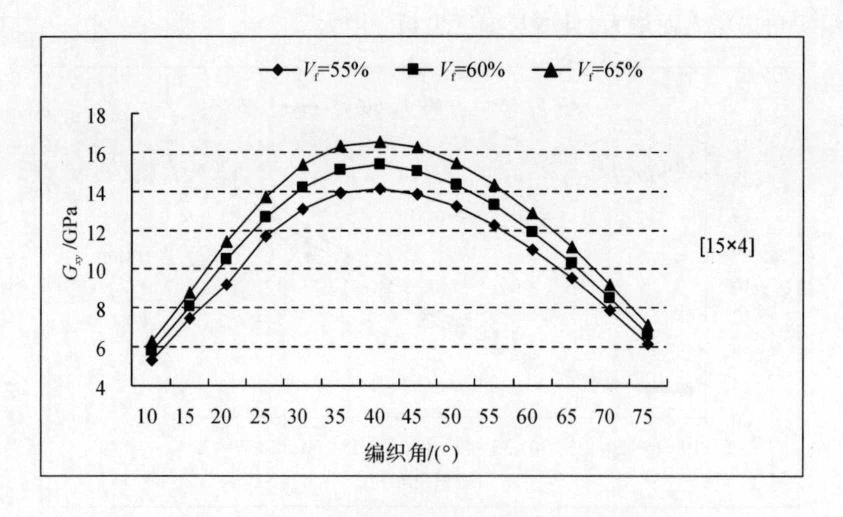

图 4-29　G_{xy} 随编织角及纤维体积分数的变化图

图 4-29 所示为编织预成形件的剪切模量 G_{xy} 随编织角 α 及纤维体积分数的变化规律。从图中可以看出，在同一编织角下，纤维体积分数越高，G_{xy} 的值就越大。当纤维体积分数一定时，G_{xy} 先随编织角的增大而增大，当编织角达到 45°左右时，G_{xy} 达到最大值；当编织角继续增大时，G_{xy} 开始逐渐减小。

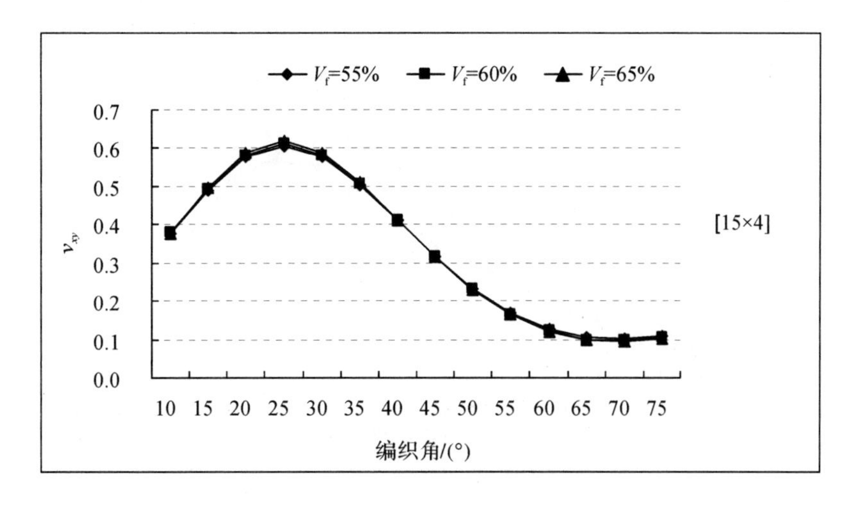

图 4－30　ν_{xy} 随编织角及纤维体积分数的变化图

图 4－30 所示为编织预成形件的泊松比 ν_{xy} 随编织角 α 及纤维体积分数的变化规律。从图中可以看出，在同一编织角下，纤维体积分数变化对 ν_{xy} 的值影响不大。当纤维体积分数一定时，ν_{xy} 先随编织角的增大而增大，当编织角达到 25°左右时，ν_{xy} 达到最大值；当编织角继续增大时，ν_{xy} 逐渐减小；当编织角达到 60°左右时，ν_{xy} 趋于稳定。

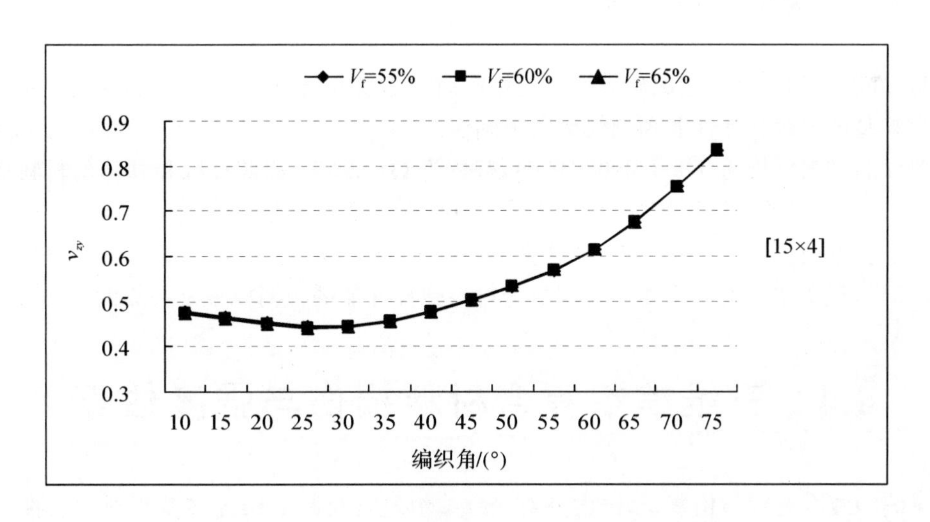

图 4－31　ν_{zy} 随编织角及纤维体积分数的变化图

图 4－31 所示为编织预成形件的泊松比 ν_{zy} 随编织角 α 及纤维体积分数的变化规律。从图中可以看出，在同一编织角下，纤维体积分数变化对 ν_{zy} 的值基本无影响。当纤维体积分数一定时，ν_{zy} 先随编织角的增大而减小，但减小幅度很小；当编织角达到 25°左右时，ν_{zy} 又开始慢慢增大，且增长幅度越来越大。

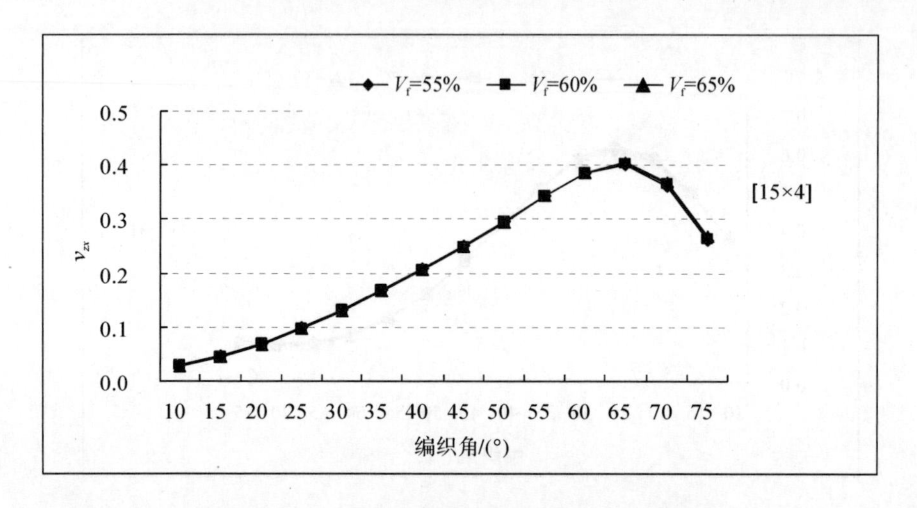

图 4-32　ν_{zx} 随编织角及纤维体积分数的变化图

图 4-32 所示为编织预成形件的泊松比 ν_{zx} 随编织角 α 及纤维体积分数的变化规律。从图中可以看出，在同一编织角下，纤维体积分数变化对 ν_{zx} 的值基本无影响。当纤维体积分数一定时，ν_{zx} 先随编织角的增大而增大；当编织角达到 65°左右时，ν_{zx} 又开始减小，且减小的幅度大于增长的幅度。

4.3.8　模型的试验验证

徐焜、许希武等[6]已经在试验方面对三维四向编织复合材料进行了研究，这里应用他们的试验结果来验证本章弹性性能预测模型的正确性。

试验件的增强纤维为 T300(3000240B)，基体为 QY8911。因此纤维和基体的材料性能如表 4-4 所示。材料的纤维体积分数为 54%。织物轴向编织角为 41°。

将以上各参数代入本书模型中，经计算 $E_x=30.46$ GPa，与试验的结果 $E_x=30.0$ 相比，误差为 1.5%，说明本书的三维四向编织复合材料弹性性能的预测模型是可靠的。

4.4　三维编织复合材料损伤与强度估算

三维编织复合材料结构复杂，国内外对三维编织复合材料的研究多基于对代表性单胞的研究，并以此来表征整个结构的力学性能。复合材料强度的理论预测，要比弹性模量的预测困难复杂得多，其结果的精度也不如弹性模量的预测高。目前，对材料的细观结构模型和弹性性能分析已经取得了丰硕的研究成果，而对材料损伤模拟和强度预测还不够充分，特别是对三维编织复合材料损伤阻抗的研究。由于三维编织材料结构复杂，即使在单向拉伸载荷作用下，材料的失效模式仍非常复杂，各种损伤模式通常同时存在且相互影响，试验很难观察到材料内部损伤起始、扩展过程，也难以把混合在一起的各种失效模式剥离出来。有限元数值模拟是三维编织复合材料损伤分析和强度预测的有效途径之一，该方法涉及组分材料本构关系、失效准则和材料性能退化等要素，但是目前还没有建立完全统一有效的三维编织复合材料的损伤失效判据，已有的研究大多基于单层复合材料的强度理论，其适用性有待验证。损伤模拟中一般采用生死单元法或刚度折减法退化材料性能，折减系数直接影响材料的损伤程度[7]。

本节首先介绍一些常用的失效准则，再在此基础上推导可用于判定三维编织损伤的基于 Tsai - Wu 强度准则的 Tsai - Wu 应变失效判据，利用此失效判据进行材料的损伤判定，并采用材料退化模型方案，建立三维编织复合材料基于 Tsai - Wu 应变失效判据的损伤预测方法。最后还提出基于 Tsai - Wu 强度准则的三维四向编织复合材料的强度预测方法，并预测三维四向编织材料的拉伸强度。

4.4.1　常用失效准则

复合材料的强度准则主要有两条探索途径，即宏观强度理论途径（简称“宏观途径”）和细观强度理论途径（简称“细观途径”）。宏观途径强度准则直接由常规均质各向同性材料强度准则推广得到，寻求一个以单向应力强度为参数的准则方程，以拟合材料在任意应力状态下的强度，因它不涉及材料具体破坏形式和机理，故又称为唯象强度准则；细观途径强度准则，则试图以材料细观层次（即基体、纤维和界面）的破坏形式和失效机理为基础，建立一个以细观组分性能为参数的强度准则方程[8]。

常见的预测复合材料失效的准则很多，按其研究方法的不同，也可分为宏观失效准则和细观失效准则。

4.4.1.1　宏观失效准则

宏观力学从材料的均匀性假设出发，把单向板看成均匀的各相异性材料，不考虑纤维和基体的具体区别，用其平均性能来表现单层和叠层材料的各种力学性能。宏观准则主要用来判断哪一层发生了失效，但具体是何种失效模式，宏观准则是不能判别的。常见的宏观失效准则基于经典层合板理论[9]，主要有最大应力强度准则（Maximum Stress Criterion）、最大应变强度准则（Maximum Strain Criterion）、Tsai - Hill 强度准则、Tsai - Wu 张量强度准则等，具体如下所述。

1. 最大应力强度准则

最大应力强度准则认为，只要材料主方向上任何一个应力分量达到基本强度值，材料便破坏，包括拉伸和压缩两种情况：

对于拉伸应力：

$$\left.\begin{aligned}\sigma_1 &< X_t\\ \sigma_2 &< Y_t\\ |\tau_{12}| &< S\end{aligned}\right\}\tag{4-89}$$

对于压缩应力：

$$\left.\begin{aligned}|\sigma_1| &< X_c\\ |\sigma_2| &< Y_c\end{aligned}\right\}\tag{4-90}$$

式中，σ_1，σ_2 和 τ_{12} 分别为沿着材料主方向的三个应力分量；X_t 为沿纤维方向的抗拉强度；X_c

为沿纤维方向的抗压强度；Y_t 为垂直于纤维方向的抗拉强度；Y_c 为垂直于纤维方向的抗压强度；S 为 1－2 面内的抗剪强度。

2. 最大应变强度准则

最大应变强度准则认为，只要材料主方向上任何一个应变分量达到基本强度值，材料便破坏，具体如下：

对于拉伸应变：

$$\left.\begin{array}{l}\varepsilon_1 < \varepsilon_{X_t} \\ \varepsilon_2 < \varepsilon_{Y_t} \\ |\gamma_{12}| < \varepsilon_s\end{array}\right\} \tag{4-91}$$

对于压缩应变：

$$\left.\begin{array}{l}|\varepsilon_1| < \varepsilon_{X_c} \\ |\varepsilon_2| < \varepsilon_{Y_c}\end{array}\right\} \tag{4-92}$$

式中，ε_1，ε_2 和 γ_{12} 分别为沿着材料主方向的 3 个应变分量；ε_{X_t} 为纤维方向的抗拉应变；ε_{X_c} 为纤维方向的抗压应变；ε_{Y_t} 为垂直于纤维方向的抗拉应变；ε_{Y_c} 为垂直于纤维方向的抗压应变；ε_s 为 1－2 面内的抗剪应变。

3. Tsai－Hill 强度准则

单向板的 Tsai－Hill 强度准则如下：

$$\frac{\sigma_1^2}{X^2}-\frac{\sigma_1\sigma_2}{X^2}+\frac{\sigma_2^2}{Y^2}+\frac{\tau_{12}^2}{S^2}=1 \tag{4-93}$$

Tsai－Hill 强度准则实际上是各向同性材料的 Mises 屈服准则在正交异性材料中的推广，其六个强度系数完全由材料的六个基本强度所决定，该准则原则上只适用于在材料主方向上抗拉、抗压强度相同的单向板。

4. Tsai－Wu 张量强度准则

Tsai－Wu 准则是 Stephen W. Tsai 与 Edward M. Wu 在综合了许多强度准则的基础上，提出的一个能量多项式准则，具体如下：

$$F_i\sigma_i + F_{ij}\sigma_i\sigma_j + F_{ijk}\sigma_i\sigma_j\sigma_k + \cdots = 1 \tag{4-94}$$

对于处于平面应力状态的单向板，F_i，F_{ij}，F_{ijk}，…分别为材料的强度参数。在工程设计中，通常取前两项，强度准则的表达式为

$$F_i\sigma_i + F_{ij}\sigma_i\sigma_j = 1 \tag{4-95}$$

Tsai－Wu 张量强度准则是将目前所有唯象论强度准则都归结为高阶张量多项式强度准则的特殊情况，其表达式为一个二阶张量多项式，该准则引入了材料影响系数 F_{ij}，它依赖于基本强度，且与双向抗拉强度有关。

4.4.1.2　细观失效准则

细观力学的目的是建立复合材料宏观性能同其组分材料性能及细观结构之间的定量关系，是分析复合材料层合板损伤和失效的重要途径。

到目前为止，国内外研究人员提出了许多破坏准则。比较常用的面内失效准则有 Hashin 准则[10]、Chang－Chang 准则[11]、Hou 失效准则[12]、Shahid－Chang 准则[13]等。

1. Hashin 准则

Hashin 准则包括四种失效模式，即纤维拉伸破坏、纤维压缩破坏、基体拉伸破坏和基体压缩破坏，具体如下：

(1)纤维拉伸破坏($\sigma_{11}>0$)：

$$\left(\frac{\sigma_{11}}{X_t}\right)^2+\left(\frac{\tau_{12}}{R}\right)^2+\left(\frac{\tau_{13}}{S}\right)^2=1 \tag{4-96}$$

(2)纤维压缩破坏($\sigma_{11}<0$)：

$$\left(\frac{\sigma_{11}}{X_c}\right)^2=1 \tag{4-97}$$

(3)基体拉伸破坏($\sigma_{22}+\sigma_{33}>0$)：

$$\left(\frac{\sigma_{22}+\sigma_{33}}{Y_t}\right)^2+\frac{(\tau_{23}^2-\sigma_{22}\sigma_{33})}{T^2}+\left(\frac{\tau_{12}}{R}\right)^2+\left(\frac{\tau_{13}}{S}\right)^2=1 \tag{4-98}$$

(4)基体压缩破坏($\sigma_{22}+\sigma_{33}<0$)：

$$\frac{1}{Y_c}\left[\left(\frac{Y_c}{2T}\right)^2-1\right](\sigma_{22}+\sigma_{33})+\frac{(\sigma_{22}+\sigma_{33})^2}{4T^2}+\frac{(\tau_{23}^2-\sigma_{22}\sigma_{33})}{4T^2}+\left(\frac{\tau_{12}}{R}\right)^2+\left(\frac{\tau_{13}}{R}\right)^2=1 \tag{4-99}$$

式(4-96)～式(4-99)中，X_t为纵向拉伸强度；X_c为纵向压缩强度；Y_t为横向拉伸强度；Y_c为横向压缩强度；R 为纵向剪切强度；S 为横向剪切强度。

2. Hou 失效准则

(1)基体开裂($\sigma_{22}>0$)：

$$e_m^2=\left(\frac{\sigma_{22}}{Y_t}\right)^2+\left(\frac{\sigma_{12}}{S_{12}}\right)^2+\left(\frac{\sigma_{13}}{S_{13}}\right)^2\geqslant 1 \tag{4-100}$$

(2)基体挤压破坏($\sigma_{22}<0$)：

$$e_d^2=\frac{1}{4}\left(-\frac{\sigma_{22}}{Y_t}\right)^2+\frac{Y_c^2\sigma_{22}}{4S_{12}^2Y_c}-\frac{\sigma_{22}}{Y_c}+\left(\frac{\sigma_{12}}{S_{12}}\right)\geqslant 1 \tag{4-101}$$

(3)纤维断裂：

$$e_f^2=\left(\frac{\sigma_{11}}{X_t}\right)^2+\left(\frac{\sigma_{12}^2+\sigma_{13}^2}{S_f^2}\right)^2\geqslant 1 \tag{4-102}$$

3. Chang - Chang 准则

(1)基体开裂：

$$\left(\frac{\sigma_{22}}{Y_t}\right)^2+\frac{\dfrac{\sigma_{12}^2}{2G_{12}}+\dfrac{3}{4}\alpha\sigma_{12}^4}{\dfrac{S_{is}^2}{2G_{12}}+\dfrac{3}{4}\alpha S_{is}^4}\geqslant 1 \tag{4-103}$$

(2)基-纤断裂：

$$\left(\frac{\sigma_{11}}{X}\right)^2+\frac{\dfrac{\sigma_{12}^2}{2G_{12}}+\dfrac{3}{4}\alpha\sigma_{12}^4}{\dfrac{S_{is}^2}{2G_{12}}+\dfrac{3}{4}\alpha S_{is}^4}\geqslant 1 \tag{4-104}$$

4.Shahid - Chang 准则

(1)基体开裂：

$$\left[\frac{\sigma_{22}}{Y_t(\varphi)}\right]^2+\left[\frac{\sigma_{12}}{S(\varphi)}\right]^2\geqslant 1 \qquad (4-105)$$

(2)基-纤剪切：

$$\left[\frac{\sigma_{11}}{X_t}\right]^2+\left[\frac{\sigma_{12}}{S(\varphi)}\right]^2\geqslant 1 \qquad (4-106)$$

(3)纤维断裂：

$$\left(\frac{\sigma_{11}}{X_t}\right)\geqslant 1 \qquad (4-107)$$

4.4.2 三维编织复合材料渐进损伤机理

前面所述的一些宏细观失效准则主要应用于复合材料层合板和一些材料结构简单的复合材料。对于三维编织复合材料，由于其材料结构复杂，目前还没有建立统一、有效的三维编织复合材料的损伤失效准则。对编织纤维束的初始损伤，已有的研究工作大都采用单层复合材料的失效判据。本节针对典型的三维编织复合材料，通过引入损伤状态变量，建立三维编织渐近损伤分析力学模型。该模型基于由 Tsai - Wu 强度准则推得的 Tsai - Wu 应变失效判据，综合考虑三维编织复合材料各种损伤模式，并引入材料性能退化方案，最后用该模型预测三维编织渐进损伤过程。

4.4.2.1 基于应变的 Tsai - Wu 失效判据的推导

为了把材料破坏阐述得更全面，Tsai - Wu 进一步推广了 Hoffman 准则。他们把原有的破坏准则归结为一种高阶张量多项式准则，它的一般形式为

$$F_i\sigma_i+F_{ij}\sigma_i\sigma_j+F_{ijk}\sigma_i\sigma_j\sigma_k+\cdots=1 \quad (i,j,k\cdots=1,2,\cdots6) \qquad (4-108)$$

式中，σ_i 为一点的应力向量；F_i 、F_{ij} …是表征材料特性的强度张量，它们是对称张量，而且可以通过试验用材料基本强度联系起来。Tsai - Wu 多项式准则是现有成熟准则中对复合材料破坏描述最全面的准则，可以根据特定的加载和受力条件将这一准则予以简化得到其他准则[14]。从理论上来说，式(4 - 108)中多项式项数越多，精度越高，但确定张量系数所需的试验难度和费用也越大，因而实际中一般取到二阶张量就可以了。

下面以式(4 - 108)为基础，推导适用于三维编织复合材料的强度准则表达式。

对式(4 - 108)取前两阶，有

$$F_1\sigma_1+F_2\sigma_2+F_3\sigma_3+F_{11}\sigma_1^2+F_{22}\sigma_2^2+F_{33}\sigma_3^2+2(F_{12}\sigma_1\sigma_2+F_{23}\sigma_2\sigma_3+F_{31}\sigma_3\sigma_1)+$$
$$F_{44}\sigma_4^2+F_{55}\sigma_5^2+F_{66}\sigma_6^2=1 \qquad (4-109)$$

式(4 - 109)共有 12 个强度张量系数，可确定如下：

主方向一阶强度张量系数 F_i ：

$$F_1=\frac{1}{X_T}-\frac{1}{X_C},\quad F_2=\frac{1}{Y_T}-\frac{1}{Y_C},\quad F_3=\frac{1}{Z_T}-\frac{1}{Z_C} \qquad (4-110)$$

主应力方向二阶强度张量系数 F_{ii} ：

$$F_{11}=\frac{1}{X_T X_C}, F_{22}=\frac{1}{Y_T Y_C}, F_{33}=\frac{1}{Z_T Z_C}, F_{44}=\frac{1}{S_{23}^2}, F_{55}=\frac{1}{S_{31}^2}, F_{66}=\frac{1}{S_{12}^2} \tag{4-111}$$

主应力交互作用强度张量系数 F_{ij} 的确定比较复杂，它们的确定需要由双轴应力状态试验来测定。当没有试验数据时，可以通过如下公式计算：

$$F_{12}=-\frac{1}{2\sqrt{F_{11}F_{22}}}, F_{23}=-\frac{1}{2\sqrt{F_{22}F_{33}}}, F_{31}=-\frac{1}{2\sqrt{F_{33}F_{11}}} \tag{4-112}$$

对于三维编织复合材料，由于各种材料的基本强度参数都只有 5 个，即 X_T ，X_C ，Y_T ，Y_C 和 S_{12} ，所以上面强度准则[见式(4－109)]的运用受到了限制。在实际应用时，采用二步法和四步法编织的三维编织复合材料均可以看作横观各向同性的，那么可以认为在 Y 和 Z 方向上的拉伸与压缩强度相等，且不考虑 YOZ 平面内剪应力的效应，则

$$Y_C=Z_C, Y_T=Z_T, S_{12}=S_{13} \tag{4-113}$$

于是由式(4－110)～式(4－112)可得

$$\left.\begin{aligned} &F_1=\frac{1}{X_T}-\frac{1}{X_C}, F_2=F_3=\frac{1}{Y_T}-\frac{1}{Y_C}, F_{11}=\frac{1}{X_T X_C}, F_{22}=F_{33}=\frac{1}{Y_T Y_C} \\ &F_{44}=\frac{1}{S_{23}^2}, F_{55}=F_{66}=\frac{1}{S_{12}^2}, F_{12}=F_{31}=-\frac{1}{2\sqrt{F_{11}F_{22}}}, F_{23}=-\frac{1}{2Y_T Y_C} \end{aligned}\right\} \tag{4-114}$$

将式(4－114)代入式(4－109)中，可得基于应力的 Tsai－Wu 张量判据为

$$\left(\frac{1}{X_T}-\frac{1}{X_C}\right)\sigma_1+\left(\frac{1}{Y_T}-\frac{1}{Y_C}\right)\sigma_2+\left(\frac{1}{Y_T}-\frac{1}{Y_C}\right)\sigma_3+\frac{1}{X_T X_C}\sigma_1^2+\frac{1}{Y_T Y_C}\sigma_2^2+\frac{1}{Y_T Y_C}\sigma_3^2+$$
$$\left(-\frac{1}{\sqrt{X_T X_C Y_T Y_C}}\sigma_1\sigma_2-\frac{1}{Y_T Y_C}\sigma_2\sigma_3-\frac{1}{\sqrt{X_T X_C Y_T Y_C}}\sigma_3\sigma_1\right)+\frac{\sigma_4^2}{S_{23}^2}+\frac{\sigma_5^2}{S_{12}^2}+\frac{\sigma_6^2}{S_{12}^2}=1 \tag{4-115}$$

式(4－115)便是所求得的三维编织复合材料的强度准则表达式。该式表明，三维编织复合材料的强度只与材料本身的性质和主应力状态有关，而与具体的受载情况(如拉伸、压缩和弯曲)无关，它反映了三维编织复合材料自身的承载能力。

定义损伤模式[7] D_i ($i=1,2,\cdots,6$)，具体为

$$\left.\begin{aligned} &D_1=F_1\sigma_1+F_{11}\sigma_1^2, D_2=F_2\sigma_2+F_{22}\sigma_2^2, D_3=F_3\sigma_3+F_{33}\sigma_3^2 \\ &D_4=F_{44}\sigma_4^2, \quad D_5=F_{55}\sigma_5^2, \quad D_6=F_{66}\sigma_6^2 \end{aligned}\right\} \tag{4-116}$$

当 Tsai－Wu 张量判据满足时，D_i ($i=1,2,\cdots,6$)中最大值代表此时的主损伤模式。$i=1,2,3$ 分别代表三维编织复合材料轴向(L 向)、横向(T 向)和法向(Z 向)；$i=4,5,6$ 分别代表 TZ 向、LZ 向、LT 向。

Tsai－Wu 张量判据中，X_T，X_C分别为三维编织复合材料轴向拉、压强度，Y_T，Y_C分别为横向拉、压强度，S_{12}，S_{13}和 S_{23}为剪切强度，具体强度值由试验测得。

在实际过程中，在满足 Tsai－Wu 张量判据后，复合材料结构中的应力和刚度并不是下降得非常快，而是一个逐渐退化的过程。复合材料结构内部产生损伤后，局部损伤区域的应力分布变化很剧烈，而且开始下降，此时采用基于应力描述的准则进行损伤判定比较困难，然而结构中的应变在复合材料发生损伤前、后保持连续，变化比较平缓，因此更适合被用来作为复合材料结构中损伤演化的判据[15]。通过使用式(6－29)中一维情况下的应力和应变关系的表达

式,可以将基于应力描述的 Tsai - Wu 张量判据转化为基于应变的描述形式:

$$\left.\begin{array}{l}\sigma_{xx}=E_{11}\varepsilon_{xx},\quad \sigma_{yy}=E_{22}\varepsilon_{yy},\quad \sigma_{zz}=E_{33}\varepsilon_{zz}\\ \tau_{xy}=G_{12}\gamma_{xy},\quad \tau_{xz}=G_{13}\gamma_{xz},\quad \tau_{yz}=G_{23}\gamma_{yz}\end{array}\right\}\tag{4-117a}$$

$$\left.\begin{array}{l}X_{\mathrm{T}}=E_{11}\varepsilon_{11}^{\mathrm{T}},\quad X_{\mathrm{C}}=E_{11}\varepsilon_{11}^{\mathrm{C}},\quad Y_{\mathrm{T}}=E_{22}\varepsilon_{22}^{\mathrm{T}},\quad Y_{\mathrm{C}}=E_{22}\varepsilon_{22}^{\mathrm{C}}\\ Z_{\mathrm{T}}=E_{33}\varepsilon_{33}^{\mathrm{T}},\quad Z_{\mathrm{C}}=E_{33}\varepsilon_{33}^{\mathrm{C}},\quad S_{12}=G_{12}S_{12}^{\varepsilon},\quad S_{13}=G_{13}S_{13}^{\varepsilon},\quad S_{23}=G_{23}S_{23}^{\varepsilon}\end{array}\right\}\tag{4-117b}$$

式中,σ_{xx} ,σ_{yy} ,σ_{zz} ,τ_{yz} ,τ_{zx} ,τ_{xy} 对应 Tsai - Wu 张量判据中的σ_1,σ_2,σ_3,σ_4,σ_5,σ_6;$\varepsilon_{11}^{\mathrm{T}}$,$\varepsilon_{11}^{\mathrm{C}}$ 分别为三维编织平板轴向上对应于拉伸、压缩强度的应变;$\varepsilon_{22}^{\mathrm{T}}$,$\varepsilon_{22}^{\mathrm{C}}$ 分别为横向拉、压强度的应变;$\varepsilon_{33}^{\mathrm{T}}$,$\varepsilon_{33}^{\mathrm{C}}$ 分别为厚度方向拉、压强度的应变;$S_{ij}^{\varepsilon}\ (i\neq j)$ 为剪切强度对应的应变。于是可以推出基于应变的 Tsai - Wu 张量判据:

$$\begin{aligned}&\left(\frac{1}{\varepsilon_{11}^{\mathrm{T}}}-\frac{1}{\varepsilon_{11}^{\mathrm{C}}}\right)\varepsilon_{xx}+\left(\frac{1}{\varepsilon_{22}^{\mathrm{T}}}-\frac{1}{\varepsilon_{22}^{\mathrm{C}}}\right)\varepsilon_{yy}+\left(\frac{1}{\varepsilon_{33}^{\mathrm{T}}}-\frac{1}{\varepsilon_{33}^{\mathrm{C}}}\right)\varepsilon_{zz}+\frac{1}{\varepsilon_{11}^{\mathrm{T}}\varepsilon_{11}^{\mathrm{C}}}\varepsilon_{xx}^{2}+\frac{1}{\varepsilon_{22}^{\mathrm{T}}\varepsilon_{22}^{\mathrm{C}}}\varepsilon_{yy}^{2}+\frac{1}{\varepsilon_{33}^{\mathrm{T}}\varepsilon_{33}^{\mathrm{C}}}\varepsilon_{zz}^{2}+\\&\left(-\frac{1}{\sqrt{\varepsilon_{11}^{\mathrm{T}}\varepsilon_{11}^{\mathrm{C}}\varepsilon_{22}^{\mathrm{T}}\varepsilon_{22}^{\mathrm{C}}}}\varepsilon_{xx}\varepsilon_{yy}-\frac{1}{\sqrt{\varepsilon_{22}^{\mathrm{T}}\varepsilon_{22}^{\mathrm{C}}\varepsilon_{33}^{\mathrm{T}}\varepsilon_{33}^{\mathrm{C}}}}\varepsilon_{yy}\varepsilon_{zz}-\frac{1}{\sqrt{\varepsilon_{11}^{\mathrm{T}}\varepsilon_{11}^{\mathrm{C}}\varepsilon_{33}^{\mathrm{T}}\varepsilon_{33}^{\mathrm{C}}}}\varepsilon_{zz}\varepsilon_{xx}\right)+\\&\left(\frac{\gamma_{yz}}{S_{23}^{\varepsilon}}\right)^{2}+\left(\frac{\gamma_{zx}}{S_{31}^{\varepsilon}}\right)^{2}+\left(\frac{\gamma_{xy}}{S_{12}^{\varepsilon}}\right)^{2}=1\end{aligned}\tag{4-118}$$

此时,对应的损伤模式 $D_{i\varepsilon}\ (i=1,2,\cdots,6)$ 表示为

$$\left.\begin{array}{l}D_{1\varepsilon}=\left(\frac{1}{\varepsilon_{11}^{\mathrm{T}}}-\frac{1}{\varepsilon_{11}^{\mathrm{C}}}\right)\varepsilon_{xx}+\frac{1}{\varepsilon_{11}^{\mathrm{T}}\varepsilon_{11}^{\mathrm{C}}}\varepsilon_{xx}^{2},\ D_{2\varepsilon}=\left(\frac{1}{\varepsilon_{22}^{\mathrm{T}}}-\frac{1}{\varepsilon_{22}^{\mathrm{C}}}\right)\varepsilon_{yy}+\frac{1}{\varepsilon_{22}^{\mathrm{T}}\varepsilon_{22}^{\mathrm{C}}}\varepsilon_{yy}^{2}\\ D_{3\varepsilon}=\left(\frac{1}{\varepsilon_{33}^{\mathrm{T}}}-\frac{1}{\varepsilon_{33}^{\mathrm{C}}}\right)\varepsilon_{zz}+\frac{1}{\varepsilon_{33}^{\mathrm{T}}\varepsilon_{33}^{\mathrm{C}}}\varepsilon_{zz}^{2},\ D_{4\varepsilon}=\left(\frac{\gamma_{yz}}{S_{23}^{\varepsilon}}\right)^{2},\ D_{5\varepsilon}=\left(\frac{\gamma_{zx}}{S_{31}^{\varepsilon}}\right)^{2},\ D_{6\varepsilon}=\left(\frac{\gamma_{xy}}{S_{12}^{\varepsilon}}\right)^{2}\end{array}\right\}\tag{4-119}$$

4.4.2.2 损伤演化及含损伤三维编织复合材料的本构方程

根据渐进累积损伤理论,在三维编织复合材料的材料点满足初始失效准则后,材料属性必须进行适当的退化。目前复合材料结构损伤分析过程中的材料失效退化模型大概有以下 3 类:①基于常数的刚度折减法;②基于损伤状态变量的刚度折减法;③混合法。本节将损伤状态变量引入材料积分点刚度矩阵,通过直接设定不同失效模式损伤状态变量为常值的损伤演化律对三维编织复合材料进行渐进损伤模拟。

基于渐进损伤累积理论及连续介质损伤力学,对于各向异性材料,弹性应变能密度函数为

$$W^{e}=\frac{1}{2}\sigma_{ij}\varepsilon_{ij}\tag{4-120}$$

引入损伤状态变量 d_i,则含损伤材料的弹性应变能密度函数为

$$\begin{aligned}W^{e}=\frac{1}{2}[&(1-d_{1})\sigma_{11}\varepsilon_{11}+(1-d_{2})\sigma_{22}\varepsilon_{22}+(1-d_{3})\sigma_{33}\varepsilon_{33}+(1-d_{4})\tau_{23}\gamma_{23}+\\&(1-d_{5})\tau_{13}\gamma_{13}+(1-d_{6})\tau_{12}\gamma_{12}]\end{aligned}\tag{4-121}$$

式中,$d_i\ (i=1,2,\cdots,6)$代表不同损伤模式的损伤状态变量值。$i=1,2,3$ 分别代表三维编织平板轴向(L 向)、横向(T 向)和法向(Z 向);$i=4,5,6$ 分别代表 TZ 向、LZ 向和 LT 向。

对于正交各向异性复合材料的本构方程,有

$$\begin{bmatrix}\sigma_{11}\\ \sigma_{22}\\ \sigma_{33}\\ \tau_{23}\\ \tau_{31}\\ \tau_{12}\end{bmatrix}=\begin{bmatrix}C_{11} & C_{12} & C_{13} & 0 & 0 & 0\\ & C_{22} & C_{23} & 0 & 0 & 0\\ & & C_{33} & 0 & 0 & 0\\ & & & C_{44} & 0 & 0\\ & & & & C_{55} & 0\\ \text{sym} & & & & & C_{66}\end{bmatrix}\begin{bmatrix}\varepsilon_{11}\\ \varepsilon_{22}\\ \varepsilon_{33}\\ \gamma_{23}\\ \gamma_{31}\\ \gamma_{12}\end{bmatrix} \tag{4-122}$$

将式(4－122)代入式(4－121)中可得

$$\begin{aligned}W^e=&\frac{1}{2}[(1-d_1)(C_{11}\varepsilon_{11}+C_{12}\varepsilon_{22}+C_{13}\varepsilon_{33})\varepsilon_{11}+(1-d_2)(C_{12}\varepsilon_{11}+C_{22}\varepsilon_{22}+\\&C_{23}\varepsilon_{33})\varepsilon_{22}+(1-d_3)(C_{13}\varepsilon_{11}+C_{23}\varepsilon_{22}+C_{33}\varepsilon_{33})\varepsilon_{33}+(1-d_4)\tau_{23}\gamma_{23}+\\&(1-d_5)\tau_{13}\gamma_{13}+(1-d_6)\tau_{12}\gamma_{12}]\end{aligned} \tag{4-123}$$

材料应力、应变与应变能密度有如下关系：

$$\sigma_{ij}=\left.\frac{\partial W^e}{\partial\varepsilon_{ij}}\right|_{D_i} \tag{4-124}$$

由式(4－124)可推出含损伤材料的本构方程式：

$$\begin{bmatrix}\sigma_{11}\\ \sigma_{22}\\ \sigma_{33}\\ \tau_{23}\\ \tau_{31}\\ \tau_{12}\end{bmatrix}=\begin{bmatrix}(1-d_1)C_{11} & \left(1-\frac{d_1+d_2}{2}\right)C_{12} & \left(1-\frac{d_1+d_3}{2}\right)C_{13} & 0 & 0 & 0\\ & (1-d_2)C_{22} & \left(1-\frac{d_2+d_3}{2}\right)C_{23} & 0 & 0 & 0\\ & & (1-d_3)C_{33} & 0 & 0 & 0\\ & & & (1-d_4)C_{44} & 0 & 0\\ & & & & (1-d_5)C_{55} & 0\\ \text{sym} & & & & & (1-d_6)C_{66}\end{bmatrix}\begin{bmatrix}\varepsilon_{11}\\ \varepsilon_{22}\\ \varepsilon_{33}\\ \gamma_{23}\\ \gamma_{31}\\ \gamma_{12}\end{bmatrix} \tag{4-125}$$

4.4.3　材料性能退化方案

各种失效形式之间存在彼此诱发并相互耦合的现象。研究表明，编织复合材料多种损伤形式总是相互关联的，模型分析中采用相应损伤类型的材料退化方式相互叠加。本节主要介绍损伤状态变量退化方案和基于常数的刚度折减退化方案。ABAQUS 二次开发中的退化方案是基于常数的刚度折减退化方案。

4.4.3.1　损伤状态变量退化方案

不同失效模式下损伤状态变量由积分点材料属性确定，一般是应力、应变或断裂能的连续函数，但需要通过大量试验才能完全获得所需的材料属性。本节通过在应变能密度函数中引入损伤状态变量来表征材料损伤，建立基于损伤状态变量的受损材料的刚度矩阵。满足损伤判据后，通过设定不同损伤模式的状态变量的值，更新该损伤积分点的刚度矩阵，此时单元没有立即失去承载能力，随着载荷增加，在以后增量步模拟中可以满足不同模式的损伤判据，从而继续更新刚度矩阵，实现渐进损伤模拟。

材料性能退化方案如表 4-5 所示，这是基于引入失效模式 Tsai-Wu 判据的退化方案。

表 4-5　基于 Tsai-Wu 准则刚度退化方案

损伤模式	d_1	d_2	d_3	d_4	d_5	d_6
L	0.9	0.0	0.0	0.0	0.8	0.8
T	0.0	0.9	0.0	0.8	0.0	0.8
Z	0.0	0.0	0.9	0.8	0.8	0.0
TZ	0.0	0.9	0.9	0.8	0.8	0.8
LZ	0.2	0.0	0.9	0.8	0.8	0.0
LT	0.2	0.9	0.0	0.8	0.0	0.8

4.4.3.2　基于常数的刚度折减法

在编织复合材料层板中单元的应力水平满足 Tsai-Wu 失效判据后，材料将发生破坏，该单元的材料性能将发生变化，结构的应力在各单元中的分布也随之改变。本章参考文献[16]认为一旦材料某单元积分点出现损伤，则通过折减该积分点处材料弹性模量来模拟该处损伤。基于修正的 BlackKettering 刚度折减方案，纤维束及基体损伤弹性性能退化系数见表 4-6。

表 4-6　基于常数的弹性性能退化系数

损伤模式	E_{11}	E_{22}	E_{33}	G_{23}	G_{31}	G_{12}
L	0.01	—	—	—	0.2	0.2
T	—	0.01	—	0.2	—	0.2
Z	—	—	0.01	0.2	0.2	—
TZ	—	0.01	0.01	0.2	0.2	0.2
LZ	0.8	—	0.01	0.2	0.2	—
LT	0.8	0.01	—	0.2	—	0.2

4.4.4　基于 Tsai-Wu 多项式失效准则的强度预测

4.4.4.1　Tsai-Wu 强度准则

Tsai-Wu 强度准则是一个多项式准则，它将所有现存的唯象论破坏准则都归结为高阶张量多项式破坏准则的各种特殊情况。一般去前两阶，即为式(4-109)，其 12 个强度张量系数也在前面给出，即式(4-114)。Tsai-Wu 强度准则的具体表达形式如下：

$$\left(\frac{1}{X_T}-\frac{1}{X_C}\right)\sigma_1+\left(\frac{1}{Y_T}-\frac{1}{Y_C}\right)\sigma_2+\left(\frac{1}{Y_T}-\frac{1}{Y_C}\right)\sigma_3+\frac{1}{X_TX_C}\sigma_1^2+\frac{1}{Y_TY_C}\sigma_2^2+\frac{1}{Y_TY_C}\sigma_3^2+$$
$$\left(-\frac{1}{\sqrt{X_TX_CY_TY_C}}\sigma_1\sigma_2-\frac{1}{Y_TY_C}\sigma_2\sigma_3-\frac{1}{\sqrt{X_TX_CY_TY_C}}\sigma_3\sigma_1\right)+\frac{\sigma_4^2}{S_{23}^2}+\frac{\sigma_5^2}{S_{12}^2}+\frac{\sigma_6^2}{S_{12}^2}=1 \quad (4-126)$$

式中，X_T，X_C 和 Y_T，Y_C 分别为单向复合材料的轴向拉、压强度和横向拉、压强度；S_{23} 和 S_{12}

分别为单向复合材料的面内剪切强度（S^*）和面外剪切强度（S）。目前，对单向复合材料力学的研究相对比较成熟，已经存在一些与试验符合较好的经验公式，在计算中可以直接引用。下面给出有关的公式[17]：

拉伸强度：

$$X_T = \sigma_f V_f + \sigma_m^* V_m \tag{4-127}$$

$$Y_T = \left[1 - (\sqrt{V_f} - V_f)\left(1 - \frac{E_m}{E_{f2}}\right)\right]\sigma_m \tag{4-128}$$

压缩强度：

$$X_C = \sigma_f^- \left(V_f + \frac{E_m}{E_f} V_m\right) \tag{4-129}$$

$$Y_C = \left[1 - (\sqrt{V_f} - V_f)\left(1 - \frac{E_m}{E_{f2}}\right)\right]\sigma_m^- \tag{4-130}$$

剪切强度：

$$S^* = \left[1 - (\sqrt{V_f} - V_f)\left(1 - \frac{G_m}{G_{f12}}\right)\right]\tau_m \tag{4-131}$$

$$S = \tau_f V_f + \tau_m V_m \tag{4-132}$$

上面各式中，V_f 和 V_m 分别表示纤维体积分数和基体体积分数；E_f 和 E_m 分别表示纤维轴向弹性模量和基体弹性模量；σ_f 为纤维拉伸破坏强度；σ_m^* 为对应纤维断裂应变的基体拉伸应力；σ_m 为基体拉伸断裂强度；E_{f2} 为纤维横向的弹性模量；G_{f12} 为纤维的剪切模量；σ_f^- 为纤维的压缩强度；σ_m^- 为基体的压缩破坏强度；τ_f 和 τ_m 分别为纤维的剪切破坏强度和基体的剪切破坏强度。

4.4.4.2　强度预测

前面介绍了强度张量系数的算法，在本小节中将三维四向编织复合材料简化为 4.2 节中所述的模型，利用应力转轴公式，将 Tsai - Wu 强度准则公式[见式(4 - 81)]转化为只有所要预测的强度 σ 表示的方程，解此方程即得所要预测的强度。

预测由纤维和基体组成的三维四向编织复合材料的强度，纤维和基体的力学性能参数见表 4 - 7。

表 4 - 7　纤维和基体的力学性能参数

$\frac{E_f}{GPa}$	$\frac{E_m}{GPa}$	$\frac{\sigma_f}{GPa}$	$\frac{\sigma_m^*}{MPa}$	$\frac{\sigma_m}{MPa}$	$\frac{E_{f2}}{GPa}$	$\frac{G_{f12}}{GPa}$	$\frac{\sigma_f^-}{GPa}$	$\frac{\sigma_m^-}{MPa}$	$\frac{\tau_f}{MPa}$	$\frac{\tau_m}{MPa}$
220	4.5	3	70.6	80	13.8	9.0	2.07	79	943	46

对于三维四向编织结构复合材料，其几何单胞模型已在 4.2 节中介绍。在单胞上施加纵向拉应力 $\sigma_x = \sigma$，利用 3.4 节中坐标变换和应力转轴公式，可以求得 3 个方向的主应力为

$$\left.\begin{aligned} \sigma_1 = l_1^2\sigma;\sigma_2 = l_2^2\sigma;\sigma_3 = l_3^2\sigma \\ \sigma_4 = l_2 l_3\sigma;\sigma_5 = l_3 l_1\sigma;\sigma_6 = l_1 l_2\sigma \end{aligned}\right\} \tag{4-133}$$

式中，l_1，l_2，l_3 分别为纤维主方向和 3 个坐标轴之间夹角的方向余弦，其具体值由 γ，φ 确定（γ 为内部编织角；φ 为横向编织角，三维四向编织复合材料中 $\varphi = 45°$）。由 3.5 节内容有

$$l_1=\cos\gamma,\ l_2=\sin\gamma\cos\varphi,\ l_3=\sin\gamma\sin\varphi \tag{4-134}$$

将式(4-133)和式(4-134)代入式(4-109),并简化,有

$$F_1 l_1^2\sigma+F_2\sigma(l_2^2+l_3^2)+F_{11}l_1^4\sigma^2+F_{22}\sigma(l_2^4+l_3^4\sigma)+2F_{12}\sigma(l_1^2l_2^2+l_1^2l_3^2)+$$
$$2F_{23}l_2^2l_3^2\sigma+F_{44}l_2^2l_3^2\sigma^2+F_{55}\sigma^2(l_3^2l_1^2+l_1^2l_2^2)=1 \tag{4-135}$$

式中只有一个未知数 σ,因此可以根据该式求得纵向拉伸强度。这就是三维四向编织复合材料纵向拉伸强度的计算公式。该式表明,三维四向编织复合材料的纵向拉伸强度与材料本身的基本强度参数、编织角和纤维体积分数等编织工艺参数有关。图 4-33 所示为该材料在纤维体积分数为 54%时的拉伸强度随编织角的变化曲线图。

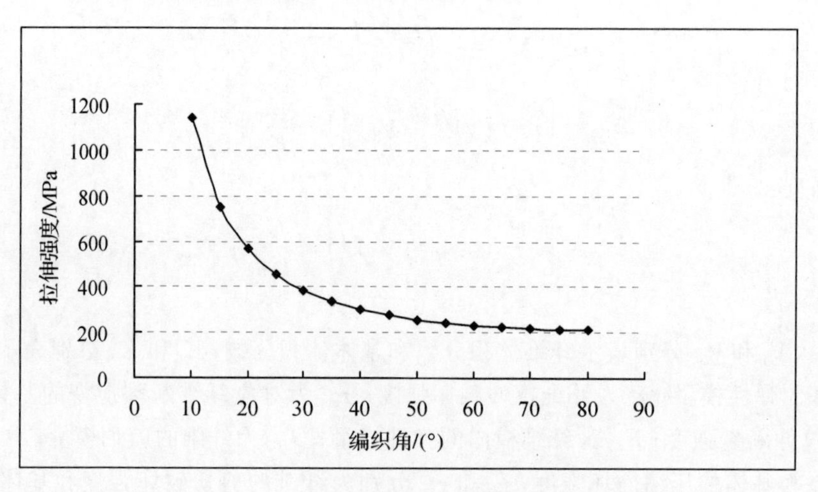

图 4-33 拉伸强度随编织角变化曲线

同理,基于此应力转轴公式可求得各个主应力的表达式,三维编织复合材料的 y 向和 z 向的拉伸与压缩强度以及 xOy,yOz 和 xOz 平面内的横向剪切强度也可以求得。

4.4.4.3 强度预测模型验证

卢子兴等[17-18]已经在数值预报和试验方面对三维四向编织复合材料进行了研究,此处应用他们的试验结果来验证本节弹性性能预测模型的正确性。本节强度预测值与试验值的比较如表 4-8 所示。

表 4-8 三维四向编织复合材料强度预测值与试验值的比较

编织角/(°)	纤维体积比/(%)	试验值/MPa	预测值/MPa	误差/(%)
21	44	627	526	16.1
42	58	283	293	3.5
48	45	254	258	1.6

由表 4-8 中预测值与试验结果的比较可以看出,对于编织角为 21°的情况误差较大,其原因是当编织角为 20°左右时,随编织角的变化,三维四向编织复合材料强度的变化很大,如图 4-33所示;对于编织角 42°和 48°的情况,本节的预测模型还是比较精确的。这说明本节提出的预测三维四向编织复合材料的方法是合理、正确的。

4.5　纺织复合材料制备

三维纺织复合材料技术是 20 世纪 80 年代迅速发展起来的一种新型高性能复合材料结构部件的制备技术。它是采用三维纺织技术将增强纤维编织成复合材料结构件的近净形三维整体织物(纺织预成型体),再采用树脂传递模塑工艺(RTM)注入树脂后复合固化形成高性能复合材料结构件。由于采用了三维整体织物作为增强体，复合材料在厚度方向上获得了增强，克服了传统层合复合材料易分层破坏的缺点,具有优异的力学性能,也为复合材料应用于主承力结构和多功能结构件提供了广阔的前景。随着三维纺织技术的发展，目前不仅可以净体制备形状复杂、不同尺寸的异型构件,实现结构的一体化设计,减少零配件数量,保证结构的整体性，而且可以增强纤维在复合材料中呈空间多向分布,使复合材料的性能设计更具灵活性，实现材料的"特定设计"。

4.5.1　三维纺织增强材料及其工艺和设备

4.5.1.1　三维编织预制体

三维编织预制体由三维立体编织工艺制成,通过编织纱线位置交换实现相互交织而形成整体结构织物。典型的三维编织预制体结构包括三维整体编织结构和多层联锁编织结构。

1. 三维整体编织结构

基本的三维整体编织结构只有一个编织纱线系统,编织纱线分别沿着长方体 4 个主对角线方向同时运动,贯穿织物的长度、宽度、厚度 3 个方向,形成一种相互交织的三维四向编织结构,如图 4-34(a)所示。根据需要,可以分别沿织物的长度、宽度和厚度方向加入伸直的、不参与编织的轴向纱线,形成三维五向[见图 4-34(b)]、三维六向[见图 4-34(c)]和三维七向[见图 4-34(d)]编织结构。

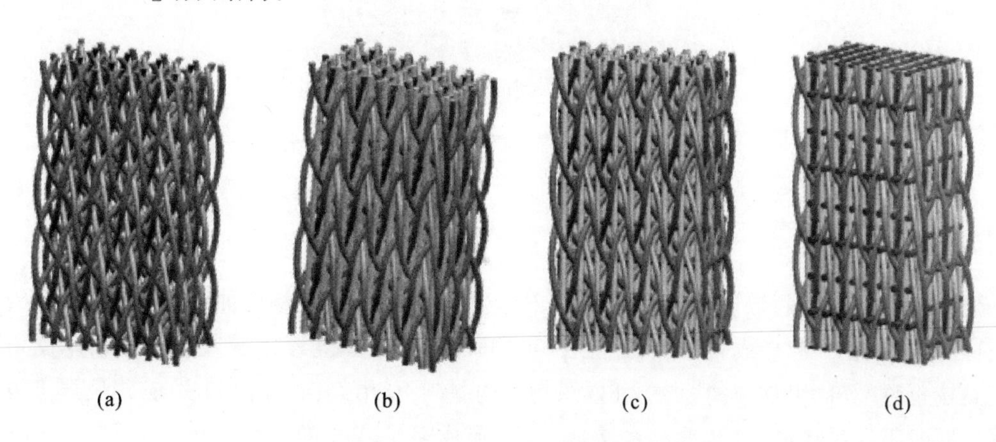

(a)　(b)　(c)　(d)

图 4-34　三维整体编织预制体结构

(a)三维四向;(b)三维五向;(c)三维六向;(d)三维七向

三维整体编织技术具有超强的近体仿形编织能力，可以用于复杂异形结构的整体编织。根据编织纱线的运动方式分为行列式和角轮式 2 种。行列式编织方法：携纱器按行和列的方式排列成一个矩阵，携纱器沿行和列向交替运动，带动纱线相互交织形成整体织物，编织过程中，携纱器运动 4 步为 1 个循环，故又称四步法编织工艺。角轮式编织技术是二维编织技术的拓展：携纱器按一定的规律安装在多层排列的角轮上，角轮运动带动携纱器沿设计轨迹运动，使得编织纱线相互交织形成整体织物。角轮式编织设备所能安装的携纱器数量较少，制备织物的尺寸和形状受到了一定的限制。

2. 多层联锁编织结构

多层联锁编织结构通常只有一个编织纱线系统（根据需要，可以沿织物长度方向添加不参加编织的轴纱），编织纱线在运动过程中贯穿相邻 2 层，通过层层联结形成整体织物结构。

4.5.1.2　三维机织预制体

三维机织技术是利用多层经纱织造方法，将若干经纱和纬纱层相互接结而形成具有一定厚度的三维整体预制体的织造技术。典型的三维机织预制体结构包括正交三向结构、层层角联锁结构、多层多向机织结构。

1. 正交三向结构

正交三向结构包含 3 种纱线系统：经纱、纬纱和法向纱（见图 4－35）。法向纱线贯穿织物的厚度方向，将相互垂直分布的若干层经纱和纬纱捆绑在一起，形成三维正交结构。

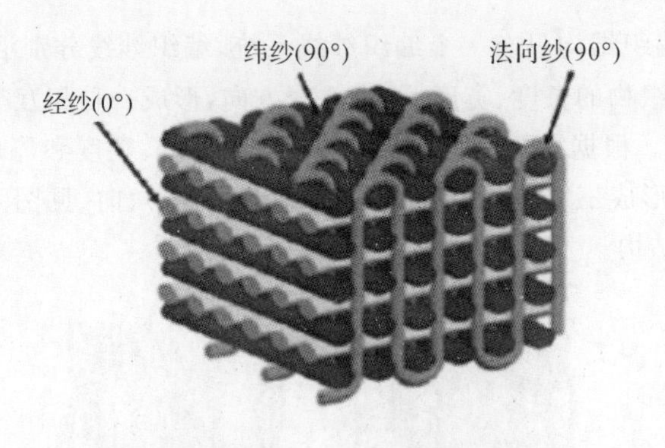

图 4－35　正交三向结构

2.层层角联锁结构

层层角联锁结构通常包含经纱和纬纱 2 个纱线系统，多层经纱弯曲贯穿相邻的 2 层纬纱层，将纬纱联锁在一起形成整体织物[见图 4－36(a)]。由于经纱未贯穿整个织物厚度，这种织物结构也称 2.5D 织物结构。在 2.5D 织物结构基础上，沿经向、纬向和法向（织物厚度方向）引入或同时引入衬纬纱、衬经纱和衬法向纱，可形成多种变化的衍生结构，如图 4－36(b)～(d)所示。

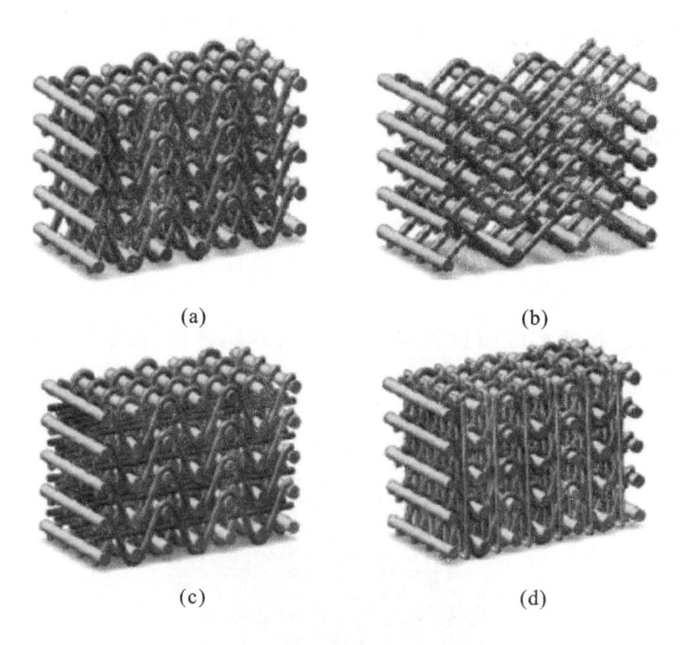

图 4－36　2.5D 织物及其衍生结构

(a)2.5D 织物基础结构;(b)衬纬 2.5D 织物结构;(c)衬经 2.5D 织物结构;(d)衬法向 2.5D 织物结构

3. 多层多向机织结构

多层多向机织结构如图 4－37 所示，是近年来最新发展的立体织物结构，其在正交三向结构和 2.5D 角联机织结构中引入斜向纱线，显著提高了织物面内的抗剪切变形能力，得到了航空、航天、国防等高技术领域的广泛重视，成为高性能复合材料制备的技术关键和前沿发展方向。

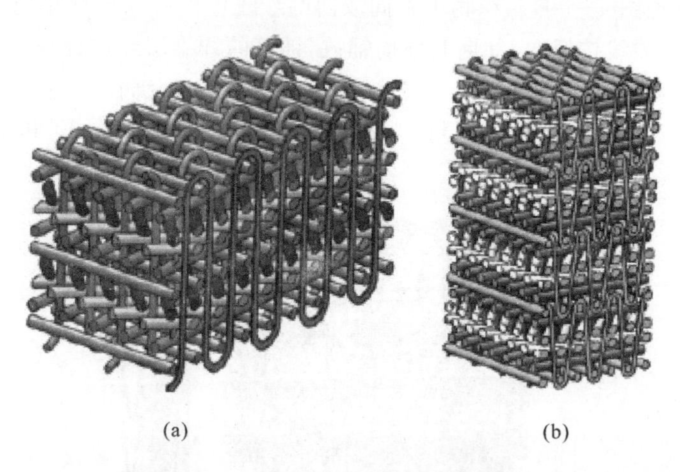

图 4－37　多层多向机织结构示意图

(a)正交多向织物结构;(b)角联多向织物结构

其中，正交多层织物结构由贯穿织物厚度的法向纱垂直捆绑经纱、纬纱和 $\pm\theta$ 斜向纱而形成的整体结构[见图 4－37(a)];角联多向织物结构由多层经纱弯曲贯穿相邻的纬纱层，将衬经纱、纬纱、$\pm\theta$ 斜向纱联结在一起形成整体结构[见图 4－37(b)]。

目前多层多向机织技术的研究十分活跃，但仍处于研究阶段。

4.5.1.3 多轴向针织预制体

多轴向针织预制体是利用针织成圈将若干层不同取向的平行伸直的衬垫纱捆绑形成的整体结构。按照成圈纱线的成圈方式可以分为纬编多轴向织物和经编多轴向织物。

1. 纬编多轴向结构

纬编多轴向结构是在纬编成圈过程中衬入经向纱线、纬向纱线和斜向纱线，形成多轴向织物，目前以双轴向织物为主(见图 4－38)。

图 4－38 纬编双轴向织物结构示意图

2. 经编多轴向结构

经编多轴向结构是采用经编成圈方法将沿经向、纬向和斜向铺放的纱线层缝编在一起形成的多轴向结构(见图 4－39)。织物中不同取向的纱线可以按照设计排列，形成单向、双向和多向结构。首先将纱线按经向、纬向和斜向铺放，铺好的纤维层经过缝编区，缝编针穿透织物，钩取缝编纱形成编链或经平组织，将多层纱线在厚度方向上捆绑在一起。理论上，纱线的铺放顺序和层数为任意，但受可用设备限制，一般为 6 层，铺放角度为 0°，90°和 45°。

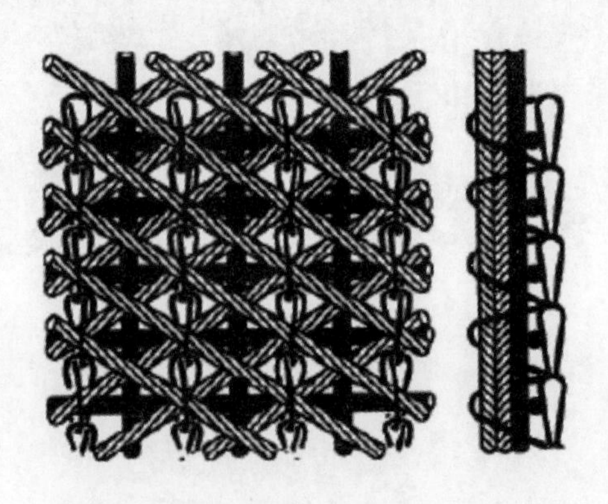

图 4－39 经编多轴向结构示意图

4.5.1.4　叠层针刺预制体

叠层针刺预制体是将基布/网胎按照一定规律叠层，在叠层过程中进行逐层针刺，刺针把网胎中的部分纤维携带至 Z 向，产生垂直纤维簇，使基布和网胎相互缠结、相互约束，形成平面和 Z 向均有一定强度的准三维独特网络结构，如图 4-40 所示。

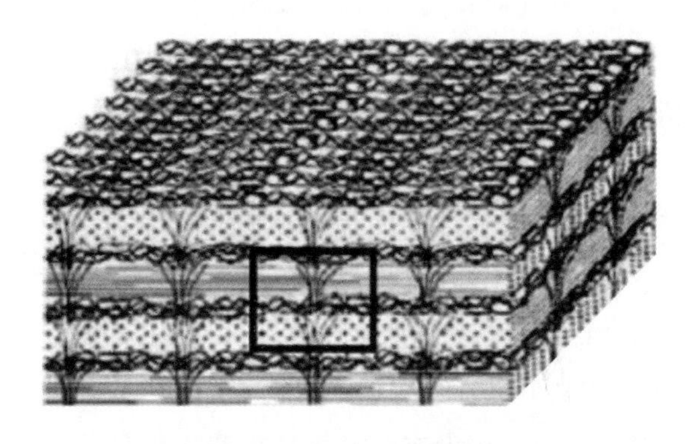

图 4-40　叠层针刺结构

4.5.2　树脂传递模塑工艺(RTM)

RTM 是一种低压下、用密闭容器(模具)制造复合材料的生产方法，先将纤维(增强材料)放置于模具中，密闭之后以低压注入树脂，等树脂反应化后，打开模具完成产品制造，如图 4-41 所示。

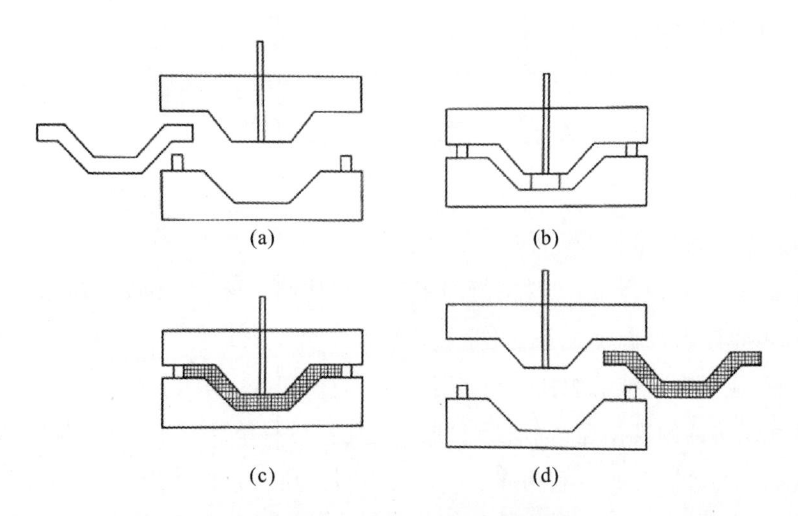

图 4-41　RTM 工艺基本流程

(a)铺放增强材料；(b)注入树脂；(c)固化；(d)脱模

RTM 包括真空辅助树脂注入、树脂传递模塑、真空辅助树脂传递模塑、压缩 RTM 等环节，是近无余量制造先进复合材料的加工方法，它是一种简单、低成本的方式，非常适用于形状复杂的大型结构件，而且能生产出双面光滑，具有良好表面品质的高精度的复杂构件。

在航空复合材料RTM构件的开发中，由于其工艺的特殊性，需要对模具、工艺参数、工艺过程实施等进行科学的设计，否则在制造中容易产生脱黏、分层、夹杂、气孔、疏松等缺陷，使得构件不能达到其使用性能。如何在较低的成本和周期下设计出既能满足生产工艺需要又能保证产品质量要求的RTM工艺方案，一直是复合材料业界积极讨论的热点之一。传统的方法是凭借经验进行试制、改进，不仅耗时耗力，而且难以保证产品质量。为了解决这一问题，人们在工艺设计阶段采用数字化技术进行RTM仿真模拟。复合材料RTM仿真可以为工艺设计提供关键数据，其中包括模具结构设计（注射点设置要素）、模具材料（金属）选择、树脂填充温度（加热树脂至适合填充的黏度）、树脂注射压力、树脂注射关闭时间（填充满时间）、固化时间、固化温度等，从而提高工艺设计效率、模具开发效率，降低生产成本和提高产品质量。RTM现已成为航空制造企业实现先进航空复合材料构件开发的关键技术之一。

由RTM制造的复合材料的性能除了与成型工艺有关外，注射树脂的种类和性能也起到至关重要的作用。该工艺要求树脂在注射温度下具有较低的黏度（一般不高于0.8Pa·s），不仅能充分浸润纤维能，而且固化过程中没有或者尽量少产生小分子，以减少产品缺陷，提高产品性能。但是传统的酚醛树脂是通过缩合固化的，固化过程中易产生大量小分子，所以不太适合RTM，需要对其进行改性或开发新的专用树脂。目前常采用的改性酚醛树脂包括苯并噁嗪树脂（PBZ）、酚三嗪树脂（PT）、双马来酰亚胺（BMI）改性酚醛树脂等。近年来发展起来的聚芳基乙炔（PAA）树脂以其成碳率极高、耐热性较好，以及低吸湿性和结构的稳定性，成为一种备受关注的潜力型防热材料，在RTM中开始获得应用[19-20]。不同的工程需求对使用的树脂要求如强度、黏度等都有所不同，如何针对不同的需求，选用合适的树脂，并进一步降低合成成本，是RTM设计时需关注的问题。

4.6 本章小结

三维纺织复合材料技术自20世纪80年代以来得到了迅速的发展，它是采用三维纺织技术将增强纤维编织成复合材料结构件的近净形三维整体织物（纺织预成型体），再采用树脂传递模塑工艺（RTM）注入树脂后复合固化形成高性能复合材料结构件的过程。

学习完本章，应掌握三维纺织技术中各种工艺方法（机织、编织、针织、缝合等）的特点，以建立合理的纱线织构的细观模型，特别是三维编织复合材料单胞模型，要注意内部单胞、表面单胞、棱角单胞表达式的不同，再利用修正的复合材料经典层合板理论，考虑纱线填充因子，从而预测各类单胞的弹性性能以及预成形件的外形尺寸。再依据各种单胞所占总体的比例，利用体积平均法得到三维编织复合材料的弹性性能。

三维编织复合材料的强度估算沿用了层合板的强度准则，分为宏观失效准则和细观失效准则两种。在损伤分析过程中，不同的学者采用了各自的刚度折减方法，后续还需进行大量的研究工作。

参 考 文 献

[1] 吴德隆，沈怀荣. 纺织结构复合材料的力学性能. 长沙：国防科技大学出版社，1998.
[2] 郑锡涛. 三维编织复合材料细观结构与力学性能分析. 西安：西北工业大学，2003.
[3] 郑锡涛. 复合材料力学基础. 西安：西北工业大学出版社，2009.
[4] 沃丁柱. 复合材料大全. 北京：化学工业出版社，2000.
[5] 蔡为仑. 复合材料设计. 刘方龙，等，译.北京：科学出版社，1989.
[6] 徐焜，许希武，汪海. 三维四向编织复合材料的几何建模及刚度预报. 复合材料学报，2005，22(1)：133-138.
[7] 张超，许希武，毛春见. 三维编织复合材料渐进损伤模拟及强度预测. 复合材料学报，2011，28(2)：222-230.
[8] 王善元，张汝光，等. 纤维增强复合材料. 上海：中国纺织大学出版社，1998.
[9] YEH H Y，KIM C H. The Yeh-Stratton criterion for composite Materials. Journal of Composite Materials，1994，28：926-39.
[10] HASHIN Z. Failure criteria for unidirectional fiber composites. Journal of Applied Mechanics，1980，47(2)：329-334.
[11] CHANG F K，CHANG K Y. A progressive damage model for laminated composites containing stress concentrations. Journal of Composite Materials，1987，21：834-855.
[12] HOU J P，PETRINIC N，RUIZ C，et al. Prediction of impact damage in composite plates. Composites Science and Technology，2000，60(2)：273-281.
[13] SHAHID I，CHANG F K. Modeling of accumulated damage and failure of multidirectional composite plates subjected to in-plane load. Composite Materials：Fatigue and Fracture，1995，186-214.
[14] 左惟炜. 三维编织复合材料力学性能与工程应用研究. 武汉：华中科技大学，2003.
[15] HUANG C H，LEE Y J. Experiments and simulation of the static contact crush of composite laminated plates. Composite Structures，2003，61：265-270.
[16] 徐焜，许希武. 三维编织复合材料渐进损伤的非线性数值分析. 力学学报，2007，39(3)：398-407.
[17] 卢子兴，杨振国. 三维编织复合材料强度的数值预报. 北京航空航天学报，2002，28(5)：563-565.
[18] 卢子兴，冯志海，寇长河，等. 编织复合材料拉伸力学性能的研究. 复合材料学报，1999，16(3)：129-134.
[19] 刘宁，姚学锋，陈俊达，等. 编织复合材料的冲击损伤与断裂行为研究. 实验力学，2002，17(2)：184-189.
[20] 姚学锋，林碧森，张志勇，等. 编织复合材料的裂纹损伤与增长行为研究. 工程力学，2002，19(5)：118-122.

第 5 章　纤维金属层板的损伤与断裂

随着航空科技的快速发展和航空器功能的日益多样化，人们对飞机新型结构提出了更为苛刻的减重增寿和低成本等要求，航空材料作为航空结构的基础也不断更新。金属材料因其良好的延展性、韧性、可设计性和低成本等特点，在飞机结构中得到了广泛的应用，然而其在减重方面已经很难突破，且在使用过程中也因疲劳问题引起了一系列的灾难性事故。层合复合材料因其优异的抗疲劳性能，在飞机结构中得到了快速发展和应用。但是传统的层合复合材料的层间性能相对较差，尤其是抗冲击性能[1-2]。

为了提高飞行器结构的抗疲劳性能和抗冲击性能，并在充分保留金属和复合材料的优点的同时，规避其各自的缺点，纤维金属层板(Fiber Metal Laminates，FMLs)应运而生。FMLs 是由金属薄板和纤维复合材料交替铺层，在一定温度和压强下固化而成的复合材料，它综合了传统金属材料良好的抗冲击性能和纤维复合材料比强度高等力学特性。因此，FMLs 正逐渐替代传统材料广泛应用于航空航天结构中。

这种金属和复合材料组成的混杂复合材料层合板的损伤模式比较复杂，尤其是在疲劳载荷作用下力学响应模式更为复杂。故本章主要研究其疲劳破坏行为、疲劳裂纹扩展行为及其分析方法。

5.1　纤维金属层板分类和力学性能

5.1.1　纤维金属层板分类

20 世纪 70 年代末荷兰代尔夫特理工大学(Delft University of Technology)研制了由高强度金属薄板和高强度纤维增强树脂交替铺层形成的纤维金属层板(Fiber Metal Laminates，FMLs)[3]，如图 5-1 所示。这种混杂复合材料层板在金属层和纤维层的单层厚度、层数、纤维的铺层方向等的可设计性，可使它获得静力、疲劳、冲击等多方面的优异性能。纤维金属层板克服了单一复合材料与金属材料的不足，综合了传统纤维复合材料和金属材料的优点。其不但具有复合材料的高比强度、好的疲劳特性等，还具有金属材料的韧性、耐冲击性等。纤维金属层板因其疲劳性能好、减重效果明显、制造成本相对较低，并具有良好的抗冲击性能和阻尼性能，受到业内人士的广泛关注。

20 世纪 80 年代初期，荷兰代尔夫特理工大学与 Fokker 公司合作，将铝合金薄板和芳纶胶接，始创了一种兼顾重量、价格和疲劳性能的新型结构材料——芳纶铝合金(Arall)层板。自第一代 Arall 层板问世以来，设计师已经根据结构应用中不同的需求和目的研制了几种不同系列的 FMLs 层板。其中，Glare(铝合金和玻璃纤维)层板[4]具有沿纤维方向优异的疲劳性能，Care(铝合金和碳纤维)层板[5]具有较高的强度和刚度，TiGr(钛合金和石墨纤维)层板[6]

具有良好的耐高温性能。其中应用也最广泛的是 Glare 层板，如表 5-1 所示。目前 Glare 层板一共有六种类型 Glare1～Glare6，其性能各不相同。

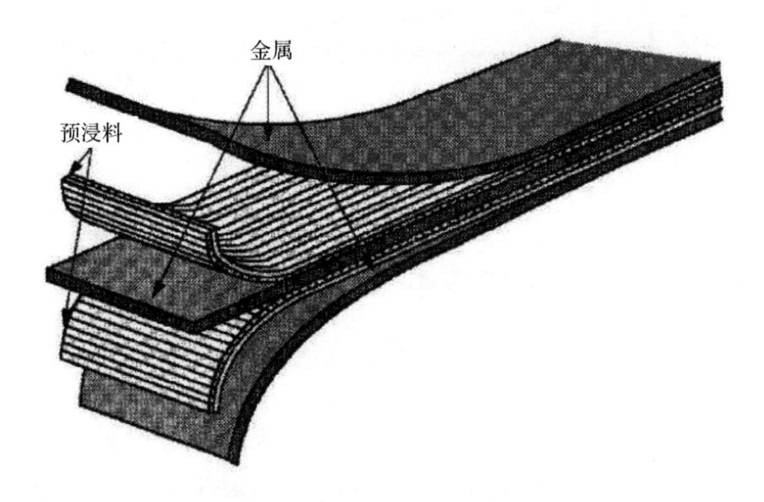

图 5-1　典型纤维金属层板铺层[3]

表 5-1　GLARE 等级标准[3]

GLARE 层板		预浸料铺向	铝合金板		主要性能优点
型号	子分类		型号	厚度/mm	
GLARE 1	—	0°/0°	7475-T761	0.3～0.4	较好的疲劳性能，较高的强度，较高的屈服应力
GLARE 2	Glare 2A	0°/0°	2024-T3	0.2～0.5	较好的疲劳性能，较高的强度
	Glare 2B	90°/90°	2024-T3	0.2～0.5	较好的疲劳性能，较高的强度
GLARE 3	—	0°/90°	2024-T3	0.2～0.5	较好的疲劳和冲击性能
GLARE 4	Glare 4A	0°/90°/0°	2024-T3	0.2～0.5	较好的疲劳性能，0°方向具有较高的强度
	Glare 4B	90°/0°/90°	2024-T3	0.2～0.5	较好的疲劳性能，0°方向具有较高的强度
GLARE 5	—	0°/90°/90°/0°	2024-T3	0.2～0.5	较好的冲击性能
GLARE 6	Glare 6A	+45°/-45°	2024-T3	0.2～0.5	较好的剪切性能和偏轴性能
	Glare 6B	-45°/+45°	2024-T3	0.2～0.5	较好的剪切性能和偏轴性能

结合表 5-1，Glare 的种类可通过参数化来表示，如图 5-2 所示。

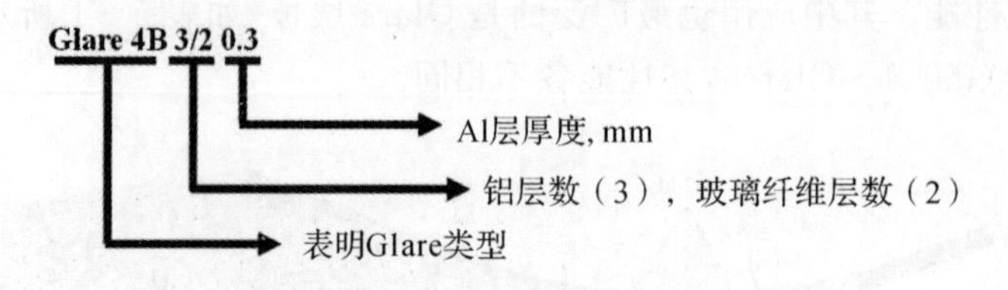

图 5-2　Glare 层板种类的参数描述

5.1.2　纤维金属层板疲劳性能

研制 FMLs 的主要原因就是其具有优良的抗疲劳性能。与传统的 2024-T3 铝合金相比，Glare 层板虽然在裂纹萌生阶段的寿命较短，但是它在裂纹扩展阶段的寿命很长，所以其疲劳寿命可提高很多倍[7]。图 5-3 为 2024-T3 铝合金板和 Glare 层板的裂纹扩展对比。可以看出，铝合金的裂纹扩展最快，且随着裂纹长度的增加，裂纹很快进入快速扩展阶段。而 Glare 层板裂纹扩展比 2024-T3 慢很多，并且一直处于稳定扩展阶段。

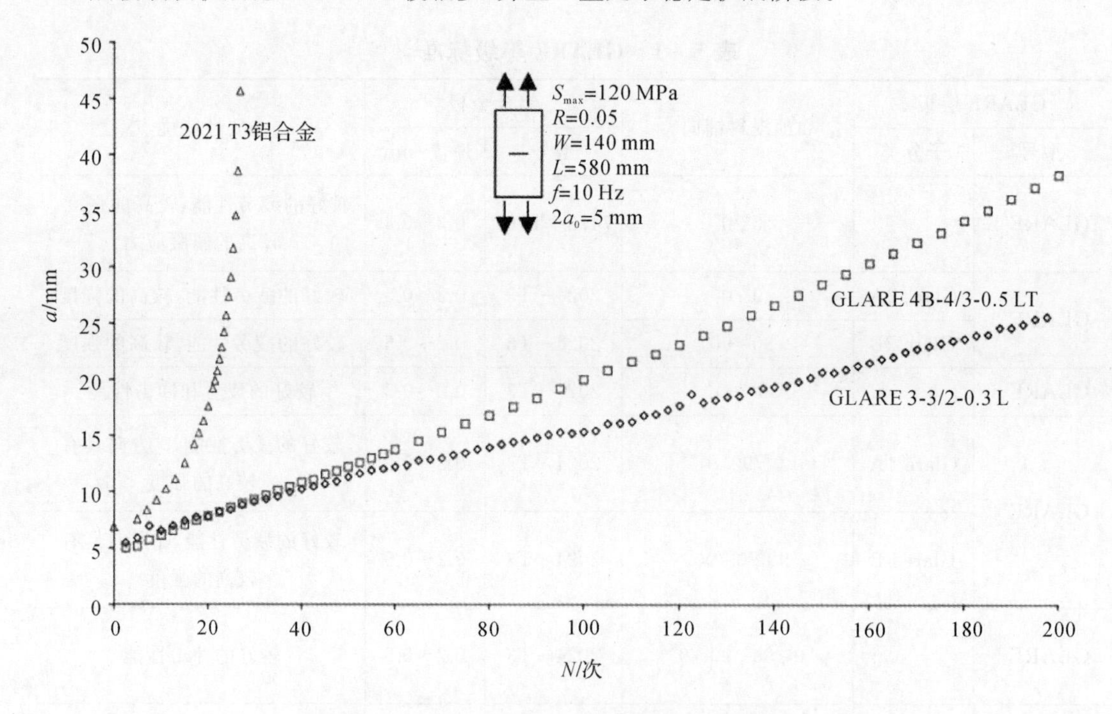

图 5-3　2024-T3 和 Glare 的裂纹扩展比较[7]

Glare 层板优异的抗疲劳特性主要是由于纤维的作用。在裂纹扩展过程中纤维代替断裂的铝层承受载荷，使得铝层内实际承受的载荷减小，故与铝合金板相比，裂纹扩展速率减缓，这就是 FMLs 所特有的纤维桥接机制。桥接机制的作用受胶黏剂剪切变形、分层和纤维的刚度等因素影响。

5.1.3　纤维金属层板拉伸性能

Glare 层板由于其中铝层塑性的影响，在拉伸载荷作用下通常表现为非完全弹性行为。图 5-4 所示为应用于 A380 上的 Glare 层板与其组成成分中铝合金和玻璃纤维的应力-应变对比图[8]。从图中可以看出，Glare 层板比 2024-T3 铝合金板更先进入塑性区，这是由于纤维层对金属层的支持作用。

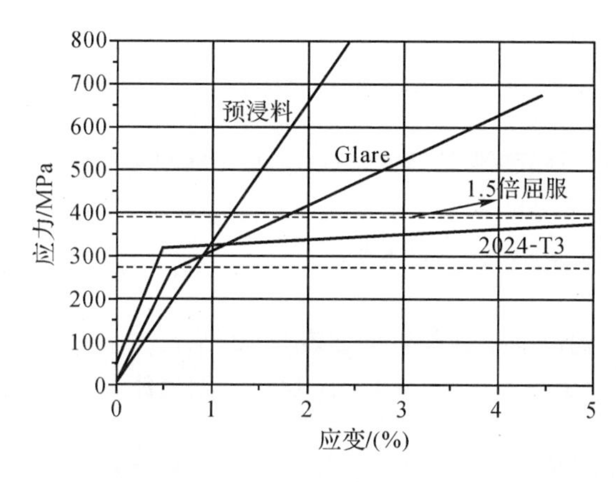

图 5-4　铝合金、预浸料和 Glare 的应力-应变曲线[9]

由于纤维层的弹性模量比 2024-T3 铝合金低，所以 Glare 层板的弹性模量也低于 2024-T3 铝合金。国外对 Glare 层板的拉伸测试试验参考 ASTM D3039。测得不同铺层的拉伸性能如表 5-2 所示。

表 5-2　Glare 层板的拉伸性能[8]

型号	极限拉伸强度 MPa		0.2%拉伸屈服强度 MPa		拉伸弹性模量 GPa		拉伸极限应变 %	
	L 方向	T 方向	L 方向	T 方向	L 方向	T 方向	L 方向	T 方向
Glare1-3/2	1 282	352	545	333	65	50	4.2	7.7
Glare1-2/1	1 077	436	525	342	66	54	4.2	7.7
Glare2-3/2	1 214	317	360	228	66	50	4.7	10.8
Glare3-3/2	717	716	305	283	58	58	4.7	4.7
Glare3-2/1	662	653	315	287	60	60	4.7	4.7
Glare4-3/2	1 027	607	352	255	57	50	4.7	4.7
Glare4-2/1	843	554	321	250	60	54	4.7	4.7
Glare5-2/1	683	681	297	275	59	59	4.7	4.7
2024-T3	455	448	359	324	72	72	19	19
7075-T76	545	545	476	476	69	69	13	13

由于纤维层的各向异性，Glare 层板的拉伸性能也具有方向性，即沿着纤维 0°方向的拉伸

性能要高于沿 90°纤维方向。常用金属体积分数法[6]预测纤维金属层板的拉伸性能。金属体积比 MVF 为

$$\mathrm{MVF}=\frac{\sum_{1}^{P} t_{\mathrm{al}}}{t_{\mathrm{laminate}}} \tag{5-1}$$

式中，t_{al} 为单层铝合金板的厚度；t_{laminate} 为 Glare 层板的厚度；p 为铝合金层数。Glare 层板的拉伸模量 E_{laminate}；拉伸屈服强度 $\sigma_{0.2,\mathrm{laminate}}$ 和拉伸极限强度 $\sigma_{\mathrm{t,laminate}}$ 性能可以近似为

$$E_{\mathrm{laminate}}=\mathrm{MVF}\times E_{\mathrm{metal}}+(1-\mathrm{MVF})\times E_{\mathrm{fibre}} \tag{5-2}$$

$$\sigma_{0.2,\mathrm{laminate}}=\left[\mathrm{MVF}+(1-\mathrm{MVF})\times\frac{E_{\mathrm{fibre}}}{E_{\mathrm{metal}}}\right]\times\sigma_{0.2,\mathrm{metal}} \tag{5-3}$$

$$\sigma_{\mathrm{t,laminate}}=\mathrm{MVF}\times\sigma_{\mathrm{t,metal}}+(1-\mathrm{MVF})\times\sigma_{\mathrm{t,fibre}} \tag{5-4}$$

5.1.4 纤维金属层板压缩性能

部分 Glare 层板在室温时压缩性能数据如表 5-3 所示[10]。

表 5-3 部分 Glare 层板压缩性能参数

材料性能	方向	Glare1		Glare2		Glare3		Glare4		Glare5	2024-T3 (1.6 mm 厚)
		2/1	3/2	2/1	3/2	2/1	3/2	2/1	3/2	2/1	
压缩屈服强度/MPa	L	447	424	390	414	319	309	349	365	283	304
	T	427	403	253	236	318	306	299	285	280	345
压缩弹性模量/GPa	L	63	67	69	67	63	60	62	60	61	74
	T	56	51	56	52	62	60	57	54	61	74

对比表 5-2 和表 5-3 可知，其压缩弹性模量和拉伸弹性模量很相近。层板沿着 0°纤维方向的压缩屈服强度比铝合金板高。除 Glare1 外，其他种类的横向压缩屈服强度均低于铝合金板。尽管 Glare 层板的压缩模量低于铝合金板，但是 Glare 层板在纤维方向的压缩强度比铝合金板要高。Glare5 的压缩屈服强度要明显低于其他种类的 Glare 层板，这可能是由于铺层中纤维的层数比例较大。在压缩过程中，铝合金层和纤维层的界面脱胶，使得铝合金层发生大的弯曲变形，降低了其抗变形能力。

5.1.5 纤维金属层板冲击性能

Glare 层板中的玻璃纤维断裂延伸率与铝合金相比较低，从而 Glare 的抗冲击性能比铝合金板低，但比复合材料层板高。Glare 层板在低速冲击载荷作用下，损伤形式比较复杂，如铝层塑性变形、铝层断裂、纤维断裂、纤维-基体剪切损伤、基体开裂和层间分层等[11]。Glare 层板冲击性能的好坏受铺层的影响很大。表 5-4 给出了 Glare 层板出现最小裂纹和将层板穿透所需要的冲击能量，并与 2024-T3 进行了对比[12]。可以看出，Glare 层板出现最小裂纹所需要的冲击能量比铝合金板小，但是要将其击穿所需的能量高于铝合金板。

表5-4　Glare层板低速冲击最小裂纹能量与击穿能量[12]

材料	厚度/mm	密度/(kg·m^{-3})	最小裂纹能量/J	穿透能量/J
2024-T3	1.6	4.45	18.1	33.4
Glare 5-2/1	1.562	3.74	16.3	34.5
Glare 4-3/2	1.828	4.23	13.9	38.3

5.1.6　纤维金属层板缺口强度性能

缺口是飞机结构中不可避免的,因此缺口剩余强度也是飞机结构中重要的设计参数之一。Glare层板与铝合金相比有更高的缺口剩余强度。影响Glare层板缺口剩余强度的因素有各种组成材料的体积分数、材料性能、纤维铺层方向,以及缺口形状和大小[13]。

5.1.7　纤维金属层板在飞机结构中的应用

1987年10月,AKZO公司申请了Glare层板的专利,1991年AKZO和ALCOA开始合作生产和商业化Glare层板。与Arall层板相比,Glare层板除密度略高外,不但保持了其优越的静力性能,而且改善了对缺口和冲击的敏感等缺点,特别是改善了抗拉-压疲劳性能。1990年,波音公司将Glare5层板用于波音777飞机货箱底板,与铝制货舱底板相比,减重23%,综合经济效益更好。1993年,波音公司及空中客车公司(简称“空客”)均开始研究将Glare层板应用于主机舱蒙皮。2004年空客将Glare层板用于A380的上机身蒙皮、垂直和水平尾翼前缘[14],并取得了FAA和EAA全部适航认证证书。A380飞机机体结构材料(按重量计算):铝合金占61%,复合材料占25%,钛合金和钢占10%,表面涂层等占4%。复合材料结构中有3%为新型的玻璃纤维增强铝合金(Glare)层板。与传统铝合金结构相比,减重高达20%~30%,寿命增长10~20倍。图5-5为A380的Glare整体蒙皮。同时,对波音737襟翼上应用的Glare层板还进行过飞行测试,验证了其良好的抗冲击性能。

图5-5　A380上的Glare层板整体蒙皮

5.2 纤维金属层板的疲劳裂纹扩展特性

纤维金属层板中存在的纤维层,使其裂纹萌生和扩展机制与铝合金板相比存在较大的差异。纤维金属层板在疲劳载荷作用下的损伤机制较为复杂。它比铝合金板的抗疲劳性能更好,正是由其特殊的构成形式决定的。纤维在疲劳裂纹萌生阶段和扩展阶段起不同的作用,对玻璃纤维增强铝合金层板在两个不同阶段的疲劳性能造成的影响也不相同。

在裂纹萌生阶段,外加载荷在层板的各层内分配。纤维层与铝层刚度不同影响分配的结果,而且制造过程中产生的残余应力等都对铝层内的应力分配造成一定的影响,使得铝层内分配的实际应力比外加载荷高。因此在相同的疲劳载荷作用下,玻璃纤维增强铝合金层板的疲劳裂纹萌生寿命比铝合金板小。

在裂纹扩展阶段,由于铝层刚度随着裂纹扩展不断变小,而纤维层仍然是完好的,在纤维的桥接作用下铝层内实际应力相对减小,裂纹扩展速率相对下降,寿命提高。因而纤维的桥接作用使玻璃纤维增强铝合金层板的疲劳裂纹扩展寿命得到大幅度的提升。与铝合金板相比,尽管它的疲劳裂纹萌生寿命略短,但是它的裂纹扩展寿命很长。综合来看,在相同的外加疲劳载荷作用下,玻璃纤维增强铝合金层板总的疲劳寿命远远大于铝合金板,如图 5-6 所示[15]。

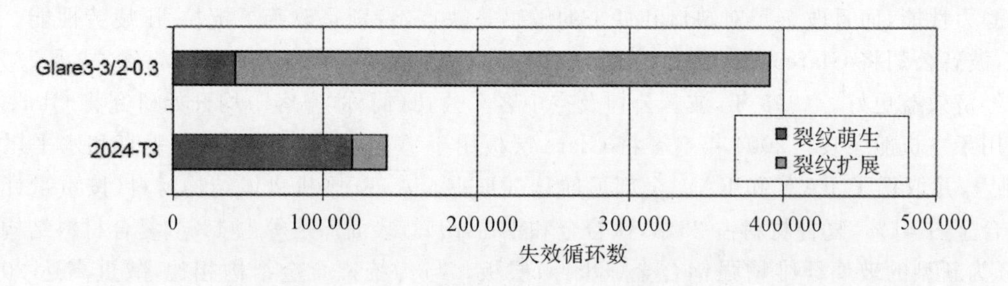

图 5-6　玻璃纤维增强铝合金层板和铝合金板疲劳裂纹萌生和扩展寿命

对于铝合金板,疲劳裂纹萌生寿命占整个寿命的大部分,而对玻璃纤维增强铝合金层板来说则相反,疲劳裂纹萌生寿命只是其全寿命的一小部分,全寿命的绝大部分是其裂纹扩展寿命。对金属结构的疲劳裂纹问题,通常使用线弹性断裂力学的方法研究。而玻璃纤维增强铝合金层板的裂纹也存在于金属层,因此它的疲劳裂纹起始和扩展也可以通过线弹性断裂力学的方法来描述,但是在这个过程中还需考虑纤维层和界面层的作用。

5.2.1 裂纹萌生机制

铝合金板的疲劳裂纹萌生分成裂纹成核和微裂纹扩展两个阶段。裂纹成核机制和微裂纹扩展是金属材料的固有现象。因此,从这个角度来看,这些机制对于纤维金属层板中的铝层和铝合金板来说没有区别,故对纤维金属层板中铝层内的裂纹萌生机制,在此不再详细赘述。本节主要叙述玻璃纤维增强铝合金层板和铝合金板裂纹萌生中的不同之处。虽然众所周知裂纹在铝层内萌生,但是裂纹的萌生对层板的应力分布造成的影响也值得注意。对于玻璃纤维增强铝合金层板来说，在缺口附近的应力场与各向同性的铝合金板是不同的，主要取决于纤维的铺层。正是层板中存在各向异性的纤维层，导致在各向同性的铝层内应力场不同，与铝合金板相比应力集中的位置也不同，故微裂纹萌生的位置也不相同。对于铝合金材料，裂纹通常起始于初始缺陷的根部，即应力集中最大的地方。但是对于玻璃纤维增强铝合金层板，应力集中不是在根部最大，而是在根部临近的区域[16]最大。

玻璃纤维增强铝合金层板的裂纹萌生可以应用经典理论进行分析，但需要一定的方法简化处理。实际上，当应力状态相近时，玻璃纤维铝合金层板中的铝层和铝合金板具有相同的结果，也就是说，有相同的裂纹萌生寿命。这里的玻璃纤维铝合金层板中铝层的应力状态指的是，由外加载荷表示层板指定层内分配的实际应力和应力集中系数。在这种情况下，玻璃纤维增强铝合金层板中铝层的裂纹萌生特性可以与铝合金板进行对比分析。玻璃纤维增强铝合金层板某铝层内的应力集中系数会比铝合金板大或小，取决于层板的铺层和加载方向。Homan给出了经典层板理论计算施加疲劳载荷后层板内各层的应力分配方法[15]。根据胡克定律，有

$$\overline{\boldsymbol{\sigma}}=\boldsymbol{S}\overline{\boldsymbol{\varepsilon}},\quad \overline{\boldsymbol{\varepsilon}}=\boldsymbol{C}\overline{\boldsymbol{\sigma}} \tag{5-5}$$

式中：

$$\overline{\boldsymbol{\sigma}}=[\sigma_x \quad \sigma_y \quad \tau_{xy}]^{\mathrm{T}},\quad \overline{\boldsymbol{\varepsilon}}=[\varepsilon_x \quad \varepsilon_y \quad \gamma_{xy}]^{\mathrm{T}} \tag{5-6}$$

柔度矩阵和刚度矩阵分别表示为

$$\boldsymbol{C}=\begin{bmatrix} \dfrac{1}{E_x} & \dfrac{-v_{xy}}{E_y} & 0 \\ \dfrac{-v_{yx}}{E_x} & \dfrac{1}{E_y} & 0 \\ 0 & 0 & 1/G_{yx} \end{bmatrix},\quad \boldsymbol{S}=\begin{bmatrix} \dfrac{E_x}{1-v_{xy}v_{yx}} & \dfrac{v_{xy}E_x}{1-v_{xy}v_{yx}} & 0 \\ \dfrac{v_{yx}E_y}{1-v_{xy}v_{yx}} & \dfrac{E_y}{1-v_{xy}v_{yx}} & 0 \\ 0 & 0 & G_{xy} \end{bmatrix} \tag{5-7}$$

式中：$v_{xy}E_x=v_{yx}E_y$。

若层板受偏轴应力夹角为 φ，则有转换矩阵 $\boldsymbol{M}$，使得主轴的应力、应变为

$$\overline{\boldsymbol{\sigma}}_\varphi=\boldsymbol{M}\overline{\boldsymbol{\sigma}},\quad \overline{\boldsymbol{\varepsilon}}_\varphi=\boldsymbol{M}^{\mathrm{T}}\overline{\boldsymbol{\varepsilon}} \tag{5-8}$$

设 $m=\cos\varphi$，$n=\sin\varphi$ 则转换矩阵 $\boldsymbol{M}$ 为

$$\boldsymbol{M}=\begin{bmatrix} m^2 & n^2 & 2mn \\ n^2 & m^2 & -2mn \\ -mn & mn & m^2-n^2 \end{bmatrix} \tag{5-9}$$

$$\overline{\boldsymbol{\sigma}}_\varphi=\boldsymbol{MSM}^{\mathrm{T}}\overline{\boldsymbol{\varepsilon}}_\varphi=\boldsymbol{S}_\varphi\overline{\boldsymbol{\varepsilon}}_\varphi,\quad \boldsymbol{S}_\varphi=\boldsymbol{MSM}^{\mathrm{T}} \tag{5-10}$$

$$\overline{\boldsymbol{\varepsilon}}_\varphi=(\boldsymbol{M}^{-1})^{\mathrm{T}}\boldsymbol{CM}^{-1}\overline{\boldsymbol{\sigma}}_\varphi=\boldsymbol{C}_\varphi\overline{\boldsymbol{\sigma}}_\varphi,\quad \boldsymbol{C}_\varphi=(\boldsymbol{M}^{-1})^{\mathrm{T}}\boldsymbol{CM}^{-1} \tag{5-11}$$

层板各层的应力、应变关系可表示为

$$(\overline{\boldsymbol{\sigma}}_\varphi)_p=(\boldsymbol{M}^{-1})_p\overline{\boldsymbol{\varepsilon}}_\varphi \tag{5-12}$$

层板的应力、应变关系可表示为

$$(\overline{\boldsymbol{\sigma}}_\varphi)_{\mathrm{lam}}=\sum_{p=1}^{n}(\overline{\boldsymbol{\sigma}}_\varphi)_p\frac{t_p}{t_{\mathrm{lam}}}=\sum_{p=1}^{n}\left[(\boldsymbol{S}_\varphi)_p\frac{t_p}{t_{\mathrm{lam}}}\right]\overline{\boldsymbol{\varepsilon}}_\varphi=(\boldsymbol{S}_\varphi)_{\mathrm{lam}}\overline{\boldsymbol{\varepsilon}}_\varphi \tag{5-13}$$

其中刚度矩阵和柔度矩阵分别为

$$(\boldsymbol{S}_\varphi)_{\mathrm{lam}}=\sum_{p=1}^{n}(\boldsymbol{S}_\varphi)_p\frac{t_p}{t_{\mathrm{lam}}},\quad (\boldsymbol{C}_\varphi)_{\mathrm{lam}}=\sum_{p=1}^{n}(\boldsymbol{C}_\varphi)_p\frac{t_p}{t_{\mathrm{lam}}} \tag{5-14}$$

对于含有中心圆孔的无限大板，平面应力状态下应力集中系数为

$$K_t(\varphi)=\frac{r\{m^2[r+\sqrt{2(r+a)}]-n^2\}}{n^4+2am^2n^2+r^2m^4} \tag{5-15}$$

当沿零度方向加载时,应力集中系数可简化为

$$K_{\mathrm{t,FML,infinite}}=1+\frac{\sqrt{2(r+a)}}{r} \tag{5-16}$$

式中,$a=\dfrac{c_{12}+c_{66}/2}{c_{11}}$;$r=\sqrt{\dfrac{c_{22}}{c_{11}}}$;$C_{ij}$ 取自柔度系数矩阵 $(\boldsymbol{C}_{\varphi})_{\mathrm{lam}}$ 中。

对于铝合金板,$a=1$,$r=1$,则 $K_{\mathrm{t,Al,infinite}}=3$。

假设对于有限大板和无限大板有以下假设

$$\frac{K_{\mathrm{t,FML,finite}}}{K_{\mathrm{t,Al,finite}}}=\frac{K_{\mathrm{t,FML,infinite}}}{K_{\mathrm{t,Al,infinite}}} \tag{5-17}$$

则玻璃纤维增强铝合金层板有限大板应力集中系数可表示为

$$K_{\mathrm{t,FML,finite}}=\frac{K_{\mathrm{t,Al,finite}}}{3}\left[1+\frac{\sqrt{2(r+a)}}{r}\right] \tag{5-18}$$

由应力集中系数表示的层板孔边的最大应力为

$$(\overline{\boldsymbol{\sigma}})_{\mathrm{lam,peak}}=K_{\mathrm{t,Al,finite}}\ (\overline{\boldsymbol{\sigma}})_{\mathrm{lam}} \tag{5-19}$$

故层板每一层的最大应力即可求得

$$(\overline{\boldsymbol{\sigma}}_{\varphi})_{p,\mathrm{hole}}=(\boldsymbol{S}_{\varphi})_p\overline{\boldsymbol{\varepsilon}}=(\boldsymbol{S}_{\varphi})_p[K_{\mathrm{t,FML,finite}}\ (\boldsymbol{S}_{\varphi})-1_{\mathrm{lam}}\ (\overline{\boldsymbol{\sigma}})_{\mathrm{lam}}] \tag{5-20}$$

玻璃纤维增强铝合金层板的铝层内实际应力与制造过程中产生的残余应力和外加载荷有关,残余应力的大小取决于层板铺层情况[15],如图 5-7 所示。铝层内的实际应力还取决于组成玻璃纤维增强铝合金层板各种材料的刚度关系。因为层板中铝合金的刚度大于玻璃纤维,刚度高的材料会分配到更高的载荷,所以铝层内分配到的实际应力比施加的应力高。

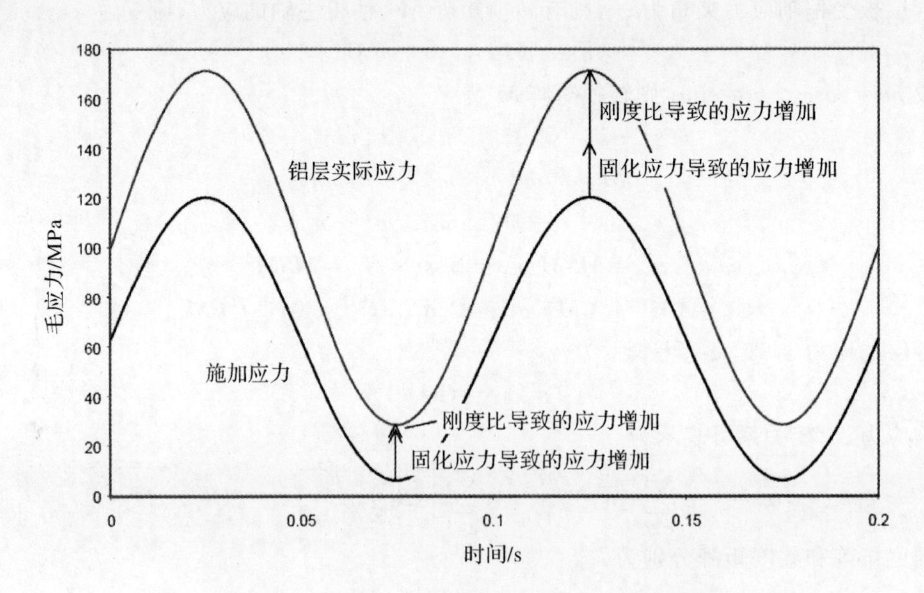

图 5-7 铝层内的实际应力与施加应力对比曲线

5.2.2　铝层裂纹扩展机制

如前所述，玻璃纤维铝合金层板铝层内裂纹扩展行为可以用线弹性断裂力学来描述，即疲劳裂纹扩展速率可以用应力强度因子来描述。然而层板中铝层裂尖应力强度因子与铝合金板不同，是由外加载荷和纤维的桥接应力共同作用的。

现有较成熟的理论中，可以由外加载荷计算应力强度因子，即 $K = S_{\text{applied}}\sqrt{\pi a}$ ，然而这一理论只适用于金属材料。对于玻璃纤维增强铝合金层板，这一理论不能直接应用于其裂尖应力强度因子的求解。玻璃纤维增强铝合金层板的铝层内裂尖处应力强度因子必须描述裂纹的实际应力状态，其中要考虑纤维层的作用和铝层与纤维层之间界面的分层作用。也就是说求解玻璃纤维铝合金层板铝层裂尖应力强度因子过程中所用的应力水平应该考虑纤维的桥接作用后铝层内分配的实际应力。这一过程中，由铝层转移到纤维层的载荷是重要的一部分，即为桥接应力。桥接应力抑制了裂纹在铝层的张开和扩展，使得铝层承受的载荷减小，从而铝层裂尖应力强度因子值与铝合金板相比减小。

5.2.3　纤维桥接机制

玻璃纤维增强铝合金层板在疲劳裂纹扩展阶段主要有铝层内裂纹扩展、层间分层和纤维层断裂三种模式。界面分层机制是玻璃纤维增强铝合金层板与普通复合材料层板相比所独有的特性，这是由层板特殊的组成形式所决定的。从文献[15]中得知，在裂纹扩展阶段，铝层内的裂纹扩展和铝层与纤维层交界面的分层扩展是相互耦合的。

如图 5 - 8 所示，a 为半裂纹长度，b 为半分层长度。在外加疲劳载荷作用下，随着铝层的裂纹扩展，其有效刚度下降，铝层上的载荷沿图中所示箭头方向逐渐转移到纤维层，从而使得铝层裂纹尖端的应力集中程度降低，裂纹扩展变缓，寿命增加。在载荷的转移过程中，铝层和纤维层交界的胶层产生剪切应力，导致分层扩展。也就是说，裂纹扩展引起载荷在不同层间的转移，导致界面处分层扩展，即分层长度 b 是伴随着裂纹长度 a 增加的。在这一过程中，胶层和纤维层的性能对裂纹扩展速率和疲劳扩展寿命的影响很大，胶层过强会导致纤维层承受的载荷过大而造成纤维过早被破坏，若胶层过弱又使得分层速率加快，分层使得载荷无法从铝层转移到纤维层，造成裂纹扩展加快，致使铝层断裂。综上所述，铝层裂纹扩展机制和界面分层机制是纤维桥接作用的结果，也叫作纤维桥接机制。由于纤维层对循环载荷不敏感，裂纹在扩展过程中不断有载荷由铝层传递到纤维层，抑制了铝层裂纹张开。

纤维层桥接作用取决于层板各组成材料的参数，例如各层的刚度、厚度和层数、铺层的方向和加载方向等。分层扩展在桥接机制中的作用至关重要，它是由载荷不断地在层间传递所造成的剪切应力而引起的。已经分层的区域，各层间是独立的，因此载荷在层间的传递会中断。实际上，纤维层中的载荷可分为自身分配的载荷和由铝层传递过来的载荷两部分。在裂纹张开和分层的区域纤维被拉长，胶层也存在胶体变形。分层增长减小了层间载荷的传递，使得纤维层内桥接应力作用区域变大，也减小了纤维层的应力和应变水平，防止纤维过早破坏。

纤维桥接作用使得玻璃纤维增强铝合金层板内铝层的裂纹张开距离与铝合金板相比较小，裂尖处的应力水平也较低。这也意味着，相同长度的裂纹，玻璃纤维增强铝合金层板的裂尖应力强度因子比铝合金板小。换句话说，在整个裂纹扩展的过程中，玻璃纤维铝合金层板铝层内的裂尖应力强度因子不随着裂纹长度的增加而增大，却近似保持常数。

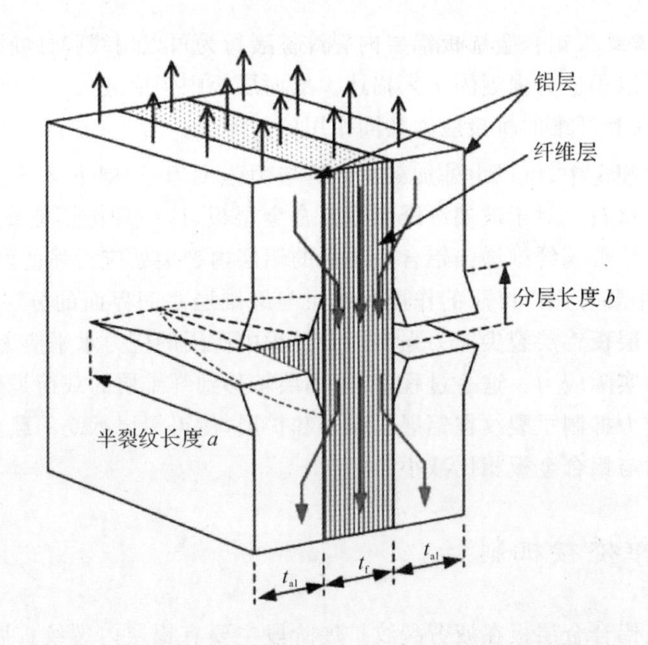

图 5-8　玻璃纤维增强铝合金层板的纤维桥接机制示意图[17]

之前的描述揭示了在整个桥接机制中，桥接应力与裂纹张开距离和纤维拉伸区域的长度有关。当分层长度一定时，纤维层应变和桥接应力会随着裂纹长度的增加而增加。而当裂纹长度一定时，分层增长会使纤维拉长的区域增加，从而纤维层的应变水平降低，纤维的桥接应力也减小。裂纹的桥接作用在裂纹达到一定长度，也就是在裂纹张开距离达到一定水平之后才能完全发挥。裂纹张开量较小意味着纤维层内的应变水平较低，桥接应力也较小。因此，当裂纹长度较小时，桥接机制很弱，只有在裂纹达到一定长度之后桥接机制的作用才能完全发挥出来。至于这个长度水平是多少，与材料属性有关。

在纤维拉长的同时，胶层剪切变形能造成裂纹张开[13]；Guo[18]提出金属层的变形也能造成裂纹张开。然而金属层变形与纤维拉长和胶层剪切变形所起的作用相比几乎可以忽略不计。几种不同作用下的裂纹张开距离如图 5-9 所示。

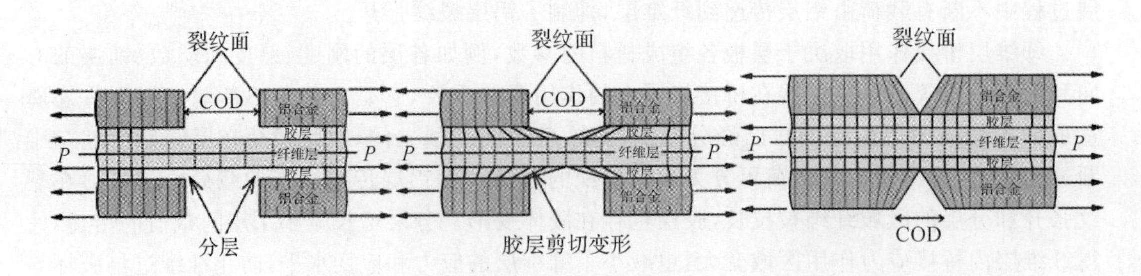

图 5-9　由纤维拉长、胶层剪切变形和铝层变形共同作用下的裂纹张开距离

Marissen[13]指出，假设理想状态下胶层的刚度无限大，对于没有初始缺口的玻璃纤维增强铝合金层板，裂纹张开量和应力强度因子将会是零。然而，实际上由于存在胶层的剪切变形，这种理想状态并不存在，所以就会有一定程度的裂纹张开量，从而裂尖处的应力强度因子也就永远不可能是零。基于线弹性断裂力学的假设，裂纹张开量与桥接应力间存在一定的关系。沿着裂纹扩展方向，裂纹张开由变形控制，而在裂尖附近由应力强度场控制，在到达裂尖位置时裂纹张开距离和桥接应力均减小到零。以上讨论中，未考虑分层的影响。当界面出现分层时，纤维拉长的区域会增加，纤维桥接应力将减小。

玻璃纤维增强铝合金层板铝层的疲劳裂纹扩展速率可由应力强度因子来描述，通过控制铝层裂纹尖端应力强度因子来控制其裂纹扩展速率。综合考虑相关的因素，玻璃纤维增强铝合金层板铝层内的裂纹尖端应力强度因子可以通过以下方式减小：

(1)增大纤维层的刚度。可以通过增大纤维层的弹性模量、增大纤维层的厚度或增加纤维层数来实现。这种情况下，当裂纹张开距离相同时，纤维层的桥接应力会增大。

(2)减小铝层的刚度。可以通过减小铝层的厚度来实现。

(3)增大分层抗力。这样分层区域会减小，从而使桥接应力增大，应力集中减小。

(4)增大胶层的剪切刚度。这样能抑制裂纹张开，减小裂纹尖端应力强度因子。

通常来说，对玻璃纤维增强铝合金层板铝层裂纹扩展的抑制是通过达到纤维和胶层的平衡来实现的。

5.3 纤维金属层板的疲劳裂纹扩展

本节对玻璃纤维增强铝合金层板的疲劳裂纹扩展行为进行研究。根据国内外已有成果和试验标准设计含初始缺口的玻璃纤维增强铝合金层板和铝合金板试验件，开展疲劳裂纹扩展对比研究，得到不同缺口玻璃纤维增强铝合金层板的疲劳裂纹扩展特性和等厚度的铝合金板的裂纹扩展行为，并进行对比分析。

5.3.1 试验件设计

参考ASTM E647[19]，HB/Z 112—1986《材料疲劳试验统计分析方法》，GB/T 6398—2000《金属材料疲劳裂纹扩展速率试验方法》，GB/T 15248 — 2008《金属材料轴向等幅低循环疲劳试验方法》等标准和国内外研究成果，在疲劳试验机MTS(±100 kN)上完成试验。

试验所用玻璃纤维增强铝合金层板是由2024 - T3和S2 - glass玻璃纤维交替铺层形成的，铺层形式为[Al/0/90/0/Al/0/90/0/Al]，0°方向与铝层轧制方向相同。其中单层铝厚度为0.254 mm，单层纤维厚度为0.15 mm，试验件总厚度为1.662 mm。铝合金板厚度为2 mm。两种材料试验件平面尺寸相同，长为700 mm(其中含两端各60 mm长的夹持部分，夹持部分总厚度为5.662 mm)，宽为140 mm，含中心裂纹。中心裂纹尺寸为$2a_s$=5 mm，10 mm和20 mm。试件平面尺寸如图5 - 10所示，铺层示意图如图5 - 11所示。

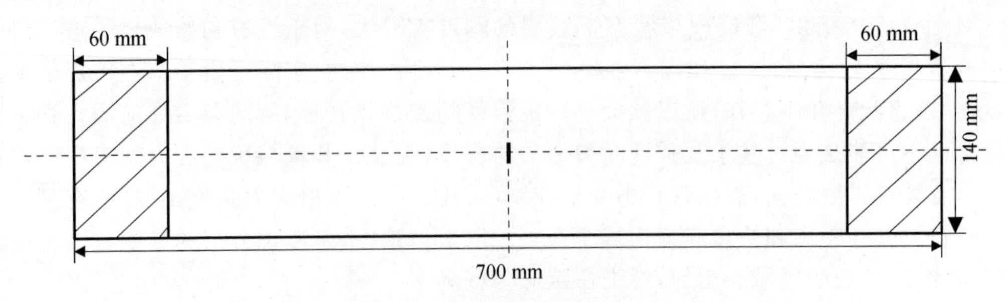

图 5-10　疲劳试验件及尺寸

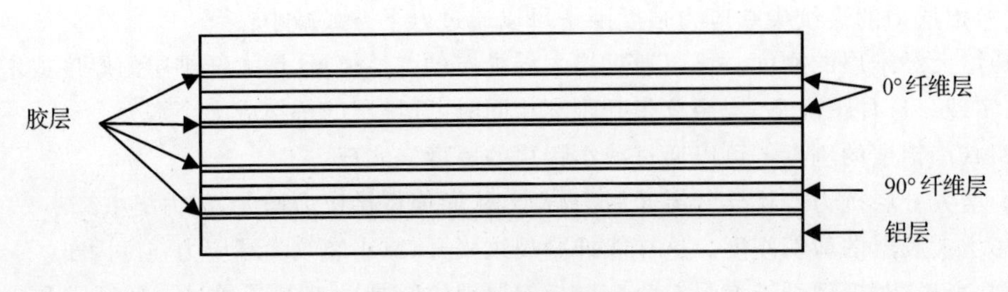

图 5-11　疲劳试验件铺层

5.3.2　失效模式

在等幅疲劳载荷作用下，含初始缺口铝合金板的裂纹很快进入扩展阶段，当加载达到2 000次循环的时候，裂纹就扩展了1 mm。随着循环数的增加，裂纹长度不断增大且扩展速率也增大，在裂纹达到一定长度后，进入快速扩展阶段，最终在试验件中间断裂。玻璃纤维增强铝合金层板的裂纹扩展和断裂过程与铝合金板有较大的差异。随着载荷循环数的增加，裂纹扩展开始较快，之后减小，最后几乎以常值扩展直至最终断裂，而没有快速扩展的阶段。玻璃纤维增强铝合金层板的扩展过程与桥接机制相互印证。在裂纹开始扩展之前，玻璃纤维增强铝合金层板纤维层的桥接作用没有完全发挥，载荷按刚度分配，因此试验中铝层缺口处应力集中很大，导致开始裂纹扩展很快。随着裂纹长度的增加，铝层的有效刚度减小而纤维层没有损伤，载荷由铝层传递到纤维层，而在交界面处产生分层，纤维桥接作用逐渐显现。直到某一循环，裂纹扩展和分层扩展与纤维的桥接应力达到平衡，铝层内裂尖的应力强度因子保持稳定，因此裂纹扩展速率也近似为常数。图 5-12 所示为裂纹扩展中的分层现象。从图中可以看出，分层在垂直于分层长度方向的区域与裂纹长度区域是一致的，且分层形状类似于三角形，分层随着裂纹长度的增加而扩展。同时，在裂纹扩展和分层的区域上可以看见纤维拉长，裂纹长度和分层长度达到一定值后，纤维有拉断的现象。

试验件断裂时层板上的损伤有裂纹扩展导致的铝层断裂、铝层和玻璃纤维层界面的分层和玻璃纤维的分层及断裂。图 5-13 所示为初始缺口长度分别为 5 mm，10 mm 和 20 mm 的试验件断裂图。初始缺口为 5 mm 的层板，由于裂纹扩展慢，应力在夹持端过于集中，故部分试件在夹持端断裂；初始缺口为 10 mm 和 20 mm 的层板，均在裂纹稳定扩展后于试验件中间断裂。

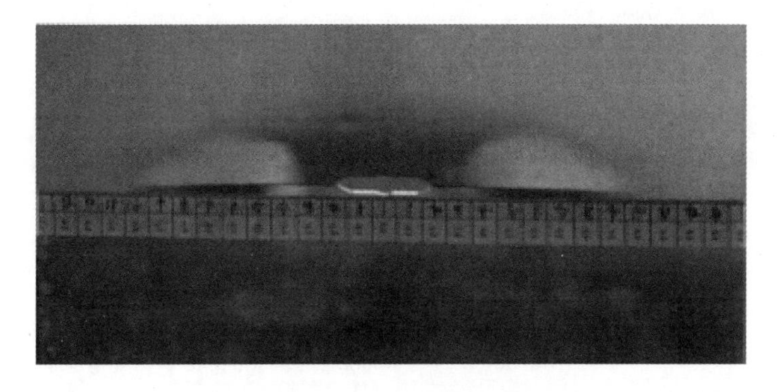

图 5－12　分层损伤图

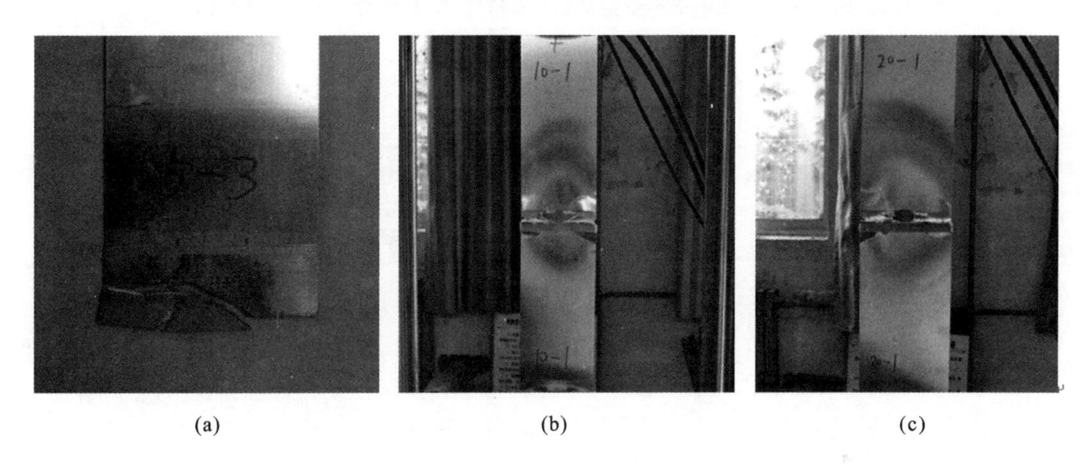

(a)　　(b)　　(c)

图 5－13　不同初始缺口长度的试验件断裂图

(a)初始缺口为 5 mm;(b) 初始缺口为 10 mm;(c)初始缺口为 20 mm

5.3.3　铝板和玻璃纤维增强铝合金层板的对比

图 5－14 和图 5－15 分别为初始缺口长度为 10 mm 时玻璃纤维增强铝合金层板疲劳载荷最大值为 160 MPa、2024－T3 铝板在疲劳载荷最大值为 120 MPa 的 $a-N$ 曲线和 $\mathrm{d}a/\mathrm{d}N-a$ 曲线。从图 5－14 可以看出，与玻璃纤维增强铝合金层板相比，2024－T3 铝合金板在试验开始后便开始扩展，很快进入快速扩展阶段而断裂；而玻璃纤维增强铝合金层板在经过一定的循环数之后裂纹才开始扩展，且一直处于稳定扩展的阶段，并没有出现快速扩展阶段。在其他条件相同，玻璃纤维增强铝合金层板的外加循环载荷最大值比铝合金板大 1/3 的情况下，其裂纹扩展寿命仍然远远大于铝合金板，比铝合金板裂纹扩展寿命大 17 倍左右。由图 5－15 可以看出，2024－T3 铝合金板的裂纹扩展速率明显高于玻璃纤维增强铝合金层板，且裂纹扩展速率呈明显上升趋势，而玻璃纤维增强铝合金层板的裂纹扩展速率几乎是常数。从寿命和裂纹扩展速率的对比结果可以看出玻璃纤维增强铝合金层板具有优越的疲劳性能。

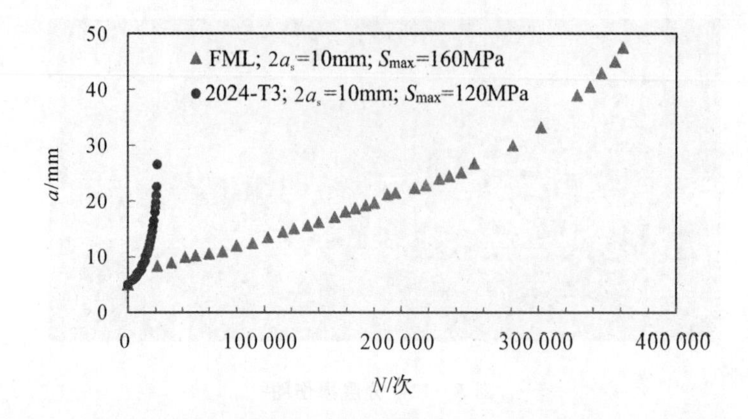

图 5-14　玻璃纤维增强铝合金层板和 2024-T3 铝合金板 $a-N$ 曲线图

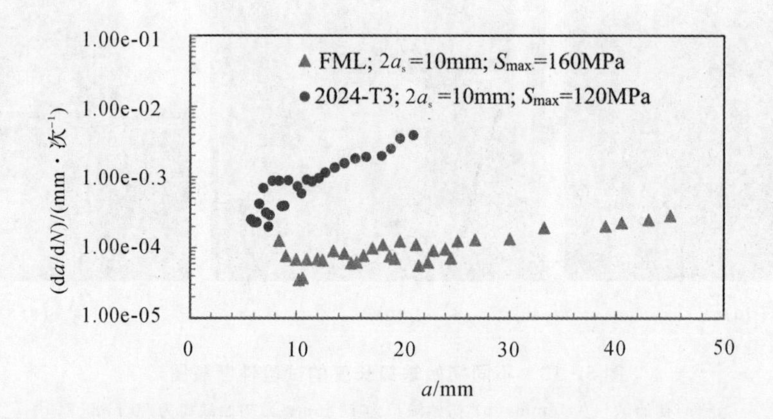

图 5-15　玻璃纤维增强铝合金层板和 2024-T3 铝板 $da/dN-a$ 曲线

5.3.4　不同初始裂纹长度的玻璃纤维增强铝合金层板疲劳裂纹扩展对比

图 5-16 和图 5-17 分别为初始缺口长度为 5 mm，10 mm 和 20 mm 的玻璃纤维增强铝合金层板在疲劳载荷最大值为 160 MPa，应力比 R 为 0.1，频率为 10 Hz 情况下的 $a-N$ 曲线和 $da/dN-a$ 曲线图。从图 5-16 可以看出，不同的初始缺口大小对层板的裂纹扩展速率和裂纹扩展寿命都有影响。缺口长度是 5mm 的裂纹扩展寿命最大，其次是 10 mm，20 mm 的裂纹扩展寿命最小。从图 5-17 可以看出，不同缺口试验件裂纹扩展趋势大致相同，开始时扩展速率下降，之后几乎保持常数值直至最终断裂。

初始时裂纹扩展速率的下降段可以这样解释：循环数较小时，纤维层的桥接作用尚未完全发挥出来，铝层裂纹扩展几乎按照金属裂纹扩展的规律进行的。在裂纹开始扩展后，纤维开始起作用，载荷在层板的各层间重新分配，转移了铝层内的载荷，使得裂尖处的应力水平降低，裂纹扩展速率减小。随着裂纹不断地扩展，载荷不断重新分配，铝层内的应力水平保持稳定，故裂纹扩展速率几乎不变，保持常数值。初始缺口长度为 20 mm 的裂纹扩展速率在最后有所增加，是因为其裂纹达到了相当长度后试验件临近断裂，此时纤维层也受到了严重的损伤，致使它的桥接作用也减弱很多。

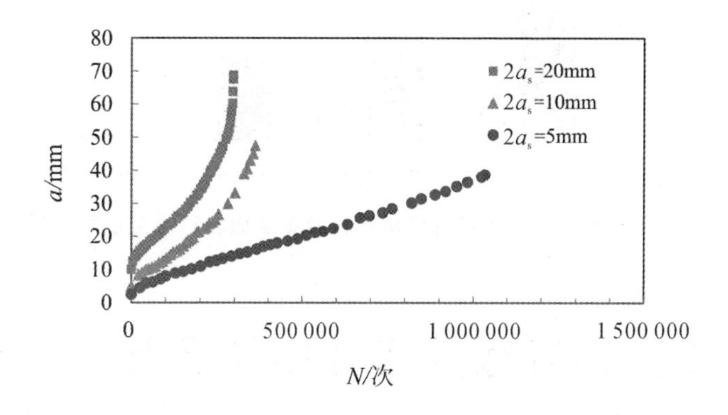

图 5-16　缺口长度为 5 mm，10 mm 和 20 mm 玻璃纤维增强铝合金层板 $a-N$ 曲线

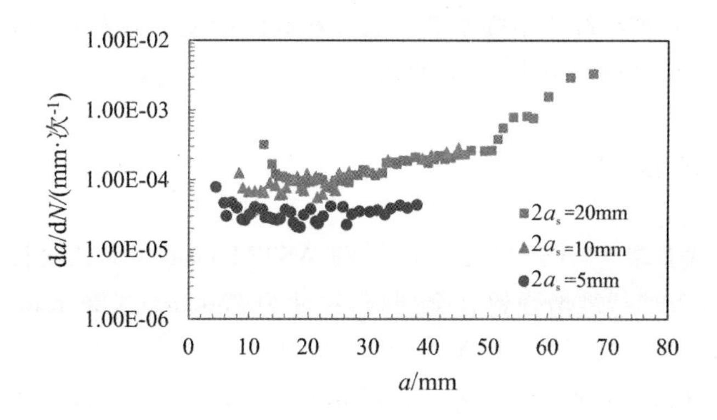

图 5-17　缺口长度为 5 mm，10 mm 和 20 mm 玻璃纤维增强铝合金层板 $da/dN-a$ 曲线

5.3.5　不同材料和初始缺口长度疲劳扩展寿命对比

图 5-18 所示为不同初始缺口玻璃纤维增强铝合金层板和铝合金板的裂纹扩展寿命对比。即使铝合金所受载荷较玻璃纤维增强铝合金层板更小，但其寿命仍然比玻璃纤维增强铝合金层板低很多。相同缺口的玻璃纤维增强铝合金层板的疲劳寿命甚至是 2024-T3 铝合金板的 17 倍有余，即使初始缺口长度为 20 mm 纤维增强铝合金层板的裂纹扩展寿命也比初始缺口长度为 10 mm 铝合金板的高很多。缺口的大小对玻璃纤维增强铝合金裂纹扩展寿命同样有影响，随着初始缺口尺寸增加，裂纹扩展寿命呈递减趋势。

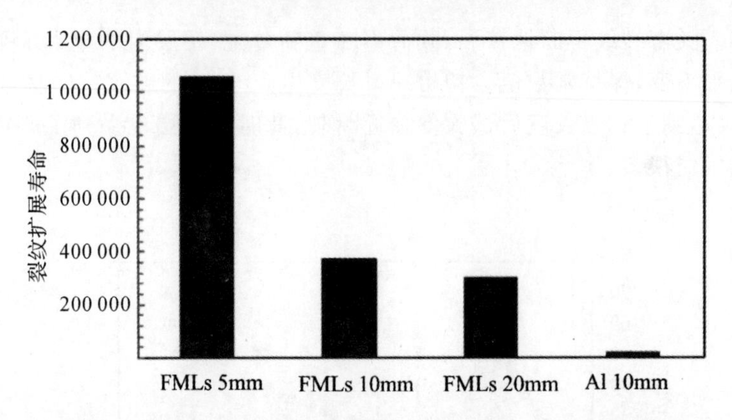

图 5-18　三种缺口的玻璃纤维增强铝合金层板和铝合金板寿命对比

5.4　纤维金属层板的疲劳损伤及其 $S-N$ 曲线

本节对玻璃纤维增强铝合金层板进行疲劳寿命研究。根据现有成果和试验标准，设计玻璃纤维增强铝合金层板和 CCF300/5228A 碳纤维复合材料层板的试验件，并进行等幅拉-拉疲劳寿命对比试验，得到玻璃纤维增强铝合金层板和碳纤维复合材料层板在不同应力水平下的疲劳寿命，并将散点拟合得到应力-寿命曲线。

5.4.1　试验件设计

等幅拉-拉疲劳试验参考 ASTM D3039[20] 和 ASTM D3479[21] 试验标准，在 INSTRAN 8872 试验机上进行。玻璃纤维增强铝合金层板，尺寸为 250 mm×25 mm×1.662 mm，夹持部分两侧各 75 mm，试验段长度为 100 mm。铺层情况为[Al/0/90/0/Al/0/90/0/Al]，试验件如图 5-19 所示。其中 a=1.662 mm，b=5.662 mm。CCF300/5228A 碳纤维复合材料层板，尺寸为 250 mm×25 mm×1.75 mm，铺层为$[+45/90/-45/0/+45/90/-45]_s$，试验件如图 5-19所示。其中 a=1.75 mm，b=5.75 mm。

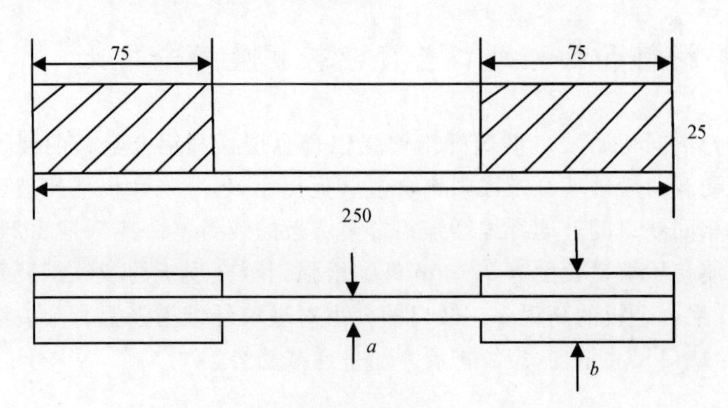

图 5-19　拉-拉疲劳试验件尺寸(单位:mm)

5.4.2　试验载荷

等幅拉-拉疲劳载荷沿铝层轧制方向(纤维层 0°方向)加载,由于玻璃纤维增强铝合金层板中的玻璃纤维散热不好,载荷过高时试验件有发热现象,故根据试验过程中的实际情况来调节试验的频率。施加在玻璃纤维增强铝合金层板和碳纤维复合材料层板上的疲劳载荷从最大值为 500 MPa 开始依次减小,直到某个载荷点时寿命超过 10^6 次后不再减小载荷。疲劳试验不同试验件的载荷情况如表 5-5 所示。

表 5-5　疲劳试验载荷

材料	S_{max}/MPa	应力比 R	试验件数	频率/Hz
玻璃纤维增强铝合金层板	500	0.1	5	12/5/1
	400	0.1	4	5
	300	0.1	4	15
	200	0.1	3	15
	180	0.1	2	15
	150	0.1	1	15
CCF300/5228A	500	0.1	2	1
	400	0.1	2	8/5
	350	0.1	3	10
	300	0.1	2	12
	200	0.1	1	18

注:对于试验中所用 CCF300/5228A 层板,拉伸极限强度在静拉伸试验机上测得为 546.17 MPa,玻璃纤维增强铝合金层板,拉伸极限强度为 908 MPa。

5.4.3　疲劳载荷下的分层现象

疲劳试验中,在等幅拉-拉载荷的作用下,在玻璃纤维增强铝合金层板外层铝表面发现肉眼可见的第一条裂纹,随着循环数的增加,表面铝层裂纹数量增加,如图 5-20 所示。随后,发现铝层表面在原有裂纹处出现突起。这是由于在拉伸疲劳载荷作用下,铝层与纤维层的应变不一致,且在循环载荷由最大值卸载至平均值时不同层的回弹量不同,引起了分层,如图 5-21 所示。分层形状与有初始缺口的试验件类似,起始于裂纹扩展的位置。随着损伤的累加,出现表面铝层脱落现象,发现仍然有纤维连接,试验件有继续承载的能力,在所有纤维都断裂后最终断裂。在表面铝层出现第一条裂纹到试验件的最终断裂之间还有很长的寿命,说明纤维层对玻璃纤维增强铝合金层板的疲劳寿命起着至关重要的作用。对于碳纤维复合材料,由于损伤不易检测,故在达到一定的循环数之后直接断裂。而且由于试验中选用的复合材料铺层中 0°铺层较少,故断口比较齐整。

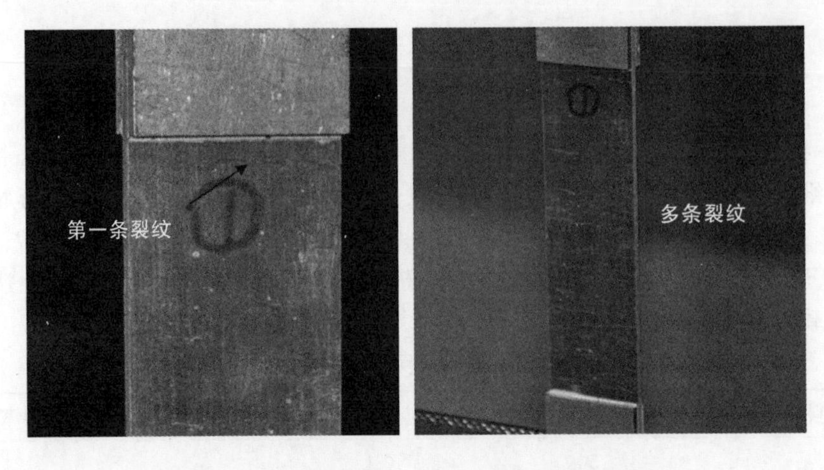

图 5-20 表面铝层第一条裂纹与多条裂纹示意图

图 5-21 分层与损伤示意图

5.4.4 试验结果

在拉-拉疲劳载荷作用下，玻璃纤维增强铝合金层板与 CCF300/5228A 碳纤维复合材料板的寿命如表 5-6 所示。从表 5-6 可以看出，疲劳载荷最大值在 400 MPa 以上时，玻璃纤维增强铝合金层板的寿命高于碳纤维层板，疲劳载荷最大值在 300 MPa 以下时，碳纤维层板的寿命明显高于玻璃纤维增强铝合金层板。而且对玻璃纤维增强铝合金层板而言，寿命随载荷变化是平缓的。但是对碳纤维复合材料层板而言，循环载荷最大值在高于 400 MPa 时，寿命很短；循环载荷最大值低于 300 MPa 时，寿命与大载荷相比变长，且随着载荷的变小寿命显著增大。

表 5-6　疲劳寿命试验值

	S_{max}/MPa	断裂循环数/N	频率/Hz
玻璃纤维增强铝合金层板	500	5 278	12
	500	7 624	5
	500	7 004	1
	500	772(脱胶)	1
	500	8 409	1
	400	25 053	5
	400	26 826	5
	400	23 069	5
	400	22 681	5
	300	91 680	15
	300	96 747	15
	300	97 636	15
	300	119 708	15
	200	674 845	15
	200	601 724	15
	200	598 855	15
	180	1 079 483	15
	180	1 036 080	15
	150	3 041 585(未断)	15
CCF300/5228A	500	34	1
	500	14	1
	400	6 184	8
	400	26 574	8
	400	19 780	5
	350	79 893	10
	350	49 729	10
	300	393 546	12
	300	511 997	12
	200	5 897 879(未断)	18

玻璃纤维增强铝合金层板与碳纤维复合材料层板试验件断裂图分别如图 5-22 和图 5-23所示。从图 5-22 可以看出试验件的断裂情况。多数试件是在试验段由各层纤维断裂而引起试验件最终断裂。试验件断裂时破坏都很严重,铝层断裂脱掉,层板层间脱胶,纤维层完全断裂。少部分是在夹头处出现脱胶断裂,损伤主要在夹持端胶接的位置,看不见层板内部的损伤。断裂后的表面均有多条裂纹以及多处分层。从图 5-23 中可以看出,碳纤维层板断裂大多出现在试验段位置,也有夹头处脱胶引起断裂的情况。由于纤维 0°方向的铺层较少,断口较齐。

图 5-24 为玻璃纤维增强铝合金层板在不同载荷作用下首次出现裂纹的循环数和试验件最终断裂的循环数对比图。从图中可以看出,玻璃纤维增强铝合金层板的断裂循环数远远高于首次出现裂纹的循环数,这也说明了纤维在玻璃纤维增强铝合金层板的疲劳性能中起主导

作用，故其疲劳性能也比金属合金板要好。

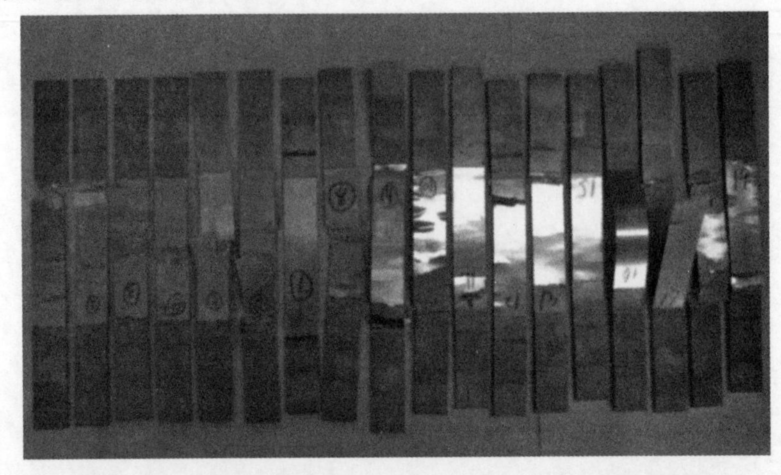

图 5－22　玻璃纤维增强铝合金层板等幅拉-拉疲劳试验件断裂图

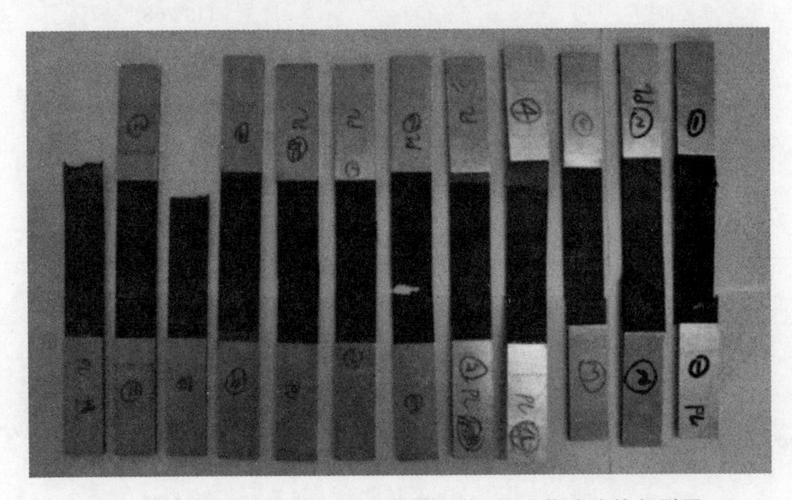

图 5－23　碳纤维复合材料层板等幅拉-拉疲劳试验件断裂图

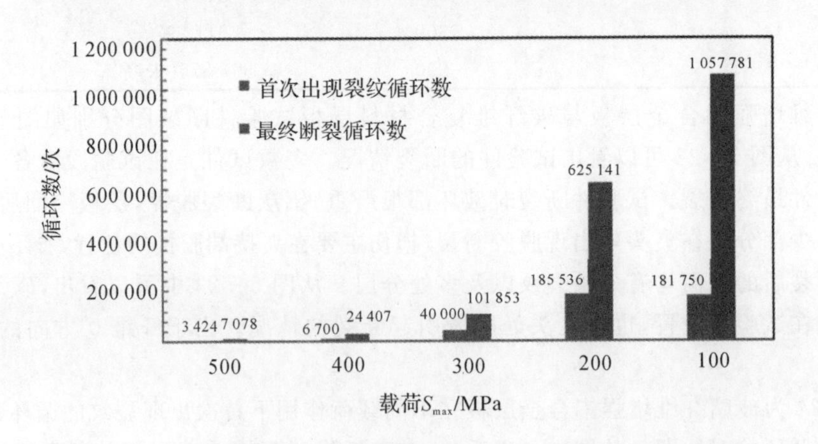

图 5－24　不同载荷下玻璃纤维增强铝合金层板断裂循环数比较图

图 5-25 为玻璃纤维增强铝合金层板与 CCF300/5228A 层板的 $S-N$ 曲线图。当疲劳载荷最大值小于 300 MPa 时，CCF300/5228A 的寿命明显大于玻璃纤维增强铝合金层板；而当疲劳载荷最大值大于 400 MPa 时，玻璃纤维增强铝合金层板的寿命要明显大于 CCF300/5228A 层板。玻璃纤维增强铝合金层板的 $S-N$ 曲线呈平缓趋势。而 CCF300/5228A 复合材料层板在 S_{max} 位于 300 MPa 以下和 400 MPa 以上时有明显的差距。当 S_{max} 大于 400 MPa 时，寿命很短，而当 S_{max} 小于 300 MPa 时，寿命很长，这说明其对高载荷敏感而对低载荷不敏感。

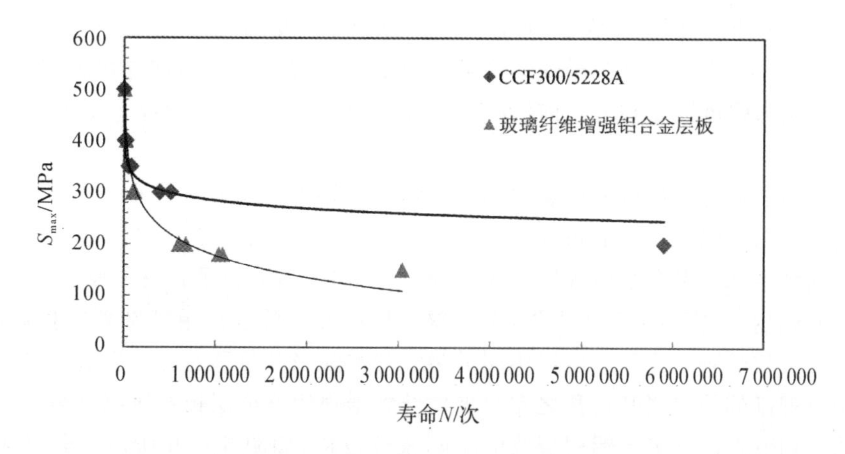

图 5-25　玻璃纤维增强铝合金层板与 CCF300/5228A 层板 $S-N$ 曲线

5.5　玻璃纤维增强铝合金层板的桥接应力、分层损伤和疲劳裂纹扩展分析方法

在纤维增强金属层板的裂纹扩展数值计算方面，不少学者进行了研究，目前最典型的算法可以归结为三种，即唯象法、解析法和有限元/边界元法。唯象法概括起来就是通过添加修正系数的方式来得到 Glare 层板的等效应力强度因子与铝的应力强度因子之间的关系，进而用金属结构的计算方法来对 Glare 层板进行近似计算。Toi[22]、Cox[23]、Takamatsu 等[24]用唯象法对 Glare 层板的裂纹扩展特性展开了研究，并提出了很多经验公式。此方法精度不高，对不同的铺层形式修正系数并不一致，且没有实际的物理意义，因此并不真正适用于 Glare 层板。解析法是以线弹性断裂力学为基础提出的。Wu 等[25]分析了分层形状对桥接应力分布的影响。Alderliesten[26]在 Wu 等[25]的基础上进一步改进了计算模型，并得到了桥接应力引起的应力强度因子算法，进而综合外加载荷作用得到 Glare 层板的铝层裂尖的应力强度因子。该方法具有较为合理的理论基础，且实现过程中考虑了可能存在的情况和影响因素，故是一种有参考价值的方法，但也存在缺陷，有待继续深入的研究和发展。对于有限元方法，Shim 等[27]、Ireneusz 等[28]和 Poyu 等[29]进行了研究。该方法可以方便、直观地建立层板的有限元模型，但有限元方法对求解疲劳问题也有限制，仍需更进一步完善。

本章对 Delft 大学 Alderliesten R. C. 提出的玻璃纤维增强铝合金层板分层扩展和裂纹扩展预测模型提出改进，推导出玻璃纤维增强铝合金层板铝层裂纹尖端应力强度因子和铝层纤维层之间分层前沿处应变能释放率的解析表达式，用 Paris 公式表达裂纹扩展速率和应力强度因子、分层扩展速率和应变能释放率之间的关系。用 Matlab 编程计算得到玻璃纤维增强铝合金层板在等幅疲劳载荷作用下的桥接应力分布、分层扩展形状、裂纹扩展速率。

5.5.1 Alderliesten R. C.模型概述

以桥接应力分布算法为基础的玻璃纤维增强铝合金层板分层扩展和裂纹扩展预测模型是由吴学仁等[25]提出的，由 Delft 大学 Alderliesten R. C.[26]发展而来的纤维桥接机制理论。这个模型的主要思路是由玻璃纤维增强铝合金层板铝层裂纹张开位移推导出桥接应力，然后得到裂纹尖端的应力强度因子和分层前沿的应变能释放率，进而得到裂纹扩展速率和分层扩展速率。

玻璃纤维增强铝合金层板铝层裂纹的实际张开位移可以从两个方面推导出，一是外载和桥接作用共同作用下铝层裂纹的张开位移，二是纤维层在分层区域的伸长量和胶层的剪切变形之和。玻璃纤维增强铝合金层板铝层受到外载作用时，铝层上面的裂纹张开一定的位移，位移越大代表外载越大，应力集中越强烈，裂纹越容易扩展。桥接作用抑制裂纹扩展，即桥接作用会抑制铝层裂纹的张开位移。所以铝层上裂纹的实际张开位移是外载引起的裂纹张开位移和桥接作用所抑制的裂纹张开位移之差。玻璃纤维增强铝合金层板纤维层在分层区域的伸长量和胶层的剪切变形之和等于铝层裂纹的实际张开位移，如图 5-26 所示。分层区域处纤维层上的载荷可分为原先自身分配的载荷和纤维层桥接作用传递过来的载荷两部分，在两者的共同作用下这部分纤维被拉长。胶层的剪切变形会增大纤维层的分层，相应的纤维桥接作用将减小。也就是说，当界面出现分层时，胶层的剪切变形会增加纤维层在分层区域的实际伸长量。

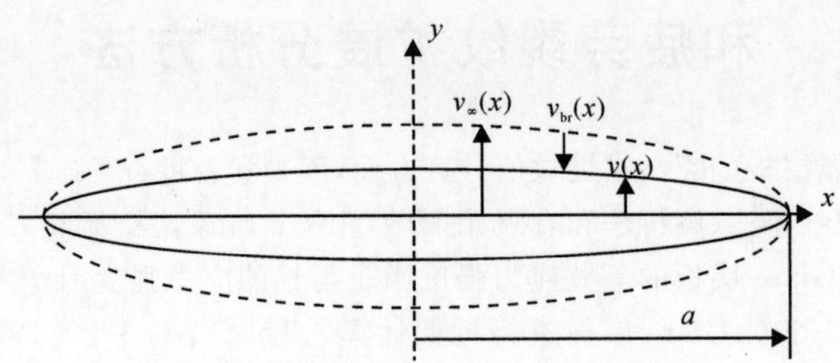

图 5-26 玻璃纤维增强铝合金层板铝层裂纹张开位移示意图

分析方法主要分为下面几步：

(1)确定初始分层形状和大小。首先确定分层的初始形状和大小，常见的初始形状有椭圆形、抛物线形、三角形和余弦形。

(2)推导桥接应力。根据铝层自身的裂纹张开位移和纤维层在分层区域的伸长量、胶层的剪切变形之和相等的关系，推导出桥接应力。

(3)计算裂纹扩展速率和分层扩展速率。由桥接应力算出铝层裂纹尖端应力强度因子和铝层纤维层之间分层前沿处应变能释放率，结合 Paris 公式求得裂纹扩展速率和分层扩展速率。

(4)疲劳裂纹扩展寿命计算。固定裂纹扩展步长(本节选 0.1 mm),计算出裂纹在这个长度里面扩展所需要的循环次数,由循环次数算出分层在这个步长里面扩展的长度。将新的裂纹长度和新的分层形状重新代入(2)(3)步,循环计算得到每个步长对应裂纹扩展速率和分层形状,累加可得疲劳裂纹扩展寿命。

5.5.2　桥接应力分布算法

1.集中力引起的裂纹张开位移

在平面应力条件下,无限大板中心裂纹,裂纹中心上、下表面在一对集中力 P 作用下的裂纹张开位移(见图 5-27)由下式给出:

$$v(x)=\frac{2P}{\pi E}\cosh-1\frac{a}{x} \tag{5-21}$$

其应力强度因子为

$$K_{\mathrm{I}}=\frac{P}{\sqrt{\pi a}} \tag{5-22}$$

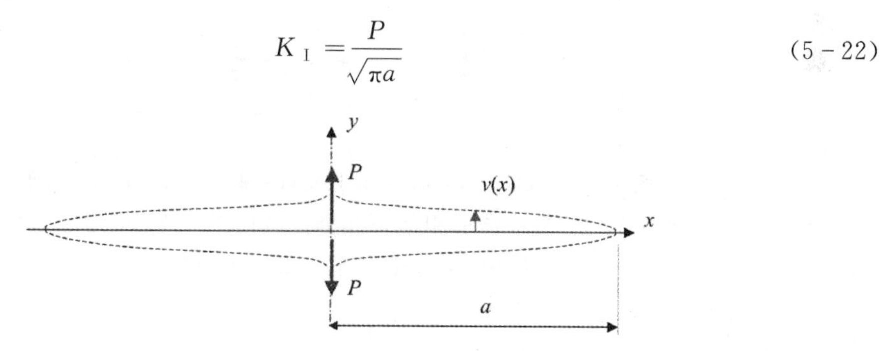

图 5-27　裂纹面受集中力引起的裂纹张开

在平面应力条件下,无限大板中心裂纹,裂纹上、下两侧距裂纹中心为 b 的位置上受一对集中力 P 作用的裂纹张开位移(见图 5-28)由下式给出:

$$v(x)=\frac{2P}{\pi E}\left[\tanh^{-1}\sqrt{\frac{a^2-x^2}{a^2+b^2}}+\frac{1}{2}(1+v)\frac{b^2}{x^2+b^2}\sqrt{\frac{a^2-x^2}{a^2+b^2}}\right] \tag{5-23}$$

其对应的应力强度因子为

$$K_{\mathrm{I}}=\frac{P}{\sqrt{\pi a}}\frac{a}{\sqrt{a^2+b^2}}\left[1+\frac{1}{2}(1+v)\frac{b^2}{a^2+b^2}\right] \tag{5-24}$$

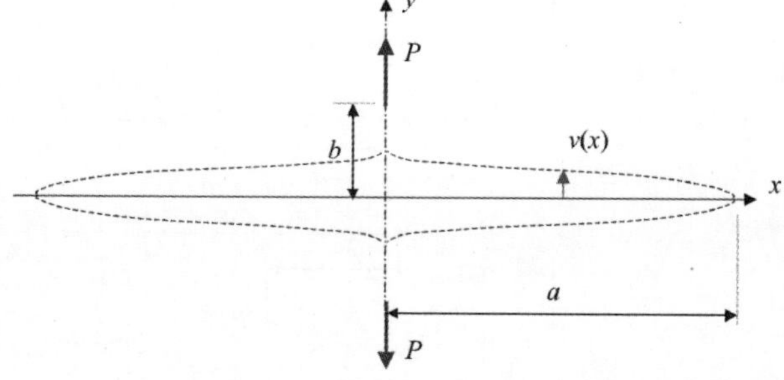

图 5-28　裂纹上、下两侧距裂纹中心为 b 处受一对集中力引起的裂纹张开

在平面应力条件下，无限大板中心裂纹，裂纹左、右两侧距裂纹中心距离为 x_{p} 的上、下表面处受对称集中力 P 作用的裂纹张开位移（见图 5－29）由下式给出

$$v(x)=\frac{4P}{\pi E}\tanh^{-1}\sqrt{\frac{a^{2}-x_{\mathrm{p}}^{2}}{a^{2}-x^{2}}},\ |x|<x_{\mathrm{p}} \tag{5-25}$$

$$v(x)=\frac{4P}{\pi E}\tanh^{-1}\sqrt{\frac{a^{2}-x^{2}}{a^{2}-x_{\mathrm{p}}^{2}}},\ |x|>x_{\mathrm{p}} \tag{5-26}$$

其对应的应力强度因子为

$$K_{\mathrm{I}}=\frac{P}{\sqrt{\pi a}}\frac{a}{\sqrt{a^{2}-x_{\mathrm{p}}^{2}}} \tag{5-27}$$

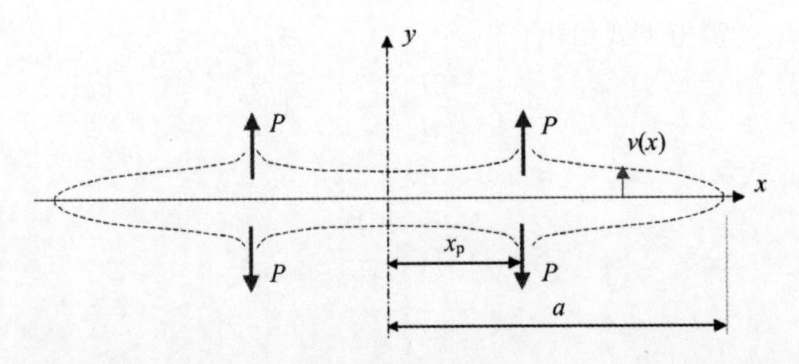

图 5－29　裂纹左、右两侧裂纹面受对称集中力引起的裂纹张开

将图 5－28 和图 5－29 两种情形相结合并推广到图 5－30 的加载形式，即裂纹上、下两侧和左、右两侧受对称集中力 P 作用，其裂纹张开位移由下列两式给出：

$$v(x)=\frac{4P}{\pi E}\left[\tanh-1\sqrt{\frac{a^{2}-x_{\mathrm{p}}^{2}}{a^{2}-x^{2}+b^{2}}}+\frac{1}{2}(1+v)\frac{b^{2}}{x_{\mathrm{p}}^{2}-x^{2}+b^{2}}\sqrt{\frac{a^{2}-x_{\mathrm{p}}^{2}}{a^{2}-x^{2}+b^{2}}}\right],\ |x|<x_{\mathrm{p}} \tag{5-28}$$

$$v(x)=\frac{4P}{\pi E}\left[\tanh-1\sqrt{\frac{a^{2}-x^{2}}{a^{2}-x_{\mathrm{p}}^{2}+b^{2}}}+\frac{1}{2}(1+v)\frac{b^{2}}{x^{2}-x_{\mathrm{p}}^{2}+b^{2}}\sqrt{\frac{a^{2}-x^{2}}{a^{2}-x_{\mathrm{p}}^{2}+b^{2}}}\right],\ |x|>x_{\mathrm{p}} \tag{5-29}$$

对应的应力强度因子为

$$K_{\mathrm{I}}=\frac{2P}{\sqrt{\pi a}}\frac{a}{\sqrt{a^{2}-x_{\mathrm{p}}^{2}+b^{2}}}\left[1+\frac{1}{2}(1+v)\frac{b^{2}}{a^{2}-x_{\mathrm{p}}^{2}+b^{2}}\right] \tag{5-30}$$

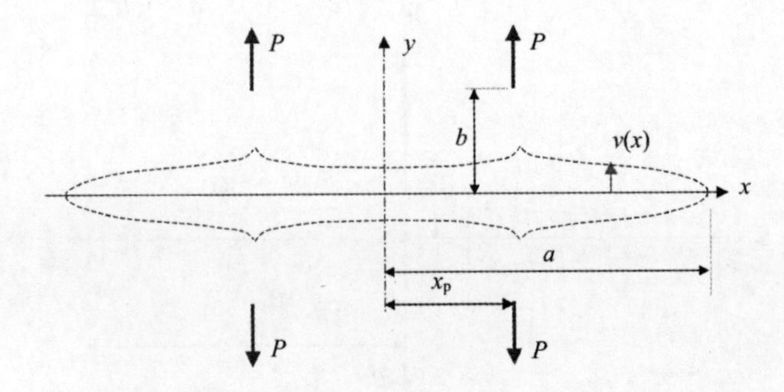

图 5－30　裂纹上、下和左、右受对称集中力引起的裂纹张开

2.外载和桥接应力引起的裂纹张开位移

在图 5-26 中，x 轴为裂纹长度方向，y 轴代表裂纹张开位移，裂纹长度为 a 。玻璃纤维增强铝合金层板中铝层的裂纹张开位移为

$$\nu(x)=\nu_{\infty}(x)-\nu_{\mathrm{br,al}}(x) \tag{5-31}$$

式中，$\nu_{\infty}(x)$ 为远端外载所引起的铝层裂纹张开位移；$\nu_{\mathrm{br,al}}(x)$ 为桥接应力所引起的铝层裂纹闭合位移。

根据线弹性断裂力学，式(5-31)中第一项为

$$\nu_{\infty}(x)=2\frac{S_{\mathrm{al}}}{E_{\mathrm{al}}}\sqrt{a^{2}-x^{2}} \tag{5-32}$$

式中，S_{al} 为铝层远端应力，可以使用经典层压板理论推导出来；E_{al} 为铝的杨氏模量。

$\nu_{\mathrm{br,al}}(x)$ 可以依据式(5-28)和式(5-29)进行计算。如图 5-31 所示，在坐标 x_i 处微元 $\mathrm{d}x_i$ 上分层应力 $S_{\mathrm{br,al}}(x_i)$ 的合力为 $S_{\mathrm{br,al}}(x_i)\,\mathrm{d}x_i$，用来代替两式中的集中力 P，则桥接载荷 $S_{\mathrm{br,al}}(x_i)\,\mathrm{d}x_i$ 引起的裂纹张开位移增量 $\mathrm{d}v(x,x_i)$ 为：

当 $|x|<x_i$ 时

$$\mathrm{d}\nu(x,x_i)=\frac{4S_{\mathrm{br,al}}(x_i)\,\mathrm{d}x_i}{\pi E}\left[\tanh^{-1}\sqrt{\frac{a^2-x_i^2}{a^2-x^2+b^2(x)}}+\frac{1+\nu}{2}\frac{b^2(x)}{x_i^2-x^2+b^2(x)}\sqrt{\frac{a^2-x_i^2}{a^2-x^2+b^2(x)}}\right] \tag{5-33}$$

当 $|x|>x_i$ 时

$$\mathrm{d}\nu(x,x_i)=\frac{4S_{\mathrm{br,al}}(x_i)\,\mathrm{d}x_i}{\pi E}\left[\tanh^{-1}\sqrt{\frac{a^2-x^2}{a^2-x_i^2+b^2(x)}}+\frac{1+\nu}{2}\frac{b^2(x)}{x^2-x_i^2+b^2(x)}\sqrt{\frac{a^2-x^2}{a^2-x_i^2+b^2(x)}}\right] \tag{5-34}$$

其中，$b(x)$ 为分层形状函数。

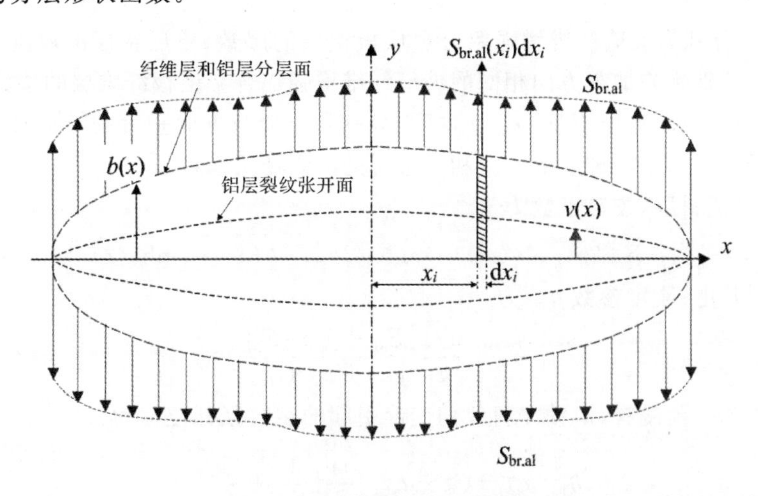

图 5-31　桥接应力示意图

通过对式(5-33)和式(5-34)积分可得桥接应力引起的铝层裂纹闭合位移为

$$\nu_{\mathrm{br,al}}(x)=\int_0^a \mathrm{d}\nu(x,x_i) \tag{5-35}$$

3.伸长量和变形引起的裂纹张开

$\delta_f(x)$ 为纤维层在分层区域的伸长量，它包括两个部分，一是纤维层远端所受实际外载引起的纤维伸长，二是纤维层中桥接应力引起的纤维伸长，即

$$\delta_f(x)=\varepsilon_f(x)b(x)=\frac{S_f+S_{br,f}(x)}{E_f}b(x) \tag{5-36}$$

其中，S_f 为纤维层远端所受实际外载；E_f 为纤维层平均杨氏模量。

预浸料剪切变形引起的裂纹张开位移 δ_{pp} 为

$$\delta_{pp}=\gamma t_f=\tau_f\frac{t_f}{G_f} \tag{5-37}$$

式中，γ 为剪切应变；τ_f 为分层尖端最大的剪切应力；G_f 为胶层剪切刚度；t_f 为胶层厚度。

单向预浸料层合板中铝合金和纤维层界面处分层尖端的最大剪切应力为

$$\tau_{al}=-S_{al}t_{al}\sqrt{\frac{G_f}{t_f}\left(\frac{1}{F_{al}}+\frac{1}{F_f}\right)} \tag{5-38}$$

对于交叉铺层预浸料层合板，其分层尖端的最大剪切应力为

$$\tau_{al}=-S_{al}t_{al}\sqrt{\left(\frac{G_{f1}}{t_{f1}}+\frac{G_{f2}}{t_{f2}}\right)\left(\frac{1}{2F_{al}}+\frac{1}{F_{f1}+F_{f2}}\right)} \tag{5-39}$$

式中，G_{f1}，G_{f2} 为纤维层纵向和横向的剪切模量。下标 al 和 f 分别代表铝合金和纤维，数字 1 和 2 为交叉铺层层合板中两层独立的纤维层。刚度 F 是通过杨氏模量乘以所有层的厚度获得的。因此铝合金层，纤维层 1 和纤维层 2 的刚度分别为：

$$F_{al}=n_{al}t_{al}E_{al} \tag{5-40}$$

$$F_{f1}=n_{f1}t_{f1}E_{f1} \tag{5-41}$$

$$F_{f2}=n_{f2}t_{f2}E_{f2} \tag{5-42}$$

式中，$n_{al}t_{al}$，E_{al} 分别为玻璃纤维增强铝合金层板铝层的层数、单层铝层的厚度和铝的杨氏模量；n_{f1}，t_{f1}，E_{f1} 分别是与加载方向相同的玻璃纤维增强铝合金层板纤维层的层数、单层纤维层的厚度和纤维层的纵向杨氏模量；n_{f2}，t_{f2}，E_{f2} 分别是与加载方向垂直的玻璃纤维增强铝合金层板纤维层的层数、单层纤维层的厚度和纤维层的横向杨氏模量。

对于单向预浸料层，校正系数为

$$C_b=1-\left[\cosh\sqrt{2a_{cp}}\cdot b(x)-\tanh\sqrt{2a_{cp}}\cdot b(x)\cdot\sinh\sqrt{2a_{cp}}\cdot b(x)\right] \tag{5-43}$$

式中，b 为分层长度；刚度参数 a_{cp} 为

$$a_{cp}=\frac{1/t_{f1}E_{f1}+1/t_{f2}E_{f2}}{t_{f1}/G_{f1}+t_{f2}/G_{f2}} \tag{5-44}$$

因此，对于单向预浸料，由预浸料剪切变形引起的裂纹张开位移为

$$\delta_{pp}(x)=C_bS_{al}t_{al}\sqrt{\frac{t_f}{G_f}\left(\frac{1}{F_{al}}+\frac{1}{F_f}\right)} \tag{5-45}$$

对于交叉铺层预浸料，其裂纹张开位移为

$$\delta_{pp}(x)=C_bS_{al}t_{al}\frac{t_{fi}}{G_{fi}}\sqrt{\left(\frac{G_{f1}}{t_{f1}}+\frac{G_{f2}}{t_{f2}}\right)\left(\frac{1}{2F_{al}}+\frac{1}{F_{f1}+F_{f2}}\right)} \tag{5-46}$$

式中，$i=1$ 时，与界面相邻的预浸料中纤维方向平行于加载方向；$i=2$ 时，与界面相邻的预浸料中纤维方向垂直于加载方向。

4.桥接应力

桥接作用的实质是纤维层和铝层所承受载荷的重新分配，铝层承受的载荷随着裂纹的扩展会转移到纤维层上去。结合桥接应力分布模型，能得到纤维层中的桥接应力和金属层中的桥接应力之间的关系：

$$\frac{S_{br,al}}{S_{br,f}}=\frac{n_{f1}t_{f1}+n_{f2}t_{f2}}{n_{al}t_{al}} \tag{5-47}$$

综上所述，桥接应力可以通过下式求得，即

$$v_{\infty}(x)-v_{br,al}(x)=\delta_{f}(x)+\delta_{pp}(x) \tag{5-48}$$

实际求解式(5-48)时需要对其进行离散化处理。对于含有中心预制缺口 $2a_s$ 的玻璃纤维增强铝合金层板，将扩展的裂纹 N 等份，即每一份长度 $w=\dfrac{a-a_s}{N}$ 。如图 5-32 所示，可以得到裂纹长度为 a 时 x_i 点处的裂纹的张开距离和纤维层的伸长量和胶层的剪切变形分别为

$$v_{\infty}(x_i)=2\frac{S_{al}}{E_{al}}\sqrt{a^2-x_i^2} \tag{5-49}$$

$$v_{br,al}(x_i)=\sum_{j=1}^{N}\Delta v(x_i,x_j) \tag{5-50}$$

$$\delta_{f}(x_i)=\varepsilon_{f}(x)b(x_i)=\frac{S_f+S_{br,f}(x_i)}{E_f}b(x_i) \tag{5-51}$$

$$\delta_{pp}(x_i)=C_bS_{al}t_{al}\frac{t_{fi}}{G_{fi}}\sqrt{\left(\frac{G_{f1}}{t_{f1}}+\frac{G_{f2}}{t_{f2}}\right)\left(\frac{1}{2F_{al}}+\frac{1}{F_{f1}+F_{f2}}\right)} \tag{5-52}$$

将式(5-49)～式(5-52)带入式(5-48)可得

$$v_{br,al}(x_i)+\frac{b(x_i)}{E_f}\delta_{ij}S_{br,f}=v_{\infty}(x_i)-\delta_{pp}(x_i)-\frac{S_f}{E_f}b(x_i) \tag{5-53}$$

记

$$H=\sum_{j=1}^{N}\frac{\Delta v(x_i,x_j)}{S_{br,f}(x_j)}+\frac{b(x_i)}{E_f}\delta_{ij} \tag{5-54}$$

$$Q=\sum_{j=1}^{N}\frac{\Delta v(x_i,x_j)}{S_{br,f}(x_j)}+\frac{b(x_i)}{E_f}\delta_{ij} \tag{5-55}$$

$$H\cdot S_{br,f}=Q \tag{5-56}$$

$$S_{br,f}=H^{-1}\cdot Q \tag{5-57}$$

至此，可以算出纤维层中的桥接应力。计算出纤维层中的桥接应力后，通过式(5-47)即可计算铝层中的桥接应力。

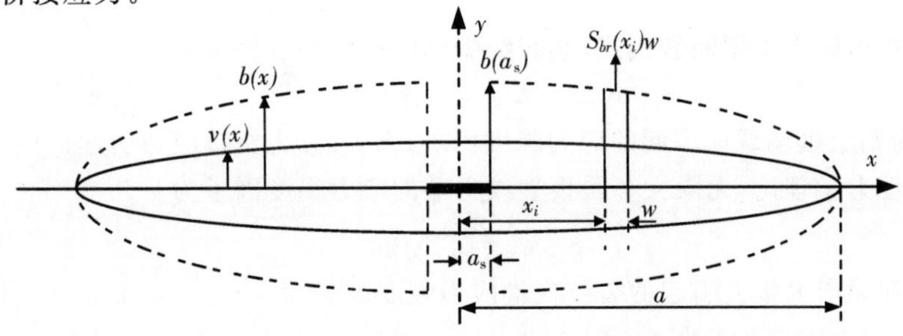

图 5-32　桥接应力离散化算法示意图

$b(x)$ 为分层形状函数,开始计算时需要首先确定初始分层形状,常见的初始分层形状有椭圆形、抛物线形、三角形和余弦形:

椭圆形:

$$b(x)_{\text{ellipse}} = b(a_s)\sqrt{1-\left(\frac{x-a_s}{a-a_s}\right)^2} \tag{5-58}$$

抛物线形:

$$b(x)_{\text{parabola}} = b(a_s)\sqrt{1-\frac{x-a_s}{a-a_s}} \tag{5-59}$$

三角形:

$$b(x)_{\text{triangle}} = b(a_s)\left(1-\frac{x-a_s}{a-a_s}\right) \tag{5-60}$$

余弦形:

$$b(x)_{\text{cosine}} = b(a_s)\cos\left(\frac{\pi}{2}\frac{x-a_s}{a-a_s}\right) \tag{5-61}$$

其中,$b(a_s)$ 为预制缺口尖端处的分层长度,它控制着初始分层的大小。

5.5.3 分层扩展速率算法

玻璃纤维增强铝合金层板的分层扩展属于Ⅱ型断裂模式,一般可采用应变能释放率表示的 Paris 公式来计算分层扩展速率:

$$\frac{\mathrm{d}b}{\mathrm{d}N} = C_d\left(\sqrt{G_{d,\max}}-\sqrt{G_{d,\min}}\right)^{n_d} \tag{5-62}$$

其中

$$G_{d,\max} = \frac{n_f t_f}{2jE_f}\left(\frac{n_{al}t_{al}E_{al}}{n_{al}t_{al}E_{al}+n_f t_f E_f}\right)\left[S_f + S_{br,\max}(x)\right]^2 \tag{5-63}$$

$$G_{d,\min} = \frac{n_f t_f}{2jE_f}\left(\frac{n_{al}t_{al}E_{al}}{n_{al}t_{al}E_{al}+n_f t_f E_f}\right)\left[RS_f + S_{br,\min}(x)\right]^2 \tag{5-64}$$

式中,C_d 和 n_d 是材料分层常数;R 为应力比;$S_{br,\max}$ 和 $S_{br,\min}$ 分别对应疲劳载荷最大值和最小值时纤维层的桥接应力。对于玻璃纤维增强铝合金层板有 $C_d=0.05$,$n_d=7.5$[26]。

5.5.4 裂纹扩展速率算法

铝层裂纹扩张属于Ⅰ型断裂模式,其裂纹尖端的应力强度因子为

$$K_{\text{tip}} = K_{\text{farfield}} - K_{\text{bridging}} \tag{5-65}$$

式中,K_{farfield} 为铝层远端载荷引起的应力强度因子;K_{bridging} 为桥接应力引起的应力强度因子。

根据线弹性力学理论,无限大金属板裂纹尖端的应力强度因子为

$$K_{\text{farfield}} = S_{al}\sqrt{\pi a} \tag{5-66}$$

桥接应力在无限大板上引起的裂纹尖端应力强度因子为

$$K_{\text{bridging}} = 2\sum_{i=1}^{N}\frac{S_{br,al}(x_i)w}{\sqrt{\pi a}}\frac{a}{a^2-x_i^2+b_i^2}\left[1+\frac{1}{2}(1+v)\frac{b_i^2}{a^2-x_i^2+b_i^2}\right] \tag{5-67}$$

实际上玻璃纤维增强铝合金层板并不是无限大板，裂纹尖端的应力强度因子需要做出一定的修正：

$$K_{\text{tip}} = \left(\sec \frac{\pi a}{W}\right) \frac{1}{2} (K_{\text{farfield}} - K_{\text{bridging}}) \tag{5-68}$$

把应力比 R 对应力强度因子的影响考虑进去，得到铝层裂纹尖端的有效应力强度因子幅为

$$\Delta K_{\text{eff}} = (0.55 + 0.33R + 0.12R^2)(1 - R)K_{\text{tip}} \tag{5-69}$$

综上所述，铝层裂纹扩展速率可以表示为

$$\frac{\mathrm{d}a}{\mathrm{d}N} = C_{\text{cg}} \Delta K_{\text{eff}}^{n_{\text{cg}}} \tag{5-70}$$

式中，C_{cg} 和 n_{cg} 是铝合金材料常数，对于 2024 - T3 铝合金，有 $C_{\text{cg}} = 2.17 \times 10^{-12}$，$n_{\text{cg}} = 2.94$[26]。

5.5.5　疲劳扩展寿命算法

由玻璃纤维增强铝合金层板裂纹扩展速率计算公式(5 - 70)，积分可得其疲劳裂纹扩展寿命如下：

$$N = \int_{a_s}^{a} \frac{1}{C_{\text{cg}} \cdot \Delta K_{\text{eff}}^{n_{\text{cg}}}} \mathrm{d}a \tag{5-71}$$

5.5.6　数值计算过程

5.5.2 节中给出了玻璃纤维增强铝合金层板铝层裂纹扩展到某一给定长度 a 时裂纹扩展速率和分层扩展速率预测模型的解析算法。本节将介绍其疲劳裂纹扩展寿命的数值计算方法。疲劳扩展寿命计算方法用 Matlab 编写程序，程序中有以下两方面需要注意：

(1)计算矩阵随着裂纹的扩展而变大。在循环数值计算中，需要人为将某一段扩展裂纹设为初始裂纹(初始裂纹不宜过大)，固定裂纹扩展步长(本节选 0.1 mm)，初始的矩阵大小等于初始裂纹长度除以固定步长。每计算一个裂纹长度下的裂纹扩展速率和分层扩展速率后，裂纹长度会向前扩展一个步长，计算矩阵也会随之增大。

(2)分层尖端形状修正。从初始分层形状开始计算，分层随着裂纹扩展而扩展。然而分层扩展方向是垂直于裂纹扩展方向的，如图 5 - 33 所示，每一次循环计算后，都需要对裂纹尖端附近的分层进行分层尖端形状修正，常见的修正形状有椭圆形、抛物线形、三角型和余弦型形。对于 $x = x_{N-3}, x_{N-2}, x_{N-1}, x_N, x_{N+1}$，修正表达式如下：

椭圆形：

$$b(x)_{\text{ellipse}} = b(N-4)\sqrt{1 - \left(\frac{x - x_{N-4}}{0.5}\right)^2} \tag{5-72}$$

抛物线形：

$$b(x)_{\text{parabola}} = b(N-4)\sqrt{1 - \frac{x - x_{N-4}}{0.5}} \tag{5-73}$$

三角形：

$$b(x)_{\text{triangle}} = b(N-4)\left(1 - \frac{x_{N-4}}{0.5}\right) \tag{5-74}$$

余弦形：

$$b(x)_{\text{cosine}} = b(N-4)\cos\left(\frac{\pi}{2}\frac{x_{N-4}}{0.5}\right) \tag{5-75}$$

式中，$b(N-4)$ 为分层在 x_{N-4} 处的分层长度。数值计算流程如图 5-34 所示。

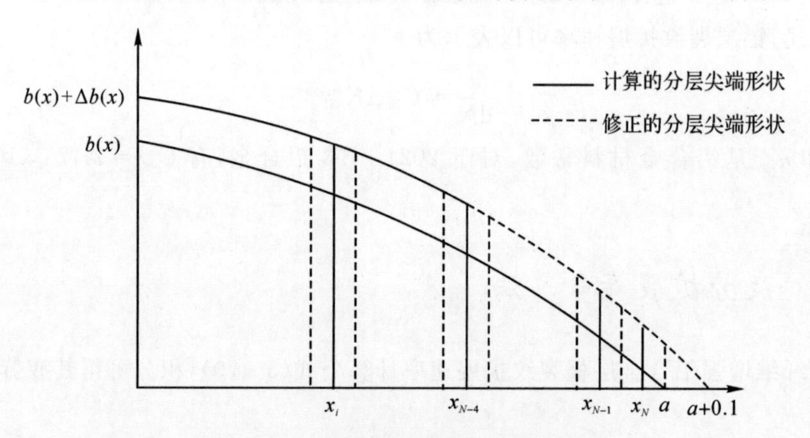

图 5-33　分层尖端形状修正图示意图

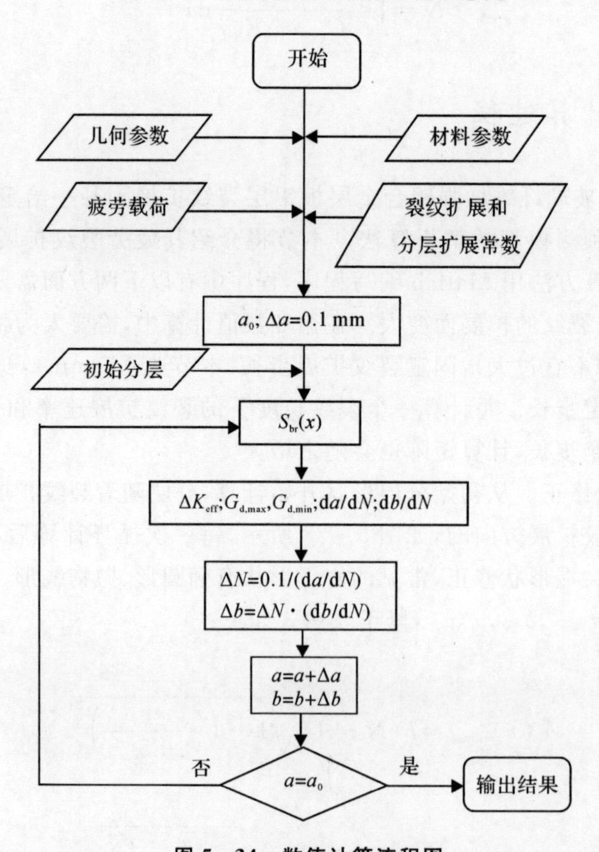

图 5-34　数值计算流程图

2024－T3 铝合金和玻璃纤维材料参数见表 5－7。

表 5－7　2024－T3 铝合金和玻璃纤维材料参数

	E_x	E_y	G_{xy}	G_{xz}	ν_{xy}	ν_{yx}
2024－T3	72 400 MPa	72 400 MPa	27 600 MPa	27 600 MPa	0.33	0.33
玻璃纤维	48 900 MPa	5 500 MPa	5 550 MPa	1 650 MPa	0.33	0.037 1

5.5.7　数值计算结果

1.桥接应力分布对比

桥接作用很大程度上影响着玻璃纤维增强铝合金层板的分层扩展和裂纹扩展。图 5－35 为四种分层尖端形状修正裂纹扩展到 45 mm 时铝层上的桥接应力分布对比图，从中可以看出，椭圆形和抛物线形分层尖端形状修正的桥接应力沿着裂纹平稳增长，到裂纹尖端处急剧减小，基本符合裂纹尖端处桥接应力为 0 的理论值。而三角形和余弦形分层尖端形状修正的桥接应力在裂纹尖端处上下波动很大，在实际求解时容易出现极值或者不收敛。因此，从桥接应力分布上看，椭圆形分层尖端形状修正是最为合理的。

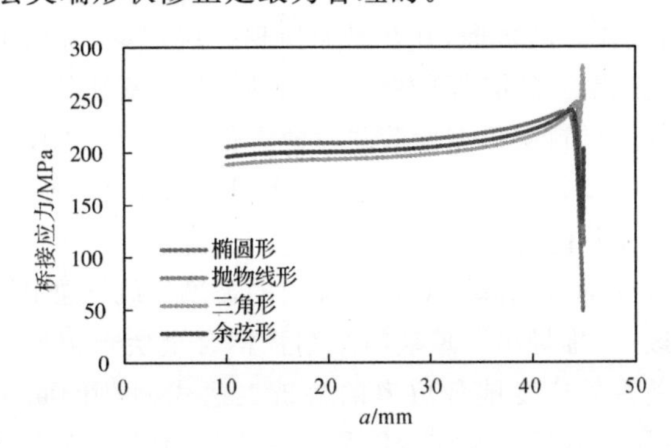

图 5－35　四种分层尖端形状修正桥接应力分布对比图

2.裂纹扩展速率对比

图 5－36 为试验件 FML20 裂纹扩展速率数值计算值和试验测量值的对比，可以看出，数值计算值和试验测量值符合较好。

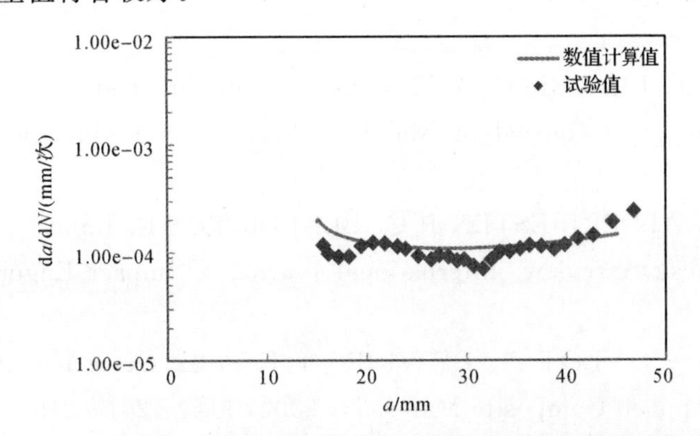

图 5－36　试验件 FML20－1 裂纹扩展速率数值计算值和试验值对比

5.6 本章小结

本章首先设计了含初始缺口的玻璃纤维增强铝合金层板和等厚度铝合金板试验件，完成了疲劳裂纹扩展对比试验。研究了玻璃纤维增强铝合金层板在疲劳载荷作用下的裂纹扩展机制，分析了其与铝合金板在不同疲劳裂纹扩展过程和规律，研究了缺口大小对玻璃纤维增强铝合金层板裂纹扩展速率的影响。结果表明，玻璃纤维增强铝合金层板与铝合金板不同，裂纹扩展速率开始较大，然后逐渐减小，直至趋于常数。在其他条件相同，玻璃纤维增强铝合金层板的循环载荷最大值比铝合金板大33%的情况下，其裂纹扩展寿命仍然大于铝合金板，为铝合金板的17倍左右。缺口对玻璃纤维增强铝合金层板有较大影响，缺口越大，裂纹扩展速率越大，疲劳裂纹扩展寿命越小。

接着本章研究了玻璃纤维增强铝合金层板和CCF300/5228A碳纤维复合材料层板疲劳寿命；分析了玻璃纤维增强铝合金层板在不同载荷水平下疲劳破坏规律和疲劳寿命规律，并将其与CCF300/5228A碳纤维复合材料层板进行了对比。结果表明，对于玻璃纤维增强铝合金层板，随着疲劳载荷循环数的增加，最先在铝层内出现裂纹，随后在表面铝层可见多条裂纹。随着循环载荷数的增加，裂纹不断扩展，并在界面出现分层现象，分层形状与有初始缺口的试验件相似。玻璃纤维增强铝合金层板的疲劳寿命随载荷变化平缓，近似成对数趋势；而CCF300/5228A碳纤维复合材料层板在疲劳载荷最大值低于300 MPa和高于400 MPa时寿命差别很大。当S_{max}大于400 MPa时，寿命很短，而当S_{max}小于300 MPa时，寿命很长，这一阶段的S－N曲线几乎为水平直线。

最后，本章对Delft大学Alderliesten R. C.提出的玻璃纤维增强铝合金层板分层扩展和裂纹扩展预测方法进行了改进，推导出了玻璃纤维增强铝合金层板铝层裂纹尖端应力强度因子和铝层纤维层之间分层前沿处应变能释放率的解析表达式，并用Paris公式表达了裂纹扩展速率和应力强度因子、分层扩展速率和应变能释放率之间的联系，研究了分层形状对桥接应力的影响，将数值计算结果和试验结果进行了对比分析，发现符合较好。

参考文献

[1] VOGELESANG L B，VLOT A. Development of fibre metal laminates for advanced aerospace structures. Journal of Materials Processing Technology，2000，103(1)：1－5.

[2] SADIGHI M，ALDERLIESTEN R C，BENEDICTUS R. Impact resistance of fiber－metal laminates：A review. International Journal of Impact Engineering，2012，49：77－90.

[3] GUNNINK J W，VLOT A，DE VRIES T J，et al. Glare technology development 1997－2000. Applied Composite Materials，2002，9(4)：201－219.

[4] VLOT A. Glare：history of the development of a new aircraft material. Dordrecht：

Kluwer Academic Publishers，2001.

[5] ROEBROEKS G H J J. Towards GLARE：the development of a fatigue insensitive and damage tolerant aircraft material. Netherlands：Delft University of Technology，1991.

[6] VLOT A，GUNNINK J. Fibre metal laminates：an introduction. Dordrecht：Kluwer Academic Publishers，2001.

[7] ALDERLIESTEN R C，HOMAN J J. Fatigue and damage tolerance issues of Glare in aircraft structures. International Journal of Fatigue，2006，28(10)：1116－1123.

[8] 王世明，吴中庆，张振军 等. 大飞机用 Glare 层板的性能综合评价研究. 材料导报，2010，24(17)：88－95.

[9] BEUMLER T，STARIKOV R，GENNAI A，et al. Controlling the damage with fiber metal laminate structures// First International Conference on Damage Tolerance of Aircraft Structures，September 2007. The Netherlands：Delft University of Technology，2007.

[10] VEROLME J L. The compressive properties of GLARE. Delft University of Technology，Faculty of Aerospace Engineering，Report LR－666，2021.

[11] VLOT A. Impact properties of fibre metal laminates. Composites Engineering，1993，3(10)：911－927.

[12] WU G，YANG J M，HAHN H T. The impact properties and damage tolerance and of bi－directionally reinforced fiber metal laminates. Journal of Materials Science，2007，42(3)：948－957.

[13] MARISSEN R. Fatigue crack growth in ARALL：a hybrid aluminium－aramid composite material. Netherlands：Delft University of Technology. 1988.

[14] 梁中全，薛元德，陈绍杰，等. GLARE 层板的力学性能及其在 A380 客机上的应用. 玻璃钢/复合材料，2005，(4)：49－50,38.

[15] HOMAN J J. Fatigue initiation in fibre metal laminates. International Journal of Fatigue，2006，28(4)：366－374.

[16] MORINIÈRE F D. Low－velocity impact on fibre－metal laminates. Netherlands：Delft University of Technology. 2014.

[17] CHAI G B，MANIKANDAN P. Low velocity impact response of fibre－metal laminates－a review. Composite Structures，2014，107(3)：363－381.

[18] GUO Y J，WU X R. Bridging stress distribution in center－cracked fiber reinforced metal laminates：modeling and experiment. Engineering Fracture Mechanics，1999，63(2)：147－163.

[19] ASTM. Standard test method for measurement of fatigue crack growth rates. ASTM E647－15e1，Philadelphia，2016.

[20] ASTM. Standard test method for tensile properties of polymer matrix composite materials. ASTM D3039/D3039M－17，Philadelphia，2017.

[21] ASTM. Standard test method for tension－tension fatigue of polymer matrix composite materials. ASTM D3479/D3479M－19，Philadelphia，2019.

[22] TOI R. An empirical crack growth model for fiber/metal laminates// Proceedings of the 18th symposium of the international Committee on Aeronautical Fatigue, June 18 - 20, 1997, Melbourne, 1995.

[23] COX B N. Life Prediction for Bridged Fatigue Cracks, Life Prediction Methodology for Titanium Matrix Composites. ASTM STP 1253, W. S. Johnson, J. M. Larsen, B. N. Cox, Eds. New York, ASTM, 1996, 552 - 572.

[24] TAKAMATSU T, SHIMOKAWA T, MATSUMURA T. Evaluation of fatigue crack growth behavior of GLARE3 fiber/metal laminates using compliance method. Engineering Fracture Mechanics 2003, 70: 2603 - 2616.

[25] GUO Y J, WU X R. Bridging stress distribution in center - cracked fiber reinforced metal laminates: modeling and experiment. Engineering Fracture Mechanics, 1999, 63: 147 - 163.

[26] ALDERLIESTEN R C. Fatigue crack propagation and delamination growth in Glare [D]. Netherlands: Delft University of Technology. 2005.

[27] SHIM D J, ALDERLIESTEN R C, Spearing S M. Fatigue crack growth prediction in GLARE hybrid laminates. Composite Science and Technology, 2003, 63: 1759 - 1767.

[28] LAPCZYK I, HURTADO J A. Progressive damage modeling in fiber - reinforced materials. Composites: Part A, 2007, 38: 2333 - 2341.

[29] CHANG P Y, YANG J M. Modeling of fatigue crack growth in notched fiber metal laminates. International Journal of Fatigue, 2008, 30: 2165 - 2174.

第6章　陶瓷基复合材料的力学性能

6.1　概　　述

陶瓷基复合材料是一种重要的高温结构材料，具有良好的耐高温、抗烧蚀、高断裂韧性和高比强度等优异特性，在航空航天领域获得了广泛的关注[1-2]。常见的陶瓷基复合材料包括C/SiC复合材料和SiC/SiC复合材料。

目前，陶瓷基复合材料的制备工艺可分为四类，分别是：浆体浸渗与热压法、先驱体浸渍裂解法、液体硅渗透法和化学气相渗透法。其中，化学气相渗透工艺（Chemical Vapor Infiltration，CVI）被认为是最基本的一种方法[3]。

连续纤维增强陶瓷基复合材料（FRCMCs）是在20世纪70年代由J. Aveston[4]提出的，与连续增强聚合物基复合材料（FRPMCs）和纤维增强金属基复合材料（FRMMCs）相比，连续纤维增强陶瓷基复合材料具有密度低、比强度高、比刚度高以及高温性能优秀等特点，其中，连续纤维增强碳化硅陶瓷基复合材料（FRCMC-SiC）是目前研究得最透彻、应用最好、性能最好的陶瓷基复合材料，已经成为航天航空领域高温部件不可替代的材料[5]。

经过数十年的研究，碳化硅陶瓷基复合材料（CMC-SiC）已经发展成为1 650℃以下长寿命（数百上千小时）、2 000℃以下有限寿命（数十分钟至数小时）和2 800℃以下有瞬时寿命（数十秒至数分钟）的热结构材料，如图6-1所示。

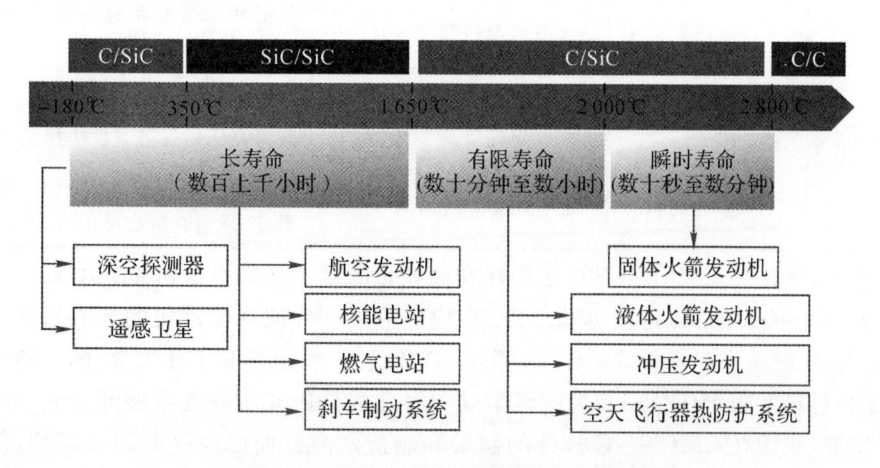

图6-1　CMC-SIC的应用领域与温度范围

1.航空发动机领域

航空发动机要求材料使用时间长、使用温度高，现阶段航空发动机使用的CMC-SiC以

SiC/SiC[6-9]为主(见表6-1)。20世纪80年代以来,美国突破了CMC-SiC材料的关键制造工艺,开发并逐渐完善了CMC-SiC数据库,开发了一些形状简单、次高温、工作应力低的零件设计、制造以及验证工作,为热端部件的研究应用打下了坚实的基础。

表6-1 CMC-SiC在航空发动机上的应用进展汇总[7]

发动机型号	材料体系	应用部件	应用效果
M88-2	C/SiC复合材料	外调节片	2002年开始批量生产,首次实现了CMCs在航空发动机上的应用
F119	SiC复合材料	矢量喷管内、外壁板	有效减重,解决了飞机重心后移问题
F414	SiC复合材料	燃烧室	提高工作温度,延长使用寿命,改善冷却效果
F100	SiC/SiC	密封片	减重60%。更好的抗热机械疲劳性能
F100-PW-229	SiC基密封片	密封片	通过600h以上地面试车试验,2005和2006年通过F-16和F-15E试飞试验
F110	SiC/SiC	调节片	累计工作时长500h,增加推力35%,测试后SiC/SiC材料无明显损伤
XTC76/3	SiC/SiC	燃烧室火焰筒	火焰筒壁可以承受1 589 K高温
XTC77/1	SiC复合材料	燃烧室火焰筒 高压涡轮静子叶片	改进了热力和应力分析,质量减轻,冷却空气量减少
XTC97	SiC复合材料	燃烧室	在目标油气比下获得了较小的分布因子
XTE76/1	SiC/SiC	低压涡轮静子叶片	提高了强度和耐久性,明显减少了冷却空气需要量
EJ200	SiC/SiC	燃烧室、火焰稳定器、尾喷管调节片	通过了军用验证发动机的审定,在高温高压燃气下未发生损伤
Trent800	SiC复合材料	扇形涡轮外环	可大幅度节省冷却气量、提高工作温度、降重并提高使用寿命

总体来看,国外关于CMC-SiC工程化和商业化的难点已基本得到解决,CMC-SiC的应用范围正在不断扩大,尤其是在热端部件,有望成为下一代航空发动机的核心材料。我国在CMC-SiC领域的研究起步较晚。于20世纪90年代开始,由西北工业大学、国防科学技术大学、中航复合材料有限责任公司和中国科学院上海硅酸盐研究所等先后展开研究,经过20多年的持续发展,我国在CMC-SiC构件的制备和制造水准方面已经跻身国际前列,部分领域达到甚至领先于国际水平。近年来,国内研制的CMC-SiC密封片/喷管调节片和内锥体均已进入小批量装机验证阶段,减重效果明显。对结构较复杂的燃烧室火焰筒和涡轮导向叶片等,都已展开研究。

2.航天领域

随着航天技术的不断发展,不仅要求材料密度低、强度高,更要求材料能耐高温(2 000℃以上)。因此在 CMC 的基础上采用 CVI、PIP、RMI 以及复合工艺,发展出了改性的超高温 CMC - SiC,满足超高温下的使用需求[11]。超高温 CMC - SiC 材料在航天的应用领域主要包括航天发动机热端部件和空天飞行器大面积防热系统的应用,应用主要集中于 C/SiC。

超高温 CMC - SiC 可用于冲压发动机的喷管喉衬、镶嵌面板和燃烧室等结构,可延长发动机工作寿命,确保航天飞行器航程,目前已进入应用阶段。德国 Astrium 公司于 20 世纪 90 年代展开相关研究,生产的 C/SiC 燃烧室和喷嘴已于 2000 年通过点火试验[12]。我国研制的冲压发动机 C/SiC 喷管已通过飞行考核,进入定型批量生产阶段,新型冲压发动机 C/SiC 燃烧室和火箭发动机 C/SiC 燃烧室,正处于试验考核阶段。

此外,航天飞行器热防护系统(TPS)[3]是 CMC - SiC 的另外一个重要应用领域。航天飞行器以其快速机动反应、高速巡航、低维护成本和可靠性高等特点成为了各军事强国 21 世纪竞相发展的重要战略武器装备。由于航天飞行器长时间在临近空间高速飞行和高速再入过程中,表面面临的恶劣高温热环境对飞行器的热防护结构和材料提出了严峻挑战[9]。

3.其他应用领域

陶瓷基复合材料的主要应用领域为航空、航天,但由于其优异性能,在其余领域也得到广泛的应用。现代交通工具向着高速、重载的方向发展,不断提高刹车装置以满足工作需要成为迫切的需求。例如汽车制动时刹车片温度可达 500～600℃,火车可达 700～800℃,飞机着陆时刹车盘温度可以达到 1 000℃以上[17]。相比于传统金属和半金属刹车材料,C/SiC 具有高强度、低密度、低成本、大制动比等优点。

近年来,在核能领域,CMC - SiC 的应用已有重大进展,如欧盟的 PPCS - D 和 TAORO、美国的 ARIES - I 和 ARIES - AT、日本的 DREAM 和 A - SSTR2 项目等[18]。我国核电对先进压水堆 SiC/SiC 复合材料包壳提出迫切需求,已在材料优化的基础上制备出了 1 m 长的薄壁管,已开展了材料性能考核方面的研究,但距离走向实用仍有很远的距离,还需要投入大量的基础研究和工程应用研究。

C/SiC 复合材料在空间探测领域还可应用于空间遥感器镜身、遮光罩、支架等部件。美国、德国、日本、俄罗斯等国家已相继开展了空间相机重要部件的研制,部分部件已经应用到卫星光学系统上[19-21]。德国 ECM 公司率先展开研究,制备了反射镜用 C/SiC,其商业产品名为 Cesic,之后该公司与日本三菱电器公司合作改进纤维预制体开发了名为 HB - Cesic 复合材料,这些材料已陆续应用于卫星计划中。

6.2　热物理性能

陶瓷基复合材料的热物理性能主要包括热膨胀性能和热传导性能。陶瓷基复合材料使用温度很高,在实际应用中,要求具有低的热膨胀系数以保证结构变形的一致性,同时,热传导系数在陶瓷基复合材料的优化设计和在非等温环境下的应用具有很重要的指导意义。因此,热传导系数和热膨胀系数是衡量高温复合材料性能的重要指标。

6.2.1 热膨胀性能和热传导性能试验

影响陶瓷基复合材料热膨胀性能的主要因素有界面相和高温前处理。在界面相对复合材料热膨胀性能的影响方面,不含 PyC 界面的 3D C/SiC 复合材料测试结果如图 6-2 所示。从图中可以看出,从室温到 1 200℃的过程中,复合材料的热膨胀系数随温度的升高而逐渐增大,且在 1 200℃达到最大值,随后则逐渐降低。对于含有 PyC 界面的 3D C/SiC 复合材料,其结果如图 6-3 所示,可以发现其变化趋势与不含 PyC 界面的情况类似,都是先增大随后减小,然而含有 PyC 界面层的复合材料峰值出现在 1 300℃左右,且其峰值相对前者更高。

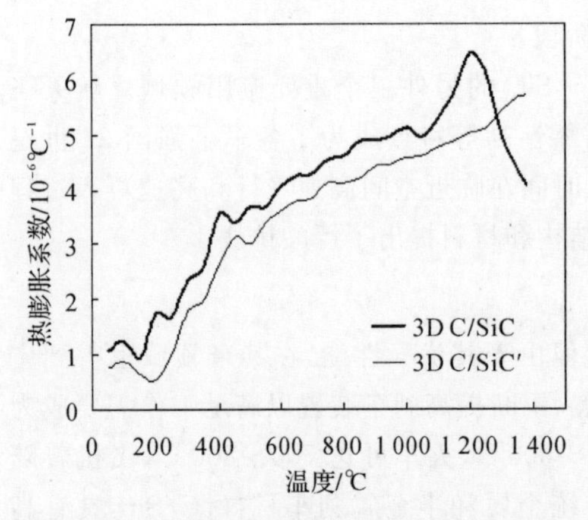

图 6-2 3D C/SiC 的热膨胀系数随温度的变化关系

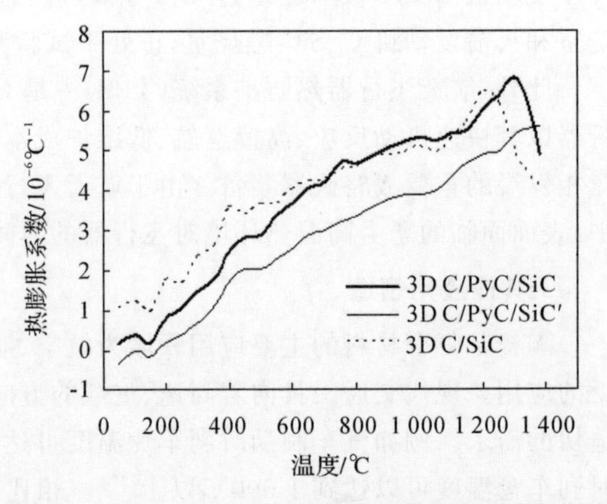

图 6-3 3D C/PyC/SiC 的热膨胀系数随温度的变化关系

此处以含 PyC 界面层的复合材料为例,高温前处理对复合材料热膨胀行为的影响如图 6-4所示。从图中可以看出,不论是否经过高温前处理,复合材料的热膨胀系数总是先随温度的升高而增大,达到最大之后再随之减小。对于经热处理的材料,其在 1 100℃左右达到峰值,而未经热处理的则在 1 300℃左右达到峰值,且整体来看,经过热处理的材料热膨胀系数小于未经热处理的材料。

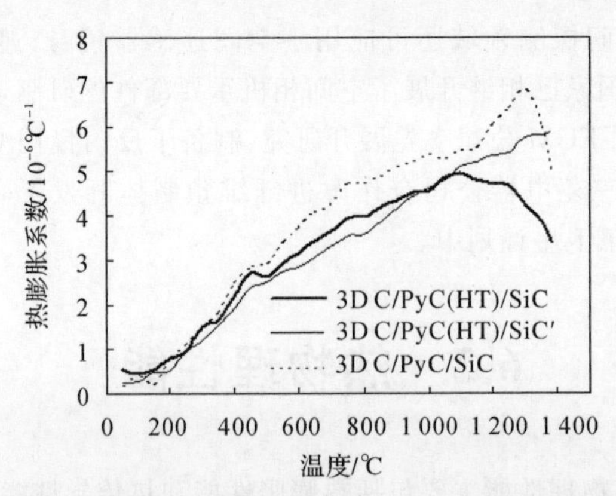

图 6-4 高温前处理对 3D C/PyC/SiC 热膨胀系数的影响

影响陶瓷基复合材料热扩散行为的主要因素有预制体结构、涂层、高温热处理、高温前处理、高温后处理以及界面厚度等。它们的具体影响如图 6-5 所示。

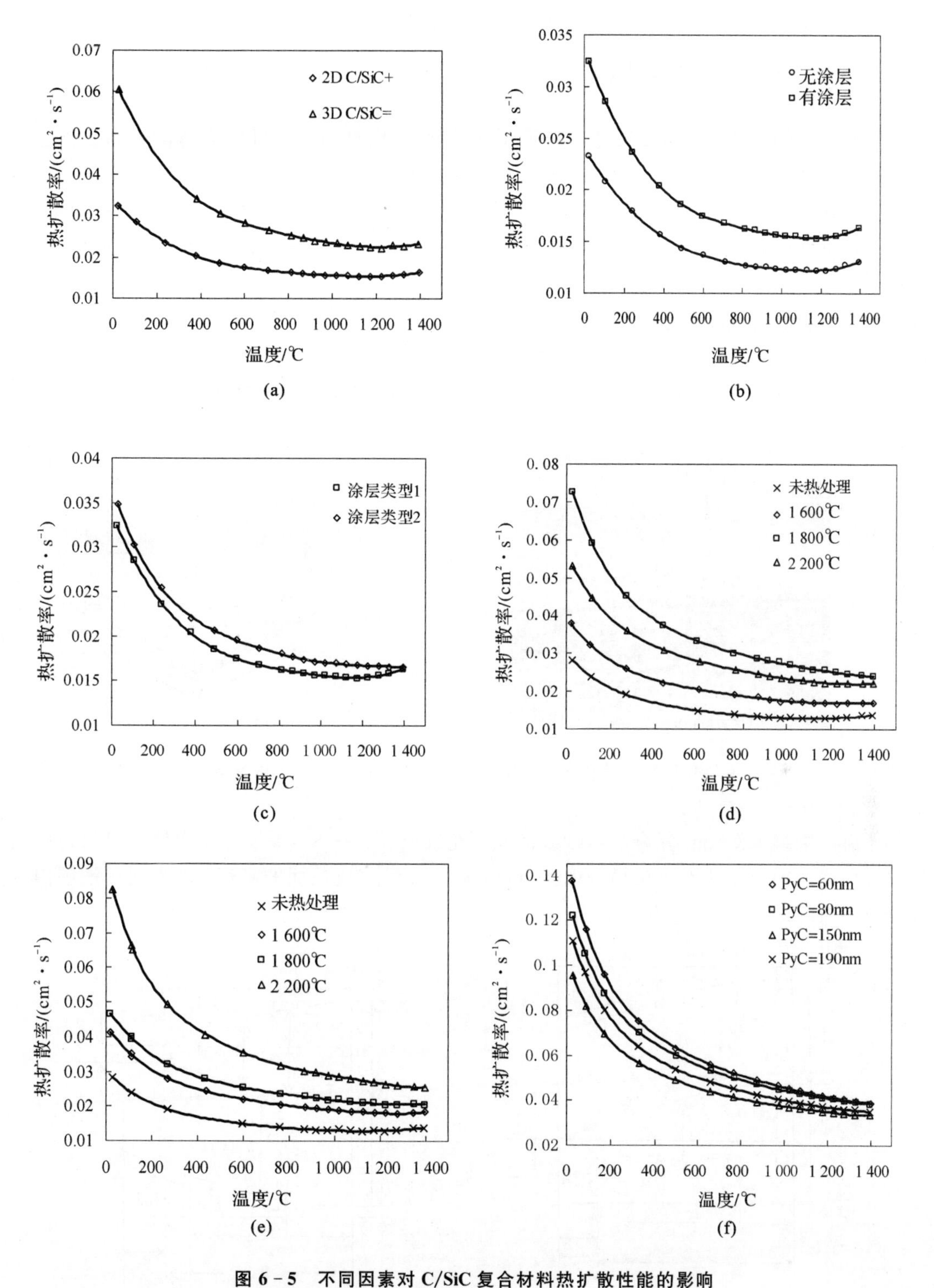

图 6-5　不同因素对 C/SiC 复合材料热扩散性能的影响

(a)预制体结构的影响；(b)涂层的影响；(c)高温热处理的影响；

(d)高温前处理的影响；(e)高温后处理的影响；(f)界面厚度的影响

6.2.2 热膨胀系数预测[74]

建立基于细观结构和制备工艺的单胞预测模型,该模型引入了纤维束弯曲和制备工艺引起的孔洞对热膨胀系数的影响。二维编织 C/SiC 横截面显微照片如图 6-6 所示。

考虑其结构特点,选取的1/4特征单元由纤维束(包含纤维和基体)、纯基体和孔洞组成,x 轴沿着织物纬向纤维束,y 轴沿经向纤维束,z 轴垂直于织物平面。单胞模型如图 6-7 所示。

整个单胞的纤维体积分数 V_f 为

$$V_f = V_{ff}(1 - V_m - V_{void}) \tag{6-1}$$

式中,V_{ff} 为纤维束体积分数;V_m 为纯基体体积分数;V_{void} 为孔洞体积分数。

图 6-6 二维编织 C/SiC 复合材料横截面显微照片[69]

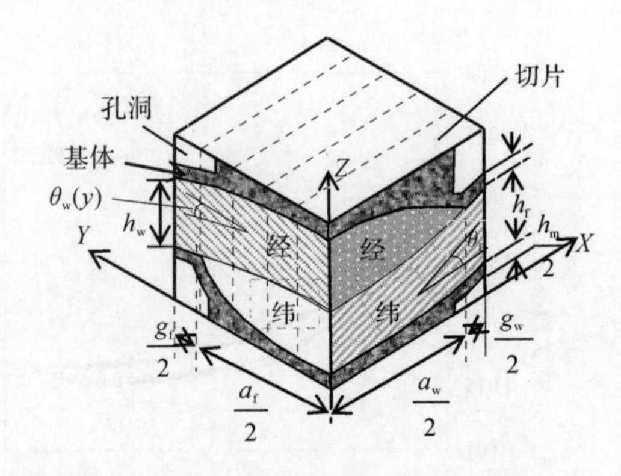

图 6-7 二维编织 C/SiC 单胞示意图[69]

考虑二维编织 C/SiC 复合材料纱线的几何轮廓(见图 6-8),纱线走向大体上可由正弦曲线进行描述。图中 a 为纤维束横截面的宽度,h 为纤维束横截面的高度,g 为同一铺层内两经向或纬向纤维束的距离,下标 w 和 f 分别表示经向和纬向纤维束。

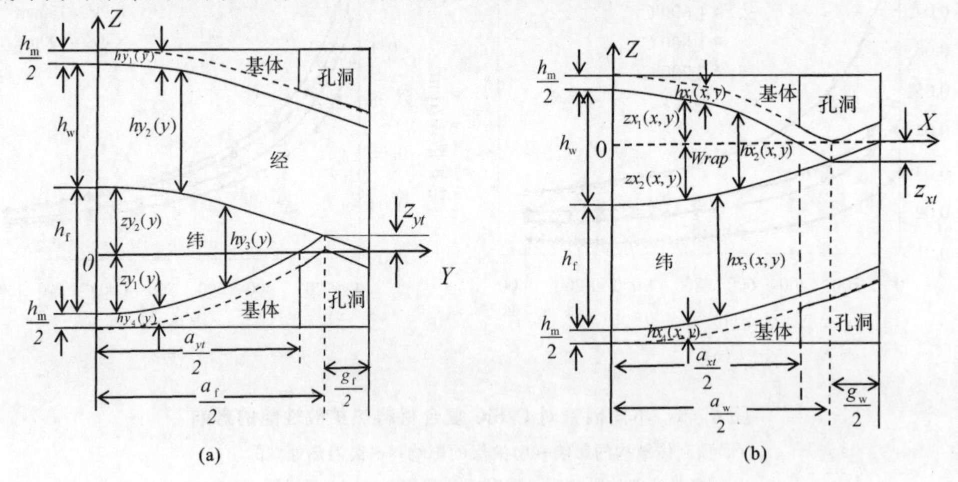

图 6-8 二维编织 C/SiC 的横截面[69]

(a)经向;(b)纬向

经向纤维束形状函数为[22]

$$zy_1(y) = -\frac{h_f}{2}\cos\frac{\pi y}{a_{yt}} \tag{6-2}$$

$$zy_2(y) = \frac{h_f}{2}\cos\frac{\pi y}{(a_f + g_f)} \tag{6-3}$$

$$hy_1(y) = \frac{h_m + h_f}{2} - zy_2(y), \quad hy_2(y) = h_w \tag{6-4}$$

$$hy_3(y) = zy_2(y) - zy_1(y), \quad hy_2(y) = h_w \tag{6-5}$$

$$hy_4(y) = \frac{h_m + h_f}{2} - zy_1(y) \tag{6-6}$$

$$hy_1(y) = \frac{h_m + h_f}{2} - zy_2(y), \quad hy_2(y) = h_w \tag{6-7}$$

$$hy_3(y) = zy_2(y) - zy_1(y), \quad hy_2(y) = h_w \tag{6-8}$$

$$hy_4(y) = \frac{h_m + h_f}{2} - zy_1(y) \tag{6-9}$$

$$a_{yt} = \frac{\pi a_f}{2[\pi - \cos - 1(\frac{2z_{yt}}{h_f})]} \tag{6-10}$$

$$z_{yt} = \frac{h_f}{2}\cos[\frac{\pi a_f}{2(a_f + g_f)}] \tag{6-11}$$

纬向纤维束形状函数为

$$zx_1(x,y) = \frac{h_w}{2}\cos\frac{\pi x}{a_{xt}} - hy_1(y) + \frac{h_m}{2} \tag{6-12}$$

$$zx_2(x,y) = -\frac{h_w}{2}\cos\frac{\pi x}{(a_w + g_w)} - hy_1(y) + \frac{h_m}{2} \tag{6-13}$$

$$a_{xt} = \frac{\pi a_w}{2\cos - 1(\frac{2z_{xt}}{h_w})}, \quad z_{xt} = -\frac{h_w}{2}\cos[\frac{\pi a_w}{2(a_w + g_w)}] \tag{6-14}$$

$$hx_1(x,y) = \frac{h_m}{2}, \quad hx_3(x,y) = hy_3(y) \tag{6-15}$$

$$hx_2(x,y) = zx_1(x,y) - zx_2(x,y) \tag{6-16}$$

$$hx_4(x,y) = \frac{h_m}{2} \tag{6-17}$$

纤维束偏轴角度分别为

$$\theta_w(y) = \tan^{-1}\frac{d}{dy}[zy_2(y)] \tag{6-18}$$

$$\theta_f(x) = \tan^{-1}\frac{d}{dx}[zx_2(x,y)] \tag{6-19}$$

根据 Hashin 的 CCA 模型[23-24]，得到直纱线的 5 个独立弹性常数。经过坐标变化，得到在 OXY 坐标系下的偏轴方向柔度为

$$S_{11}(\theta) = \frac{m^4}{E_L} + (\frac{1}{G_{LT}} - \frac{2\nu_{LT}}{E_L})m^2n^2 + \frac{n^4}{E_T} \tag{6-20}$$

$$S_{22}(\theta)=\frac{1}{E_{\mathrm{T}}(\theta)}=\frac{1}{E_{\mathrm{T}}} \tag{6-21}$$

$$S_{12}(\theta)=\frac{\nu_{\mathrm{TL}}(\theta)}{E_{\mathrm{T}}(\theta)}=\frac{\nu_{\mathrm{TL}}m^2}{E_{\mathrm{T}}}+\frac{\nu_{\mathrm{TT}}n^4}{E_{\mathrm{T}}} \tag{6-22}$$

$$S_{66}(\theta)=\frac{1}{G_{\mathrm{LT}}(\theta)}=\frac{m^2}{G_{\mathrm{LT}}}+\frac{n^2}{G_{\mathrm{TT}}} \tag{6-23}$$

$$m=\cos\theta,\quad n=\sin\theta \tag{6-24}$$

其中，E_{L} 为纤维方向的弹性模量；E_{T} 为垂直纤维方向的弹性模量；ν_{TT} 为直纤维方向面内的泊松比；ν_{LT} 为主泊松比；G_{LT} 为 LT 面内的剪切弹性模量；G_{TT} 为垂直纤维方向面内的剪切弹性模量。

加权后得到纤维束平均柔量为

$$\bar{S}_{ij}=\frac{1}{\theta}\int_0^{\theta}S_{ij}(\theta)\mathrm{d}\theta \tag{6-25}$$

总体坐标系下，纬向纤维束在 $X-Y$ 平面的等效工程弹性常数则为（L 为 X 方向，T 为 Y 方向）

$$\bar{E}_{\mathrm{fL}}=\frac{1}{\bar{S}_{11}},\quad \bar{E}_{\mathrm{fT}}=\frac{1}{\bar{S}_{12}},\quad \bar{\nu}_{\mathrm{fLT}}=\frac{\bar{S}_{12}}{\bar{S}_{22}},\quad \bar{G}_{\mathrm{fLT}}=\frac{1}{\bar{S}_{66}} \tag{6-26}$$

进一步得到 OXY 坐标系下纬向纤维束的等效刚度系数为

$$\bar{Q}_{11}=\frac{E_{\mathrm{fL}}}{(1-\bar{\nu}_{\mathrm{fTL}})\bar{\nu}_{\mathrm{fLT}}},\quad \bar{Q}_{12}=\frac{E_{\mathrm{fL}}\bar{\nu}_{\mathrm{fTL}}}{1-\bar{\nu}_{\mathrm{fTL}}\bar{\nu}_{\mathrm{fLT}}},\quad \bar{Q}_{22}=\frac{E_{\mathrm{fT}}}{1-\bar{\nu}_{\mathrm{fTL}}\bar{\nu}_{\mathrm{fLT}}},\quad \bar{Q}_{66}=G_{\mathrm{fLT}} \tag{6-27}$$

对经向纤维束和基体，按照类似的方法求出等效刚度系数。

然而，经向纤维束沿 X 轴厚度不均匀分布，因此，在计算中利用等效的方法，结合材料结构特点，通过在厚度 h_{w} 前乘以系数[22] $0.71a_{\mathrm{w}}/(a_{\mathrm{w}}+g_{\mathrm{w}})$，将单胞考虑成是一层一层薄片沿 Y 方向铺叠而成。每一薄层在厚度 Z 方向由 SiC 基体、经向纤维束、纬向纤维束、SiC 基体四层组成。因此根据经典层合板理论得到每一薄片的拉伸刚度为

$$A_{ij}^{sl}(y)=\frac{1}{H}\frac{2}{a_{\mathrm{w}}+g_{\mathrm{w}}}\int_0^{(a_{\mathrm{w}}+g_{\mathrm{w}})/2}\left[\sum_{k=1}^{4}hx_k(x,y)(\bar{Q}_{ij})_k\right]\mathrm{d}x \tag{6-28}$$

式中，$hx_k(x,y)$ 和 $(\bar{Q}_{ij})_k$ 为第 n 薄片内第 k 层的厚度和转换刚度。

基于等应变假设，组合后整个单胞平均面内拉伸刚度为

$$A_{ij}=\frac{2}{(a_{\mathrm{f}}+g_{\mathrm{f}})}\int_0^{(a_{\mathrm{f}}+g_{\mathrm{f}})/2}A_{ij}^{sl}(y)\mathrm{d}y \tag{6-29}$$

仅由温度变化 ΔT 引起的每一薄片的平均热应力为

$$N_{ij}^{sl}(y)=\frac{1}{H}\frac{2}{a_{\mathrm{w}}+g_{\mathrm{w}}}\int_0^{(a_{\mathrm{w}}+g_{\mathrm{w}})/2}\left[\sum_{k=1}^{4}hx_k(x,y)(\bar{Q}_{ij})_k(a_{ij})_k\Delta T\right]\mathrm{d}x \tag{6-30}$$

其中，a_{ij} 由 Schapery[25] 基于能量理论推导计算的一维纤维增韧单相基体复合材料的纵向和横向热膨胀系数的表达式求得。

组合后整个单胞平均面内热应力为

$$N_{ij}=\frac{2}{(a_{\mathrm{f}}+g_{\mathrm{f}})}\int_0^{(a_{\mathrm{f}}+g_{\mathrm{f}})/2}N_{ij}^{sl}(y)\mathrm{d}y \tag{6-31}$$

等应力假设条件下，平纹编织结构单胞的热膨胀系数为

$$\boldsymbol{a} = -\frac{1}{\Delta T}\mathbf{A} - 1\boldsymbol{N}^{\mathrm{T}} \tag{6-32}$$

6.2.3 热传导系数预测[74]

理想单胞模型如图6-9所示，同样考虑其结构特点，选取的1/4特征单元由纤维束（包含纤维和基体）、纯基体和孔洞组成，X轴沿着织物纬向纤维束，Y轴沿经向纤维束，Z轴垂直于织物平面。

同样，整个单胞的纤维体积分数V_{f}为

$$V_{\mathrm{f}} = V_{\mathrm{ff}}(1 - V_{\mathrm{m}} - V_{\mathrm{void}}) \tag{6-33}$$

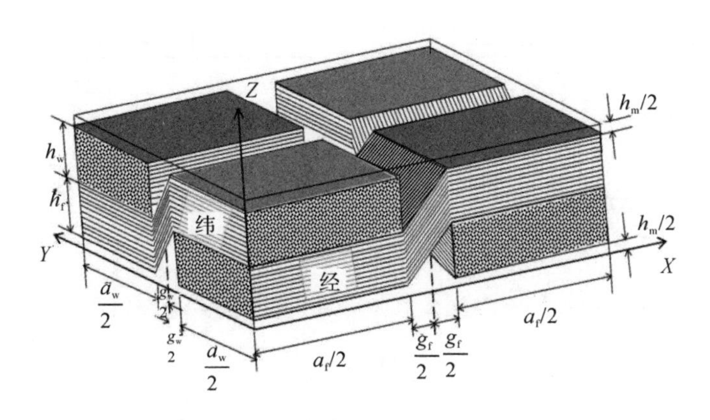

图6-9　二维编织C/SiC单胞示意图[70]

热量在物体内传递时，总是沿着热阻力最小的通道，或者说定向热量在流过某一通道时热阻力最小，此时通道内的总热阻为最小热阻，也称之为等效热阻。热流量Q流过热阻为R的通道时引起的温降称为热阻力，可通过下式求得，即

$$\Delta T_{\mathrm{r}} = RQ \tag{6-34}$$

考虑具有n个并联的不同热阻的通道的两个点，当所有通道的热流Q_i与热阻R_i的乘积相等时，热流总和最大，此时所有通道内的总热阻即等效热阻最小。

由傅里叶定律可知，均质材料的热阻R为

$$R = L/(A\lambda) \tag{6-35}$$

其中，L，R为热流通道的长度和面积；λ为通道材料的热导率。

引入等效热阻R_{e}和等效热导率λ_{e}后，得到复合材料的热阻为

$$R_{\mathrm{e}} = L/(A\lambda_{\mathrm{e}}) \tag{6-36}$$

在得到等效热阻后由式(6-36)可得到复合材料的等效热导率。热阻串并联计算原理与电阻一致。因此，图6-10的单胞横截面，可以根据其结构特性分成具有不同热导率的通道串并联，每一个通道的热阻R_i根据式(6-35)求得，在分析中忽略纤维和基体的接触热阻。

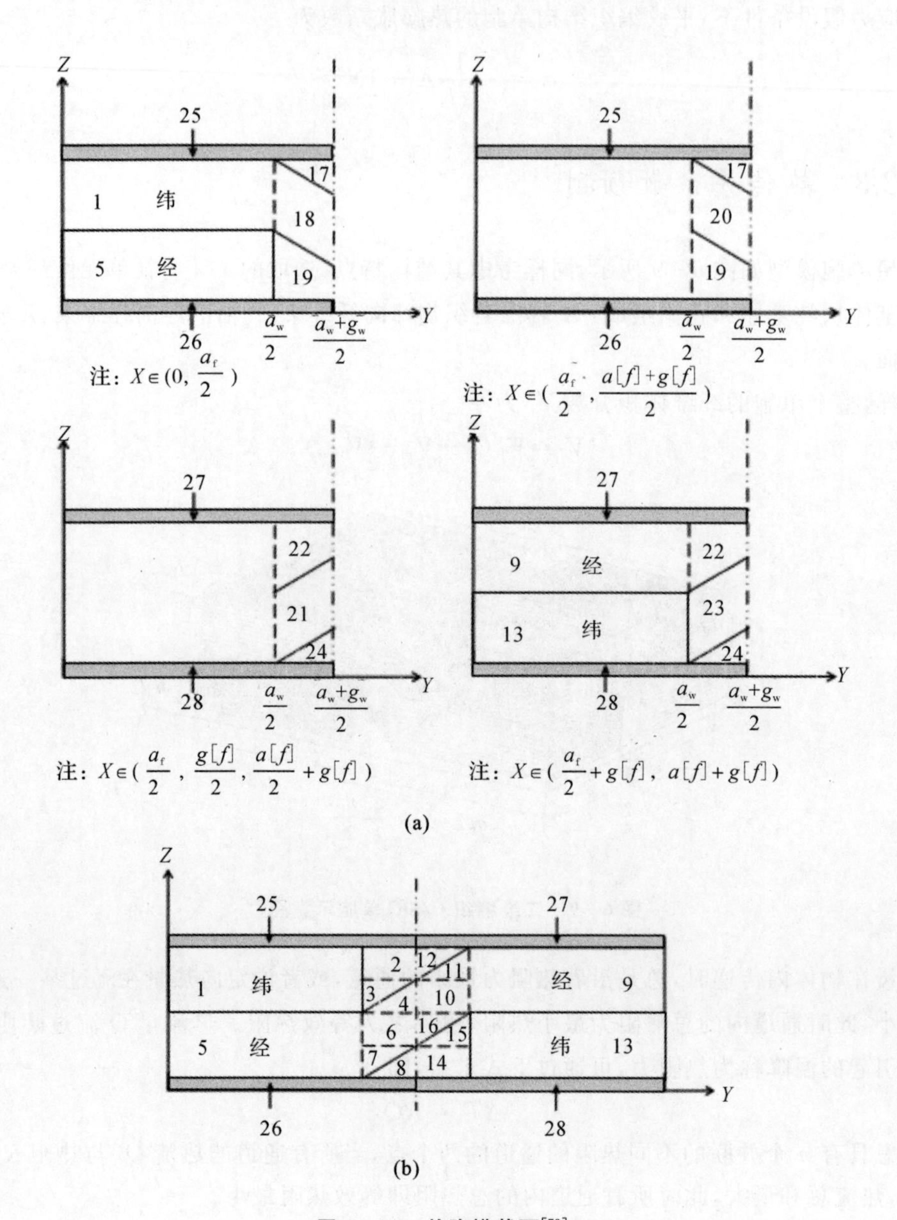

图 6-10　单胞横截面[70]

根据单胞截面将单胞分割成 28 部分，组成的热阻网格图如图 6-11 所示。

直纬纱的轴向热传导系数 k_{f1} 和横向热传导系数 k_{f2} [26] 分别为

$$k_{f1}=(1-V_{ff})k_{m}+V_{ff}k_{fa} \tag{6-37}$$

$$k_{f2}=\frac{k_{ft}(1+V_{ff})+k_{m}(1-V_{ff})}{k_{ft}(1-V_{ff})+k_{m}(1+V_{ff})}k_{m} \tag{6-38}$$

其中，k_{fa} 为纤维轴向热传导系数；V_{ff} 为纱线中的纤维体积分数。

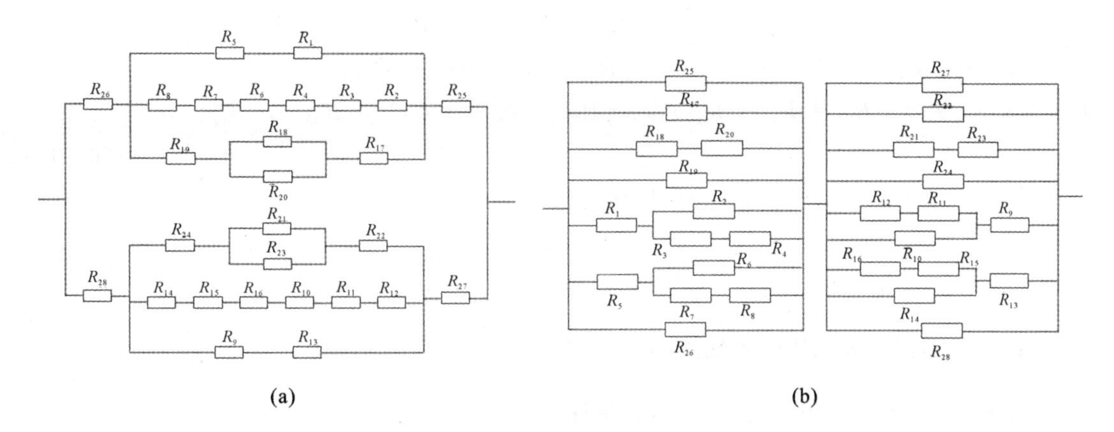

图 6-11　等效热阻网格图

(a)面外;(b)面内

纬纱具有倾角 θ_f 段时,总体坐标系下的热传导系数 $k_{f\theta f}$ 为[27]

$$k_{f\theta f}=k_{f1}\cos^2\overline{\theta}_i+k_{f2}\sin^2\overline{\theta}_i \tag{6-39}$$

经纱的轴向热传导系数 k_{w1} 和横向热传导系数 k_{w2},及其在有倾角 θ_w 段时,总体坐标系下的热传导系数 $k_{w\theta w}$ 算法同上。

6.2.3.1　沿厚度方向等效热传导系数的预测

考虑图 6-9 所示单胞模型,假设热边界条件为

(1) $z=0$, $T=T_0$;

(2) $z=h$ $(h=h_m+h_f+h_w)$, $T=-T_0$;

(3) $x=0\sim(a_f+g_f)$, $Q=0$;

(4) $y=0\sim(a_w+g_w)$, $Q=0$。

根据式(6-34),对各部分的热阻计算如下:

$$R_1=R_{13}=\frac{4h_f}{k_{f2}a_fa_w},\quad R_{18}=R_{23}=\frac{4h_f}{k_{f\theta f}a_fg_w} \tag{6-40}$$

$$R_5=R_9=\frac{4h_w}{k_{w2}a_fa_w},\quad R_6=R_{10}=\frac{2h_w}{k_{w\theta w}g_fa_w} \tag{6-41}$$

$$R_4=R_7=R_{11}=R_{16}=\frac{h_f}{k_{w\theta w}g_fa_w} \tag{6-42}$$

$$R_2=R_{14}=2R_3=2R_{12}=2R_8=2R_{15}=\frac{2h_f}{k_vg_fa_w} \tag{6-43}$$

$$R_{20}=R_{21}=\frac{4h_f}{k_vg_fg_w} \tag{6-44}$$

$$R_{17}=R_{24}=3R_{19}=3R_{22}=\frac{2h_w}{k_v(a_f+g_f)g_w} \tag{6-45}$$

$$R_{25}=R_{26}=R_{27}=R_{28}=\frac{2h_m}{k_m(a_f+g_f)(a_w+g_w)} \tag{6-46}$$

根据等效热阻网格[见图 6-11(a)]和串并联法则,沿厚度方向等效热阻 R_e 为

$$R_e = [(R_{25}+R_{26}+\{(R_1+R_5)^{-1}+(R_2+R_3+R_4+R_6+R_7+R_8)^{-1}+$$
$$[R_{17}+R_{19}+(R_{18}{}^{-1}+R_{20}{}^{-1})^{-1}]^{-1}\}^{-1}+[R_{27}+R_{28}+\{(R_9+R_{13})^{-1}+$$
$$(R_{10}+R_{11}+R_{12}+R_{14}+R_{15}+R_{16})^{-1}+[R_{22}+R_{24}+(R_{21}{}^{-1}+R_{23}{}^{-1})^{-1}]^{-1}\}^{-1})^{-1}]^{-1} \tag{6-47}$$

由式(6－36)得到厚度方向等效热传导系数λ_e为

$$\lambda_e = \frac{4h}{R_e(a_f+g_f)(a_w+g_w)} \tag{6-48}$$

6.2.3.2　面内等效热传导系数预测

考虑图6－9的单胞模型，假设热边界条件为

(1) $x=0$，　$T=T_0$；

(2) $x=a_f+g_f$，　$T=-T_0$；

(3) $z=0\sim h$，　$Q=0$；

(4) $y=0\sim(a_w+g_w)$，　$Q=0$。

根据式(6－34)，对各部分的热阻计算如下：

$$R_1=R_{13}=\frac{a_f}{k_{f1}h_f a_w},\quad R_{18}=R_{23}=\frac{a_f}{k_{f2}h_f g_w} \tag{6-49}$$

$$R_{25}=R_{26}=R_{27}=R_{28}=\frac{2(a_f+g_f)}{k_m h_m(a_w+g_w)} \tag{6-50}$$

$$R_{25}=R_{26}=R_{27}=R_{28}=\frac{2(a_f+g_f)}{k_m h_m(a_w+g_w)} \tag{6-51}$$

$$R_2=R_{14}=2R_3=2R_{12}=2R_8=2R_{15}=\frac{2g_f}{k_v h_f a_w} \tag{6-52}$$

$$R_{20}=R_{21}=\frac{g_f}{k_v h_f g_w},\quad R_{17}=R_{24}=3R_{19}=3R_{22}=\frac{4(a_f+g_f)}{k_v h_w g_w} \tag{6-53}$$

$$R_5=R_9=\frac{a_f}{k_{w1}h_w a_w},\quad R_6=R_{10}=\frac{g_f}{k_{w\theta w}\dfrac{h_w}{2}a_w} \tag{6-54}$$

$$R_4=R_7=R_{11}=R_{16}=\frac{g_f}{k_{w\theta w}h_f a_w} \tag{6-55}$$

由等效热阻网格[见图6－11 (b)]和并联法则，得到面内等效热阻R_e为

$$R_e=\left\{\frac{1}{R_{25}}+\frac{1}{R_{17}}+\frac{1}{R_{18}+R_{20}}+\frac{1}{R_{19}}+\frac{1}{R_1+[R_2^{-1}+(R_3+R_4)^{-1}]^{-1}}+\frac{1}{R_5+[R_6^{-1}+(R_7+R_8)^{-1}]^{-1}}+\frac{1}{R_{26}}\right\}^{-1}+$$
$$\left\{\frac{1}{R_{27}}+\frac{1}{R_{22}}+\frac{1}{R_{21}+R_{23}}\frac{1}{R_{24}}+\frac{1}{R_9+[R_{10}^{-1}+(R_{11}+R_{12})^{-1}]^{-1}}+\frac{1}{R_{13}+[R_{14}^{-1}+(R_{15}+R_{16})^{-1}]^{-1}}+\frac{1}{R_{28}}\right\}^{-1} \tag{6-56}$$

由式(6－36)可得到面内等效热传导系数为

$$\lambda_e=\frac{2(a_f+g_f)}{R_e h(a_w+g_w)} \tag{6-57}$$

6.3　静态力学性能

对陶瓷基复合材料可以通过简单加载的试验方式来获得其不同加载工况下的静态力学性能。例如,可以通过静态拉伸、压缩、剪切等试验分别获得其在上述载荷工况下的静态力学性能。陶瓷基复合材料的静态力学性能在其制备和应用方面具有重要的意义,同时,静态力学性能又可作为后续动态力学性能等研究的理论基础。

陶瓷基复合材料静态力学性能主要包含两个方面:基本材料属性的研究和损伤失效的研究。这两方面可以分别由静态单调加载试验和静态加卸载试验来描述。下面以 2D C/SiC、2D SiC/SiC 复合材料为例,分别阐述其静态力学性能。

6.3.1　2D C/SiC 的静态力学性能

1.　2D C/SiC 静态试验性能

相关实验数据表明,C/SiC 复合材料在拉伸、压缩和剪切工况下会引发明显的损伤,且其力学性能相应也有所差别。

首先参考 Lynch 等的试验方法[28],得到简单加载下的拉伸和压缩的应力-应变曲线[60],分别如图 6-12 和图 6-13 所示。从拉伸应力-应变曲线可以看到,2D C/SiC 复合材料呈现出明显的非线性和韧性断裂力学行为。卸载后材料切线模量不断下降,且产生残余应变。

而简单加载压缩应力-应变曲线与拉伸情况明显不同,应力、应变在压缩破坏前呈现出明显的线性关系。且一般情况下,破坏强度明显大于拉伸强度。

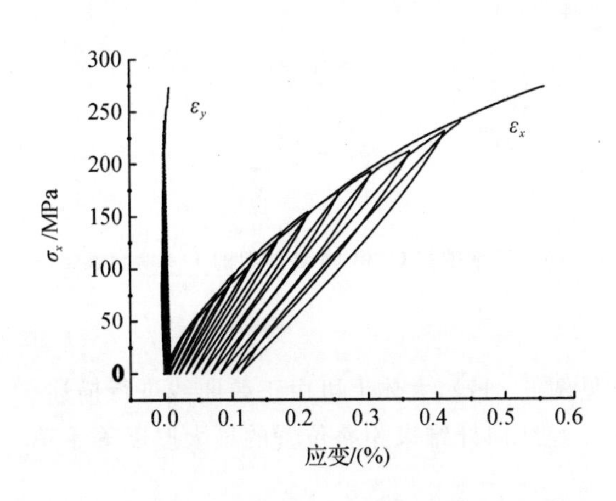

图 6-12　拉伸应力-应变曲线[60]

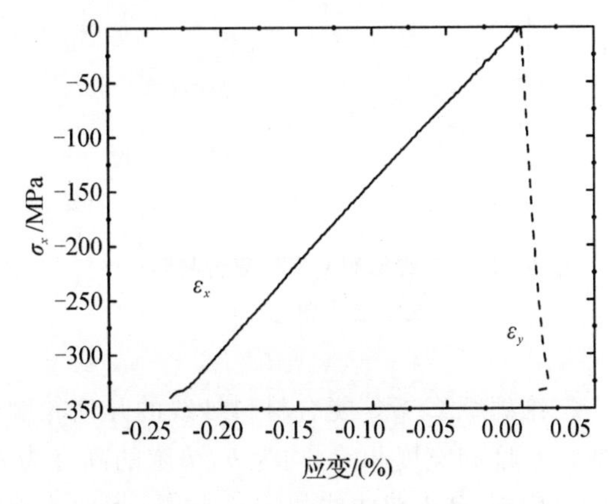

图 6-13　压缩应力-应变曲线[60]

2D C/SiC 复合材料的面内剪切应力-应变曲线如图 6－14 所示。从图中可以看到，与拉伸时一样，2D C/SiC 复合材料表现出明显的非线性特征。同时，剪切断裂应变较大，2D C/SiC 复合材料具有良好的韧性断裂特征[60]。

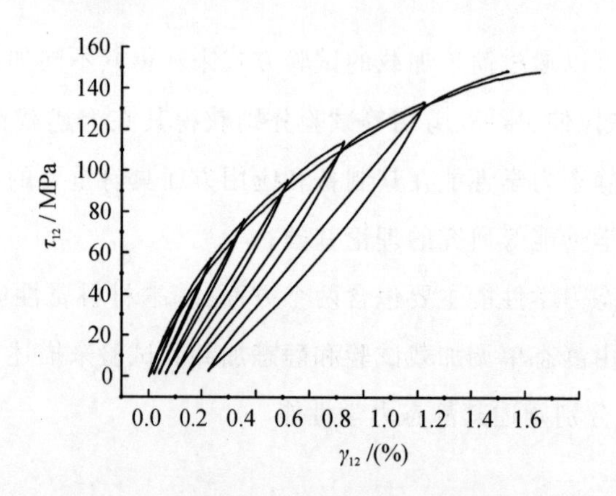

图 6－14　面内剪切应力-应变曲线[60]

2.弹性性能预测

无法利用试验结果得到材料在厚度方向上的弹性性能，因此需要通过材料的几何单胞模型来预测厚度方向上的工程弹性常数。

根据图 6－15 所示的二维编织 C/SiC 复合材料的典型结构单元进行分析。x 轴沿着织物经向纤维束，y 轴沿纬向纤维束，z 轴垂直于织物平面。考虑其结构特点，选取 1/4 特征单元进行分析，如图 6－16 所示。

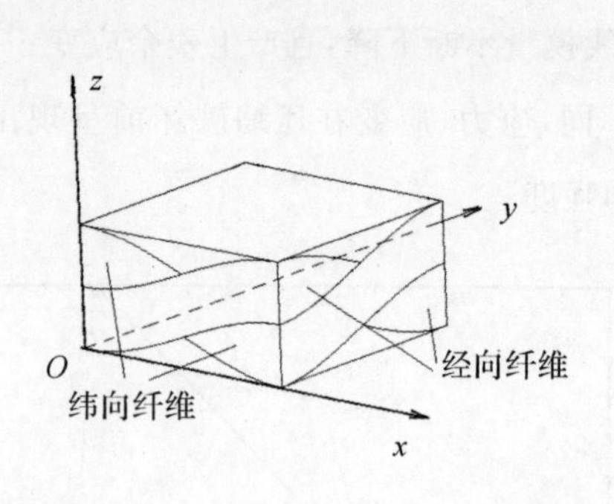

图 6－15　二维编织 C/SiC 复合材料的典型结构单元

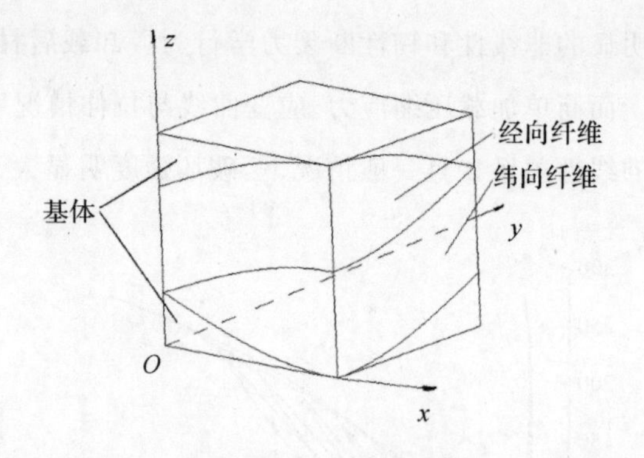

图 6－16　二维编织 C/SiC 复合材料的 1/4 单胞模型

二维编织 C/SiC 复合材料纱线的几何轮廓(见图 6－17)，大体上可由正弦曲线进行描述。单胞的长度和宽度相等，均为 b，单胞的高度为 h。经纬向纤维束相叠位置的最大厚度等于单胞的高度 h，且正弦曲线的波长为 $4b$，振幅为 $h/4$。

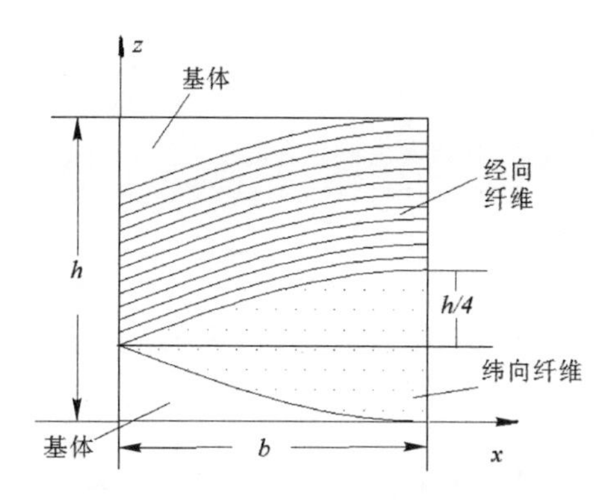

图 6-17　xz 截面平面图

几何轮廓可用正弦函数表示为

$$z=\frac{h}{4}\sin(\frac{\pi x}{2b}) \tag{6-58}$$

则纬向纤维束的截面积可以表示为

$$A_f=2\int_0^b \frac{h}{4}\sin(\frac{\pi x}{2b})\mathrm{d}x \tag{6-59}$$

纬向纤维束在单胞中的体积分数为

$$V_{fill}=\frac{A_f b}{b^2 h} \tag{6-60}$$

考虑单胞中经纬向纤维束体积分数相同,可进一步求出单胞中纤维束的总体积分数为

$$V_{fiber}=\frac{2A_f b}{b^2 h} \tag{6-61}$$

单胞模型由纤维束(包含纤维和基体)、纯基体和孔洞组成。假设单胞模型中除纤维外,其余部分均为基体,且孔洞只包含在纤维束外部的基体之中。暂不考虑纤维束中界面层的影响。

由于二维平纹编织材料中纤维的体积分数 V_f 一般为 40%,假设除纤维束外单胞中基体的体积分数为 V_m(等于 $1-V_{fiber}$),孔洞的体积分数为 V_{void},孔洞占纤维束外基体的体积分数为 V_{vv},三者之间满足关系式:

$$V_{vv}=\frac{V_{void}}{V_m} \tag{6-62}$$

为了考虑孔洞的存在对基体有效模量的影响,假设孔洞在纤维束外基体中均匀分布,且基体的弹性常数 E_m 和 G_m 与孔洞的体积分数成线性关系,则有

$$\left.\begin{aligned}E_{m2}&=E_m(1-V_{vv})\\G_{m2}&=G_m(1-V_{vv})\end{aligned}\right\} \tag{6-63}$$

认为纤维为横观各向同性材料,基体为各向同性材料。纤维的 5 个独立弹性常数取值为: $E_{fL}=135$ GPa, $E_{fT}=9.0$ GPa, $G_{fLT}=9.0$ GPa, $\nu_{fLT}=0.2$, $\nu_{fTT}=0.25$,(其中,L 代表纤维方向;T 代表垂直纤维方向)。基体的 2 个独立弹性常数取值为: $E_m=350$ GPa, $\nu_m=0.25$。

现在考虑经向纤维。如图 6-18 所示,在 xOz 坐标系下,任意 x 值处纤维方向与 x 坐标轴的夹角为

$$\theta_f(x)=\arctan\frac{\mathrm{d}z}{\mathrm{d}x}=\arctan(\frac{\pi h}{8b}\cos\frac{\pi x}{2b}) \tag{6-64}$$

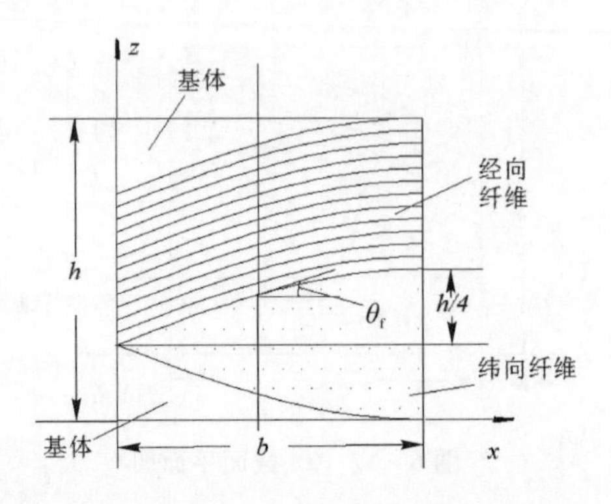

图 6-18　纤维角度示意图

将单胞内的经向纤维等分成 100 份，则各分段内的纤维方向可视为近似不变。总体坐标系和局部坐标系下的刚度矩阵存在以下转换关系：

$$\boldsymbol{C}' = \boldsymbol{T}_\sigma \boldsymbol{C} \boldsymbol{T}_\sigma{}^{\mathrm{T}} \tag{6-65}$$

式中，$\boldsymbol{C}'$ 为总体坐标系下的刚度矩阵；$\boldsymbol{C}$ 为局部坐标系下的刚度矩阵。$\boldsymbol{T}_\sigma$ 为应力空间转换矩阵，其表达式为

$$\boldsymbol{T}_\sigma = \begin{bmatrix} l_1^2 & m_1^2 & n_1^2 & 2m_1n_1 & 2n_1l_1 & 2l_1m_1 \\ l_2^2 & m_2^2 & n_2^2 & 2m_2n_2 & 2n_2l_2 & 2l_2m_2 \\ l_3^2 & m_3^2 & n_3^2 & 2m_3n_3 & 2n_3l_3 & 2l_3m_3 \\ l_2l_3 & m_2m_3 & n_2n_3 & m_2n_3+m_3n_2 & n_2l_3+n_3l_2 & l_2m_3+l_3m_2 \\ l_3l_1 & m_3m_1 & n_3n_1 & m_3n_1+m_1n_3 & n_3l_1+n_1l_3 & l_3m_1+l_1m_3 \\ l_1l_2 & m_1m_2 & n_1n_2 & m_1n_2+m_2n_1 & n_1l_2+n_2l_1 & l_1m_2+l_2m_1 \end{bmatrix} \tag{6-66}$$

其中，方向余弦(l_i，m_i，n_i，$i=1$，2，3)的定义见表 6-2。表中，$Ox'y'z'$ 直角坐标系为整体坐标系，$Oxyz$ 直角坐标系为局部坐标系。

表 6-2　方向余弦的定义

	x	y	z
x'	l_1	m_1	n_1
y'	l_2	m_2	n_2
z'	l_3	m_3	n_3

通过将纤维束沿纵向等分后的式(6-64)中的 x 替换为$(i-1)/b$，$(i=1\sim100)$，并通过式(6-65)将其转换到总体坐标系下，叠加后再除以数值 100，得到平均化后经向纤维的整体刚度矩阵 $\boldsymbol{C}_\mathrm{f}$ 。

通过对经向纤维刚度矩阵 $\boldsymbol{C}_\mathrm{f}$ 偏转 90°，得到纬向纤维刚度矩阵；通过式(6-65)进行坐标转换后得到纬向纤维在整体坐标系下的刚度矩阵 $\boldsymbol{C}_\mathrm{w}$ 。

现在考虑在厚度方向上有一定的纤维含量(V_z)的二维穿刺和三维针刺材料。假设厚度方向纤维束垂直于面内坐标系，通过空间转换可求得 z 向纤维在整体坐标系下的刚度矩阵 $\boldsymbol{C}_z$。

在等应变假设的前提下，根据混合律计算公式，组装得到材料的总体刚度矩阵 $\boldsymbol{C}_c$ 如下：

$$\boldsymbol{C}_c = 0.5\boldsymbol{C}_f V_f + 0.5\boldsymbol{C}_w V_f + \boldsymbol{C}_z V_z + \boldsymbol{C}_m (1 - V_f - V_z) \tag{6-67}$$

通过柔度矩阵与刚度矩阵的互逆关系，以及各弹性常数与柔度矩阵系数的对应关系，可计算得到复合材料的各工程弹性常数。

二维穿刺和三维针刺材料的预制体结构与二维编织材料的主要不同在于，前两者的厚度方向有一定的纤维含量，假设面内的纤维束为 0°/90°正交叠层铺设，纤维束没有面外的波动和交织，则这两种材料的纤维含量、孔隙率与二维编织材料有一定的差异。另外，由于纤维束之间不存在交织弯曲的相互影响，故假设纤维在长度方向的拉伸模量（E_{fL}）高于二维编织材料。

两种材料的单胞模型如图 6－19 所示。组装总体刚度矩阵前，首先求出纤维和基体的刚度矩阵，0°层内纤维与总体坐标系一致，90°层内纤维刚度矩阵需要相对总体坐标系做 90°偏转，同样需要求出 z 向纤维的应力空间转换矩阵，最后再根据式(6－67)混合律计算公式，组装得到总体刚度矩阵，从而求得总体柔度矩阵与各项工程弹性常数。

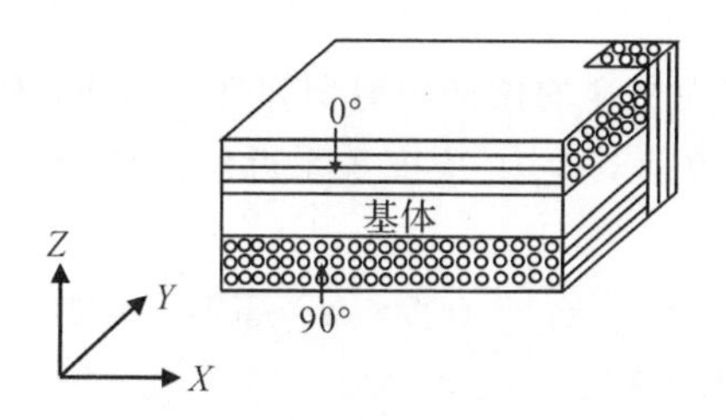

图 6－19　二维穿刺和三维针刺材料的简化单胞模型

3.损伤本构模型和失效判据[60]

此处介绍一种基于切线模量变化的唯象本构模型。基于拉伸加卸载和拉压循环加载下的应力-应变曲线，得到理论化模型，如图 6－20 所示。图中，E_1^0 为材料主方向上(1 方向)的拉伸弹性模量；E_1^{tan} 为拉伸加载条件下的切线模量；E_1^u 为卸载(或重新加载至卸载点前)阶段的卸载模量。

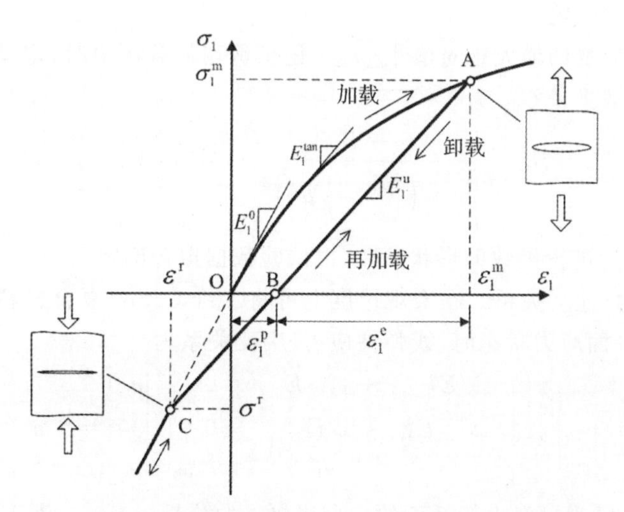

图 6－20　拉伸加卸载以及转为压缩状态后材料的应力-应变曲线示意图

考虑到简单拉伸和剪切应力-应变曲线的非线性特征，可用5次多项式函数描述单调加载条件下材料的拉伸和剪切应力-应变关系[60]：

$$\sigma_i = A_1\varepsilon_i + A_2\varepsilon_i^2 + A_3\varepsilon_i^3 + A_4\varepsilon_i^4 + A_5\varepsilon_i^5 (0 \leqslant \varepsilon_i \leqslant \varepsilon_i^{tb},\ i = 1,2) \tag{6-68}$$

$$\tau_{12} = B_1\gamma_{12} + B_2\gamma_{12}^2 + B_3\gamma_{12}^3 + B_4\gamma_{12}^4 + B_5\gamma_{12}^5 (|\gamma_{12}| \leqslant \gamma_{12}^b) \tag{6-69}$$

式中，A_i 和 B_i $(i = 1, 2, \cdots, 5)$为5次多项式函数的第 i 阶系数；ε_i^{tb} 为材料的拉伸断裂应变；γ_{12}^b 为面内剪切断裂应变。

由于平纹编织复合材料具有结构对称性，式(6-68)中面内两个材料主方向上的拉伸应力-应变关系($\sigma_1 - \varepsilon_1$，$\sigma_2 - \varepsilon_2$)的表达式形式相同，且有 $\varepsilon_1^{tb} = \varepsilon_2^{tb}$。

对应变分量求导，可以得到拉伸和剪切加载状态下的切线模量 E_i^{tan} 和 G_{12}^{tan}：

$$E_i^{tan} = \frac{d\sigma_i}{d\varepsilon_i} = A_1 + 2A_2\varepsilon_i + 3A_3\varepsilon_i^2 + 4A_4\varepsilon_i^3 + 5A_4\varepsilon_i^4 \quad (0 \leqslant \varepsilon_i \leqslant \varepsilon_i^{tb},\ i = 1,2) \tag{6-70}$$

$$G_{12}^{tan} = \frac{d\tau_{12}}{d\gamma_{12}} = B_1 + 2B_2\gamma_{12} + 3B_3\gamma_{12}^2 + 4B_4\gamma_{12}^3 + 5B_5\gamma_{12}^4 \quad (|\gamma_{12}| \leqslant \gamma_{12}^b) \tag{6-71}$$

式中，A_1 和 B_1 的物理意义即为材料的拉伸和剪切弹性模量 E_1^0 和 G_{12}^0。

材料在简单压缩加载失效前其应力-应变关系近似保持为线弹性，因此我们认为主方向上的压缩应力-应变关系为[60]

$$\sigma_i = E_1^0\varepsilon_i \quad (\varepsilon_i^{cb} \leqslant \varepsilon_i \leqslant 0,\ i = 1,2) \tag{6-72}$$

式中，ε_i^{cb} 为压缩断裂应变，仍然有 $\varepsilon_1^{cb} = \varepsilon_2^{cb}$。

卸载和重加载至卸载点前与加载状态具有不同的应力-应变关系，近似为线性。

当以拉伸应变的最大值 ε_1^m 记录剪切加载历史时，卸载以及重加载至卸载点 $A(\varepsilon m_1, \sigma m_1)$ 前，用逻辑函数描述材料的拉伸卸载模量 Eu_i 与卸载点拉伸应变 εm_i 之间的关系为

$$E_i^u = A_6 + \frac{A_7 - A_6}{\left[1 + \left(\frac{\varepsilon_i^m}{x_0}\right) p_0\right]} \quad (\varepsilon_i \leqslant \varepsilon_i^m, \sigma_i \geqslant \sigma^r,\ i = 1,2) \tag{6-73}$$

式中，A_7, A_6, x_0, p_0 为逻辑函数的形状参数；σ^r 为裂纹闭合点应力，由沿面内材料主方向上的拉伸-压缩加卸载试验确定。

同样，当以剪切应变的最大绝对值 $|\gamma m_{12}|$ 记录剪切加载历史时，定义面内剪切卸载和重加载状态下，剪切卸载模量 G_{12}^u 为

$$G_{12}^u = B_6 + \frac{B_7 - B_6}{\left[1 + \left(\frac{|\gamma_{12}^m|}{x_1}\right) p_1\right]} \quad (|\gamma_{12}| \leqslant |\gamma_{12}^m|) \tag{6-74}$$

其中，B_7, B_6, x_1, p_1 为逻辑函数的形状参数，由试验数据拟合确定。

接下来考虑应力-应变关系。在宏观尺度上可将二维C/SiC复合材料视为正交各向异性材料。当材料处于平面应力状态时，线弹性应力-应变关系为

$$\begin{bmatrix} \varepsilon_1 \\ \varepsilon_2 \\ \varepsilon_6 \end{bmatrix} = \begin{bmatrix} 1/E_1^0 & -\nu_{21}^0/E_2^0 & 0 \\ -\nu_{12}^0/E_1^0 & 1/E_2^0 & 0 \\ 0 & 0 & 1/G_{12}^0 \end{bmatrix} \begin{bmatrix} \sigma_1 \\ \sigma_2 \\ \sigma_6 \end{bmatrix} = \boldsymbol{S}_0\boldsymbol{\sigma} \tag{6-75}$$

式中，ε_i $(i = 1, 2, 6)$为材料坐标系下的应变张量 ε 的分量；$\sigma_{1,2}$、σ_6 为正应力和剪应力分量；$E_{1,2}^0$ 为主方向上的拉伸弹性模量；G_{12}^0 为剪切弹性模量；$\nu_{12}^0(\nu_{21}^0)$ 为泊松比；$\boldsymbol{S}_0$ 为线弹性柔度

矩阵。

面内拉伸和剪切加载时，损伤后 C/SiC 复合材料仍可近似为正交各向异性[29]。而且考虑到材料在面内主泊松比 ν_{12}^{0} 数值非常小，因此可认为非对角线元素 S_{12}^{0} 保持为常数。模型中通过材料工程弹性常数 E_1，E_2 和 G_{12} 的变化来表征材料的损伤状态。损伤后材料的应变-应力关系的增量形式为

$$\begin{bmatrix} d\varepsilon_1 \\ d\varepsilon_2 \\ d\varepsilon_6 \end{bmatrix} = \begin{bmatrix} 1/E_1 & -\nu_{21}^{0}/E_2^{0} & 0 \\ -\nu_{12}^{0}/E_1^{0} & 1/E_2 & 0 \\ 0 & 0 & 1/G_{12} \end{bmatrix} \begin{bmatrix} d\sigma_1 \\ d\sigma_2 \\ d\sigma_6 \end{bmatrix} = \boldsymbol{S}d\boldsymbol{\sigma} \tag{6-76}$$

式中，$\boldsymbol{S}$ 为损伤材料的柔度矩阵；E_1，E_2，G_{12} 为损伤材料的工程弹性常数，且满足 $E_1^{0}\nu_{21}^{0} = E_2^{0}\nu_{12}^{0}$。

进一步可得到损伤后材料应力-应变关系的增量表达式为

$$\begin{bmatrix} d\sigma_1 \\ d\sigma_2 \\ d\sigma_6 \end{bmatrix} = \begin{bmatrix} E_1E_1^{0}E_2^{0}/t & \nu_{21}^{0}E_1^{0}E_1E_2/t & 0 \\ \nu_{12}^{0}E_2^{0}E_1E_2/t & E_2E_1^{0}E_2^{0}/t & 0 \\ 0 & 0 & G_{12} \end{bmatrix} \begin{bmatrix} d\varepsilon_1 \\ d\varepsilon_2 \\ d\varepsilon_6 \end{bmatrix} = \boldsymbol{C}d\boldsymbol{\varepsilon} \tag{6-77}$$

式中，$t = E_1^{0}E_2^{0} - \nu_{12}^{0}\nu_{21}^{0} E_1 E_2$；$\boldsymbol{C}$ 为损伤材料的二维刚度矩阵。

由于二维 C/SiC 复合材料的泊松比 ν_{12}^{0} 和 ν_{21}^{0} 通常接近于 0，刚度矩阵 $\boldsymbol{C}$ 近似等于

$$\boldsymbol{C} \approx \begin{bmatrix} E_1 & 0 & 0 \\ 0 & E_2 & 0 \\ 0 & 0 & G_{12} \end{bmatrix} \tag{6-78}$$

最后考虑材料的失效准则，采用最大应变判据以及考虑材料拉压强度不等的 Hoffman 失效准则，其表达式分别为

$$\left.\begin{array}{c} \varepsilon_1^{cb} < \varepsilon_1 < \varepsilon_1^{tb} \\ \varepsilon_2^{cb} < \varepsilon_2 < \varepsilon_2^{tb} \\ |\gamma_{12}| < \gamma_{12}^{b} \end{array}\right\} \tag{6-79}$$

$$\frac{\sigma_1^2}{X_tX_c} - \frac{\sigma_1\sigma_2}{X_tX_c} + \frac{\sigma_2^2}{Y_tY_c} + \frac{X_c - X_t}{X_tX_c} + \frac{Y_c - Y_t}{Y_tY_c} + \frac{\tau_{12}^2}{S^2} < 1 \tag{6-80}$$

式中，X_t 为材料 1 方向的拉伸强度；X_c 为材料 1 方向的压缩强度；Y_t 为材料 2 方向拉伸强度；Y_c 为材料 2 方向压缩强度；S 为面内剪切强度。

对于平纹编织复合材料来说，有 $\varepsilon_1^{tb} = \varepsilon_2^{tb}$，$\varepsilon_1^{cb} = \varepsilon_2^{cb}$，$X_t = Y_t$，$Y_c = X_c$。

两式中任一表达式满足等式条件，则认为材料失效破坏。

6.3.2　2D SiC/SiC 的静态力学性能[71]

6.3.2.1　2D SiC/SiC 的静态试验性能

图 6-21 为 2D-SiC/SiC 复合材料拉伸应力-应变曲线。可以看出，在初始阶段，应力-应变曲线呈现严格的线性特征；当应力达到 140～200MPa 时，材料切线弹性模量逐渐降低，表现出非线性；继续增大载荷时，应力-应变曲线继续呈现线性特征。因此，2D-SiC/SiC 复合材料

的常温拉伸应力-应变曲线表现出明显的双线性特征。

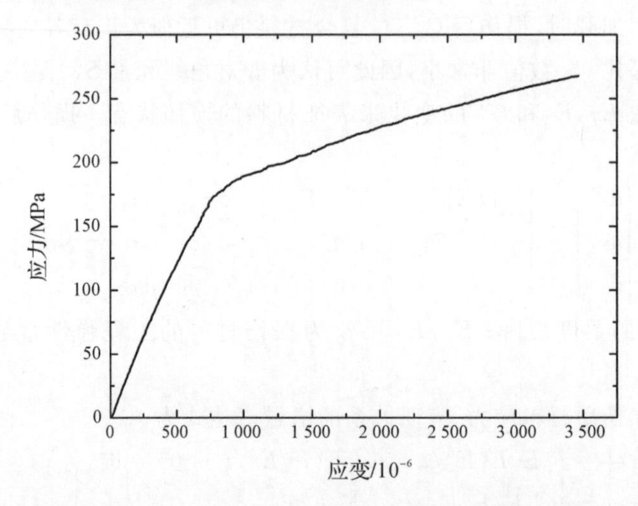

图 6-21　2D-SiC/SiC 复合材料拉伸应力-应变曲线[71]

2D-SiC/SiC 复合材料的损伤机理较复杂，基本包括基体开裂、界面脱黏、分层、纤维拔出等损伤模式。利用扫描电镜观察试件断口形貌，结果如图 6-22 所示。可以看到，材料发生了明显的纤维拔出，纤维束表面的 SiC 基体与纤维发生剥离。沉积在纤维上的基体，产生宏观裂纹，造成基体开裂。

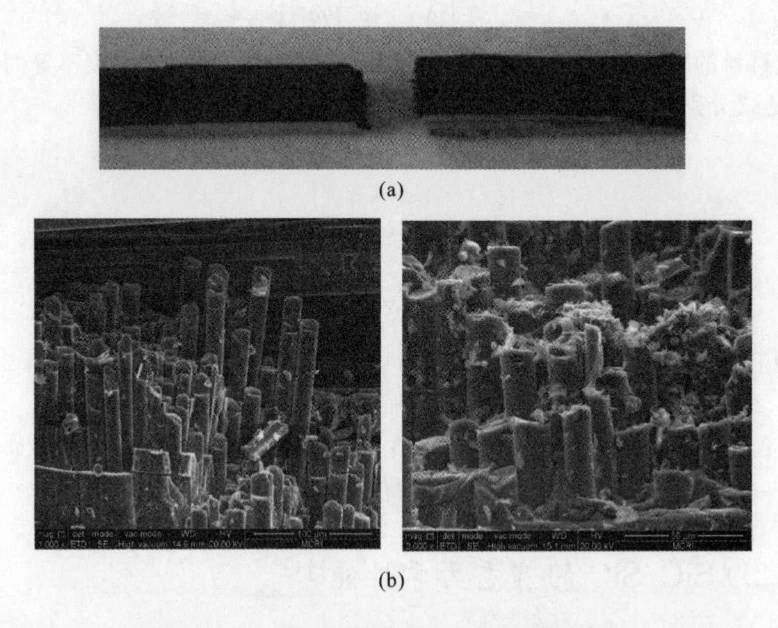

图 6-22　2D-SiC/SiC 复合材料拉伸断口[71]

(a)试件拉伸宏观断口；(b)拉伸断口 SEM 照片

2D-SiC/SiC 复合材料的典型压缩应力-应变曲线如图 6-23 所示。可以看到，在发生损伤前，曲线呈线性，接近断裂时，斜率下降，直至破坏。另外，试件在压缩初期模量有增大趋势，这是因为发生了轻微的裂纹闭合。

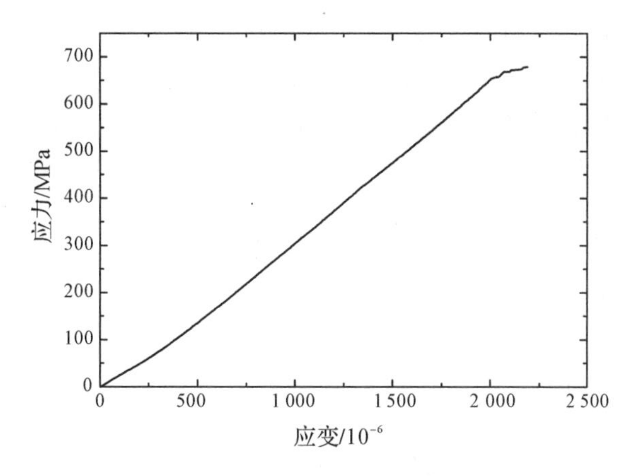

图 6 - 23　2D - SiC/SiC 复合材料压缩应力-应变曲线[71]

2D - SiC/SiC 复合材料的压缩宏观断口和断口 SEM 照片如图 6 - 24 所示。可以看到，试件破坏为试件前、后面之间的跨层剪切破坏。纤维束内部纤维与基体之间发生界面脱黏。宏观裂纹沿纬向纤维束扩展，造成材料的分层破坏。裂纹在基体内产生，沿界面扩展至纤维，最终造成纤维断裂。

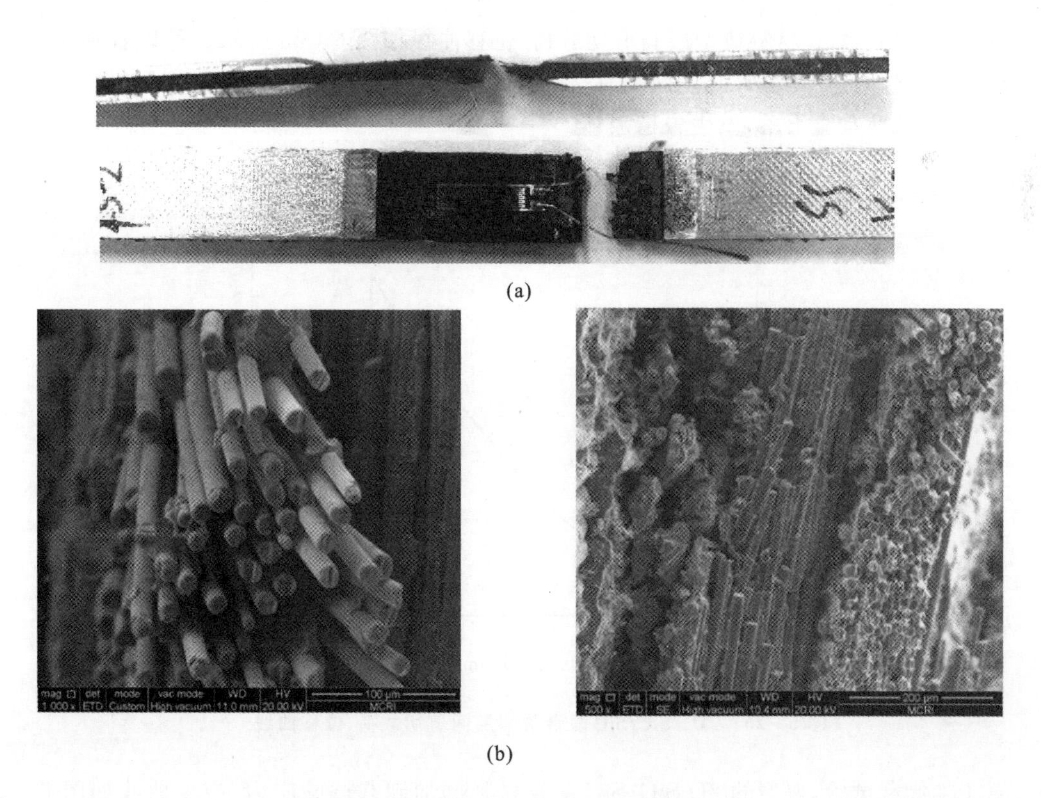

图 6 - 24　2D - SiC/SiC 复合材料压缩断口[71]

(a)试件压缩宏观断口；(b)压缩断口 SEM 照片

2D－SiC/SiC 复合材料典型面内剪切应力-应变曲线如图 6－25 所示。可以看到，当应力小于 140 MPa 时，曲线呈线性变化，此时材料未发生损伤；当应力大于 140MPa 时，曲线斜率迅速减小，表现出非线性特征，此时材料产生损伤。

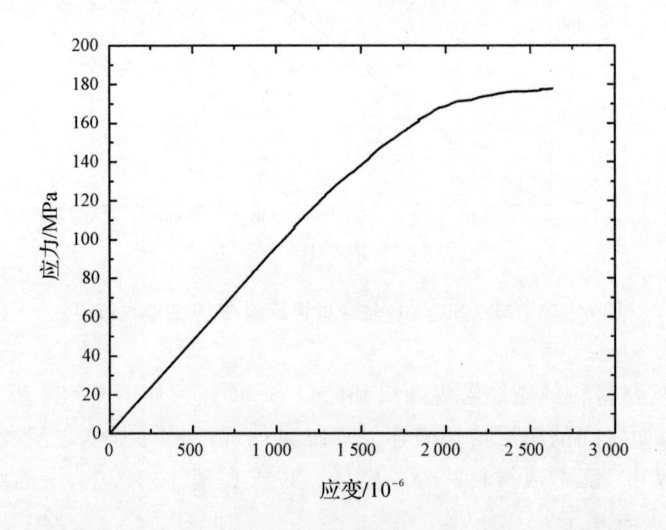

图 6－25　2D－SiC/SiC 复合材料面内剪切应力-应变曲线

2D－SiC/SiC 复合材料典型层间剪切载荷-位移曲线如图 6－26 所示。可以看到，曲线在初始段呈非线性，这是因为夹具之间具有空隙，曲线整体上表现为线性。然后材料发生突然的破坏，破坏后载荷垂直下落，发生失稳破坏。

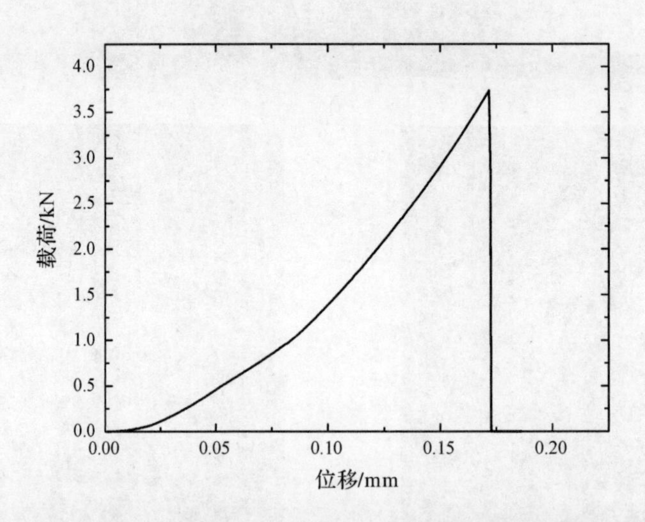

图 6－26　2D－SiC/SiC 复合材料层间剪切载荷-位移曲线[71]

对于加卸载试验，典型的 2D SiC/SiC 复合材料的加卸载试验应力-应变曲线如图 6－27 所示。

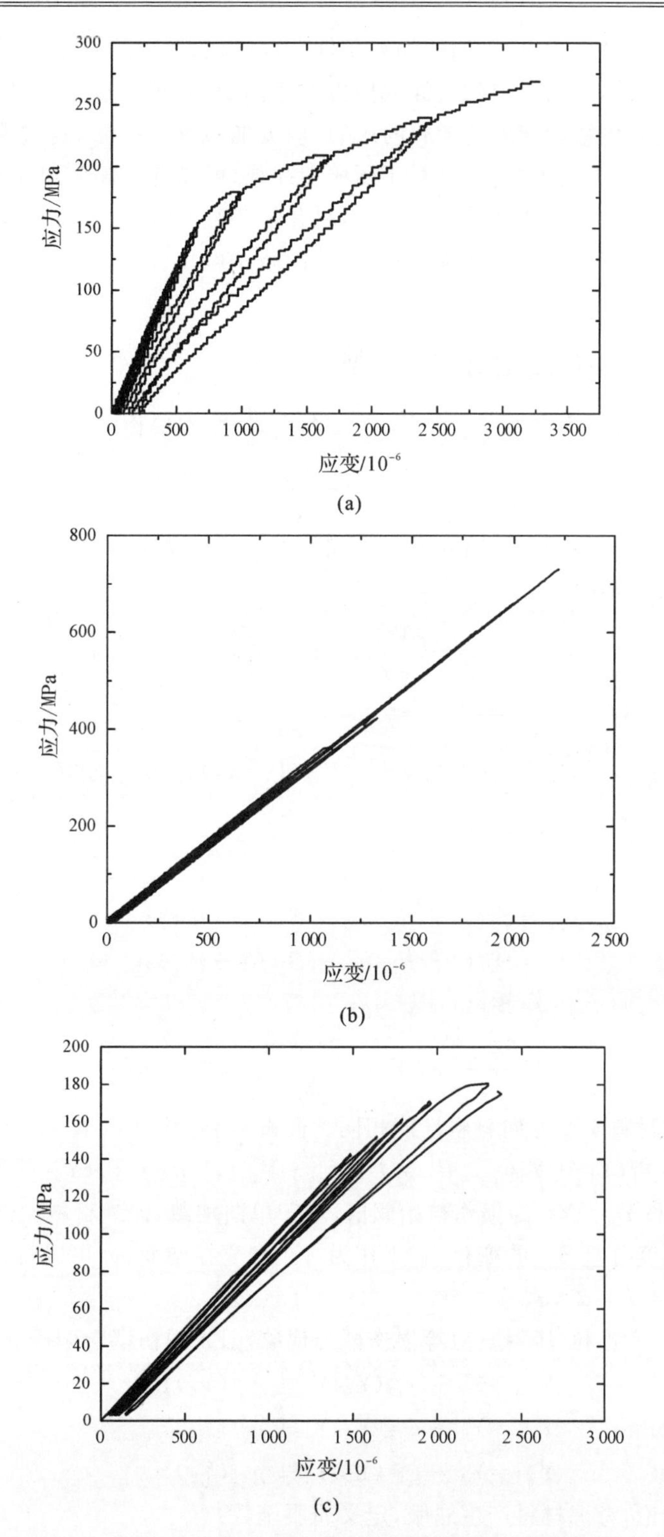

图 6-27　2D SiC/SiC 复合材料加卸载试验应力-应变曲线[71]

(a)拉伸加卸载；(b)压缩加卸载；(c)面内剪切加卸载

同样，从图 6-27 可以看出，不同的加载条件下，材料的加卸载应力-应变曲线具有很大的差异。对于拉伸加卸载，可以看出随着卸载应力的逐渐提高，迟滞环的宽度逐渐增大，但加卸载应力-应变曲线的外包络线与单调加载的应力-应变曲线基本一致，这说明低周循环加卸载过程并不会改变材料的损伤失效行为；对于压缩加卸载，可以看出各个卸载模量基本与初始模量保持一致，且材料的残余应变几乎为零，即材料并未产生损伤；对于面内剪切加卸载，可以看出，卸载模量随着卸载应力的增大而逐渐减小，然而减小幅度并不明显，同时卸载残余应变也基本维持在一个很低的水平。

6.3.2.2 基于内变量理论的损伤本构模型

假设材料处于平面应力状态下，材料为正交各向异性，则损伤定义为

$$d_1=\frac{\Delta S_{11}}{S_{11}^0},d_2=\frac{\Delta S_{22}}{S_{22}^0},d_6=\frac{\Delta S_{66}}{S_{66}^0} \tag{6-81}$$

由连续介质损伤力学可知，材料状态由内部变量 σ 和d_i 表征。弹性应变 ε^e 和损伤驱动力 Y_i 由弹性应变能 W^* 得到：

$$\varepsilon^e=\frac{\partial W^*}{\partial\sigma},\quad Y_i=\frac{\partial W^*}{\partial d_i} \tag{6-82}$$

弹性应变能为

$$\begin{aligned}W^*=\frac{1}{2}\sigma\varepsilon^e=&\frac{1}{2}S_{11}^0(1+d_1)\sigma_{11}^2+\frac{1}{2}S_{22}^0(1+d_2)\sigma_{22}^2+\frac{1}{2}S_{66}^0(1+d_6)\sigma_{66}^2+\\&S_{12}^0(1-d_{12})\sigma_{11}\sigma_{22}\end{aligned} \tag{6-83}$$

则

$$\left.\begin{aligned}\varepsilon_{11}^e&=S_{11}^0(1+d_1)\sigma_{11}+S_{12}^0(1-d_{12})\sigma_{22}\\\varepsilon_{22}^e&=S_{22}^0(1+d_2)\sigma_{22}+S_{12}^0(1-d_{12})\sigma_{11}\\\varepsilon_{12}^e&=S_{66}^0(1+d_6)\sigma_{66}\end{aligned}\right\} \tag{6-84}$$

$$Y_1=\frac{S_{11}^0\sigma_{11}^2}{2},\quad Y_2=\frac{S_{22}^0\sigma_{22}^2}{2},\quad Y_6=\frac{S_{66}^0\sigma_{66}^2}{2} \tag{6-85}$$

认为平纹编织材料 1,2 方向材料性能相同。假设

$$d_1=f_1(Y_1^*-Y_{10}),\quad d_2=f_1(Y_2^*-Y_{10}),\quad d_6=f_6(Y_6^*-Y_{60}) \tag{6-86}$$

式中，Y_i^* 为损伤面；Y_{10}，Y_{60} 为损伤初始阈值，对于单向加载，即为材料比例极限值；d_{12} 为与泊松效应有关的柔度分量 S_{12} 的变化，它不作为一个独立损伤变量，可以将其表示为损伤变量 d_1,d_2 的函数 $d_{12}=d_{12}(d_1,d_2)$。

在多轴加载时，考虑拉-压、拉-剪等损伤耦合现象，引入损伤耦合因子 g_{12}，g_{16} 和 g_{61}，有

$$\left.\begin{aligned}Y_1^*&=Y_1+g_{12}(Y_2)Y_2+g_{16}(Y_6)Y_6\\Y_2^*&=Y_2+g_{12}(Y_1)Y_1+g_{16}(Y_6)Y_6\\Y_6^*&=Y_6+g_{61}(Y_1)Y_1+g_{61}(Y_2)Y_2\end{aligned}\right\} \tag{6-87}$$

基于弹塑性理论，考虑材料产生屈服，定义屈服函数：

$$f(\sigma_{ij},R)=0,\quad R=R(p) \tag{6-88}$$

其中，内变量 p 为累积塑性应变，它的共轭变量为各向同性硬化参量，即屈服面半径 $R=R(p)$。

假设材料各向同性硬化，则屈服函数为

$$\left.\begin{aligned}f(\sigma_{ij},R)&=\sigma_{\mathrm{eq}}-R(p)-R_0\\\sigma_{\mathrm{eq}}&=\sqrt{\sigma_{11}^2+m^2\sigma_{22}^2+n^2\sigma_{66}^2}\end{aligned}\right\}\tag{6-89}$$

式中，m，n 为与材料本身相关的常数；R_0 为弹性区域的初始大小；σ_{eq} 为屈服面；$R(p)$ 为硬化方程，累积塑性应变的函数。

材料发生屈服的条件为

$$\left.\begin{aligned}\dot{p}&>0,\ 若\ r=0,\dot{r}=0\\\dot{p}&=0,\ 若\ r=0,\dot{r}<0\end{aligned}\right\}\tag{6-90}$$

基于流动(正交)准则确定塑性应变增量各分量的比值。引入塑性应变增量的方向与主应力轴方向一致的塑性势函数 $g(\sigma_{ij})$，且有

$$\dot{\varepsilon}_{ij}^{\mathrm{p}}=\dot{\lambda}\frac{\partial g}{\partial\sigma_{ij}}\tag{6-91}$$

其中，λ 为非负常数，称为塑性因子。

根据相关联流动准则有 $f=g$，有

$$\left.\begin{aligned}\dot{\varepsilon}_{ij}^{\mathrm{p}}&=\dot{\lambda}\frac{\partial f}{\partial\sigma_{ij}}\\\dot{p}&=-\dot{\lambda}\frac{\partial f}{\partial R}=\dot{\lambda}\end{aligned}\right\}\tag{6-92}$$

因此

$$\dot{\varepsilon}_{ij}^{\mathrm{p}}=\dot{p}\frac{\partial f}{\partial\sigma_{ij}}\Rightarrow\begin{cases}\dot{\varepsilon}_{11}^{\mathrm{p}}=\dot{p}\dfrac{\sigma_{11}}{R(p)+R_0}\\\dot{\varepsilon}_{22}^{\mathrm{p}}=m^2\dot{p}\dfrac{\sigma_{22}}{R(p)+R_0}\\\dot{\varepsilon}_{66}^{\mathrm{p}}=n^2\dot{p}\dfrac{\sigma_{66}}{R(p)+R_0}\end{cases}\tag{6-93}$$

结合式(6－89)和式(6－93)，可得到

$$\dot{p}=\sqrt{\dot{\varepsilon}_{11}^{\mathrm{p}2}+\frac{1}{m^2}\dot{\varepsilon}_{22}^{\mathrm{p}2}+\frac{1}{n^2}\dot{\varepsilon}_{66}^{\mathrm{p}2}}\tag{6-94}$$

由式(6－89)可以得到

$$\dot{p}=\frac{\dot{\sigma}_{\mathrm{eq}}}{R'(P)}\tag{6-95}$$

6.4　疲劳、蠕变性能

陶瓷基复合材料作为航空发动机上使用的关键材料，主要应用在发动机的热端部件上。热端部件在服役过程中经常需要承受各种形式的载荷作用。而这些热端部件的主要损伤形式是疲劳和蠕变损伤。因而对作为航空发动机热端部件关键材料的陶瓷基复合材料疲劳和蠕变

性能的研究往往不可忽视。

6.4.1 陶瓷基复合材料的疲劳行为[62]

根据国内外学者对陶瓷基复合材料的研究，发现影响其疲劳性能的因素主要包括材料本身因素、加载频率、实验环境和应力比等因素。

以 SiC/SiC 复合材料为例，其在室温和高温下的疲劳应力与疲劳寿命的关系如图 6－28 所示。从图中可见，常温和高温环境下材料的疲劳寿命均随疲劳应力的增大而降低。

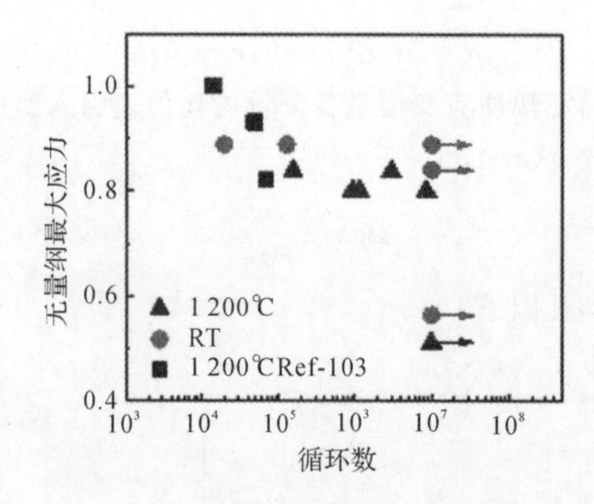

图 6－28　SiC_f/SiC 复合材料疲劳寿命图

SiC/SiC 复合材料常温下的疲劳破坏断口如图 6－29 所示。从图中可以看出，室温条件下，复合材料的疲劳损伤是从基体产生裂纹开始的。另外可以看出，基体裂纹发生在孔隙的附近，这是由于孔隙处孔隙附近会产生较高的应力集中，促使基体开裂。

图 6－29　SiC_f/SiC 复合材料室温下的疲劳断口

SiC/SiC 复合材料室温下的经过 10^7 次疲劳后剩余强度和剩余模量如表 6－3 所示。疲劳后的剩余强度和模量可以用来评估材料疲劳损伤的程度。同时由材料在经历不同应力水平后的残余应力-应变曲线(见图 6－30)可以看出，经过疲劳加载后材料应力-应变曲线线性段的斜率明显降低，同时整个曲线呈现出明显的非线性特征，这说明在经过疲劳加载后，复合材料内部已经出现了不同形式的损伤，如基体开裂、纤维断裂和界面脱黏等，从而使得材料的弹性模量逐步降低。

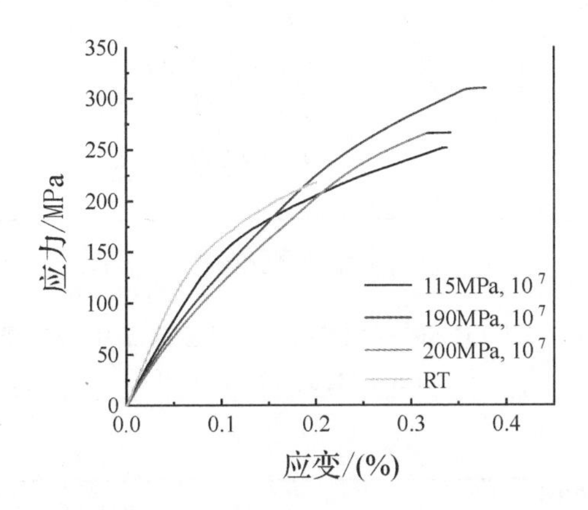

图 6－30　SiC_f/SiC 复合材料疲劳后的拉伸应力-应变曲线

表 6－3　SiC_f/SiC 复合材料在室温疲劳后的剩余拉伸性能

疲劳应力	拉伸强度	基体开裂应力	弹性模量	模量保留率	断裂应变
MPa	MPa	MPa	GPa	%	%
125	248	96	162	75	0.36
190	304	77	141	65	0.38
200	266	76	139	64	0.35

6.4.2　陶瓷基复合材料的疲劳损伤机理

1.疲劳过程的损伤演化

疲劳过程中典型的应力-应变曲线[62](应力-应变滞后回线)如图 6－31 所示。由于基体开裂、界面脱黏等不可逆损伤的发生，在疲劳应力作用下，会出现明显的迟滞现象。材料的损伤演变与滞回环切线模量、回环面积、残余应变等的变化规律密切相关。

相关研究表明[39]，疲劳损伤积累主要发生于初始循环阶段，特别是第一次循环会促使基体产生大量裂纹，裂纹在之后的循环加载过程中扩展直至失效。以 2D C/SiC 复合材料疲劳实验为例(见图 6－32)，2D C/SiC 未断裂试样疲劳循环 1×10^7 次后，得到的应力-应变滞后回线随循环周次发生变化。可以看到，在加载初始阶段，迟滞环的面积逐渐减小，而疲劳循环至

1×10^6次后，滞回环的面积已经基本保持不变，说明此时基体裂纹达到饱和，碳纤维表面的剪切破坏受到限制，材料此后保持稳定的力学性能[62]。

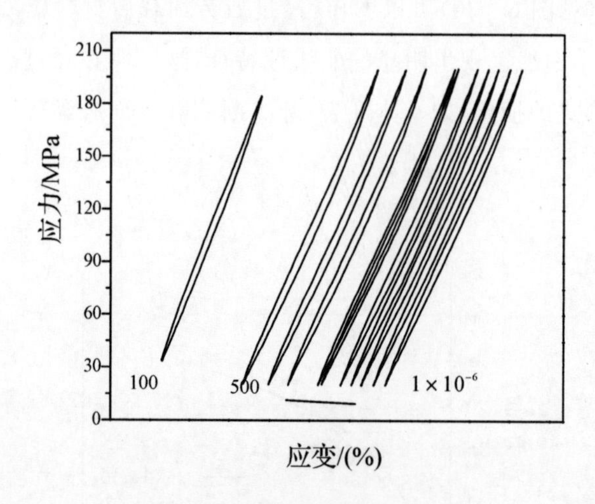

图 6－31　2.5D C/SiC 径向典型的室温疲劳应力-应变滞后回线

(200 MPa，1×10^6)[62]

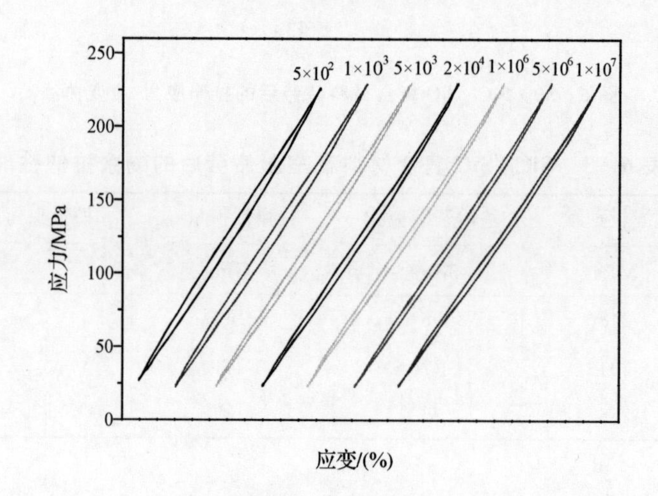

图 6－32　2D C/SiC 室温高周疲劳过程中的应力-应变滞后回线变化

(230 MPa，1×10^7)[62]

而高温疲劳滞后回线表现出明显不同的现象[62]，如图 6－33 所示。在初始阶段（前几千次循环）滞回环面积变化趋势与室温疲劳一致，即明显快速减小，此时主要由机械剪切损伤引起。而在循环至1×10^5次之前，化学氧化损伤不断积累，表现为残余应变的增大，滞回环的面积基本保持不变。随着循环加载的继续，损伤积累完全受化学侵蚀控制，至3×10^5次循环后残余应变开始减小，这是因为氧化物相的封填使裂纹开裂受限。至7×10^5次循环，残余应变逐渐接近初始损伤值。

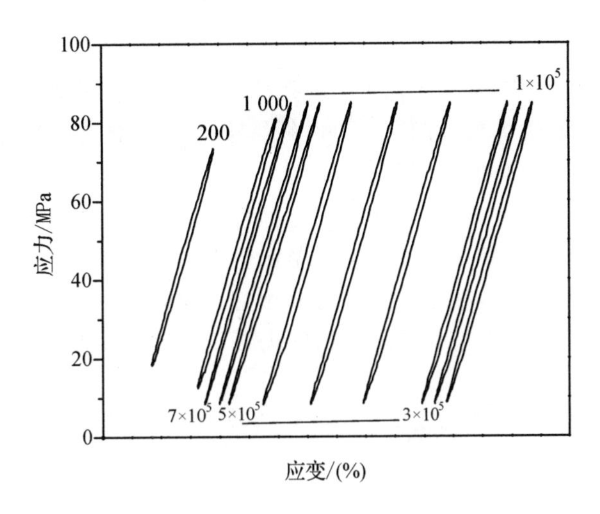

图 6-33　2.5D C/SiC 径向高温疲劳的典型应力-应变滞后回线 (85MPa, 7.1×10⁵)[62]

2.预疲劳后的剩余拉伸性能

对室温预疲劳后的试样进行拉伸测其剩余强度[62]，结果如图 6-34 所示。可以看到，预疲劳后材料的剩余强度均有提高(约 5%～10%)，而初始弹性却发生明显下降。主要原因是材料制备过程中产生的应力集中和热残余应力一部分在循环加载中以产生裂纹的形式释放掉，其余大量的应力储存在纤维和基体，尤其是纤维编织交叉点处。在循环拉伸加载的作用下，应力集中通过产生基体裂纹和界面脱黏得以释放，避免了纤维过早地受损。而预疲劳使材料内基体裂纹密度趋于饱和，在界面剪切力的反复作用下，基体与纤维之间出现较多的纤维脱黏，弹性模量下降[62]。

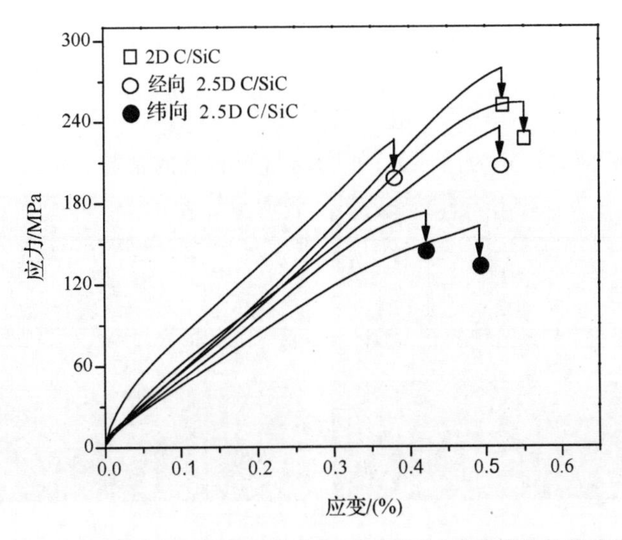

图 6-34　C/SiC 复合材料室温低应力预疲劳(1×10^6 次)后的残余拉伸应力-应变曲线[62]

3.裂纹的扩展与失效

在拉伸载荷作用下，编织结构的碳纤维增强体中 0 °纤维（束）的三种断裂模式（见图 6－35）分别为：断裂由 90 °裂纹扩展引起；0 °/90 °纤维束的编织交叉点处裂纹萌生；纤维由中间段剪开，裂纹扩展源分别来自两端最近的编织交叉点。在高应力作用下，单向拉伸和循环疲劳的纤维断裂模式主要为第一种模式，局部为第二种模式。低应力、高温疲劳纤维断裂则主要为第二和第三种模式，少部分为第一种模式。高温疲劳应力寿命曲线从第一阶段进入第二阶段同样对应断裂模式的转变，这与疲劳最大应力值相关。同时，高温氧化性气氛的作用使纤维失效断裂模式具有随机性，非均匀氧化使纤维最终失效于强度薄弱点[62]。

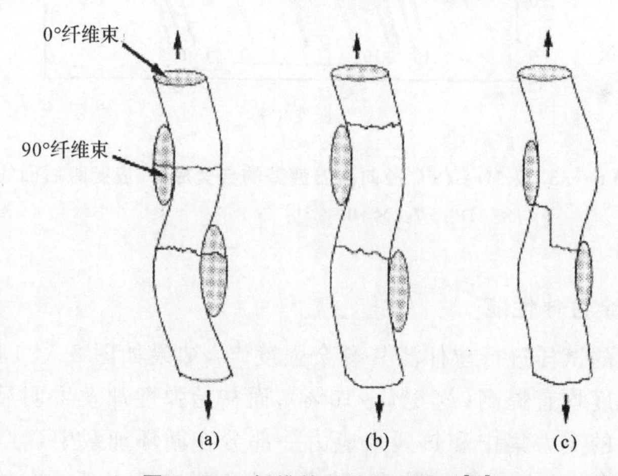

图 6－35　纤维的几种断裂模式[67]

室温和高温下，试样单向拉伸和高应力疲劳形成的大部分裂纹主要分布于 90 °纤维束内部，其次是纤维编织交叉点处[62]，如图 6－36 所示。低应力高温疲劳形成的裂纹主要分布于 0 °纤维束内部。裂纹的形成和扩展受孔隙与编织结构的影响较大，进而会表现出不同的 $S-N$ 曲线特征。

Ogin 等[34]根据 Paris 公式提出了裂纹密度 D 与疲劳载荷的关系为

$$\frac{\mathrm{d}D}{\mathrm{d}N} \propto \left(\frac{\sigma_{\max}^2}{D}\right)^n \tag{6-96}$$

式中，$\sigma_{\max}$ 为最大疲劳应力；N 为循环数；n 为与材料有关的常数。

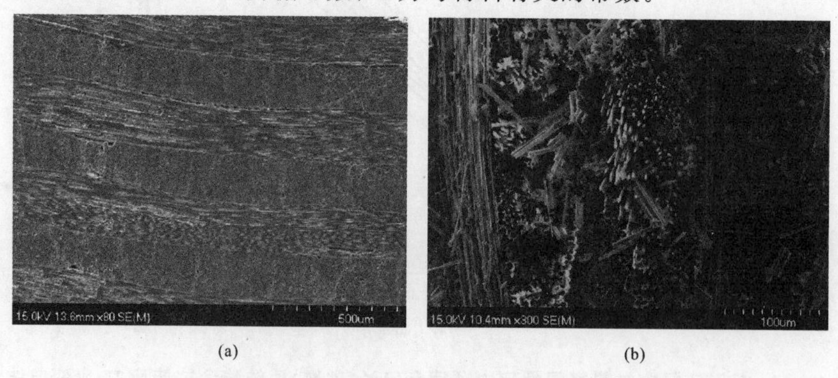

图 6－36　试样疲劳后的裂纹形貌及分布

(a)室温疲劳后 90°纤维束内的裂纹；(b) 高温疲劳断口形貌

6.4.3　陶瓷基复合材料的蠕变性能[63-64]

陶瓷基复合材料的蠕变行为与金属蠕变类似，即在恒定应力作用下发生变形，且随着时间的延长变形逐渐增大。以 2D C/SiC 复合材料为例，其蠕变过程大致可分为三个阶段（见图 6－37）：①变形速率随着时间的增长逐渐降低，即减速蠕变阶段；②稳定蠕变阶段，该阶段中蠕变速率基本保持恒定，且该阶段为整个蠕变过程的主要部分；③进入加速蠕变阶段，在该阶段蠕变速率开始迅速增大，最后导致材料破坏。

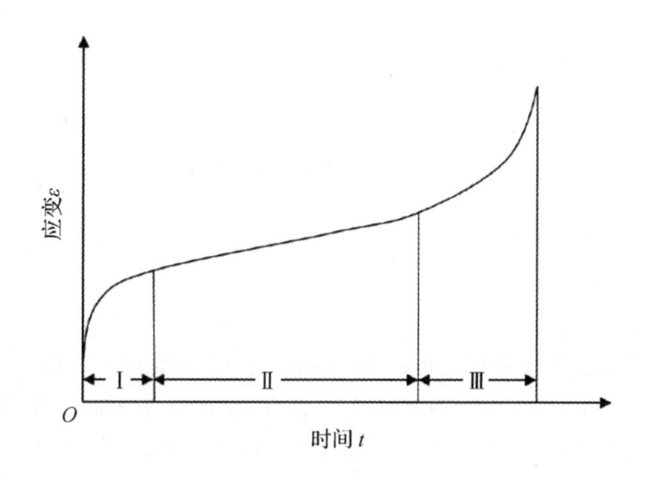

图 6－37　2D C/SiC 复合材料典型蠕变曲线

影响陶瓷基复合材料蠕变行为的因素主要有温度和应力等。对于温度而言，一般情况下随着温度的升高，材料在相同应力水平下的蠕变速率也会相应增大（见图 6－38）。从图中可以看出，温度对陶瓷基复合材料的稳态蠕变速率有重要的影响。对于应力而言，一般在温度相同的情况下，应力越大，蠕变速率越高（见图 6－39），可见温度和应力水平对陶瓷基复合材料的蠕变行为具有重要的影响。

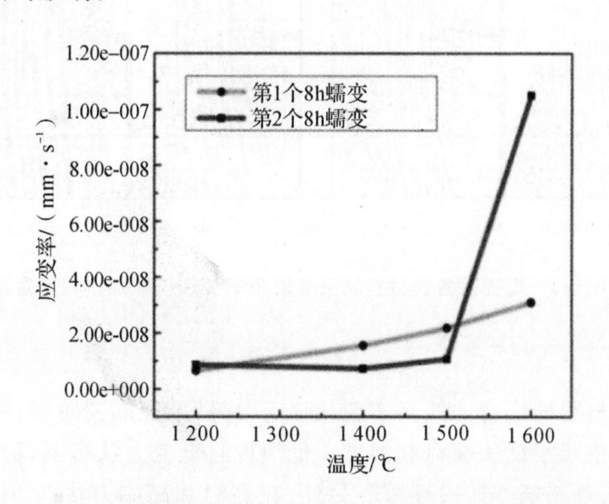

图 6－38　2D C/SiC 复合材料在 50 MPa 应力且不同温度条件下的蠕变速率

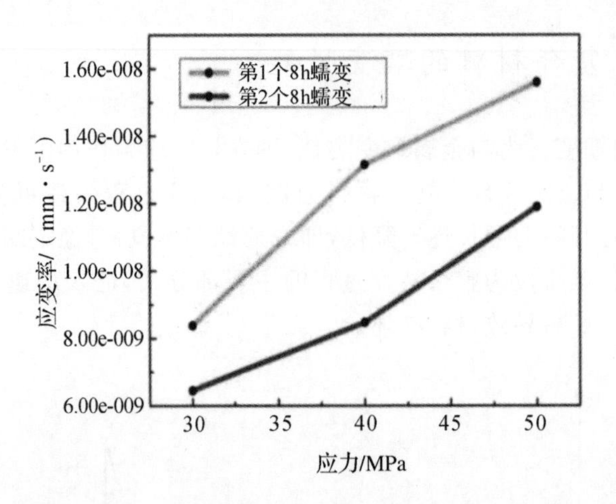

图 6-39　2D C/SiC 复合材料在 1 400℃且不同应力条件下的蠕变速率

6.4.4　蠕变机理及力学模型

陶瓷基复合材料高温下蠕变损伤断裂过程如图 6-40 所示[41]。陶瓷基复合材料的蠕变损伤过程为：①如图 6-40(b)所示，随着蠕变的进行，横向纤维束间的基体裂纹达到饱和，并扩展至纵向纤维束；②如图 6-40(c)所示，应力从基体转移到纵向纤维束上，与界面转移载荷的能力有关；③如图 6-40(d)所示，纵向纤维束桥接基体裂纹，导致基体裂纹宽度增大；④ 如图 6-40(e)所示，基体裂纹扩大过程中，纵向纤维束发生部分断裂，产生脱黏和滑移；⑤裂纹贯穿至一定程度后，试样断裂[64]。

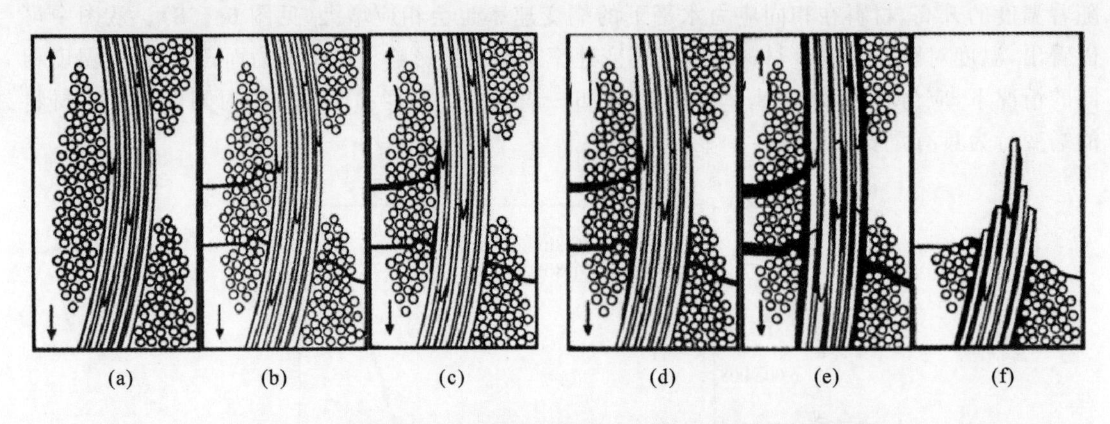

图 6-40　陶瓷基复合材料真空高温下蠕变损伤断裂过程示意图

1.蠕变曲线

典型陶瓷基复合材料的蠕变曲线基本包括三部分，即减速蠕变阶段，稳态蠕变阶段以及加速蠕变阶段。其趋势依赖于试验载荷和温度。低温度且低应力状态下，稳态蠕变阶段较长；高温度或高应力状态下，稳态蠕变阶段缩短。另外，在高温和高应力状态下，减速蠕变阶段可能不明显。

以 3 代纤维增强 2D SiC/SiC 复合材料蠕变曲线为例(见图 6－41),可以看到,在较低应力和温度条件下,曲线主要由减速蠕变阶段和稳态蠕变阶段这两个阶段构成。而在较高温度和应力条件下,可以明显观察到加速蠕变阶段[63]。

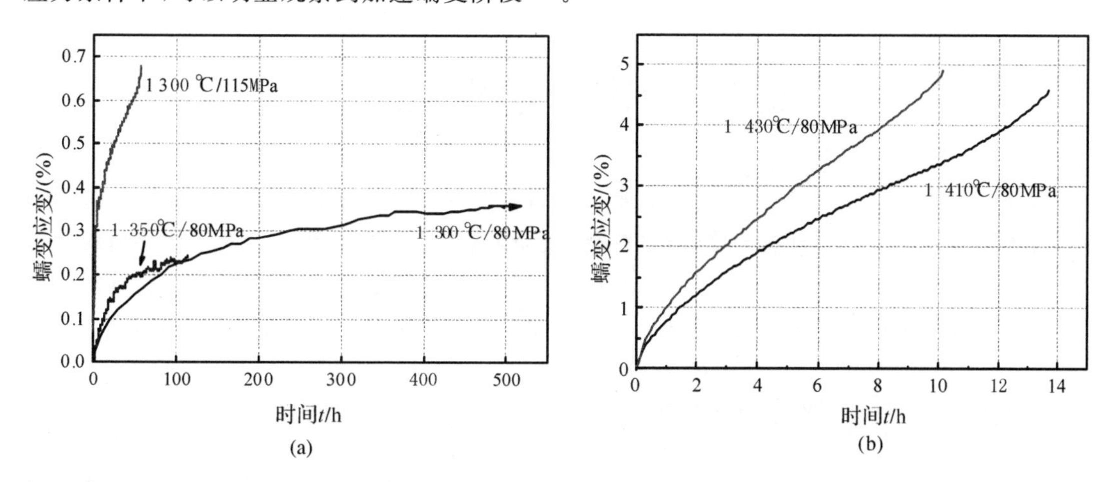

图 6－41　3 代纤维增强 2D SiC/SiC 复合材料在不同条件下的蠕变曲线

2.应力指数及蠕变激活能

稳态蠕变速率 $\dot{\varepsilon}$ 与应力 σ 和温度 T 之间的关系为[42]

$$\dot{\varepsilon}=A_1\sigma^n\exp(-\frac{Q_c}{RT}) \tag{6-97}$$

式中,A_1 为与材料本身相关的常数;n 为应力指数;Q_c为蠕变激活能;R 为气体常数。

当温度一定时,由 $\dot{\varepsilon}$ 和 σ 的关系曲线的斜率可得到应力指数。应力一定时,由 $\dot{\varepsilon}$ 和 $1/T$ 的关系曲线的斜率可得到蠕变激活能。

3.最小蠕变速率与应力的关系

当试验温度一定时,多数材料的最小蠕变速率与应力的关系[43]表示为

$$\dot{\varepsilon}_m=A\sigma^n \tag{6-98}$$

式中,$\dot{\varepsilon}_m$ 为最小蠕变速率;n 为应力指数;σ 为试验中施加的应力;A 为与材料和温度相关的常数。

4.最小蠕变速率与断裂时间的关系

蠕变断裂时间与最小蠕变速率的关系可以用 M－G 关系[44]表示为

$$\varepsilon_m{}^{\alpha}t_r=C \tag{6-99}$$

Dobeš 和 Milicka 考虑减少数据的分散性,对 M－G 关系进行修正,引入断裂应变 ε_r,可得

$$\varepsilon_m{}^{\alpha'}t_r/\varepsilon_r=C' \tag{6-100}$$

式中,ε_m 为最小蠕变速率;t_r 为蠕变断裂时间;α',C' 为常数。

5.Larson－Miller 参数法预测蠕变断裂寿命

L－M 参数法表达式为[45]

$$P(\sigma)=T(\lg t_r + C) \tag{6-101}$$

式中，t_r为材料蠕变断裂时间(h)；T 为试验温度(K)；C 为 L－M 参数法中的常数。

注意：对于金属，C 取 20；对于单相氮化硅陶瓷，C 在 30～40 之间；对于氧化物，C 取 10～22。

6.5 动态力学性能[52]

陶瓷基复合材料的动态力学行为主要包括高应变率下的动态拉伸响应以及动态压缩响应。开展陶瓷基复合材料动态力学性能方面以及动态损伤失效方面的研究对于优化材料制备工艺、提高材料性能以及使用材料进行结构设计有着重要的科学意义。另外，对陶瓷基复合材料动态力学性能的研究还可以为其在航空、航天和核电等领域的应用奠定理论基础。

6.5.1 动态拉伸力学行为

利用改进的 Hopkinson 拉杆试验装置，可对陶瓷基复合材料进行动态拉伸试验。以 2D C/SiC复合材料为例，其常温下的试验结果如图 6－42 所示。从试验结果中可以看出，随着加载的进行，最终试样上的应变率逐渐达到稳定，且在应变不超过 0.02 时，应力也达到了平衡，如图 6－42 (b)所示。试样的拉伸应变率为 400/s。

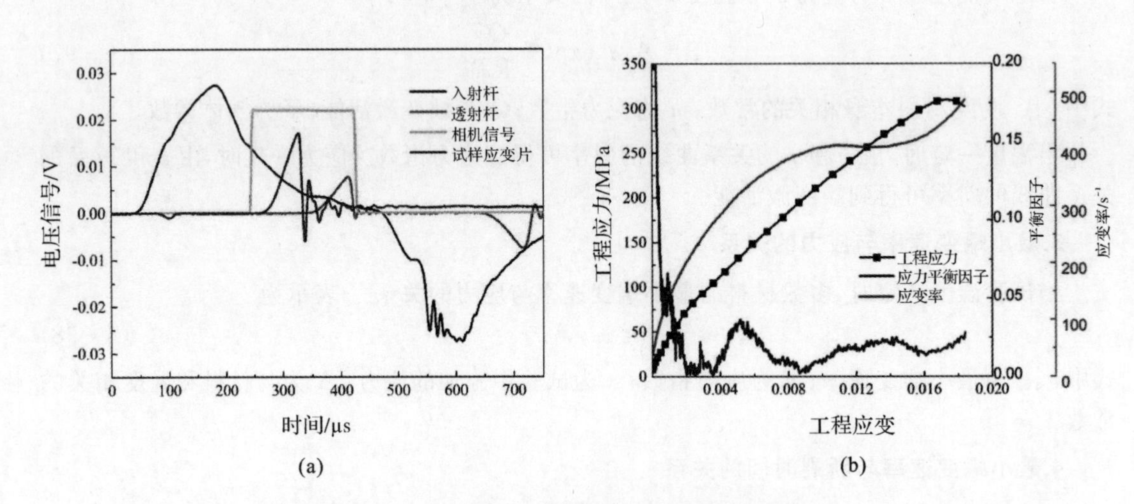

图 6－42　2D C/SiC 复合材料动态拉伸试验结果[52]

(a)原始曲线；(b)试样工程应力、平衡因子、应变率随工程应变的变化关系

作为对比，可以发现动态拉伸下复合材料的力学性能得到了提高，具体表现在动态拉伸条件下复合材料的弹性模量和强度均比准静态加载时有所提高，如图 6－43 所示。因此，可以看出复合材料的拉伸力学行为具有明显的应变率效应。

同样，对于陶瓷基复合材料的损伤失效过程，动态加载和准静态加载下的行为也有很大的差别。从图 6－44 中可以看出，相对于准静态加载，动态加载条件下裂纹的扩展速率明显提高,但是相对于整个加载过程所用的时间来说,动态加载过程中裂纹扩展所用时间占整个加载过程时间的比重比静态加载过程中的要大。

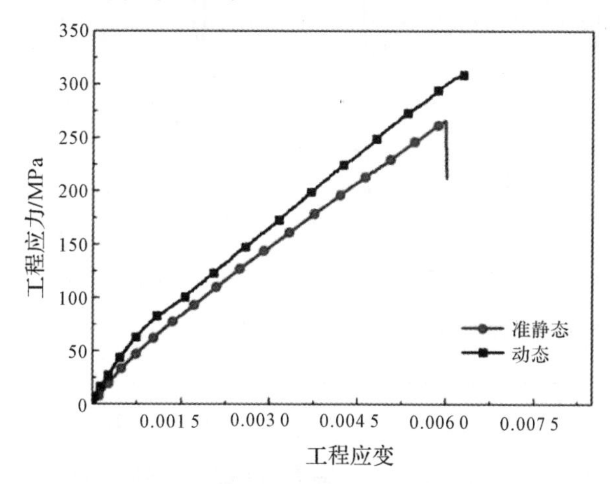

图 6－43　2D C/SiC 复合材料动态和准静态的拉伸响应对比[52]

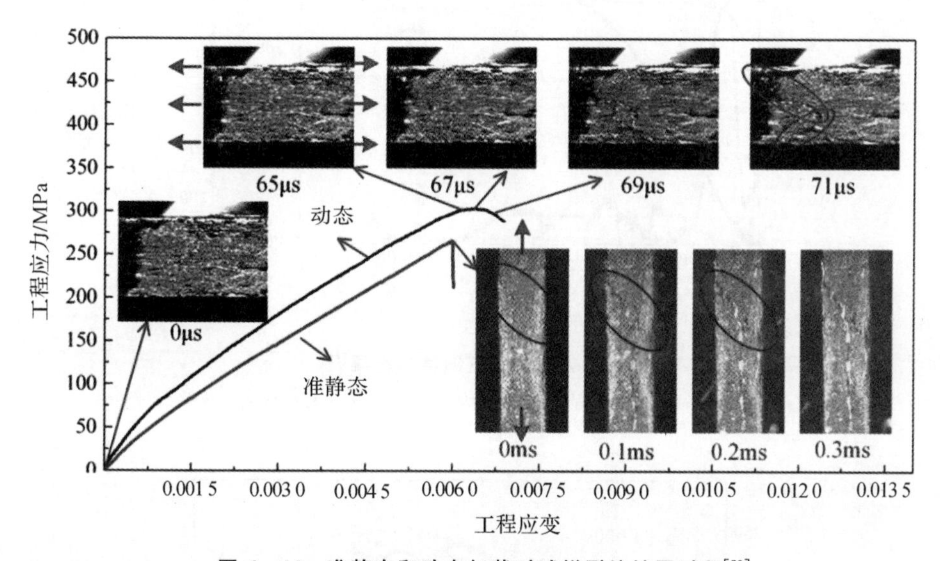

图 6－44　准静态和动态加载时试样裂纹扩展过程[52]

6.5.2　动态压缩力学行为

陶瓷基复合材料的动态压缩试验采用改进的 Hopkinson 压杆装置。仍以 2D C/SiC 复合材料为例,其常温下的试验结果如图 6－45 所示。从试验结果中可以看出,试样的应力平衡因子在加载的初始阶段就已低于 5%,即试样达到了应力平衡。动态加载过程中试样的应变率为 1 000 s^{-1},如图 6－45 (b)所示。

作为对比,可以发现动态压缩下复合材料的力学性能得到了提高,具体表现在动态压缩条件下复合材料的弹性模量和强度均比准静态加载时得到了提高,如图 6－46 所示。因此,可以看出复合材料的压缩力学行为具有明显的应变率效应。

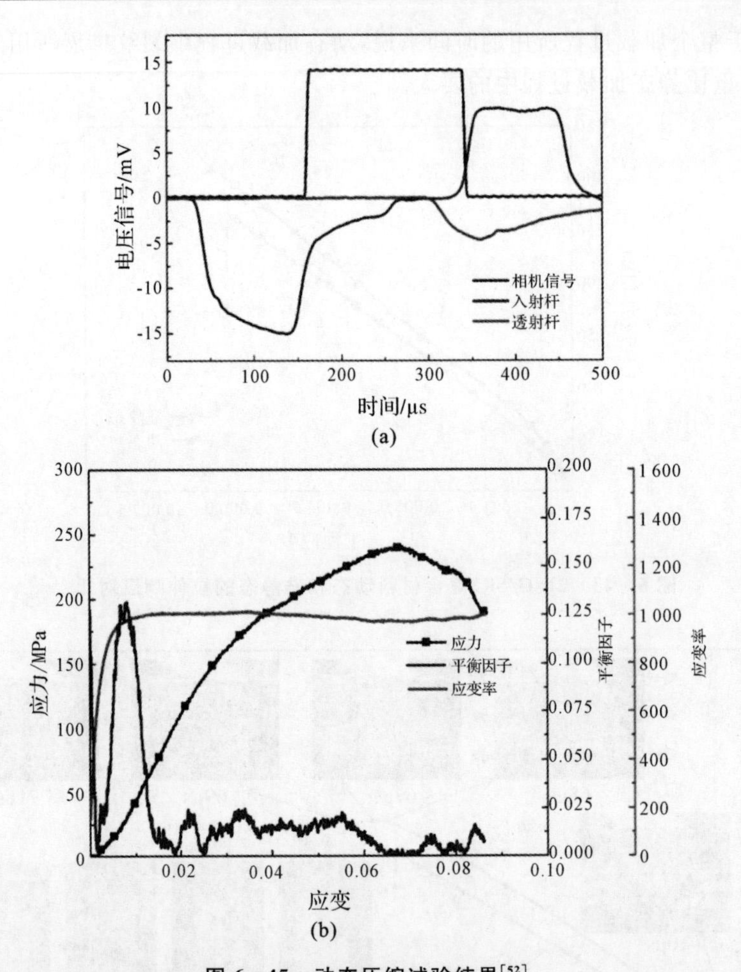

图 6-45　动态压缩试验结果[52]

(a)原始曲线;(b)试样工程应力、平衡因子、应变率随工程应变的变化关系

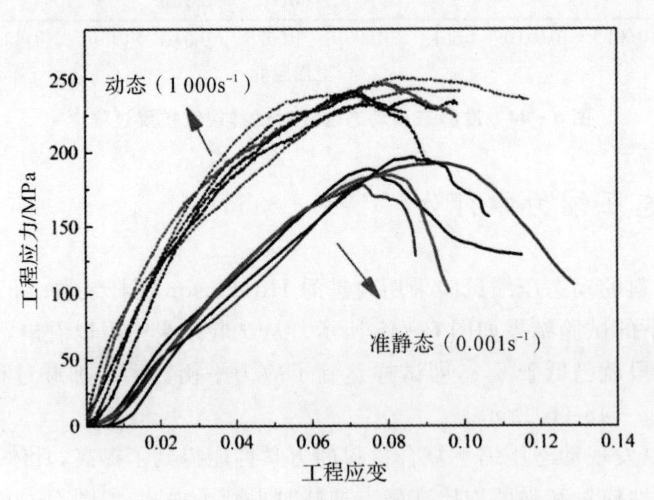

图 6-46　动态和准静态的压缩响应对比[52]

6.5.3　陶瓷基复合材料的动态本构

C/SiC 陶瓷基复合材料具有非常明显的应变率效应，因此，研究学者提出了大量的率相关本构模型[52,66]。本节主要介绍三种典型的率相关本构模型。

1.基于损伤力学的率相关本构模型

Lemaitre[46]认为材料内部的损伤对材料的力学行为的影响可以采用有效应力来进行描述，通过将无损伤的本构方程中的应力修改为有效应力，进而引入损伤，本构方程为

$$\boldsymbol{\sigma}=\boldsymbol{\sigma}^{*}\boldsymbol{I}-\boldsymbol{D}=\boldsymbol{C\varepsilon I}-\boldsymbol{D} \tag{6-102}$$

式中，$\boldsymbol{\sigma}^{*}$ 为有效应力矩阵；$\boldsymbol{I}$ 为单位矩阵；$\boldsymbol{D}$ 为损伤变量；$\boldsymbol{C}$ 为材料的弹性矩阵；$\boldsymbol{\varepsilon}$ 为应变矩阵。

此本构模型的具体应用主要有两种研究思路。

(1)根据准静态和动态实验中的应力-应变曲线的几何关系，从宏观角度建立动态的本构方程。含损伤的混凝土静态 Brooks 本构方程[47]为

$$\sigma=\begin{cases}E\varepsilon_{\mathrm{s}}\\E\varepsilon_{\mathrm{so}}(1-D)\end{cases} \tag{6-103}$$

式中，E 为混凝土初始阶段的弹性模量；$\varepsilon_{\mathrm{so}}$ 为混凝土的损伤开始应变；D 为损伤变量。

损伤变量进一步可表示为

$$\left.\begin{aligned}&D=\left(\frac{\varepsilon-\varepsilon_{\mathrm{so}}}{k}\right)^{n}\\&n=\frac{\sigma_{\mathrm{su}}}{\varepsilon_{\mathrm{su}}}\left(\frac{\varepsilon_{\mathrm{su}}-\varepsilon_{\mathrm{so}}}{E_{\mathrm{s}}\varepsilon_{\mathrm{su}}-\varepsilon_{\mathrm{so}}}\right)\\&k=(\varepsilon_{\mathrm{su}}-\varepsilon_{\mathrm{so}})\left(1-\frac{\sigma_{\mathrm{su}}}{E_{\mathrm{s}}\varepsilon_{\mathrm{su}}}\right)-1/n\end{aligned}\right\} \tag{6-104}$$

式中，n、k 为材料常数；σ_{su} 为混凝土的最大应力；$\varepsilon_{\mathrm{su}}$ 为混凝土的最大应变。

(2)利用 Weibull 分布来确定试样内部的损伤。假设脆性材料的微元强度服从 Weibull 分布，则其概率函数定义为

$$F(\varepsilon)=\frac{m}{Y}\left(\frac{\varepsilon}{Y}\right)m-1\exp\left[-\left(\frac{\varepsilon}{Y}\right)^{m}\right] \tag{6-105}$$

式中，ε 为材料的应变量；m，F 为只与材料相关的力学性能参数。

定义统计损伤变量 D 为已经损伤的微元体数目 c 和总微元数目 M 之比，有

$$D=\frac{c}{M} \tag{6-106}$$

在任意区间 $[\varepsilon,\varepsilon+\mathrm{d}\varepsilon]$ 内，产生损伤的微元数目为 $MF(x)\mathrm{d}x$，则当加载应变达到 ε 时，损伤的微元体数目[52]为

$$c(\varepsilon)=\int_{0}^{\varepsilon}MF(x)\mathrm{d}x \tag{6-107}$$

$$c(\varepsilon)=\int_0^{\varepsilon} MF(x)\mathrm{d}x = M\left\{1-\exp\left[-\left(\frac{\varepsilon}{Y}\right)^m\right]\right\} \tag{6-108}$$

将式(6-108)代入式(6-107),可得

$$D=1-\exp\left[-\left(\frac{\varepsilon}{Y}\right)^m\right] \tag{6-109}$$

结合式(6-109)和式(6-102),得材料的单轴压缩本构模型为

$$\sigma=E\varepsilon\exp\left[-\left(\frac{\varepsilon}{Y}\right)^m\right] \tag{6-110}$$

Wang 等[48]通过用应变率、纤维含量来具体描述 m 和 F 的值,得到

$$\sigma=E\varepsilon\exp\left[-\left(\frac{\varepsilon}{Y(\dot{\varepsilon},V_\mathrm{f})}\right)^{m(\dot{\varepsilon},V_\mathrm{f})}\right] \tag{6-111}$$

式中,$\dot{\varepsilon}$ 为加载的应变率;V_f 为纤维的体积分数。

而 Nandall 等[49]引入损伤参数 D 来考虑内部产生的损伤,有

$$\sigma=E\varepsilon(1-D) \tag{6-112}$$

其中,损伤变量参数 D 考虑了材料内部的基体开裂、纤维拔出和断裂等因素,且符合 Weibull 分布,有

$$D=1-\exp\left[-\frac{1}{ne}\left(\frac{E\varepsilon}{Y}\right)^n\right] \tag{6-113}$$

式中,E 为弹性模量;Y 为屈服强度;E 为自然对数底数;N 为曲线形状参数;n 为影响曲线形状的参数。

Xu 等[73]在 Nandall 等的基础上,认为曲线形状参数 n 与应变率相关,提出了本构方程为

$$\sigma=E\varepsilon(1-D)\left(\frac{\dot{\varepsilon}}{\dot{\varepsilon}_0}\right)^m \tag{6-114}$$

式中,$\dot{\varepsilon}_0$ 为参考应变率;m 为应变率硬化系数;损伤变量 D 为

$$D=1-\exp\left[-\frac{1}{ne}\left(\frac{E\varepsilon}{\sigma_0}\right)^n\right] \tag{6-115}$$

式中,σ_0 为材料的强度。

Yuan,Liu,Zhang 等进一步研究了应变率对材料模量和强度的影响,提出了新的本构模型:

$$\left.\begin{aligned}
\sigma &= E_\mathrm{d}\varepsilon(1-D)\left(\frac{\dot{\varepsilon}}{\dot{\varepsilon}_0}\right)^m\\
D &= 1-\exp\left[-\frac{1}{ne}\left(\frac{E_\mathrm{d}\varepsilon}{\sigma_0}\right)^n\right]\\
E_\mathrm{d} &= E_0 + A\log\left(\frac{\dot{\varepsilon}}{\dot{\varepsilon}_0}\right)\\
n &= a_1 + a_2\exp\left[-\frac{\ln\left(\frac{\dot{\varepsilon}}{\dot{\varepsilon}_0}\right)}{a_3}\right]
\end{aligned}\right\} \tag{6-116}$$

2. Johnson－Cook 模型

J－C 模型[53]是考虑了应变硬化、应变率硬化和温度效应的经验本构模型，通过解耦的方式综合考虑了这三种影响，本构方程为

$$\left.\begin{aligned} &\sigma=(A+B\varepsilon^{n}(1+C\ln\frac{\dot{\varepsilon}}{\dot{\varepsilon}_{0}})[1-(T^{*})m] \\ &T^{*}=\frac{T-T_{\mathrm{r}}}{T_{\mathrm{m}}-T_{\mathrm{r}}} \end{aligned}\right\} \tag{6-117}$$

式中，A 为屈服应力；B 为幂指前系数；n 为硬化指数；ε 为等效塑性应变；$\dot{\varepsilon}_0$ 为参考应变率；m 为温度敏感系数；C 为应变率敏感系数；T_{r} 为室温温度；T_{m} 为熔点温度。

3.ZWT 模型

ZWT 模型[54-56]可以看作是一个非线性弹簧和两个不同特征时间的 Maxwell 体组成，其积分形式为

$$\left.\begin{aligned} &\sigma=f(\varepsilon)+\varphi(\varepsilon,\dot{\varepsilon}) \\ &f(\varepsilon)=E_{0}\varepsilon+\alpha\varepsilon^{2}+\beta\varepsilon^{3} \\ &\varphi(\varepsilon,\dot{\varepsilon})=E_{1}\int_{0}^{t}\dot{\varepsilon}\exp\left(-\frac{t-\tau}{\theta_{1}}\right)\mathrm{d}\tau+E_{2}\int_{0}^{t}\dot{\varepsilon}\exp\left(-\frac{t-\tau}{\theta_{2}}\right)\mathrm{d}\tau \end{aligned}\right\} \tag{6-118}$$

式中，$f(\varepsilon)$ 为描述材料的非线性弹性平衡响应；E_0，α，β 为初始弹性模量和非线性弹性系数；E，θ 为弹性常数和松弛时间；下标 1，2 分别代表低应变率和高应变率。

恒应变率下的黏弹性项为

$$\varphi(\varepsilon,\dot{\varepsilon})=E_{1}\theta_{1}\dot{\varepsilon}\left[1-\exp\left(-\frac{\varepsilon}{\dot{\varepsilon}\theta_{1}}\right)\right]+E_{2}\theta_{2}\dot{\varepsilon}\left[1-\exp\left(-\frac{\varepsilon}{\dot{\varepsilon}\theta_{2}}\right)\right] \tag{6-119}$$

6.6　环境性能[75]

环境对陶瓷基复合材料性能的影响主要包括以下几个方面：氧分压、水分压、盐浓度、氧水耦合、氧盐耦合、水盐耦合、氧水盐耦合等。了解陶瓷基复合材料在这些环境因素下的性能演变对解释复合材料损伤机制有着重要意义。

6.6.1　氧分压的影响

图 6－47 所示为不同氧分压下的弯曲剩余强度。可以看到，氧分压较低时，氧化 10h 后弯曲剩余强度较高。另外，在低于裂纹闭合温度(因 SiC 热膨胀使微裂纹闭合的温度，约 900℃)时，氧分压对弯曲剩余强度的影响较为显著，而当超过该温度时，3D C/SiC 表现为表面氧化，对剩余弯曲强度影响较小。

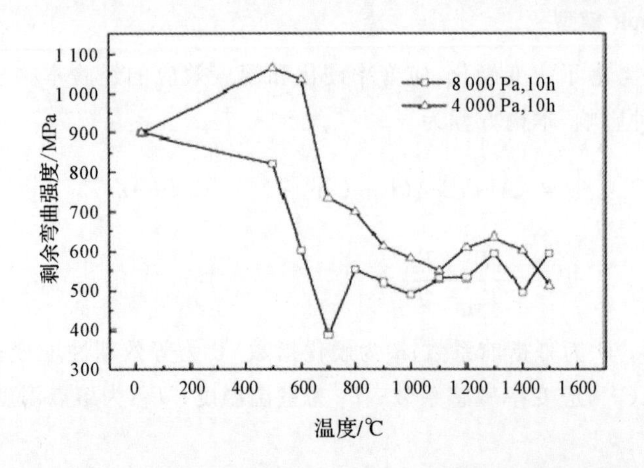

图 6-47　3D C/SiC 在两种氧分压下剩余弯曲强度与温度的关系[72]

3D SiC/SiC 与 3D C/SiC 的氧化结果如图 6-48 所示。可以看到两者氧化引起的重量变化明显不同。在 600～1 100℃时,两者均表现出氧化失重,3D SiC/SiC 氧化失重较小。当超过 1 100℃时,3D C/SiC 的氧化失重放缓,3D SiC/SiC 质量略有增加。在 1 100℃以下,由于缺陷的存在,其过程是氧通过微裂纹经"涂层→基体→界面相→界面相消耗在纤维与基体间形成环形通道"扩散控制的非均匀氧化过程。而在 1 100°C 以上,氧扩散主要由表面氧化膜控制,为表面氧化,故 3D SiC/SiC 氧化过程与 3D C/SiC 差异相对较小。

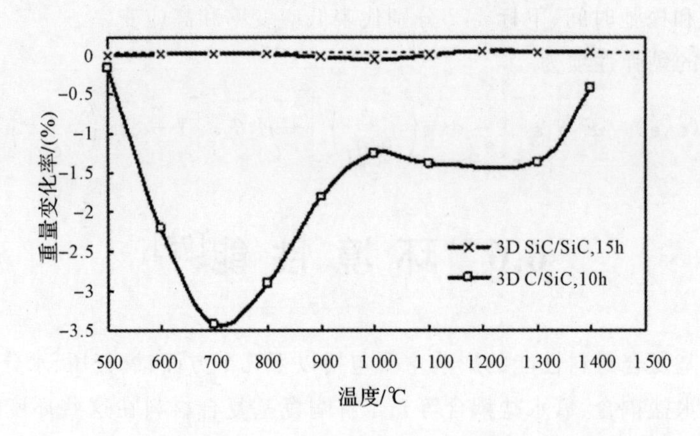

图 6-48　3D SiC/SiC 与 3D C/SiC 在空气中氧化的动力学曲线[72]

6.6.2　水分压的影响

与氧气不同,水蒸气与碳相的反应速度较小,而对 SiC 基体有很大的影响。在低应力下,SiC 基体的氧化产物在一定程度上起着密封氧化扩散通道的作用。SiC 的氧化过程可以分为以下几步[68]:

(1)氧化性气体通过气相传输扩散到气体/氧化层界面;

(2)氧化性气体在氧化层中吸收和溶解;

(3)氧化性气体以分子扩散或离子扩散的形式在氧化层中传输；

(4)氧化性气体与 SiC 在 SiC/SiO_2 界面反应；

(5)气体反应产物由界面扩散到气相。

SiC 主要发生如下反应：

$$SiC_{(s)} + \frac{3}{2}O_{2(g)} \rightarrow SiO_{2(s)} + CO_{(g)} \tag{6-120}$$

$$SiC_{(s)} + 3H_2O_{(g)} \rightarrow SiO_{2(s)} + CO_{(g)} + 3H_{2(g)} \tag{6-121}$$

SiC 基体只有在氧分压较低时才会发生主动氧化生成 SiO 气体。否则主要发生式(6-120)的被动氧化，生成致密的、无定形的 SiO_2 氧化膜，使得材料内部被保护起来[35]。

而水蒸气的引入会加速 SiC 基体的氧化。相关研究表明，SiC 在水氧气氛中的氧化速率将会提高 10～20 倍。其原因主要有两方面：

(1)H_2O 气体在 SiO_2 中的溶解度比 O_2 在 SiO_2 中的溶解度高两个数量级；

(2)以下反应式(6-122)～(6-124)的出现

$$SiC_{(s)} + H_2O_{(g)} \rightarrow SiO(OH)_{2(g)} \uparrow \tag{6-122}$$

$$SiC_{(s)} + 2H_2O_{(g)} \rightarrow Si(OH)_{4(g)} \uparrow \tag{6-123}$$

$$SiC_{(s)} + 3H_2O_{(g)} \rightarrow Si(OH)_{6(g)} \uparrow \tag{6-124}$$

一方面消耗了 SiO_2 保护膜[65]；另一方面反应形成的 Si-OH 基团打破 SiO_2 玻璃硅氧四面体 SiO_4 排列成的无规则网络结构，进而使 H_2O 气体快速扩散，促使反应式(6-121)源源不断地进行下去。

6.6.3 盐浓度的影响

3D C/SiC 复合材料经盐腐蚀后剩余弯曲强度变化曲线如图 6-49 所示。随着盐浓度的提高，其剩余弯曲强度明显下降，因此硫酸钠蒸气会对 C 相产生一定程度的腐蚀作用。

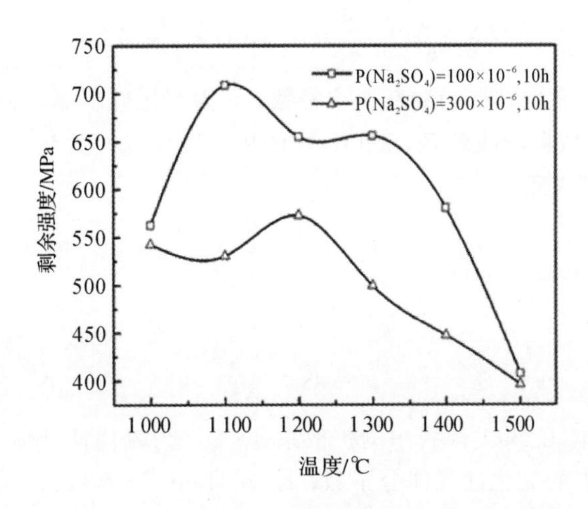

图 6-49 3D C/SiC 复合材料经盐腐蚀后剩余弯曲强度变化曲线[72]

6.6.4 氧水耦合湿氧环境下的环境性能转变

图 6 - 50 为 3D SiC/SiC 在模拟空气和氧水耦合湿氧环境氧化 10h 的氧化动力学曲线[37]。在模拟空气环境中,1 150℃以下表现为氧化失重,但随着温度得分不断增加,失重量不断减小;超过 1 150℃后表现为氧化增重,但增重量几乎不随温度变化。水蒸气的加入加剧了 3D SiC/SiC 的氧化过程。在整个测试温度范围内,材料均表现出氧化增重。在 1 200℃以下,氧水耦合湿氧环境下的氧化增重增速较为平缓,且 $P_{H_2O:O_2:Ar}$(P 代表各种气氛的分压)=21∶21∶58 kPa 和 $P_{H_2O:O_2:Ar}$=14∶8∶78 kPa 两种氧水耦合环境下的增重差值基本保持不变。在 1 200~1 300℃下,氧化增量迅速增加。而超过 1 300℃后,氧化增重又有所放缓。同时随着氧化温度的升高,两种氧水耦合环境下的氧化增重的差值明显增大。

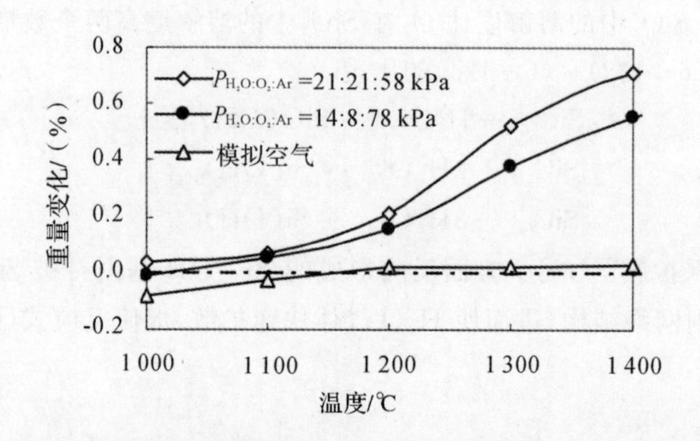

图 6 - 50 3D SiC/SiC 在模拟空气和氧水耦合湿氧环境氧化 10h 的氧化动力学曲线[37]

由于 3D SiC/SiC 被表面涂层包覆,在氧水耦合湿氧环境,氧化性气体很难侵入材料内部,而是在 SiC 涂层发生氧化增重。研究表明,SiC 在氧水耦合湿氧下的氧化可以用抛物线-线性关系描述[57-58]:

$$t=\frac{k_p}{2k_l^2}\left[-\frac{2k_l}{k_p}x-\ln\left(1-\frac{2k_l}{k_p}x\right)\right] \tag{6-125}$$

式中,k_p 为抛物线速率常数;k_l 为线性速率常数;x 为氧化硅层厚度;t 为氧化时间。

SiC 的被动氧化服从抛物线关系,$Si(OH)_X$ 的挥发服从线性关系。

抛物线速率常数可表示为

$$k_p=\frac{2D_{eff}C^*}{N} \tag{6-126}$$

即

$$k_p\propto K\frac{2D_{eff}P}{N} \tag{6-127}$$

式中,D_{eff} 为氧化性气体在 SiO_2 薄膜中的扩散系数;C^* 为氧化性气体在氧化物中的溶解度;N 为单位体积氧化物中的氧化性气体分子数;K 为 Henry's 常数;P 为氧化性气体的分压。

由式(6 - 126)可见,抛物线速度常数与氧化性气体在 SiO_2 薄膜中的扩散系数和溶解度成正比。当 H_2O 参与氧化时,羟基的出现导致 SiO_2 膜疏松,从而增大氧化性气体(H_2O 和

O_2)通过 SiO_2 向 SiC/SiO_2 界面的扩散。这种被破坏了的 SiO_2 网络会使 H_2O 和 O_2 的扩散加快，从而提高 SiC 的氧化抛物线速度常数。这就是 3D SiC/SiC 在氧-水耦合湿氧环境下的氧化增重大于在空气条件下的氧化增重的主要原因。

线性挥发速率常数可表示为[59]

$$k_1 \propto \frac{v^{1/2} P_{H_2O}{}^2}{P_{total}^{1/2}} \tag{6-128}$$

当氧化形气氛分压较大时，SiO_2 生长速率较快。在相同氧化温度、气体流速条件下，尽管水分压较大时 $Si(OH)_x$ 挥发也较快，但是考虑水在玻璃态氧化硅中的溶解度是氧的 1 000 倍[36]，因此水氧分压较高的环境增重也就较大。

在 1 100°C 以下，生成无定形的 SiO_2，氧化硅膜仍然相对致密，此时在氧水耦合湿氧环境和空气条件下，氧化性气体通过 SiO_2 膜的扩散速度相当，相应的 $Si(OH)_x$ 的挥发也非常小。该温度条件下氧化重量变化主要取决于初始氧化阶段，导致氧化重量随温度或时间变化很平缓，且两种氧水耦合湿氧环境下材料的氧化重量变化差值也基本不随温度变化。而在 1 200°C 后，氧化生成的 SiO_2 出现黏性流动，氧化性气体的溶解扩散侵入增加，表层 $Si(OH)_x$ 的挥发加剧。随着氧化温度的升高，SiO_2 的黏性流动加剧，水导致其更加蓬松，此时 O_2 通过 SiO_2 的扩散速度加快。这一方面使得氧化层快速增厚，另一方面导致在 SiO_2/SiC 界面产生的 CO 和 H_2 增加，当界面处气压高于外界气压时，玻璃态的 SiO_2 鼓起气泡，直至破裂。在 1 300℃后，氧化层较厚，考虑玻璃态 SiO_2 的黏滞阻力，气泡破裂难度加大。而在 1 400℃温度下，玻璃态 SiO_2 的黏滞阻力降低，此时气泡容易断裂，在表面会观察到白色 SiO_2 表面残留很多气泡破裂后形成的凹坑。因此，温度和氧水分压对 3D SiC/SiC 氧化有着重要影响。

6.6.5　氧水盐耦合环境下的环境性能转变

图 6-51 所示为 3D SiC/SiC 氧水盐耦合环境下腐蚀过程中的重量变化与温度的关系。在 1 200℃以下，SiC/SiC 在腐蚀环境下缓慢增重，且随着温度的升高，增重量略有增加。在 1 200～1 300℃内，增重量显著增加，且在 1 300℃达到最大值。值得注意的是，在 1 300℃下，腐蚀 10 h 后的增重量相比于腐蚀 5 h 有所减少。在超过 1 300℃后，随着温度的升高，腐蚀 2 h 的增重量基本保持不变，腐蚀 5 h 和 10 h 的增重量迅速减小，甚至在 1 500℃下腐蚀 5h 出现了失重的现象。

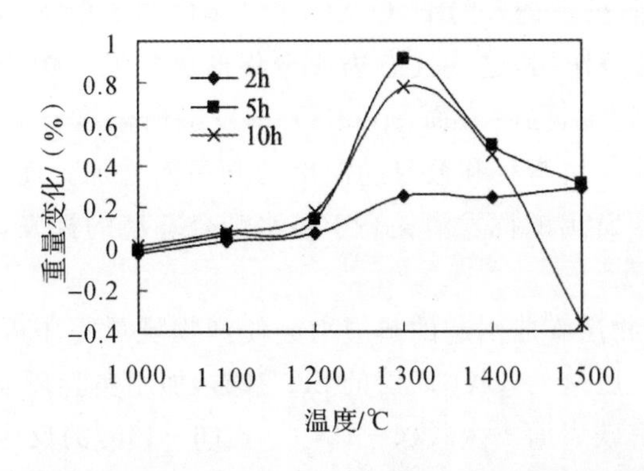

图 6-51　3D SiC/SiC 氧水盐耦合环境下腐蚀过程中的重量变化与温度关系[37]

SiC/SiC 在氧水盐(Na_2SO_4)耦合环境下进行的主要反应有

$$Na_2SO_{4(g)} = Na_2O_{(l)} + SO_{3(g)} \tag{6-129}$$

$$SiC_{(s)} + 3H_2O_{(g)} = SiO_{2(s)} + 3H_{2(g)} + CO_{(g)} \tag{6-130}$$

$$2SiC_{(s)} + 3O_{2(g)} = 2SiO_{2(s)} + 2CO_{(g)} \tag{6-131}$$

$$Na_2O_{(l)} + xSiO_{2(s)} = Na_2O \times xSiO_{2(l)} \tag{6-132}$$

$$SiC_{(s)} + 3SO_{3(g)} = 3SO_{2(s)} + SiO_{2(s)} + CO_{(g)} \tag{6-133}$$

$$C_{(s)} + H_2O_{(g)} = CO_{(g)} + H_{2(g)} \tag{6-134}$$

$$C_{(s)} + O_{2(g)} = CO_{2(g)} \tag{6-135}$$

$$SO_{3(g)} + C_{(s)} = SO_{2(g)} + CO_{(g)} \tag{6-136}$$

$$Na_2O_{(l)} + SO_{3(g)} + 2SiC_{(s)} = Na_2S_{(l)} + 2CO_{(g)} + 2SiO_{(g)} \tag{6-137}$$

温度较低时，根据水分压的影响规律，H_2O 会加剧 SiC 的氧化反应，生成的产物 SiO_2 在材料表面形成一层致密的氧化膜，阻碍氧化的进一步发生，并导致材料的氧化增重[30-31,38]。Na_2SO_4 的分解产物 Na_2O 与 SiO_2 反应，在表面生成低熔点的 $Na_2O \cdot x\ SiO_2$[32]。SiC 涂层的网状缺陷会被生成的 SiO_2 和低熔点的 $Na_2O \cdot x\ SiO_2$ 包覆，直至 Na^+ 被完全消耗，此时会在液固界面重新生成 SiO_2[33]，进一步阻碍氧化或腐蚀的深入，因此，氧化增重缓慢。尽管 H_2O 会使 SiC 的氧化加剧，但是它同样会使 SiO_2 膜变蓬松[57]，使其对氧化性气体的阻碍作用弱化。同时温度升高会使 $Si(OH)_4$ 的挥发和 $Na_2O \cdot x\ SiO_2$ 的流失加剧。因此材料重量受到这两方面作用的共同影响。

温度较高时，生成的液态 $Na_2O \cdot x\ SiO_2$ 和 Na^+ 会降低 SiO_2 黏性使得材料会更早出现气泡逸出残留的凹坑，进而降低表面腐蚀物层鼓泡的概率。随着氧化时间的增加，氧化物层越来越厚，反应气体进入材料内部的扩散路程越来越长，氧化增重越来越缓慢。而同时认为 $Si(OH)_4$ 的挥发速度在反应过程中不变，因此随着时间的增加，$Si(OH)_4$ 的挥发必将逐渐占据主导地位，导致氧化物增重呈现先增加后减小的趋势。

同样，SiO_2 增重和 $Si(OH)_4$ 挥发失重的竞争随着温度也会发生变化。当温度较高时，失重过程由于受 SiO_2 黏度的降低及挥发物饱和蒸气压的增加而加速，导致由 SiO_2 增重占主导位置向 $Si(OH)_4$ 挥发失重占主导地位的时间点前移，因此，材料增重在特定温度下会出现最高点。当超过此温度时，SiC 在 Na_2SO_4 作用下会出现主动氧化[13]（见式 6-137），从而引起材料失重。

在蓬松的 SiO_2 层内部，扩散进入的 H_2O、SO_3 和 Na_2O 与 SiO_2 反应生成气态物质，但受到 SiO_2 和外部气体共同的阻碍作用，这些气态物质聚集形成气泡。随着温度升高和时间增加，气泡需要克服更大的阻力逸出，同时表面 $Si(OH)_4$ 挥发随着温度升高加剧，导致在腐蚀表面层留下凹坑（腐蚀坑），且腐蚀坑直径和数目随温度的升高而增加。而在加入 Na_2SO_4 后，Na^+ 使 SiO_2 黏度下降导致表层 SiO_2 的挥发消耗高于氧水耦合环境的挥发，因此，氧水盐耦合环境下形成的产物凹坑直径更大。

腐蚀过程中形成的产物层膨胀引起的热应力会使产物层承受压应力，进而产生翘曲驱动力，腐蚀层产物局部脱落。脱落后，SiO_2 底层的 SiC 暴露，加剧实验环境中 H_2O 和 SO_3 等气体扩散进入材料内部，使热解碳表面发生式(6-134)～式(6-136)的反应，热解碳的消耗会使纤维与反应气体接触，导致材料强度降低。

6.6.6　空间复杂环境下氧化行为机理

空间环境复杂，陶瓷基复合材料的氧化行为一般也会受到多种氧化介质的共同作用[14-16]。氧化介质一般包括分子氧（Molecular Oxygen，MO）、原子氧（Atomic Oxygen，AO）和两种介质的叠加氧化。

1. C/SiC 空间复杂环境氧化机理

图 6－52 所示为 C/SiC 复合材料的 MO 氧化过程示意图。当 MO 与材料表面接触时，首先在 C/SiC 表面生成 α－SiO_2 薄膜，导致材料初始氧化阶段增重。但是，反应生成的 α－SiO_2 薄膜并不能阻止 MO 进入材料内部，内部纤维被氧化侵蚀，造成氧化失重。MO 氧化过程中的反应主要有

$$SiC(\beta) + O_2 \xrightarrow{1\,500℃} SiO_2(\alpha) + C \tag{6-138}$$

$$C + O_2 \xrightarrow{1\,500℃} CO_2 \uparrow \tag{6-139}$$

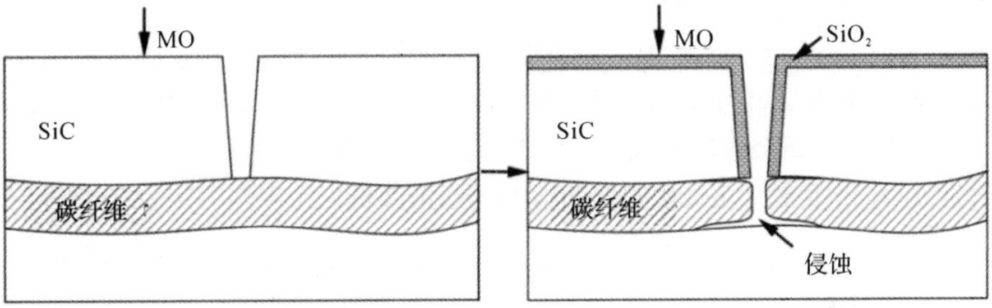

图 6－52　C/SiC 复合材料的 MO 氧化过程示意图[10]

先将 MO 氧化再将 AO 氧化的模式定义为（MO＋AO）氧化。在第一阶段的 MO 氧化，在材料表面形成一层 α－SiO_2 薄膜，表现为氧化初始阶段增重，MO 气体通过材料表面的“缺陷通道”进入材料内部侵蚀内部纤维，形成如图 6－53 左图所示的形貌。第二阶段，AO 粒子轰击 SiO_2 薄膜，在剥蚀和热应力作用下，C/SiC 材料表面形成裂纹。与此同时，AO 粒子通过主缺陷通道进入材料内部，“撞击”并“剥蚀”内部 C 纤维，形成如图 6－53 右图所示的形貌。

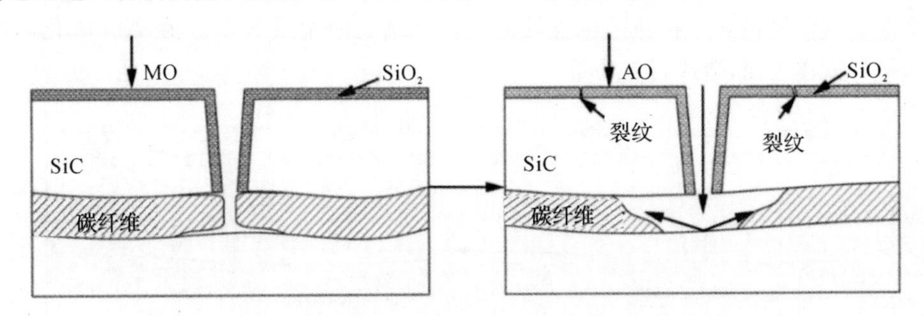

图 6－53　C/SiC 复合材料的（MO＋AO）氧化过程示意图[10]

先将 AO 氧化再将 MO 氧化的模式定义为（MO＋AO）氧化。AO 对 C 纤维具有“氧化侵

蚀”和“轰击刻蚀”双重作用,且与 SiC 接触后会在表面形成一定厚度的 C 膜。因此,在第一阶段 AO 的作用下,SiC 基体表面和主缺陷内的表面会形成一层 C 膜,并在主缺陷下方一定深度的纤维被氧化侵蚀,形成如图 6-54 左图所示的形貌。在第二阶段的 MO 氧化,表面 C 层被快速消耗,材料减重明显。主缺陷表面 C 层被快速氧化后,“扩大”主缺陷形成的氧化通道,加速 C 纤维的氧化,形成如图 6-54 右图所示的形貌。

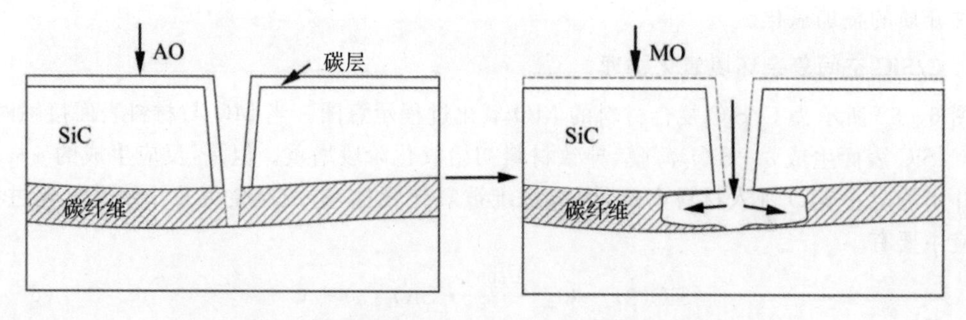

图 6-54 C/SiC 复合材料的(AO+MO)氧化过程示意图[10]

2.SiC/SiC 空间复杂环境氧化机理

图 6-55 所示为 SiC/SiC 复合材料的 MO 氧化过程示意图。在 MO 氧化初期,1 500℃高温引发纤维表面 C 界面层材料发生强烈分解反应,材料失重。随着氧化时间的增加,SiC/SiC 试样表面和 SiC 纤维表面会逐渐生成 SiO_2,试样表现出增重趋势。随着 SiO_2 逐渐“覆盖”试样表面,SiC/SiC 试样增重率会随氧化时间的增加而逐渐降低。

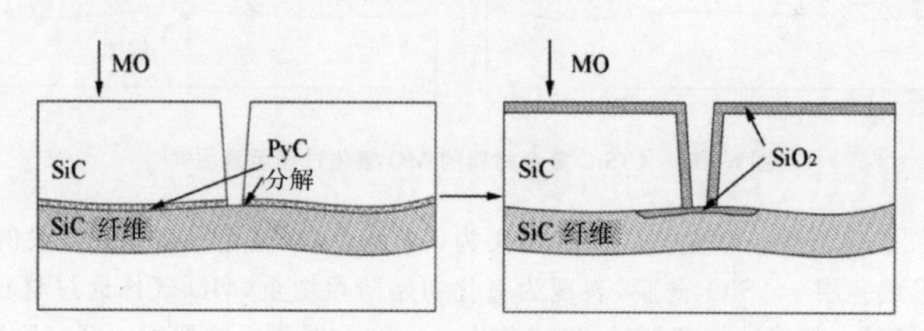

图 6-55 SiC/SiC 复合材料的 MO 氧化过程示意图[10]

图 6-56 所示为 SiC/SiC 复合材料的(MO+AO)氧化过程示意图。在 MO 氧化阶段,高温和氧化性氛围使材料表面和缺陷位置处的 SiC 纤维表面生成 SiO_2。在 AO 氧化阶段,AO 粒子剥蚀材料试样表面,造成材料失重。

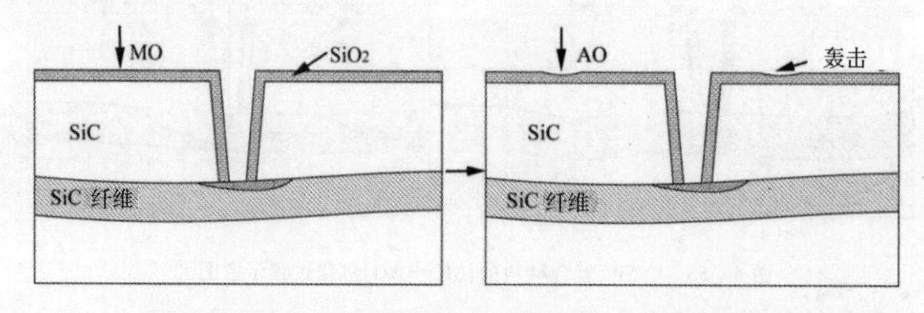

图 6-56 SiC/SiC 复合材料的(MO+AO)氧化过程示意图[10]

AO 氧化在材料表面生成一层 C 层，如图 6－57 所示。在后续的 MO 氧化过程中，该 C 层被快速氧化而被“消耗”。材料先被 AO“碳化”后被 MO 氧化，加速了材料被氧化氛围侵蚀，甚至会在材料内部的 SiC 相表面生成凹坑状的剥蚀痕迹，如图 6－57 所示。

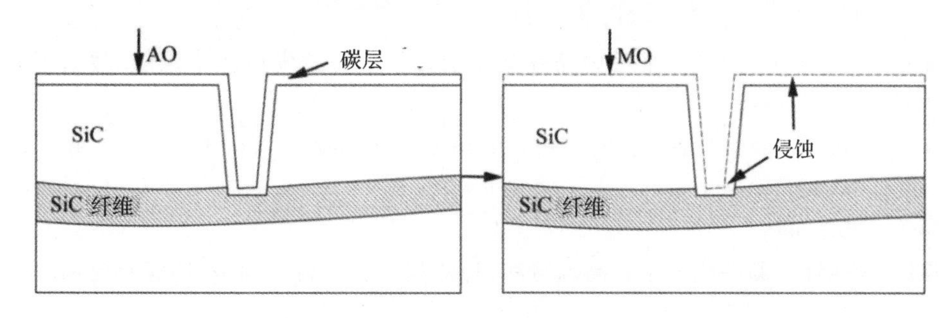

图 6－57　SiC/SiC 复合材料的(AO+MO)氧化过程示意图[10]

6.7　本章小结

陶瓷基复合材料具有良好的耐高温、抗烧蚀、高断裂韧性和高比强度等优异特性，在航空航天领域获得了广泛的关注，常见的陶瓷基复合材料包括 C/SiC 复合材料和 SiC/SiC 复合材料。

本章针对常见的 C/SiC 和 SiC/SiC 陶瓷基复合材料，通过实例介绍了材料的应用前景；详述了材料的热膨胀性能和热传导性能的影响因素及影响规律，给出了材料热物理性能的预测模型；以拉伸性能为例，介绍了材料的静态力学性能特点，给出了材料的弹性性能预测模型和损伤本构模型，该模型可以用于陶瓷基复合材料的结构有限元分析；详细介绍了材料的疲劳蠕变性能特点，揭示了材料的疲劳蠕变性能影响机理，结合实验结果给出了材料的疲劳蠕变性能力学模型；在材料动态力学性能试验的基础上，揭示了应变率和温度对材料力学性能的影响规律，构建了材料的动态损伤本构模型；针对陶瓷基复合材料的服役环境，揭示了环境因素对材料性能的影响规律。

通过本章的学习，能够掌握陶瓷基复合材料的性能特征，为将来陶瓷基复合材料结构的设计和分析提供数据支撑和理论依据。

参考文献

[1]　张鹏，朱强，秦鹤勇，等. 航空发动机用耐高温材料的研究进展. 材料导报，2014，28(6)：27－31.

[2]　李爱兰，曾燮榕，曹腊梅. 航空发动机高温材料的研究现状. 材料导报，2003，17(2)：26－28.

[3]　鲁芹，胡龙飞，罗晓光，等. 高超声速飞行器陶瓷基复合材料与热结构技术研究进展. 硅

酸盐学报，2013，41(2)：251-260.

[4] AVESTON J. Strength and toughness in fiber reinforced ceramics// Properties of fiber composite，National Physical Laboratory Conference. Guildford，UK：IPC Science and Technology Press Ltd，1971，63-74.

[5] 张立同，成来飞. 连续纤维增韧陶瓷基复合材料可持续发展战略探讨. 复合材料学报，2007，24(2):1-6.

[6] NASLAIN. Design，preparation and properties of non-oxide CMCs for application in engines and nuclear reactors：an overview. Composites Science and Technology，2004，64(2):155-170.

[7] 焦健，陈明伟. 新一代发动机高温材料:陶瓷基复合材料的制备、性能及应用. 航空制造技术，2014，451(7)：62-69.

[8] 高铁，洪智亮，杨娟. 商用航空发动机陶瓷基复合材料部件的研发应用及展望. 航空制造技术，2014，450(6):14-21.

[9] CHRISTIN F. Design，fabrication and application of C/C，C/SiC and SiC/SiC composites// High temperature ceramic matrix composites，vol. 4，Weinheim：Wiley-VCH Press，2001：31-43.

[10] 刘小冲. 碳化硅陶瓷基复合材料空间环境性能研究. 西安:西北工业大学,2014.

[11] PAUL A，BINNER J，VAIDHYANATHAN B. UHTC composites for hypersonic applications. American Ceramic Society Bulletin，2012，91(1)：22-29.

[12] SCHMIDT S，BEYER S，KNABE H ，et al. Advanced ceramic matrix composite materials for current and future propulsion technology applications. Acta Astronautica，2004，55(3):409-420.

[13] SONG D Y，TAKEDA N，KAWAMOTO H. Corrosion，oxidation and strength properties of Nicalon SiC fibre under loading. Material Science and Engineering A，2000，278：82-87.

[14] BANKS B A，BACKUS J A，MANNO M V，et al. Atomic oxygen erosion yield prediction for spacecraft polymers in low earth orbit. Proceedings of the ISMSE-11，2009，15：18.

[15] 李涛，易忠，高鸿. 航天器材料空间环境适应性评价技术. 装备环境工程，2012，9(3)：37-40.

[16] 崔尔杰. 重大研究计划“空天飞行器的若干重大基础问题”研究进展. 中国科学基金，2006(5)：278-280.

[17] 车剑飞，黄洁雯，杨娟. 复合材料及其工程应用. 北京:机械工业出版社，2006.

[18] 周军，李中奎. 轻水反应堆(LWR)用包壳材料研究进展. 中国材料进展，2014(9)：16-20.

[19] SUGANUMA M，IMAI T，KATAYAMA H，et al. Optical testing of lightweight large all-C/SiC optics//International Conference on Space Optics—ICSO 2010. Rhodes，Greece，4-8，Oct. 2010，Edited by Errico Armandillo ，Bruno Cugny，Nikos Karafolas，Proc. of SPIE，Vol. 10565：105652E.

[20] KRÖDEL M R，HOFBAUER P，DEVILLIERS C，et al. Recent achievements with a

cryogenic ultra - lightweighted HB - Cesic mirror//Modern Technologies in Space - and Ground - based Telescopes and Instrumentation. International Society for Optics and Photonics, 2010, 7739: 77392L.

[21] KRÖDEL M R, OZAKI T. HB - Cesic composite for space optics and structures// Optical Materials and Structures Technologies III. International Society for Optics and Photonics, 2007, 6666: 66660E.

[22] NAIK N K, GANESH V K. Prediction of on - axes elastic properties of plain weave fabric composites. Composites Science and Technology, 1992, 45:135 - 152.

[23] HASHIN Z. Analysis of composite materials - A survey. Journal of Applied Mechanics,1983, 50: 481 - 505.

[24] HASHIN Z. Theory of fiber reinforced materials. NASA - CR - 1974. NASA, Washington D. C., USA, 1972.

[25] CHAMIS C C. Simplified composite micromechanics equations for hygral, thermal and mechanical properties. SAMPE Quarterly, 1984,15(3): 14 - 23.

[26] MARKWORTH A J. The transverse thermal conductivity of a unidirectional fiber composite with fiber - matrix debonding: a calculation based on effective - medium theory. Journal of Materials Science Letters, 1993, 12: 1487 - 1489.

[27] PILLING M W, YATES B, BLACK M A, et al. The thermal conductivity of carbon fiber - reinforced composites. Journal of Materials Science, 1979, 14: 1326 - 1338.

[28] LYNCH C S, EVANS A G. Effects of off - axis loading on the tensile behavior of a ceramic - matrix composite. Journal of the American Ceramic Society, 1996, 79(12): 3113 - 3123.

[29] BASTE S. Inelastic behaviour of ceramic - matrix composites. Composites Science and Technology, 2001, 61(15): 2285 - 2297.

[30] OPILA E J. Oxidation kinetics of chemically vapor - deposited silicon carbide in wet oxygen. Journal of the American Ceramic Society, 1994, 77(3): 730 - 736.

[31] OPILA E J, HANN R E Jr. Paralinear oxidation of CVD SiC in water vapor. Journal of the American Ceramic Society, 1997, 80(1): 197 - 205.

[32] LEVIN E M, ROBBINS C R, HCMURDIE H F. Phase diagrams for ceramists[M]. The American Ceramic Society, Columbus, USA, 1969.

[33] JACOBSON N S, SMIALEK J L. Hot corrosion of sintered α - SiC at 1000℃. Journal of the American Ceramic Society, 1985, 68(81): 432 - 439.

[34] Abu AL - RUB R K, VOYIADJIS G Z. On the coupling of anisotropic damage and plasticity models for ductile materials. International Journal of Solids and Structures, 2003, 40(11): 2611 - 2643.

[35] 周俊. 2D C/SiC 复合材料复杂环境疲劳行为研究. 西安:西北工业大学,2008.

[36] CHOI J D, FISCHBACH D B, SCOTT W D. Oxidation of chemically vapor deposited silicon nitride and single - crystal silicon. Journal of the American Ceramic Society, 1989, 72 (7), 1118 - 1123.

[37] 吴守军. 3D SiC/SiC 复合材料热化学环境行为. 西安:西北工业大学, 2006.
[38] TORTORELLI P F, MORE K L. Effects of high water - vapor on oxidation of silicon carbide at 1200℃. Journal of the American Ceramic Society, 2003, 86(81):1249-1255.
[39] 刘兴法. 3D - C/SiC 的高温拉-拉疲劳性能研究. 西安:西北工业大学, 2003.
[40] 乔生儒. 复合材料细观力学性能. 西安: 西北工业大学出版社. 1997.
[41] CHERMANT J L, BOITIER G, DARZENS S, et al. The creep mechanism of ceramic matrix composites at low temperature and stress, by a material science approach. Journal of the European Ceramic Society, 2002, 22 (14): 2443 - 2460.
[42] DENG S, WARREN R. Creep properties of single crystal oxides evaluated by a Larson - Miller procedure. Journal of the European Ceramic Society, 1995, 15(6):513 - 520.
[43] CASAS L, MARTINEZ - ESNAOLA J M. Mechanisms of energy absorption in the creep fracture of woven ceramic composites. Journal of the European Ceramic Society, 2003, 23(12): 2039 - 2046.
[44] JIE Y, LEE S H, LUN F, et al. The effects of SiC precursors on the microstructures and mechanical properties of SiCf/SiC composites prepared via polymer impregnation and pyrolysis process. Ceramics International, 2015, 41(3):4145 - 4153.
[45] ROSPARS C, CHERMANT J L, LADEVÈZE P. On a first creep model for a 2D SiC_f -SiC composite. Materials Science and Engineering: A, 1998, 250(2):264 - 269.
[46] LEMAITRE J. How to use damage mechanics. Nuclear Engineering & Design, 1984, 80(2): 233 - 245.
[47] BARR B, SHAH S, SWARTZ S E, et al. Fracture of concrete and rock. Engineering Fracture Mechanics, 2002, 69(2): 93 - 94.
[48] WANG Z L, LIU Y S, SHEN R F. Stress - strain relationship of steel fiber - reinforced concrete under dynamic compression. Construction & Building Materials, 2008, 22(5): 811 - 819.
[49] NANDLALL D, WILLIAMS K, VAZIRI R. Numerical simulation of the ballistic response of GRP plates. Composites Science and Technology, 1998, 58(9): 1463 - 1469.
[50] 袁秦鲁. 炭/炭复合材料准静态、动态力学行为的研究. 西安: 西北工业大学, 2009.
[51] Liu M S, LI Y L, XU F, et al. Dynamic compressive mechanical properties and a new constitutive model of 2D - C/SiC composites. Materials Science and Engineering: A, 2008, 489(1/2): 120 - 126.
[52] 张超. 极端高温环境下 2D C/SiC 复合材料动态力学行为研究. 西安: 西北工业大学, 2019.
[53] JOHNSON G R, COOK W H. A constitutive model and data for metals subjected to large strains, high strain rates and high temperatures. Engineering Fracture Mechanics, 1983, 21: 541 - 548.
[54] WANG L. Foundations of stress waves. [S. l.]: Elsevier, 2011.
[55] XU M, WANG L. A new method for studying the dynamic response and damage evolution of polymers at high strain rates. Mechanics of Materials, 2006, 38(1/2):

68 -75.
[56] 王礼立，王永刚. 应力波在用 SHPB 研究材料动态本构特性中的重要作用. 爆炸与冲击，2005，25(1)：17 - 25.
[57] OPILA E J. Variation of the oxidation rate of silicon carbide with water - vapor pressure. Journal of the American Ceramic Society，1999，82(3)：625 - 636.
[58] OPILA E J. Oxidation and volatilization of silica formers in water vapor，Journal of the American Ceramic Society，2003，86(8)：1238 - 1248.
[59] OPILA E J，SMIALEK J L，ROBINSON R C，et al. SiC recession caused by SiO2 scale volatility under combustion conditions：II，Thermodynamics and gaseous - diffusion model. Journal of the American Ceramic Society，1999，82(7)：1826 - 1834.
[60] 李俊. 二维 C - SiC 复合材料的非线性本构关系研究. 西安：西北工业大学，2014.
[61] 常岩军. C/SiC 复合材料损伤本构模型及力学特性. 西安：西北工业大学，2008.
[62] 王宣为. 空气中 C/SiC 的疲劳和热震性能. 西安：西北工业大学，2012.
[63] 王西. 国产 2D - SiCf/SiC 复合材料的蠕变性能及损伤机理. 西安：西北工业大学，2020.
[64] 王克杰. SiC/SiC 与 C/SiC 复合材料的真空拉伸蠕变性能. 西安：西北工业大学，2018.
[65] NASLAIN R，DUGNE O，GUETTE A，et al. Boron nitride interphase in ceramic matrix composite. Journal of the American Ceramic Society，1991，74:2482 - 2488.
[66] 王严培. 冲击载荷下 2D - SiC/SiC 复合材料的力学响应与破坏机理. 西安：西北工业大学，2019.
[67] ZHU S，MIZUNO M. Monotonic tension，fatigue and creep behavior of SiC - fiber - reinforced SiC - matrix composites：a review. Composites Science and Technology. 1999，59：833 - 851.
[68] 美国空军技术学院. 国防关键技术. 中国航空信息中心研究部，译. 北京：中国航空信息中心，1994.
[69] 聂荣华，矫桂琼，王波. 二维编织 C/SiC 复合材料的热膨胀系数预测. 复合材料学报，2008，25(3)：109 - 114.
[70] 聂荣华，矫桂琼，王波. 二维编织 C/SiC 陶瓷基复合材料的热传导系数预测. 复合材料学报，2009，26(3)：169 - 174.
[71] 李潘. 二维编制 SiC/SiC 复合材料本构研究. 西安：西北工业大学，2014.
[72] 张立同. 纤维增韧碳化硅陶瓷复合材料. 北京：化学工业出版社. 2009.
[73] 蒋邦海，张若棋. 动态压缩下一种碳纤维织物增强复合材料的各向异性力学性能实验研究. 复合材料学报，2005，22(2)：109 - 115.
[74] 聂荣华. 二维编织 C/SiC 复合材料的热物理性能研究. 西安：西北工业大学，2008.
[75] 成来飞，栾新刚，张立同，等. 超高温结构复合材料服役行为模拟：理论与方法. 北京：化学工业出版社，2020.

第7章　纤维增强复合材料疲劳强度

工程结构时常受到循环载荷的作用，所以在机械设计或结构元件的设计中，疲劳分析是重要问题之一。近几十年来，由于复合材料技术的快速发展和广泛应用，传统的疲劳分析方法也被拓展到复合材料结构的设计和分析。与金属材料相比，纤维增强树脂基复合材料具有优越的抗疲劳特性，在实际设计中通常以对静强度或刚度的要求涵盖对疲劳性能的要求。但是，在交变载荷和环境作用下，结构的疲劳损伤的问题必然存在。随着复合材料越来越多地应用于主承力结构，特别是在提高结构设计许用应变和降低结构重量的要求下，复合材料结构的疲劳和耐久性问题将更加突出。复合材料疲劳损伤模式和金属损伤模式有很大的不同。这些都需要对复合材料及其结构的疲劳问题进行专门研究。

7.1　复合材料疲劳分析的原理和方法

7.1.1　复合材料疲劳的特点

复合材料疲劳性能的特点有：①损伤形式多样化，多种损伤形式交错出现；②多种损伤相互作用的机理复杂，损伤扩展缺乏规律性，疲劳分散性较大；③疲劳性能对湿热环境敏感，尤其是对树脂基复合材料，其在湿热环境中强度和疲劳性能急剧下降；④疲劳损伤隐蔽性强，结构内部的疲劳损伤的演化不易被察觉，疲劳失效具有突然性。

复合材料的疲劳损伤演变过程一般经历以下几个阶段(见图7-1)。

(1)初始阶段。层合板内部基体首先产生微裂纹，随着循环次数的增加，微裂纹密度迅速增加，直至达到饱和(特征损伤状态，Characteristic Damage State，CDS)。但微裂纹仅存在于各单层内，各裂纹间不发生相互作用。

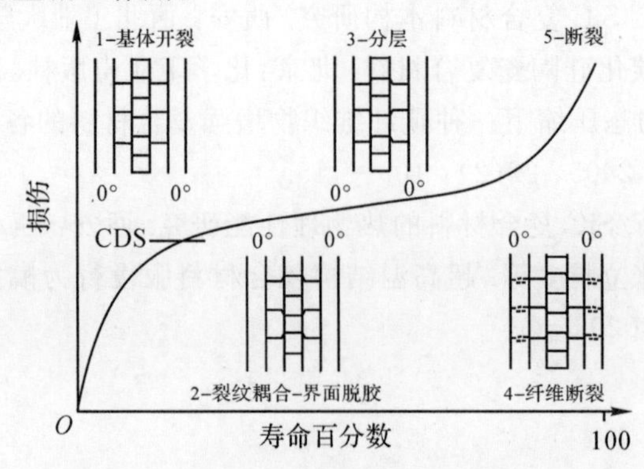

图7-1　复合材料疲劳损伤演化过程

(2)稳定发展阶段。损伤饱和后,基体裂纹在扩展中遇到纤维阻碍,破坏纤维要比破坏基体困难得多,损伤的增加趋于平稳,材料性能下降趋于平缓。

(3)快速发展阶段。微裂纹相互作用使损伤进一步加剧,且在应力集中处造成大面积的严重损伤区,导致纤维大量断裂,使层合板发生最终破坏。

7.1.2　复合材料疲劳的研究现状

国际上从 20 世纪六七十年代起大量开展了复合材料疲劳与断裂领域的研究工作。研究途径主要是探索疲劳损伤发生和发展的微、细观机理,进而通过宏观的机械量的变化建立疲劳寿命模型,或唯象地表达损伤,结合应力分析和损伤累积方法估算疲劳寿命。常见的疲劳寿命分析模型有传统的疲劳寿命模型、剩余强度退化模型、刚度退化模型和耗散能模型等。

7.1.2.1　疲劳寿命模型

这类疲劳寿命分析模型是从材料的 $S-N$ 曲线或 Goodman 图中提取信息,建立疲劳失效准则,不区分损伤类型,也不考虑损伤累积的物理过程,只是用它来预估给定载荷条件下的寿命循环数。

7.1.2.2　剩余强度退化模型

复合材料结构在循环载荷作用下,其内部出现各种微观损伤,从宏观上反映为材料性能参数,如强度、刚度等随着循环次数的增加而呈现总体上下降的趋势。剩余强度模型就是以复合材料疲劳加载下的剩余强度作为损伤度量来预测复合材料的疲劳寿命,当剩余强度低于给定外载的最大值时发生破坏。

多数强度退化模型中,剩余强度随载荷循环次数单调下降,按 Schaff 等[1]的表示方式就是

$$R(n)=R_0-f(R_0,\ S_p,\ R_s)n^{\nu} \tag{7-1}$$

式中,R_0 和 $R(n)$ 分别为初始静强度和 n 次循环后的剩余强度;S_p 为峰值应力;R_s为应力比。ν 称为强度退化参数,要通过剩余强度分布的试验曲线得到。函数 f 描述了强度随循环次数损失的速率,要根据破坏准则确定。Schaff 等把剩余强度表示为

$$R(n)=R_0-(R_0-S_p)\left(\frac{n}{N}\right)^{\nu} \tag{7-2}$$

其中,当 $\nu=1$ 时,剩余强度呈线性退化;当 $\nu>1$ 时,剩余强度表现为突然死亡行为;当 $\nu<1$ 时,剩余强度呈缓慢退化现象。

Caprino[3]将他在随机玻璃纤维增强热固性和热塑性复合材料研究中采用的双参数模型推广应用于层压复合材料的拉-拉疲劳研究。剩余强度的表达式为

$$\sigma_n=\sigma_0-\alpha\sigma_{max}(1-R)(n^{\beta}-1) \tag{7-3}$$

式中,σ_n 是剩余强度;σ_0 是静拉伸强度;σ_{max} 为等幅循环应力的最大值;R 为应力比;α 和 β 是两个常数。利用强度破坏准则,当 $n=N$ 时,$\sigma_n=\sigma_{max}$ 。代入式(7-3),得

$$N=\left[1+\frac{1}{\alpha(1-R)}\left(\frac{\sigma_0}{\sigma_{max}}-1\right)\right]^{1/\beta} \tag{7-4}$$

这是 $S-N$ 曲线的表达形式，参数 α 和 β 可以通过 $S-N$ 曲线上的两个点估计。

姚卫星(W. X. Yao)等[4]根据复合材料疲劳损伤发展的一般规律和大量的疲劳强度试验结果，提出剩余强度的表达式为

$$R(n)=R(0)-[R(0)-S_{\max}]f(n/N_f) \tag{7-5}$$

式中，N_f 为疲劳寿命循环数。受拉伸疲劳载荷作用时，函数 $f(n/N)$ 为

$$f(n/N)=\frac{\sin(\beta n/N)\cos(\beta-\alpha)}{\sin\beta\cos(\beta n/N-\alpha)}$$

式中，α，β 为材料常数。在受压缩疲劳载荷作用时，有

$$f(n/N)=\left(\frac{n}{N}\right)^{\nu}$$

剩余强度变化的规律容易被其分散性所掩盖，因此要建立剩余强度模型，就需要进行大量的破坏性试验。

7.1.2.3 刚度退化模型

基于刚度的疲劳寿命模型的优点是刚度容易测量，缺点是物理意义不如强度准则明确，通常是用割线刚度和破坏应变进行描述[1,5]。

J. N. Yang 等提出了一种模型[6-7]，将剩余刚度退化的速率描述为

$$\frac{dE(n)}{dn}=-E(0)Q\nu n^{\nu-1} \tag{7-6}$$

式中，n 是循环次数；$E(0)$ 是初始刚度；$E(n)$ 是循环数 n 时的剩余刚度；$Q=a_1+a_2\nu$，$\nu=a_3+BS$；S 是应力水平；a_1、a_2、a_3 和 B 可由试验数据拟合得到。积分式(7-6)得

$$E(n)=E(0)[1-Qn^{\nu}] \tag{7-7}$$

Philippdis 等[8-9]提出基于给定刚度降幅测定 $S-N$ 曲线。他们使用的刚度下降模型表达式为

$$\frac{E_N}{E_1}=1-K\left(\frac{\sigma_a}{E_0}\right)^{c}N \tag{7-8}$$

即在循环应力 σ_a 下，当弹性模量 E 下降到初始值 E_1 的预设比例 E_N/E 时，得到循环数 N。式中，E_0 为静态弹性模量，E_1 为第 1 周循环时的弹性模量，两者不等同，E_N 为第 N 次循环时的弹性模量。

疲劳模量是 Hwang 等[10]于 20 世纪 80 年代提出的概念，其定义是

$$F(n,Q)=\frac{\sigma_a}{\varepsilon(n)} \tag{7-9}$$

式中，$F(n,Q)$ 是第 n 次载荷循环时的疲劳模量；$\varepsilon(n)$ 是第 n 次载荷循环时的总应变；σ_a 是施加的交变应力幅；Q 是 σ_a 与极限强度 σ_u 的比值。疲劳模量与刚度有相同量纲，因此也可以划归刚度退化模型。

Hwang 等又假设疲劳模量的退化率不仅与载荷的循环次数 n 有关，而且与当前的疲劳模量值 F_n 有关，因而提出多种疲劳模量衰减规律[11]，例如：

$$\frac{dF_n}{dn}=-A\frac{Cn^{C-1}}{BF^{B-1}} \tag{7-10}$$

式中，A，B，C 为与材料有关的常数。根据式(7-10)和疲劳模量定义式，可推导得到对应的

$S-N$ 曲线表达式。

刚度降模型是对单个循环中刚度之间的比较，而疲劳模量模型可看作是刚度降模型的延伸和发展，其出发点是每个疲劳循环均可能引起材料内部的小损伤，疲劳模量正是这种小损伤的累积过程的一种定量的描述。

7.1.2.4　基于耗散能的疲劳模型

用不可逆的能量耗散表征损伤，在一定程度上反映了损伤累积的物理本质。轩福贞等[12]借鉴金属疲劳中的迟滞能耗原理，用循环滞回能中的有效能耗部分定义疲劳损伤，建立非线性损伤模型。

Plumtree 等[13]将金属材料疲劳研究中提出的 SWT 疲劳损伤参数推广用于偏轴单向纤维增强复合材料。可通过有限元微应力分析，计算平行于纤维的断裂面的最大正应力和剪应力，以及正应变和剪应变的变程，从而确定疲劳损伤参数，即

$$\Delta W^{*}=\sigma_{22}^{\max}\Delta\varepsilon_{22}+\tau_{12}^{\max}\Delta\gamma_{12}/2 \tag{7-11}$$

疲劳损伤参数 ΔW^{*} 与疲劳寿命的关系可以用双对数坐标中的线性式表示，即

$$\lg(\Delta W^{*})=\alpha\lg(2N_{\mathrm{f}})+\lg\beta \tag{7-12}$$

式中，α 和 β 都是材料常数。这样就可能根据一种偏轴角和应力比的试验结果得出多种纤维方向角和多种应力比下的疲劳寿命，减少了试验工作量。

7.1.2.5　累积损伤模型

有了上述唯象的疲劳强度模型以后，可以再以某些方式建立疲劳损伤模型。

在基于剩余强度的模型中，以 Yao 等的剩余强度模型[4]为例。该模型假定：一次循环载荷造成的损伤 ΔD 正比于本次加载造成的剩余强度的下降，则对第 n 次加载循环，可得

$$\Delta D=\frac{R(n-1)-R(n)}{R(0)-S} \tag{7-13}$$

只要确知剩余强度下降的规律，就能得到累积损伤的具体表达形式。

在刚度退化模型中，以 Hwang 等的疲劳模量模型为例。文献[11]推荐了几种疲劳损伤定义，基于疲劳模量的损伤定义为

$$D=\frac{F_0-F_n}{F_0-F_N} \tag{7-14}$$

式中，F_0，F_n 和 F_N 分别为疲劳模量的初值、当前值和疲劳失效时的最终值。另一种损伤定义是基于应变的：

$$D=\frac{\varepsilon_n-\varepsilon_0}{\varepsilon_N-\varepsilon_0} \tag{7-15}$$

式中，ε_0，ε_n 和 ε_N 分别为应变的初值、当前累积值和最终累积值。进一步利用疲劳模量的定义和相应的 $S-N$ 曲线表达式，可推导得到疲劳损伤作为循环载荷水平和载荷循环次数函数的关系式。

上述不同损伤定义，损伤函数的值通常介于 0～1 之间，当损伤值累积到 1.0 时，发生疲劳失效，对应的循环次数就是疲劳寿命。

在多级变幅加载或随机载荷下，疲劳损伤的累积和寿命估算需要依照一定的法则进行，这

种法则应当考虑到加载历史的影响和复合材料损伤的非线性特性，一般地，可以这样来描述[5,14]：

定义适当的疲劳损伤参数 $D(n,N)$，它是循环次数 n 和疲劳寿命 N 的函数，满足边界条件 $D(0,N)=0$ 和 $D(N,N)=1$。设外载在 S_1 下作用 n_1 次，在 S_2 下作用 n_2 次，……，在 S_k 下作用 n_k 次，……。在 S_1 载荷作用 n_1 次后产生的损伤为 $D(n_1,N_1)$，在 S_2 载荷作用下，与累积损伤 $D(n_1,N_1)$ 当量的循环数 n_{21} 通过下式确定，有

$$D(n_1,N_1)=D(n_{21},N_2) \tag{7-16}$$

对应的剩余寿命为 $n_{2r}=N_2-n_{21}$，S_2 以后的累积损伤为 $D(n_{21}+n_2,N_2)$，……。依此类推，轮到 S_k 作用时，与累积损伤 $D(n_{k-1,k-2}+n_{k-1},N_{k-1})$ 当量的循环数 $n_{k,k-1}$ 按下式确定，有

$$D(n_{k-1,k-2}+n_{k-1},N_{k-1})=D(n_{k,k-1},N_k) \tag{7-17}$$

剩余寿命为 $n_{kr}=N_k-n_{k,k-1}$。对每个载荷水平都要比较计划作用次数和剩余寿命的大小，譬如，载荷 S_i 作用时，若 $n_i<n_{ir}$，则继续下一级载荷，若 $n_i>n_{ir}$，则表明损伤累积达到极限，用循环数表示的疲劳寿命为 $N_f=n_1+n_2+\cdots+n_{i-1}+n_{ir}$。

如果取损伤函数 $D(n,N)=\dfrac{n}{N}$，意味着损伤是循环数的线性函数，损伤累积的方法就简化成了 Miner 线性累积损伤理论，各次循环造成的损伤相互独立，只需要简单叠加即可。

7.1.2.6 建立在单向板特性基础上的层压结构疲劳寿命分析

上述各种累积损伤模型主要是针对单向板、简单的典型铺层或具体铺层的层压板建立起来的。对于由单层铺叠形成的层压结构，不同的铺层角和铺叠顺序可构成无数多种组合，而对每一种组合进行疲劳试验并建立疲劳模型，显然不现实。因此，如何以较小的试验代价为基础，利用复合材料的可设计性，建立普遍适用的疲劳寿命估算方法意义重大。

Hashin 和 Rotem 提出了一种用于单向板的疲劳失效准则[15]，可区分纤维失效和基体失效：

对纤维失效：

$$\sigma_A=\sigma_A^u \tag{7-18}$$

对基体失效：

$$\left(\frac{\sigma_T}{\sigma_T^u}\right)^2+\left(\frac{\tau}{\tau^u}\right)^2=1 \tag{7-19}$$

式中，σ_A 和 σ_T 分别为纤维方向和垂直于纤维方向的应力；τ 为切应力；σ_A^u、σ_T^u 和 τ^u 分别为纤维拉伸、基体拉伸和剪切的极限应力。这些极限强度都是疲劳应力水平、应力比和应力循环数的函数。该准则通过对应于三个应力分量的 $S-N$ 曲线来表达，而这些 $S-N$ 曲线可通过不同偏轴角的单向板的拉伸疲劳试验获得。

M-H. R. Jen 和 C-H. Lee 针对 AS4 碳纤维/PEEK APC-2 热塑性单向层压板、正交铺设层压板和 π/4 准各向同性层压板进行了大量的静力和疲劳试验[16]。他们以此为基础提出了扩展的蔡-希尔疲劳失效准则 ET-HFFC[17] 为

$$\left(\frac{\sigma_{11}}{\bar{\sigma}_{11}}\right)^2+\left(\frac{\sigma_{22}}{\bar{\sigma}_{22}}\right)^2-\frac{\sigma_{11}\sigma_{22}}{\bar{\sigma}_{11}^2}+\left(\frac{\sigma_{12}}{\bar{\sigma}_{12}}\right)^2=1 \tag{7-20}$$

式中，$\bar{\sigma}_{ij}=\bar{\sigma}_{ij}(N,R)$，表示在应力比 R 下，与各主轴应力分量对应的、给定寿命 N 时的疲劳

强度。E T－H FFC可用于平面应力多轴应力状态疲劳。他们用E T－H FFC，结合Miner线性累积损伤模型，通过单层疲劳分析和刚度退化，预测了$[0/45/90/-45]_{2s}$、$[0/90]_{4s}$和$[\pm 45]_{4s}$几种层压板的疲劳寿命。这个模型的不足之处是未区分不同的疲劳损伤模式。

Shokrieh等[18-21]提出了被称为渐进的疲劳损伤建模分析方法，用来模拟一般的载荷、几何条件下复合材料层压结构的疲劳特性。首先确定了七种损伤模式，分别是纤维拉伸、纤维压缩、纤维-基体剪切、基体拉伸、基体压缩、法向拉伸和法向压缩。譬如，对于处于多向疲劳应力状态中的一个单向层，其纤维拉伸疲劳失效准则为

$$\left[\frac{\sigma_{xx}}{X_t(n,\sigma,\kappa)}\right]^2+\left|\frac{\dfrac{\sigma_{xy}^2}{2E_{xy}(n,\sigma,\kappa)}+\dfrac{3}{4}\delta\sigma_{xy}^4}{\dfrac{S_{xy}^2(n,\sigma,\kappa)}{2E_{xy}(n,\sigma,\kappa)}+\dfrac{3}{4}\delta S_{xy}^4(n,\sigma,\kappa)}\right|+\left|\frac{\dfrac{\sigma_{xz}^2}{2E_{xz}(n,\sigma,\kappa)}+\dfrac{3}{4}\delta\sigma_{xz}^4}{\dfrac{S_{xz}^2(n,\sigma,\kappa)}{2E_{xz}(n,\sigma,\kappa)}+\dfrac{3}{4}\delta S_{xz}^4(n,\sigma,\kappa)}\right|=g_F^{2+} \tag{7-21}$$

式中，n是循环数；κ是应力比；δ为材料非线性参数；$X_t(n,\sigma,\kappa)$是单向层的纵向拉伸剩余疲劳强度；$S_{xy}(n,\sigma,\kappa)$为单向板的面内剪切剩余疲劳强度；$E_{xy}(n,\sigma,\kappa)$为单向层的面内剪切剩余疲劳刚度纵向拉伸剩余疲劳强度；$S_{xz}(n,\sigma,\kappa)$为面外剪切剩余疲劳强度；$E_{xz}(n,\sigma,\kappa)$是面外剪切剩余疲劳刚度。当$g_F{}^+>1$时发生拉伸疲劳破坏，就要把相关联的材料特性(对纤维拉伸失效为所有的模量和泊松比)参数置零，这叫“材料性能的突然退化规则”。

Shokrieh等提出了材料剩余性能退化的一般模型，包括强度退化模型和刚度退化模型，即

$$R(n,\ \sigma,\ \kappa)=\left[1-\left(\frac{\log n-\log 0.25}{\log N_f-\log 0.25}\right)^\beta\right]\frac{1}{\alpha}(R_s-\sigma)+\sigma \tag{7-22}$$

$$E(n,\ \sigma,\ \kappa)=\left[1-\left(\frac{\log n-\log 0.25}{\log N_f-\log 0.25}\right)^\lambda\right]\frac{1}{\gamma}\left(E_s-\frac{\sigma}{\varepsilon_f}\right)+\frac{\sigma}{\varepsilon_f} \tag{7-23}$$

式中，R为第n个循环时的剩余强度；N_f为破坏循环数；R_s为静强度；σ为施加应力；E_s为静刚度；ε_f为失效时的平均应变；α，β，λ和γ是通过试验确定的拟合参数。单向层，在任意单轴应力状态和任意应力比下的疲劳寿命通过下式计算，有

$$u=\log\frac{\ln(a/f)}{\ln[(1-Q)(1+Q)]}=A+B\log N_f \tag{7-24}$$

式中，f和u为试验拟合参数；$Q=\sigma_m/\sigma_t$；$a=\sigma_a/\sigma_t$；$c=\sigma_c/\sigma_t$；σ_a和σ_m分别为循环交变应力幅和平均应力；σ_t和σ_c分别为拉伸和压缩强度。对剪切载荷，式(7－24)需要修正，不再赘述。

Shokrieh等的渐进疲劳损伤建模分析方法的分析过程包括反复实施应力分析、失效分析和材料特性退化。①进行有限元三维应力分析，将复杂的三轴应力状态拆分成简单的应力状态，应用不同的疲劳失效准则；②对发生疲劳失效的复合材料单层，根据失效模式的不同进行适当的刚度退化(突然退化)。在疲劳损伤累积过程中，对应于各简单应力状态的剩余强度和剩余刚度随载荷循环次数按试验确定的规律逐渐退化。上述过程重复进行。渐进疲劳损伤方法的优点是应力分析细致，考虑了疲劳失效扩展中的应力再分配，疲劳失效模式全面，疲劳仿真过程便于实现自动化。其不足之处是反复迭代计算量较大，难以实施复杂结构大规模计算。

7.2 一种层压复合材料疲劳寿命分析方法

从本节起介绍笔者所进行的层压复合材料疲劳寿命分析方法研究的有关内容。

7.2.1 单向板在单轴循环应力作用下的寿命和损伤

Hwang 等[10]首先提出了疲劳模量的概念和定义，见式(7-9)，它与载荷循环次数 n 和交变应力幅值 σ_a 有关。张开达[22]则提出了略不同的定义：设单向板或单层板受面内简单疲劳加载的作用，不失一般性，假设此疲劳载荷为在某方向上的单轴循环拉伸应力，如图 7-2 所示，则疲劳模量为

$$F_n = \tan\varphi = \sigma_{\max}/\varepsilon_n \tag{7-25}$$

这就是用循环应力的最大值 $\sigma_{\max}$ 代替式(7-9)中的循环应力幅值 σ_a 。式中 F_n 为第 n 次循环后的疲劳模量，ε_n 为 n 次循环后的累积应变。$n=1$ 时，$F_n=F_0$，即材料的初始疲劳模量。

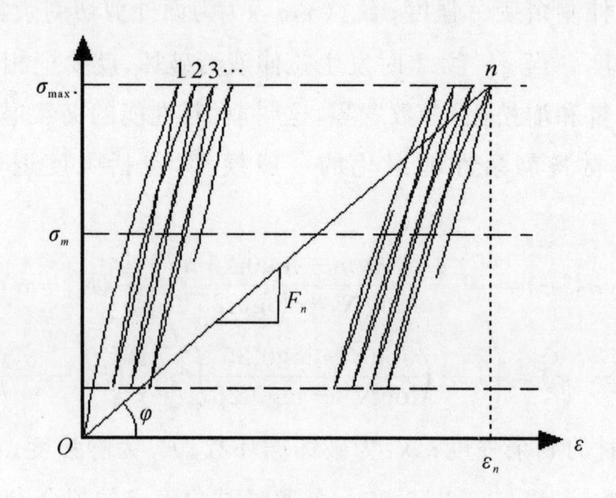

图 7-2 疲劳模量的定义和物理意义

为了得到材料 $S-N$ 曲线的表达形式，此处采用了文献[11]推荐的一种疲劳模量的衰减方式：

$$\frac{\mathrm{d}F_n}{\mathrm{d}n} = -\frac{A}{BnF_n^{B-1}} \tag{7-26}$$

式中，A，B 是与材料性能有关的常数。对式(7-26)进行积分，有

$$B\int_{E_0}^{E_n} F_n^{B-1}\mathrm{d}F_n = -A\int_1^n \frac{\mathrm{d}n}{n} \tag{7-27}$$

则有

$$F_0^B - F_n^B = A\ln n \tag{7-28}$$

疲劳破坏时，$n=N$，则有

$$N = \exp\left[\frac{F_0^B - F_N^B}{A}\right] \tag{7-29}$$

式(7－28)和式(7－29)中，$F_0 = \sigma_{ut}/\varepsilon_{ut}$，$F_N = \sigma_{max}/\varepsilon_N$。其中 σ_{ut} 和 ε_{ut} 分别为材料单向拉伸的极限应力和极限应变，ε_N 为疲劳失效时的累积应变。则有

$$N = \exp\left\{\frac{1}{A}\left[\left(\frac{\sigma_{ut}}{\varepsilon_{ut}}\right)^B - \left(\frac{\sigma_{max}}{\varepsilon_N}\right)^B\right]\right\} = \exp\left\{\frac{1}{A}\left(\frac{\sigma_{ut}}{\varepsilon_N}\right)^B\left[\left(\frac{\varepsilon_N}{\varepsilon_{ut}}\right)^B - \left(\frac{\sigma_{max}}{\sigma_{ut}}\right)^B\right]\right\} \quad (7-30)$$

注意到 A，B，σ_{ut}，ε_{ut} 和 ε_N 均可作为材料常数，而 ε_N 和 ε_{ut} 通常并不相等，因为疲劳破坏和静拉伸破坏的损伤机制不一定相同。令

$$\frac{1}{A}\left(\frac{\sigma_{ut}}{\varepsilon_N}\right)^B = a，\quad B = b，\quad \frac{\sigma_{max}}{\sigma_{ut}} = q，\quad \frac{\varepsilon_N}{\varepsilon_{ut}} = k \quad (7-31)$$

则

$$N = \exp[a(k^b - q^b)] \quad (7-32)$$

这就是 $S-N$ 曲线的一种表达形式。曲线的形状为凸形，参数 a，b，k 均可通过试验的 $S-N$（$q-\lg N$）曲线拟合求出。

根据 Hwang 等[11,14]定义的累积损伤公式：

$$D_n = \frac{\varepsilon_n - \varepsilon_0}{\varepsilon_N - \varepsilon_0} \quad (7-33)$$

式中，$\varepsilon_0 = \sigma_{max}/F_0$。有

$$D_n = \frac{\varepsilon_n - \varepsilon_0}{\varepsilon_N - \varepsilon_0} = \frac{\dfrac{\sigma_{max}}{F_n} - \dfrac{\sigma_{max}}{F_0}}{\dfrac{\sigma_{max}}{F_N} - \dfrac{\sigma_{max}}{F_0}} = \frac{F_N}{F_0 - F_N}\left(\frac{F_0}{F_n} - 1\right) \quad (7-34)$$

注意到式(7－28)，则有

$$\begin{aligned} D_n &= \frac{\varepsilon_n - \varepsilon_0}{\varepsilon_N - \varepsilon_0} = \frac{\dfrac{\sigma_{max}}{F_n} - \dfrac{\sigma_{max}}{F_0}}{\dfrac{\sigma_{max}}{F_N} - \dfrac{\sigma_{max}}{F_0}} = \frac{F_N}{F_0 - F_N}\left(\frac{F_0}{F_n} - 1\right) \\ &= \frac{\dfrac{\sigma_{max}}{\sigma_{ut}}}{\dfrac{\varepsilon_N}{\varepsilon_{ut}} - \dfrac{\sigma_{max}}{\sigma_{ut}}}\left\{\frac{\dfrac{\varepsilon_N}{\varepsilon_{ut}}}{\left[\left(\dfrac{\varepsilon_N}{\varepsilon_{ut}}\right)^B - A\left(\dfrac{\varepsilon_N}{\sigma_{ut}}\right)^B \ln n\right]^{1/B}} - 1\right\} \\ &= \frac{q}{k-q}\left[\frac{k}{\left(k^b - \dfrac{1}{a}\ln n\right)^{\frac{1}{b}}} - 1\right] \end{aligned} \quad (7-35)$$

当 $b = 1.0$ 时，式(7－32)蜕化为直线式，则有

$$q = A'\lg N + B' \quad (7-36)$$

$$D_n = \frac{q}{B' - q}\left(\frac{B'}{B' + 0.434\,3A'\ln n} - 1\right) \quad (7-37)$$

若试验的 $q-\lg N$ 曲线呈凹形情况，用式(7－32)和式(7－36)都不能得到满意的拟合，可以考虑采用另一种模型，令

$$N = \exp[a'(k' - q)^{b'}] \quad (7-38)$$

实际上，若参数 a'、b' 和 k' 的意义和式(7－31)中 a、b、k 的意义相同，则不难发现，疲劳模量有下述关系式

$$\frac{dF_n}{dn}=-\frac{A}{Bn\ (F_0-F_n)^{B-1}} \tag{7-39}$$

相应的损伤为

$$D_n=\frac{q}{k'-q}\left[\frac{k'}{k'-\left(\frac{1}{a}\ln n\right)^{1/b'}}-1\right] \tag{7-40}$$

对于以压缩为主的疲劳应力，即当 $|\sigma_{\min}/X_{uc}|>|\sigma_{\max}/X_{ut}|$ 时，令 $q=|\sigma_{\min}/X_{uc}|$ 。X_{ut} 和 X_{uc} 分别表示拉伸和压缩时的极限应力。

7.2.2 平均应力对寿命的影响

应力比 $R(=\sigma_{\min}/\sigma_{\max})$ 和载荷幅值比 $q(=\sigma_{\max}/X_{ut})$ 是表征疲劳循环应力水平的两个参数。在疲劳研究中，通常用等寿命曲线族描述整个 R,q 变化范围内的寿命，以反映平均应力对寿命的影响。例如，文献[24]给出了一种 FRP 多向层板的等寿命曲线图，如图 7-3 所示。在缺少特定材料的等寿命曲线族试验结果时，出于简化和实用化的目的，文献[25]建议用直线族来近似表示复合材料的等寿命曲线族，据此进行的公式推导如下。

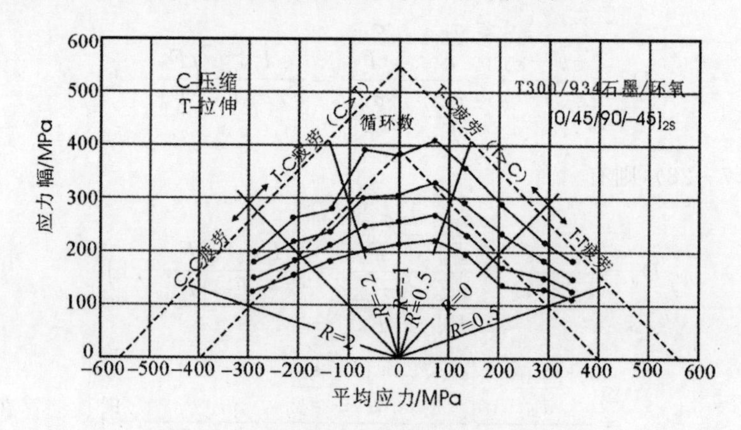

图 7-3　一种多向层压板的等寿命曲线图

考虑图 7-4 所示用直线近似表示的等寿命曲线，图中：

$$\sigma_a=(\sigma_{\max}-\sigma_{\min})/2\ ,\ \sigma_m=(\sigma_{\max}+\sigma_{\min})/2 \tag{7-41}$$

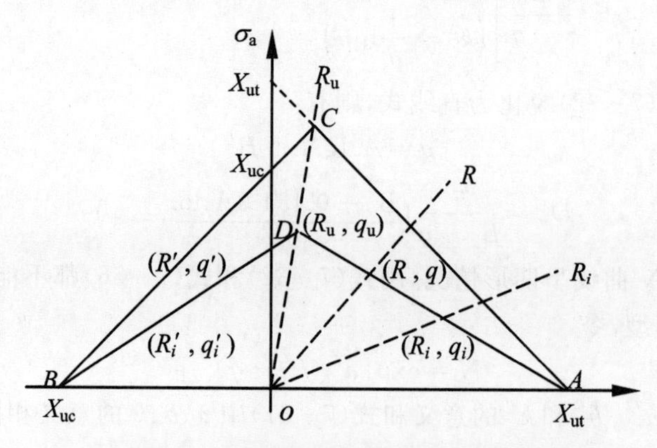

图 7-4　用直线近似表示等寿命曲线

直线 AC 和 BC 分别对应于 1 次循环，即破坏的等寿命曲线，也即静拉伸和静压缩强度，它们的交点 C 的坐标为 $\sigma_m = \dfrac{X_{ut} - X_{uc}}{2}$，$\sigma_a = X_{ut} - \sigma_m$，则直线 OC 对应于应力比为

$$R_u = \frac{\sigma_m - \sigma_a}{\sigma_m + \sigma_a} = -\frac{X_{uc}}{X_{ut}} \tag{7-42}$$

对于 $R_u \leqslant R < 1.0$，即拉伸控制的疲劳范围内的任意疲劳载荷(R, q)，它在等寿命图上位于：

$$\sigma_m = \frac{\sigma_{max} + \sigma_{min}}{2} = \frac{1+R}{2} q X_{ut}, \quad \sigma_a = \frac{\sigma_{max} - \sigma_{min}}{2} = \frac{1-R}{2} q X_{ut} \tag{7-43}$$

设实际施加的循环载荷为(R_i, q_i)。不难导出通过此点的等寿命曲线（直线 AD）的方程为

$$q = \frac{q_i(1-R_i)}{(1-R) - q_i(R_i - R)} \tag{7-44}$$

当 $R \leqslant R_u$ 或 $R > 1.0$ 时，即压缩控制的疲劳范围，定义

$$q_i' = |\sigma_{min}| / X_{uc}, \ R_i' = \sigma_{max}/\sigma_{min} \tag{7-45}$$

此范围内的任意疲劳载荷(R', q')在等寿命图上位于：

$$\sigma_m = \frac{\sigma_{max} + \sigma_{min}}{2} = -\frac{1+R'}{2} q' X_{uc}, \quad \sigma_a = \frac{\sigma_{max} - \sigma_{min}}{2} = \frac{1-R'}{2} q' X_{uc} \tag{7-46}$$

若实际施加的循环载荷为(R_i', q_i')，则类似地，也可得到通过此点的等寿命曲线（直线 BD）的方程为

$$q' = \frac{q_i'(1-R_i')}{(1-R') - q_i'(R_i' - R')} \tag{7-47}$$

可见，式(7-44)和式(7-47)有相同的表达形式。

综合式(7-41)～式(7-47)，我们可以得到下述结论：

(1)当实际载荷 R_i，q_i 处于拉伸控制范围内，即 $R_u \leqslant R_i < 1.0$ 时。

设建立 $S-N$（$q-\lg N$）曲线的典型疲劳试验的应力比为 R_0，现欲估算在 R_i，q_i 应力作用下的寿命，则由式(7-44)可以得到与疲劳载荷 R_i、q_i 当量的典型试验载荷 $\bar{q}_0$ 为

$$\bar{q}_0 = \frac{q_i(1-R_i)}{(1-R_0) - q_i(R_i - R_0)} \tag{7-48}$$

这种当量的意义是，R_i，q_i 载荷作用和 R_0，$\bar{q}_0$ 载荷作用具有同等寿命，而后者的寿命可由典型试验的 $S-N$ 曲线求得。

(2)当实际载荷 R_i、q_i 处于压缩控制范围内，即 $R_i < R_u$ 或 $R_i > 1.0$ 时。

首先令

$$q_i' = |\sigma_{min}| / X_{uc}, \ R_i' = \sigma_{max}/\sigma_{min}, \ R_u' = -X_{ut}/X_{uc} \tag{7-49}$$

1)若建立单向板 $S-N$ 曲线的典型试验载荷也处于压缩控制范围内，应力比为 R_0'，则由式(7-47)可以得到与疲劳载荷 R_i，q_i（亦即 R_i'，q_i'）当量的典型试验载荷 $\bar{q}_0'$ 为

$$\bar{q}_0' = \frac{q_i'(1-R_i')}{(1-R_0') - q_i'(R_i' - R_0')} \tag{7-50}$$

2)若建立单向板 $S-N$ 曲线的典型试验处于拉伸控制范围（$R_u \leqslant R_0 < 1.0$）内，则首先通

过式(7-47)求出所在直线 BD 的端点 D 处的等效载荷(R'_u, q'_u),则有

$$q'_u = \frac{q'_i(1-R'_i)}{(1-R'_u)-q'_i(R'_i-R'_u)} \tag{7-51}$$

而

$$R'_u = \frac{1}{R_u}, \quad q'_u = -\frac{\sigma_{u,\min}}{X_{uc}} = \frac{R'_u\sigma_{u,\min}}{-\frac{X_{uc}}{R_u}} = \frac{\sigma_{u,\max}}{X_{ut}} = q_u \tag{7-52}$$

然后根据直线 AD 的方程式(7-44)求出与 D 点载荷 $R_u=1/R'_u$, $q_u=q'_u$ 当量的典型试验载荷为

$$\bar{q}_0 = \frac{q_u(1-R_u)}{(1-R_0)-q_u(R_u-R_0)} \tag{7-53}$$

由于处于拉伸控制的典型 $S-N$ 曲线不能以反映使纤维方向受压缩时单向层的局部屈曲和纤维屈曲断裂等损伤,在这里引入经验性加权因子,有

$$A(q'_i) = \frac{1}{\sqrt[4]{q'_i}} \tag{7-54}$$

以适当加重载荷谱,则有

$$\bar{q}_0 = \frac{q_u(1-R_u)}{(1-R_0)-q_u(R_u-R_0)}A(q'_i) \tag{7-55}$$

(3)假若所受载荷为剪切交变应力,上述损伤模型与平均应力影响的关系仍在形式上适用,面内拉、压的意义将按照面内相反方向的剪切来理解,此时 $R_u=-1$。

7.2.3 复杂应力状态下的损伤模式与疲劳累积损伤

假设在外载作用下层合板各单向层处于平面复合应力状态,可能同时存在 σ_1、σ_2 和 $\sigma_6(\tau_{12})$ 三个面内主轴应力分量。如果外载是应力比为 R_L 的循环,则考虑到应变的耦合作用,与外载循环的峰、谷值对应的各等效主轴应力循环为

$$\left.\begin{aligned} \bar{\sigma}_{1\max} &= (\sigma_1-\nu_{12}\sigma_2)_{\max}, & \bar{\sigma}_{1\min} &= \bar{\sigma}_{1\max}R_L \\ \bar{\sigma}_{2\max} &= (\sigma_2-\nu_{21}\sigma_1)_{\max}, & \bar{\sigma}_{2\min} &= \bar{\sigma}_{2\max}R_L \\ \bar{\sigma}_{6\max} &= (\sigma_6)_{\max}, & \bar{\sigma}_{6\min} &= \bar{\sigma}_{6\max}R_L \end{aligned}\right\} \tag{7-56}$$

式中,$\nu_{21}=E_2\nu_{12}/E_1$。对由 $\bar{\sigma}_{i\max}$ 和 $\bar{\sigma}_{i\min}$ ($i=1, 2, 6$)构成的应力循环:

若 $\bar{\sigma}_{i\max} > \bar{\sigma}_{i\min}$,则实际应力比为

$$R_i = \frac{\bar{\sigma}_{i\min}}{\bar{\sigma}_{i\max}} = R_L \tag{7-57}$$

若 $\bar{\sigma}_{i\max} < \bar{\sigma}_{i\min}$,则实际应力比为

$$R_i = \frac{\bar{\sigma}_{i\max}}{\bar{\sigma}_{i\min}} = \frac{1}{R_L} \tag{7-58}$$

这样便可选择式(7-48)、式(7-50)、式(7-51)和式(7-53)中适当的公式分别计算与每一循环应力分量相应的典型试验当量载荷比 $\bar{q}_{0,i}$,然后利用式(7-35)、式(7-37)或式(7-40)确

定相应的单轴损伤分量 $D_i(i=1, 2, 6)$。将复杂多样的单向层面内损伤形式简单归结为纤维失效和基体失效，因此令

$$D_{16}=\sqrt{D_1^2+D_6^2}\,,\quad D_{26}=\sqrt{D_2^2+D_6^2} \tag{7-59}$$

D_{16} 和 D_{26} 分别反映了拉(压)和剪切共同作用下纤维和基体的损伤程度，则多轴循环应力下引起破坏的累积损伤 D 规定为 D_{16} 和 D_{26} 中的较大值。$D \geqslant 1.0$ 时发生失效，并视 D_{16} 和 D_{26} 的相对大小确定单向板的失效模式：当 $D_{16} > D_{26}$ 时，纤维失效破坏，反之则为基体拉压或剪切失效。纤维失效的表现形式是纤维断裂或劈裂，将导致断裂部位的总体失效。基体失效表现为基体开裂或纤维-基体脱黏等，失效局部仍能承受纤维方向的载荷。

显然，为了计算面内复杂应力状态下铺层的损伤，必须获得铺层材料与面内三个应力分量 σ_1，σ_2 和 σ_6 相应的典型应力循环下的 $S-N$ 曲线。这可以对单层板在 0°正应力、90°正应力和纯剪切应力三种应力比为 R_0 的载荷循环作用下分别进行典型疲劳试验，并根据试验数据点的分布选择式(7-32)、式(7-36)或式(7-38)中适当的方程拟合 $S-N$ 曲线。

7.2.4　单向层静力失效准则

在疲劳分析过程中，要进行大量的循环迭代。每进行过一次应力分析，都要根据当前应力分布进行材料静力失效判断，如有局部静力失效发生，就要进行和静力失效模式相应的刚度退化，再重新进行应力分析。只有不发生新的静力失效时，才会进行考虑疲劳损伤累积和相应的刚度退化。另外，在疲劳寿命迭代过程中还要经常进行剩余强度估算，将当前的剩余强度和施加载荷相比，如果前者小于后者，就表示发生最终疲劳破坏，否则将继续进行疲劳损伤累积分析。而在剩余强度估算过程中，也要反复进行静力失效判断。

对平面应力状态下的各单向层，进行材料静力失效判断所采用的强度准则有两种：一种是二维的 Hashin 准则，另一种是修正的 Puck 强度准则，如表 7-1 所示。表中，S^{L} 是纵向剪切强度；S^{T} 是横向剪切强度，且有 $S^{\mathrm{T}}=\dfrac{Y^{\mathrm{C}}}{2\tan\alpha_0}$；$\alpha_0$ 是单向板受纯横向压缩时的断裂面夹角，通常 $\alpha_0 \approx 53°$。

7.2.5　静力和疲劳失效导致的材料性质退化

无论是由静强度不足导致的局部静力失效还是由疲劳损伤累积导致的疲劳失效，由于已将单向层面内损伤形式归纳为纤维失效和基体失效两种模式，与之对应的就有两种刚度退化方式。如果某单元(或积分点)发生纤维失效，则必会发生基体失效，该单元(或积分点)的弹性常数 E_{11}，E_{22} 和 G_{12} 均退化为零。当发生基体失效时，E_{11} 不变，E_{22} 和 G_{12} 退化为零。

表 7-1　单向板强度准则表达式

	Hashin 准则	Puck 修正准则
纤维拉伸失效 $\sigma_1 > 0$	$f_{\text{Fiber}}=\left(\dfrac{\sigma_1}{X^{\mathrm{T}}}\right)^2$	$f_{\text{Fiber}}=\left(\dfrac{\sigma_1}{X^{\mathrm{T}}}\right)^2$

续表

<table>
<tr><th></th><th>Hashin 准则</th><th>Puck 修正准则</th></tr>
<tr><td>纤维压缩失效 $\sigma_1 < 0$</td><td>$f_{\text{Fiber}} = \dfrac{|\sigma_1|}{X^{\text{C}}}$</td><td>$f_{\text{Fiber}} = \dfrac{|\sigma_1|}{X^{\text{C}}}$</td></tr>
<tr><td>基体拉伸失效 $\sigma_2 > 0$</td><td>$f_{\text{Matrix}} = \left(\dfrac{\sigma_2}{Y^{\text{T}}}\right)^2 + \left(\dfrac{\tau_{12}}{S^{\text{L}}}\right)^2$</td><td rowspan="2">$f_{\text{Matrix}} = \dfrac{\sigma_2^2}{Y^{\text{T}}Y^{\text{C}}} + \left(\dfrac{1}{Y^{\text{T}}} - \dfrac{1}{Y^{\text{C}}}\right)\sigma_2 + \left(\dfrac{\tau_{12}}{S^{\text{L}}}\right)^2$</td></tr>
<tr><td>基体压缩失效 $\sigma_2 < 0$</td><td>$f_{\text{Matrix}} = \left(\dfrac{\sigma_2}{2S^{\text{T}}}\right)^2 + \left[\left(\dfrac{Y^{\text{C}}}{2S^{\text{T}}}\right)^2 - 1\right]\dfrac{\sigma_2}{Y^{\text{C}}} + \left(\dfrac{\tau_{12}}{S^{\text{L}}}\right)^2$</td></tr>
</table>

7.2.6 多向层压结构疲劳寿命分析总体思路

对多向层压结构疲劳寿命的计算类似于多向层压板静强度的经典计算方法，总体思路如图 7-5 所示。

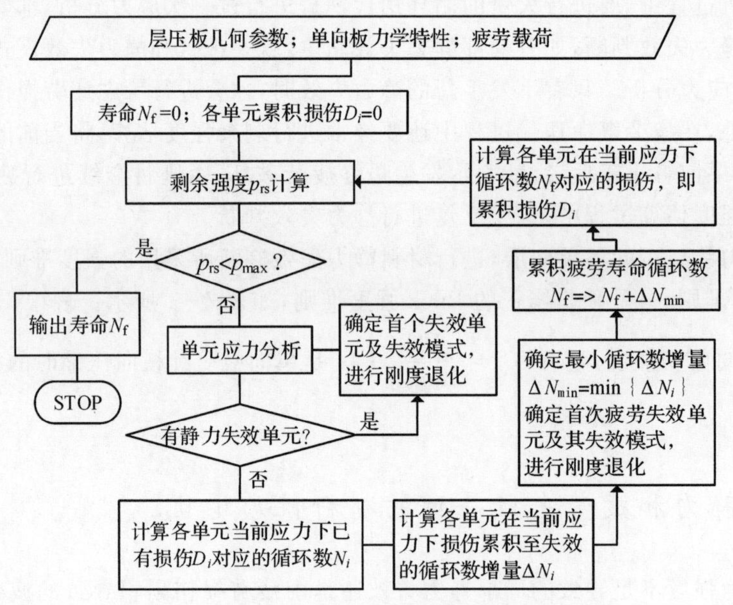

图 7-5 多向层压结构疲劳寿命计算原理框图

疲劳过程中，不仅有疲劳损伤累积导致的局部失效，也可能有单元静强度不足导致的局部静力失效，还可能发生总体剩余强度不足导致的最终失效。因此，在疲劳寿命分析中，首先要进行剩余强度校核(在剩余强度估算中的单元刚度退化独立进行)，剩余强度不足(小于施加载荷或剩余强度要求值)意味着层压板的最终失效。若剩余强度够，则进行给定疲劳载荷下的单元应力分析，判断是否会发生单元静力失效，对首次静力失效单元进行刚度退化，重新进行应力分析和单元失效判断，直至不再发生单元静力失效为止；然后进行疲劳累积损伤计算(需要考虑疲劳损伤累积过程的非线性)，对首次发生疲劳失效的单元进行刚度退化，并返回到剩余强度校核阶段。如此循环往复，随着不同单元渐次失效，最终层压结构疲劳失效。

7.3　典型应力状态 $S-N$ 曲线

研究的材料为 T300/QY8911 层合板，其单向板的基本力学性能见表 7-2。

表 7-2　T300/QY8911 材料单向板基本机械特性

E_1/GPa	E_2/GPa	E_3/GPa	G_{12}/GPa	G_{23}/GPa	G_{13}/GPa	ν_{12}	ν_{23}	ν_{13}	X_t/MPa	X_c/MPa	Y_t/MPa	Y_c/MPa	S/MPa
135	8.8	8.8	4.47	3.2	4.47	0.33	0.48	0.15	1627.5	1226	68.4	218	89.1

为了建立疲劳分析模型，需要进行单向板在面内简单载荷状态下的基本疲劳试验，故选择 0°拉-拉、90°拉-拉和单向板剪-剪 3 种疲劳加载方式。

郭伟国等[26]针对 T300/QY8911 单向层板进行拉-拉等幅循环载荷下疲劳试验，试验应力比 $R=0.05$，$[0]_{16}$试件宽为 15 mm，$[90]_{20}$试件宽为 20 mm。

目前普遍采用正交铺层层合板来测定单向板的剪切性能，这种铺层中各单层的应力状态和 0° 铺层及 90°铺层板相同。张开达等[27]采用 V 型缺口梁的 Iosipescu 试验件，通过非对称弯曲加载方式在缺口处横截面上产生纯剪力，从而进行剪切疲劳基本试验，试件形状、尺寸和采用的试验夹具如图 7-6 所示。采用 V 型缺口梁试验件，无论从缺口截面上切应力分布的均匀度上，还是从失效形态上观察，正交铺层试件的效果都要好于两种单向铺层。

表 7-3 给出用两种铺层测得的剪切强度均值，将两者平均作为单向板的剪切静强度，代替表 7-2 由材料厂商提供的剪切强度 S。典型剪切疲劳试验采用了$[0/90]_{4s}$层压板试件，试验应力比 $R=0.1$。3 种单向板基本疲劳试验的结果在表 7-4 中给出。

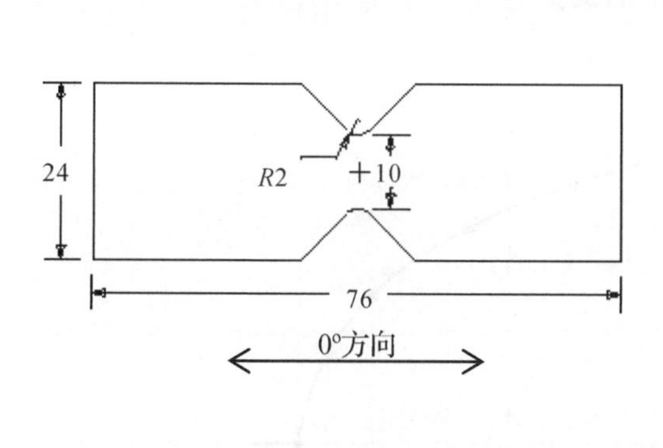

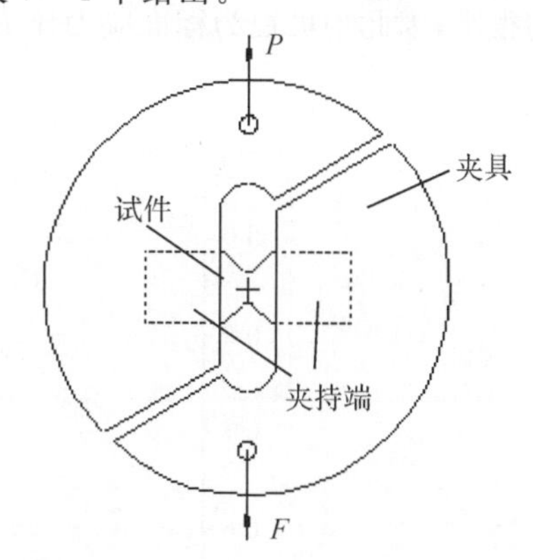

图 7-6　典型剪切疲劳试验试件及加载方式

表 7-3　T300/QY8911 $[0]_{16}$板和$[0/90]_{4s}$板的剪切强度(测量值)

层板类型	剪切强度 τ_b /MPa			平均值 $\bar{\tau}_b$ /MPa
$[0/90]_{4s}$	112.7	122.6	116.6	117.3
$[0]_{16}$	120.6	110.4	108.8	113.3

表 7-4　建立 $S-N$ 曲线的典型疲劳寿命试验结果

类型	$[0]_{16}$单轴拉-拉 ($R=0.05$)					
q	0.90	0.85	0.80	0.77	0.70	0.60
$\overline{N}$	2.50×10^3	2.40×10^4	1.43×10^5	1.96×10^5	4.57×10^5	$>10^6$
m	5	8	6	5	5	2
类型	$[90]_{20}$单轴拉-拉 ($R=0.05$)					
q		0.90	0.80	0.70	0.60	
$\overline{N}$		1.01×10^3	3.48×10^3	1.59×10^5	$>10^6$	
m		5	9	3	3	
类型	$[0/90]_{4s}$剪切 ($R=0.10$)					
q	0.85	0.80	0.70	0.60	0.50	0.40
$\overline{N}$	2.29×10^2	3.98×10^2	3.35×10^3	2.48×10^4	1.79×10^5	$>10^6$
m	4	5	6	4	4	2

注：$q=\sigma_{\max}/\sigma_{ut}$ 为加载比；m 为有效数据的试件数；$\overline{N}=\lg^{-1}\left(\dfrac{\sum \lg N_i}{m}\right)$ 为对数平均寿命。

表 7-4 中 3 种应力状态下的 $q-\overline{N}$ 数据点分别见图 7-7～图 7-9，并用式(7-32)进行拟合。注意在这些图中要求曲线必通过补充的静强度点(当 $N=1$ 时，$q=1.0$)，这只需要在 $S-N$ 曲线的表达式中令 $k=1$ 便可做到，然后拟合出另外两个参数 a 和 b。获得的单向板 3 种应力状态的疲劳损伤表达式的相关参数见表 7-5。注意到 3 种应力状态疲劳试验中的应力比 R 均很小，因此均可视为标准应力比 $R=0$ 下的试验。

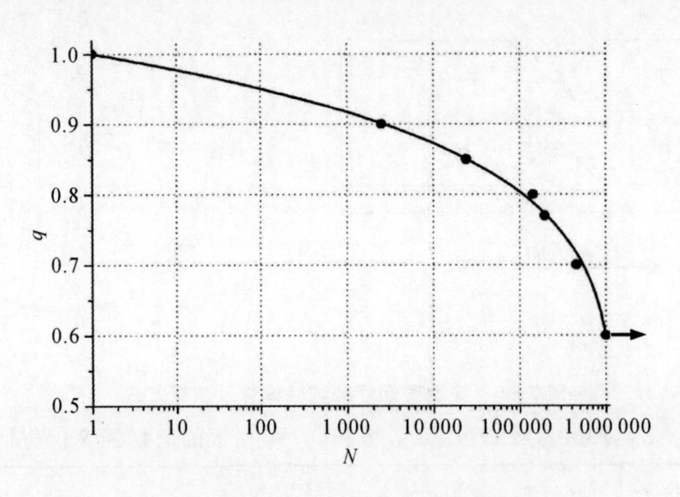

图 7-7　$[0]_{16}$层合板试件的拉-拉 $S-N$ 曲线($R=0.05$)

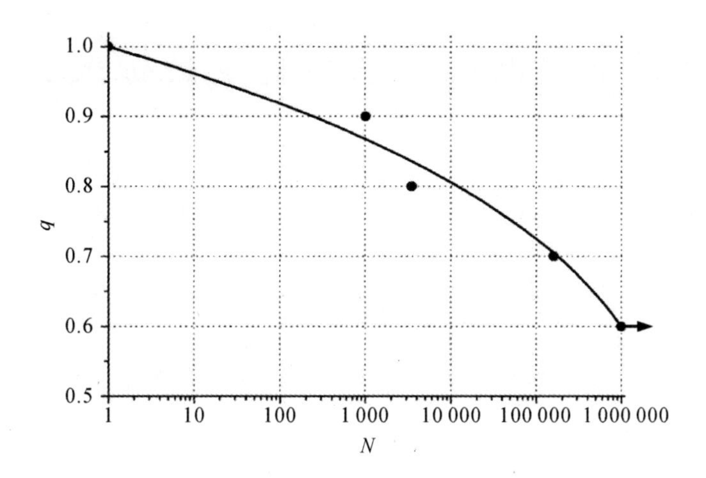

图 7-8　$[90]_{20}$层合板试件的拉-拉 $S-N$ 曲线($R=0.05$)

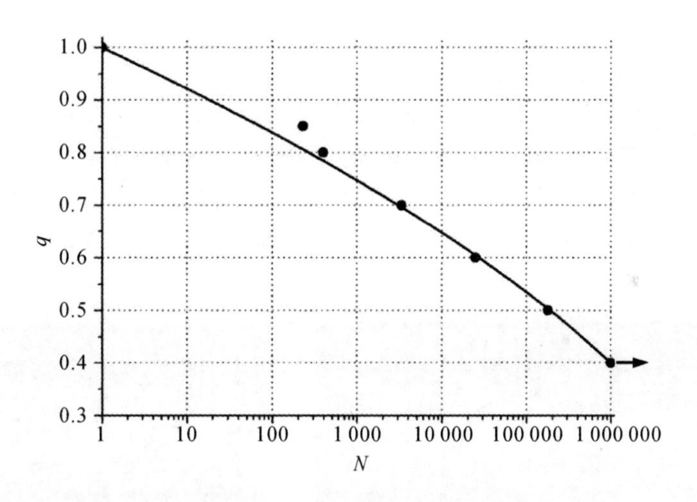

图 7-9　$[0/90]_{4s}$层合板试件的剪切疲劳 $S-N$ 曲线

表 7-5　单向板典型应力状态疲劳 $S-N$ 曲线($R=0$，$N<10^6$)

$S-N$ 曲线式	$N=\exp[a(k^b-q^b)]$		
疲劳类型	0°拉-拉	90°拉-拉	0°/90°剪-剪
载荷范围	$0.6\leqslant q\leqslant 1.0$	$0.6\leqslant q\leqslant 1.0$	$0.4\leqslant q\leqslant 1.0$
曲线参数	$k=1.0$ $a=14.076$ $b=7.81$	$k=1.0$ $a=15.813$ $b=4.05$	$k=1.0$ $a=17.295$ $b=1.75$

注：当 q 小于给定适用范围下限时，$N>10^6$，可以不计它对疲劳寿命的影响。

7.4 基于二维平面应力状态的层合板疲劳寿命预测

本节采用上节给出的方法，对表 7-6 列出的 6 种铺层的矩形无缺口层合板试验件的拉伸或压缩疲劳寿命进行计算预估，试件宽度为 20 mm。根据经典层合板理论进行二维平面应力分析时，可以将层合板内相同方向的铺层合并考虑。

表 7-6 T300/QY8911 复合材料层合板铺层

层板序号	铺设方式
Ⅰ	$[0/90]_{4s}$
Ⅱ	$[-60/0/60]_{3s}$
Ⅲ	$[45/90/-45/0_2/-45/90/45]_s$（π/4 准各向同性）
Ⅳ	$[-60/-30/0/30/60/90]_{2s}$　（π/6 准各向同性之一）
Ⅴ	$[30/60/90/-60/-30/0]_{2s}$　（π/6 准各向同性之二）
Ⅵ	$[-45/0/45/90/-45/0/45/0]_s$　（对称均衡铺层）

注：表中，Ⅳ、Ⅴ两种铺层是方向相互正交的同类铺层。

图 7-10 所示为疲劳试验件典型破坏形态照片。表 7-7 给出了 6 种铺层的层合板的拉伸强度和疲劳寿命的估算结果。需要说明的是：① 疲劳寿命预测计算施加的载荷是给定相对载荷 Q 值和破坏载荷预测值的乘积；②对第 6 种铺层进行了应力比 $R=-1.0$ 的疲劳试验，疲劳行为主要受压缩控制，因此给出了实测和预估的压缩静强度，并根据后者确定了预估疲劳寿命的载荷水平。

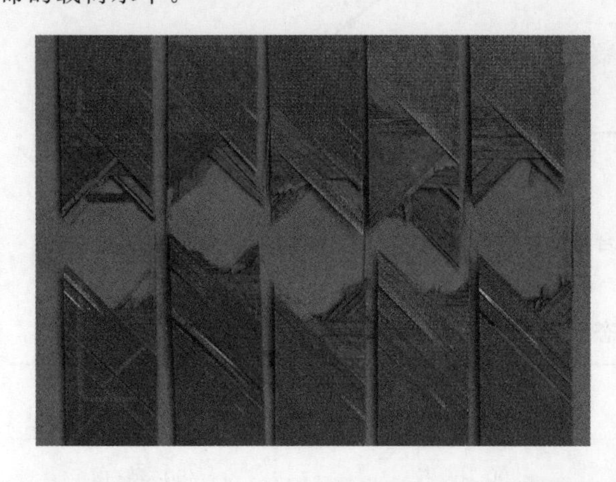
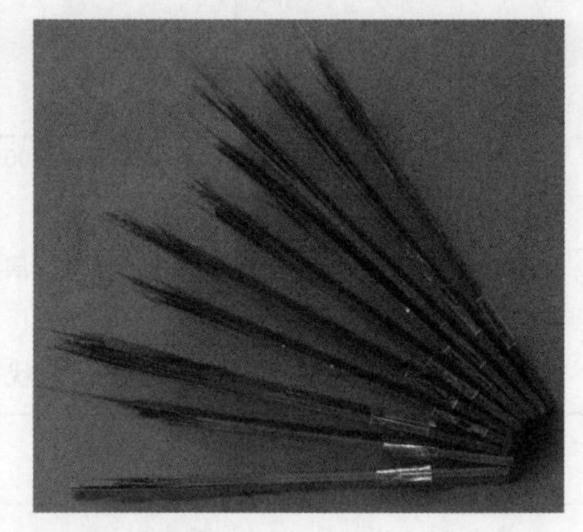

图 7-10 π/4 准各向同性试件疲劳破坏情况

通过表 7-7 的结果对比可以看出，部分情况静强度的预估结果误差较大，预测静值多数小于实测值，这主要是和多向板中各单层的“就地强度(in-situ strength)”[28] 高于相应的单向板强度的所谓“层合效应”有关，而通过相对疲劳载荷确定计算用的疲劳载荷水平可以在一定程度上消除静强度预估误差对疲劳寿命预测带来的影响。然而，前述疲劳分析方法对拉伸疲劳寿命的预估结果误差仍然很大，这与应力和静强度分析中没有考虑层间应力以及疲劳寿命分析中没有考虑分层疲劳损伤模式有很大关系，而层合效应归根结底也体现为层间应力的作用。为此，在后续内容里，我们将对层间应力的影响作专门讨论。

表 7－7　T300/QY8911 层合板拉伸强度与疲劳寿命的估算结果

层板类别	静强度/MPa			疲劳寿命(循环数)				
	试件数	试验值	计算值	应力比	q	试件数	试验值	计算值
Ⅰ	3	960.5	811.557	0.1	0.85	8	233 000	30 522
Ⅱ	3	710.9	539.135	0.1	0.90	3	193	6 296
					0.85	3	65 100	36 168
					0.80	3	697 000	140 166
Ⅲ	3	578.8	560.717	0.1	0.85	4	14 400	20 114
					0.80	10	19 800	70 547
					0.70	4	95 500	416 236
Ⅳ	3	524.2	566.332	0.1	0.76	2	13 600	121 587
					0.66	4	161 000	429 604
Ⅴ	3	589.2	566.332	0.1	0.85	1	1 109	25 214
					0.80	1	1 015	71 123
					0.75	2	4 975	139 447
					0.65	3	38 900	483 463
Ⅵ	10	866.0	740.807	0.1	0.821	5	2 127	22 240
					0.715	5	27 612	293 655
					0.654	5	91 327	647 591
					0.624	5	258 905	872 736
					0.563	5	909 494	＞1 000 000
Ⅵ	5	604.0(压缩)	594.229(压缩)	－1.0	0.798	5	2 682	633
					0.734	5	5 448	3 750
					0.601	5	32 599	41 873
					0.465	5	237 575	341 720
					0.417	5	1 041 598	603 035

注：未予特别标注的静强度值均为拉伸强度。

7.5　层间应力及其对疲劳寿命的影响

层间应力是多向板不同方向铺层之间刚度不同所引起的层间相互作用，通常发生于板的自由边附近，其大小及分布和铺叠次序密切相关。层间应力似乎不会严重影响层压板的静强度,但可能导致层压板层间开裂(分层)与扩展,严重降低层板的疲劳寿命。前述疲劳寿命估算方法是建立在经典层合板应力分析方法的基础之上的,不具备考虑层间应力影响的能力。本节我们将结合自由边层间应力的计算,探讨层间应力和对层压板疲劳寿命的影响机理,提出更加合理的疲劳寿命分析方法。

层间应力的计算方法有三角级数解法、有限差分法和有限元法等。有限元法适应性好,能够客观地反映三维应力分布。有限元法通常采用三维实体模型计算面内和层间应力分布。为了合理确定层合板包含层间应力的三维应力分布,并便于表征分层疲劳损伤,我们提出了一种准三维有限元模型[29],不仅可以有效地进行面内应力和层间应力的三维应力计算,也能方便地通过面内单元和层间单元刚度的适当退化恰当地表征静力、疲劳引起的面内、层间损伤及其演变过程。

7.5.1 一种计算层间应力的准三维有限元模型

准三维有限元模型由四结点板元、刚性元和弹簧元构成,如图 7-11 所示。其中用四结点板元来表示层合板的各子层,用刚性元-弹簧元来模拟层间的相互作用。

四结点板元的厚度为子层厚度,其刚度由子层或单向板的刚度性质决定;刚性元的作用是确定板元结点与相应层间结点自由度之间的相互关系,并反映各层的厚度;3 个弹簧元中的两个用来模拟层间的剪切变形,另一个用来反映层间拉压变形,它们的刚度常数分别为

$$k_x = \frac{G_{13}A}{\delta}, \quad k_y = \frac{G_{23}A}{\delta}, \quad k_z = \frac{E_{33}A}{\delta} \tag{7-60}$$

式中,δ 为相邻层中面之间的距离,即单层厚度;A 为单元折算面积,等于与刚性元-弹簧元处的板元结点相关的单元面积总和的 1/4。各层面内应力 σ_x ,σ_y 和 τ_{xy} 可通过有限元结果文件直接得到。将读取的各弹簧力除以该弹簧元的代表面积 A ,即可得到相应的层间应力分量 σ_z ,τ_{zx} 和 τ_{zy} 。

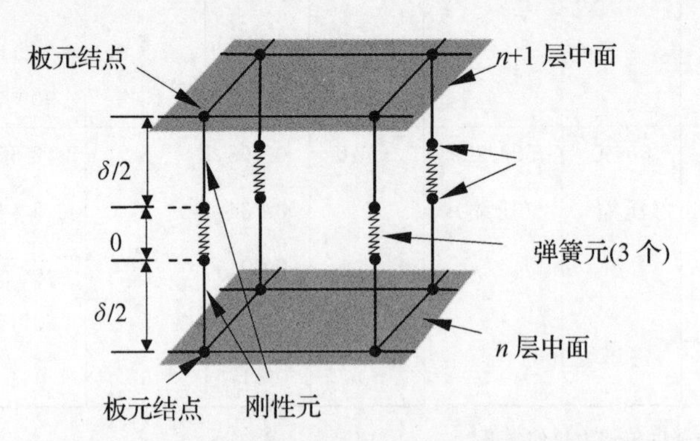

图 7-11　准三维有限元模型典型组成单元图示

可以将每个板元节点对之间的刚性元和弹簧元结合在一起,构成一种离散型界面单元。图 7-12 为单元组合示意图,两个刚性元各有一个主节点(1 和 2)和一个副节点(1′ 和 2′)且两个副节点位置重合。考虑到每个节点有 5 个自由度,所以暂时在重合的副节点对之间嵌入 5 个一维弹簧单元。

主、副节点对的位移向量分别为

$$\boldsymbol{\delta}=\begin{bmatrix}\boldsymbol{\delta}_1\\\boldsymbol{\delta}_2\end{bmatrix},\boldsymbol{\delta}'=\begin{bmatrix}\boldsymbol{\delta}'_1\\\boldsymbol{\delta}'_2\end{bmatrix}\tag{7-61}$$

式中

$$\boldsymbol{\delta}_i=[u_i\quad v_i\quad w_i\quad \theta_{ix}\quad \theta_{iy}]^{\mathrm{T}},\boldsymbol{\delta}'_i=[u'_i\quad v'_i\quad w'_i\quad \theta'_{ix}\quad \theta'_{iy}]^{\mathrm{T}}\quad(i=1,2)\tag{7-62}$$

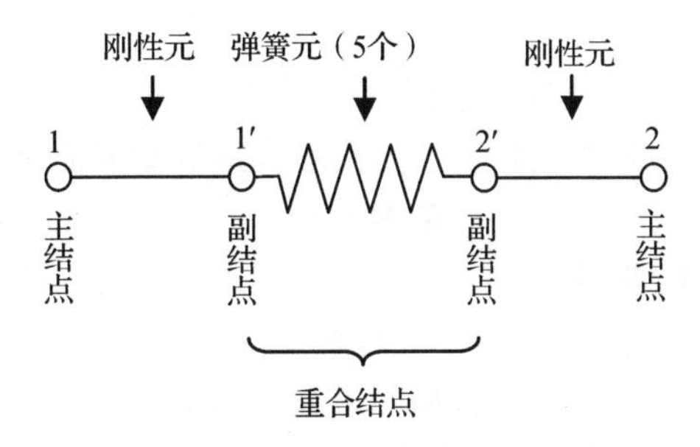

图 7-12　离散型界面单元组合示意图

主、副节点对的节点力向量分别为

$$\boldsymbol{F}=\begin{bmatrix}\boldsymbol{F}_1\\\boldsymbol{F}_2\end{bmatrix},\boldsymbol{F}'=\begin{bmatrix}\boldsymbol{F}'_1\\\boldsymbol{F}'_2\end{bmatrix}\tag{7-63}$$

式中

$$\boldsymbol{F}_i=[F_{ix}\quad F_{iy}\quad F_{iz}\quad M_{ix}\quad M_{iy}]^{\mathrm{T}},\boldsymbol{F}'_i=[F'_{ix}\quad F'_{iy}\quad F'_{iz}\quad M'_{ix}\quad M'_{iy}]^{\mathrm{T}}\quad(i=1,2)\tag{7-64}$$

主、副节点位移之间和主、副节点的力之间的转换关系分别为

$$\boldsymbol{\delta}'=\boldsymbol{T}_\delta\boldsymbol{\delta},\ \boldsymbol{F}'=\boldsymbol{T}_{\mathrm{F}}\boldsymbol{F}\tag{7-65}$$

式中，$\boldsymbol{T}_\delta$ 和 $\boldsymbol{T}_{\mathrm{F}}$ 分别为节点位移转换矩阵和节点力转换矩阵，且有

$$\boldsymbol{T}_\delta=\begin{bmatrix}\boldsymbol{t}_{\delta 1}&\boldsymbol{0}\\\boldsymbol{0}&\boldsymbol{t}_{\delta 2}\end{bmatrix}\tag{7-66}$$

和

$$\boldsymbol{t}_{\delta i}=\begin{bmatrix}1&0&0&0&z'_i-z_i\\0&1&0&-(z'_i-z_i)&0\\0&0&1&y'_i-y_i&-(x'_i-x_i)\\0&0&0&1&0\\0&0&0&0&1\end{bmatrix}\quad(i=1,2)\tag{7-67}$$

利用虚功原理不难证明

$$\boldsymbol{T}_\delta^{\mathrm{T}}=-\boldsymbol{T}_{\mathrm{F}}^{-1}\tag{7-68}$$

5 个弹簧元的组合刚度方程为

$$\boldsymbol{K}^{\mathrm{S}}\boldsymbol{\delta}'=-\boldsymbol{F}'\tag{7-69}$$

$\boldsymbol{K}^{\mathrm{S}}$ 是弹簧元的组合刚度矩阵，即

$$\boldsymbol{K}^{\mathrm{S}}=\begin{bmatrix}\boldsymbol{k}^{\mathrm{s}}&-\boldsymbol{k}^{\mathrm{s}}\\-\boldsymbol{k}^{\mathrm{s}}&\boldsymbol{k}^{\mathrm{s}}\end{bmatrix}\tag{7-70}$$

式中

$$\boldsymbol{k}^{s}=\begin{bmatrix} k_x & 0 & 0 & 0 & 0 \\ 0 & k_y & 0 & 0 & 0 \\ 0 & 0 & k_z & 0 & 0 \\ 0 & 0 & 0 & k_{\theta x} & 0 \\ 0 & 0 & 0 & 0 & k_{\theta y} \end{bmatrix} \tag{7-71}$$

式中，k_x，k_y 和 k_z 分别对应 3 个层间应力分量 τ_{zx}，τ_{zy} 和 σ_z；$k_{\theta x}$ 和 $k_{\theta y}$ 与层间应力分量无关，置零即可。注意到式(7-65)和式(7-68)，则形成离散型界面单元的刚度方程为

$$\boldsymbol{K}^{e}\boldsymbol{\delta}=\boldsymbol{F} \tag{7-72}$$

$\boldsymbol{K}^{e}$ 为该界面单元的刚度矩阵，并且

$$\boldsymbol{K}^{e}=\boldsymbol{T}_{\delta}^{T}\boldsymbol{K}^{S}\boldsymbol{T}_{\delta} \tag{7-73}$$

下述给出采用准三维有限元模型进行应力分析的算例：

T300/QY8911 矩形层合板受面内拉伸作用，板的尺寸为 100 mm×25 mm×2 mm。层合板铺层为[-45/0/45/90/-45/0/45/0]$_s$，每单层材料厚度为 0.125 mm，材料弹性常数见表7-2。

由于沿厚度对称铺层，所以只需要取一半厚度建模，在厚度中面施加对称边界条件。建立了矩形板的准三维有限元模型，网格划分如图 7-13 所示。为了评价准三维模型的计算效果，还用 20 节点实体单元建立了该矩形板的三维实体模型，模型每层厚度有一个实体元，实体网格如图 7-14 所示。此处主要对比沿试件中间横截面不同子层和层间的应力分布，因此两种模型都在中截面的自由边附近加密网格。

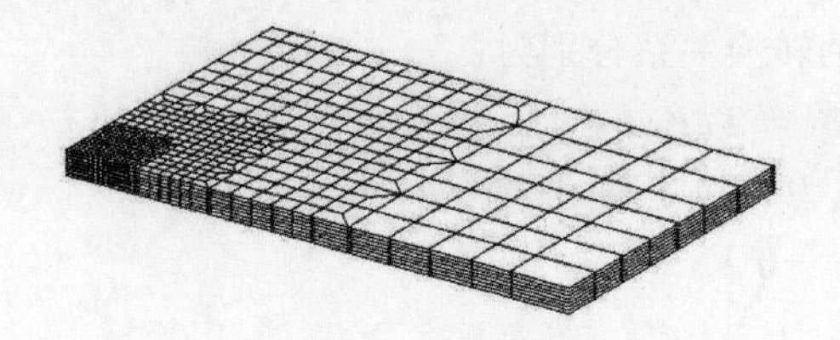

单元数：88 575　结点数：45 528

图 7-13　矩形板准三维模型(只显示 1/4)

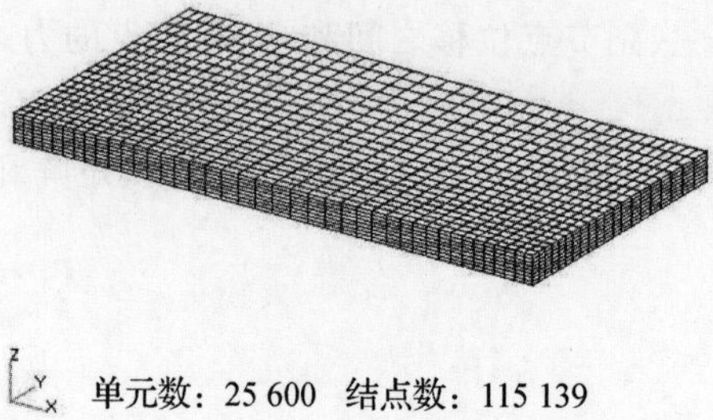

单元数：25 600　结点数：115 139

图 7-14　矩形板三维实体模型(只显示 1/4)

从图 7-13 和图 7-14 中可以看到，准三维模型的自由度规模小于三维网格。为了便于展示计算结果，对各个层间和铺层按顺序编号，中面处为 0 号层间，中面以上首层编为 1 号层，从中面到最上层编号顺序增加。图 7-15 给出了中间横截面上几个层间的应力分布，左侧图是三维模型的结果，右侧图是准三维模型的结果，横坐标是以板中心为原点时的无量纲板宽坐标，纵坐标是经过面内平均拉伸应力正则化的应力。可以看出，拉伸板自由边附近存在层间应力，给出的图中最大层间应力水平接近面内平均拉伸应力的 8%；准三维模型和三维模型计算的层间应力分布曲线相似，应力大小相当，说明了准三维模型应力分析结果的合理性；准三维模型计算规模较小，得到的层间应力曲线更光滑。

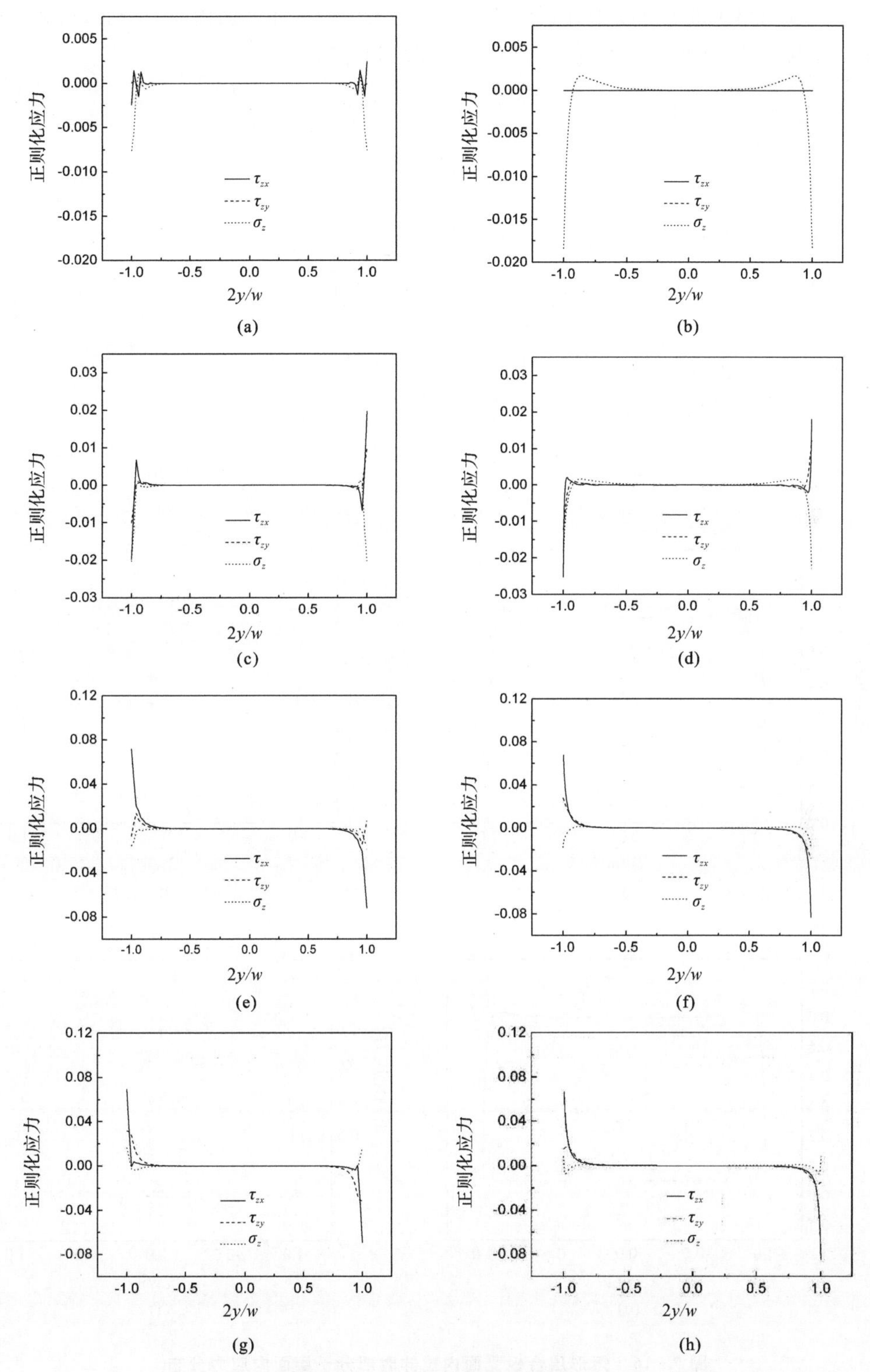

图 7-15　矩形层合板受面内拉伸时部分层间的应力分布

(a)3D 模型层间 0(0°/0°)；(b)准 3D 模型层间 0(0°/0°)；(c)3D 模型层间 1(0°/45°)；(d)准 3D 模型层间 1(0°/45°)；(e)3D 模型层间 2(45°/0°)；(f)准 3D 模型层间 2(45°/0°)；(g)3D 模型层间 3(0°/−45°)；(h)准 3D 模型层间 3(0°/−45°)

图 7－16 给出了准三维模型计算出的部分子层沿中间截面的面内应力分布，结果发现，对等截面的受拉伸板，在自由边附近，面内应力并非均匀分布。

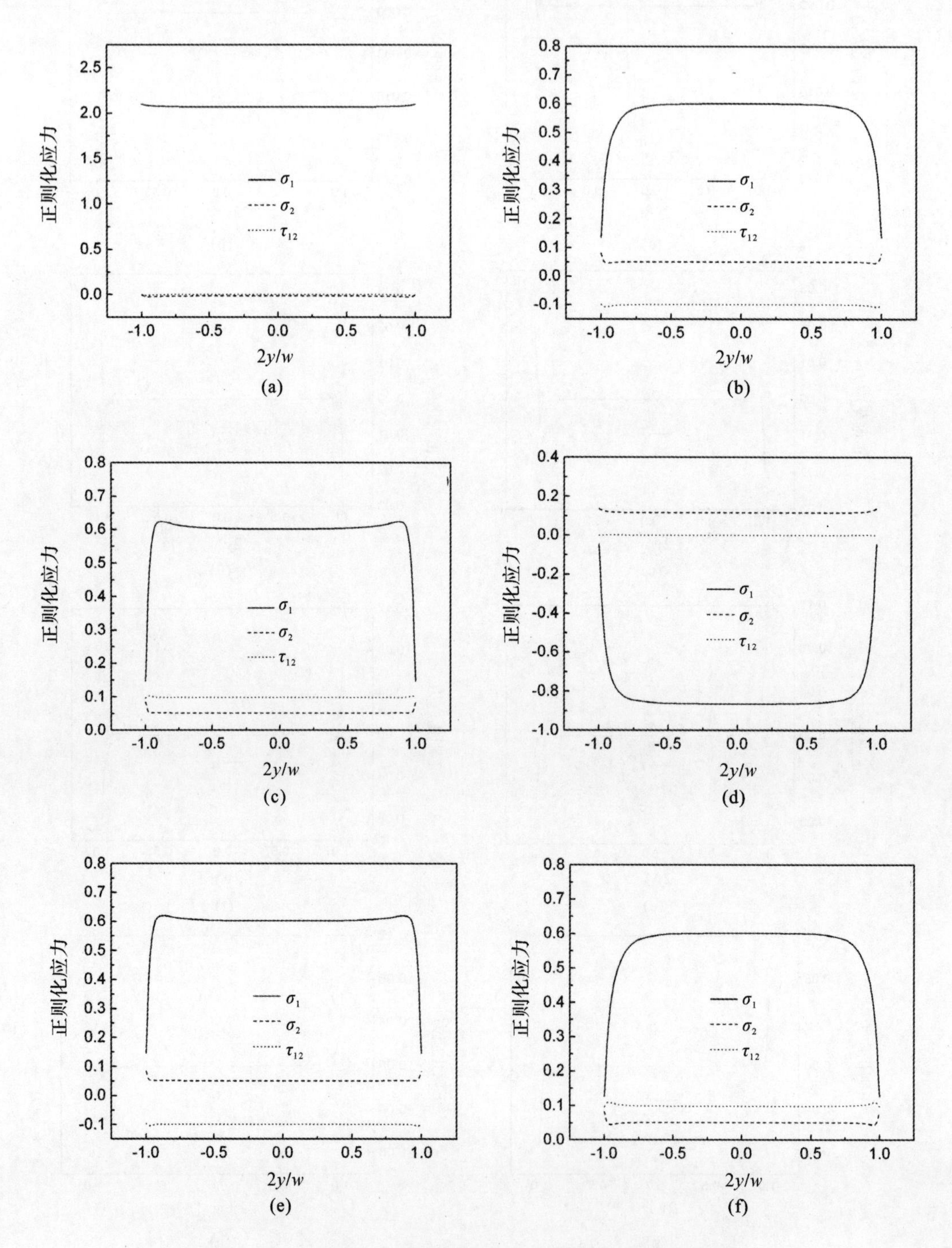

图 7－16 矩形层合板受面内拉伸时部分子层面内应力分布

(a)准 3D 模型层 1(0°)；(b)准 3D 模型层 2(45°)；(c)准 3D 模型层 4(－45°)；(d)准 3D 模型层 5(90°)；(e)准 3D 模型层 6(45°)；(f)准 3D 模型层 8(－45°)

7.5.2　三维复杂应力下渐进损伤与疲劳寿命预测

为了进行三维复杂应力下的疲劳寿命预测，对基于二维应力分析的疲劳寿命计算流程进行修订，以反映层间应力及分层损伤对疲劳寿命的影响，主要修订内容为[30]

(1)采用准三维模型进行层合板应力分析。

(2)增加了分层静力失效判据：

$$\frac{\tau_{zx}^2 + \tau_{zy}^2}{S^2} + \left(\frac{\sigma_z}{Z}\right)^2 \geqslant 1 \tag{7-74}$$

即将单向板面内剪切强度近似作为层合板的层间剪切强度。如果没有层间拉伸(或压缩强度)数据，也可以合理地借用单向板的横向拉伸(压缩)强度，即

$$Z = \begin{cases} Y_t, & 当\ \sigma_z \geqslant 0\ 时 \\ Y_c, & 当\ \sigma_z < 0\ 时 \end{cases} \tag{7-75}$$

(3)增加疲劳分层损伤累积分析与失效判断：根据损伤机理的相似性，用单向板面内横向拉-拉疲劳模型来模拟层间正应力引起的分层疲劳，用单向板剪切疲劳模型模拟层间剪应力引起的分层疲劳。

(4)增加层间静力和疲劳失效刚度退化累积分析与失效判断：考虑层间分层失效模式，当发生层间局部失效时将该处 3 个弹簧元的刚度置 0 即可。

下面给出基于三维应力分析的层合板疲劳寿命预测算例。

试验件材料为 T300/QY8911 层合板，材料性能已在表 7－2 中给出。图 7－17 是有关试验件计算建模区的设计方案。刚性夹持段不参与建模，实际建模区域长为 112 mm，宽为 20 mm。为了模拟刚性夹持加载，需要对建模区一端固支，另一端施加等位移载荷，这样做会在建模区两端产生应力集中。为了避免这种应力集中带来不期望的损伤，将建模区两端长度各为 5 mm 的区域设定为过渡区，过渡区内单元只参与应力分析，不考虑其损伤失效。图 7－18 为试验件准三维有限元模型面内网格图。

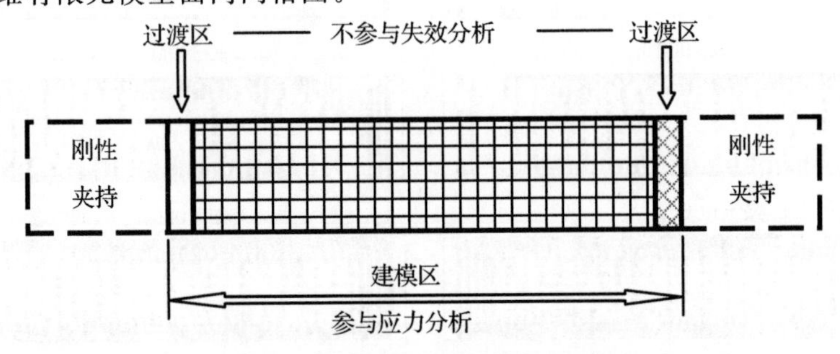

图 7－17　试验件建模区域示意图

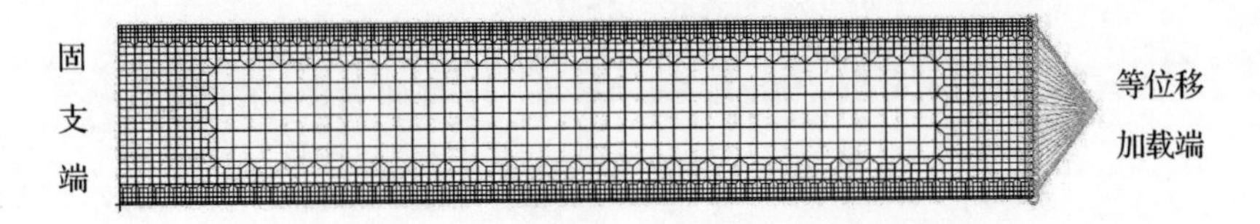

图 7－18　准三维有限元模型面内网格图

表 7－8 给出了 3 种铺层试验件的疲劳寿命预估结果。

表 7－8　疲劳寿命预测结果

铺　层	方法	拉伸强度/MPa	疲劳寿命/循环数		
$[-60/0/60]_{3s}$			$q=0.8$	$q=0.85$	$q=0.9$
	2D	539.1	140 166	36 168	6 296
	3D	537.8	251 936	49 476	3 540
	试验	710.9	697 000	65 100	193
$[45/90/-45/0/0/-45/90/45]_s$			$q=0.7$	$q=0.8$	$q=0.85$
	2D	560.7	416 236	70 547	20 114
	3D	517.7	543 613	75 687	10 581
	试验	578.8	95 500	19 800	14 400
$[-45/0/45/90/-45/0/45/0]_s$			$q=0.654$	$q=0.715$	$q=0.821$
	2D	740.8	647 591	293 655	22 240
	3D	703.4	474 161	85 003	24 112
	试验	865.2	91 327	27 612	2 127

现以前两种铺层部分子层为例观察疲劳损伤演变进程。

$[-60/0/60]_{3s}$铺层以发生面内损伤为主，没有明显的层间损伤。在 3 种载荷比下，首先各±60°层相继发生局部基体失效，经过若干循环之后，最终 0°层的单元发生纤维失效而导致层合板整体破坏。图 7－19 为最接近外表面的－60°和 60°层在不同时刻的损伤情况，可见它们均为基体失效。

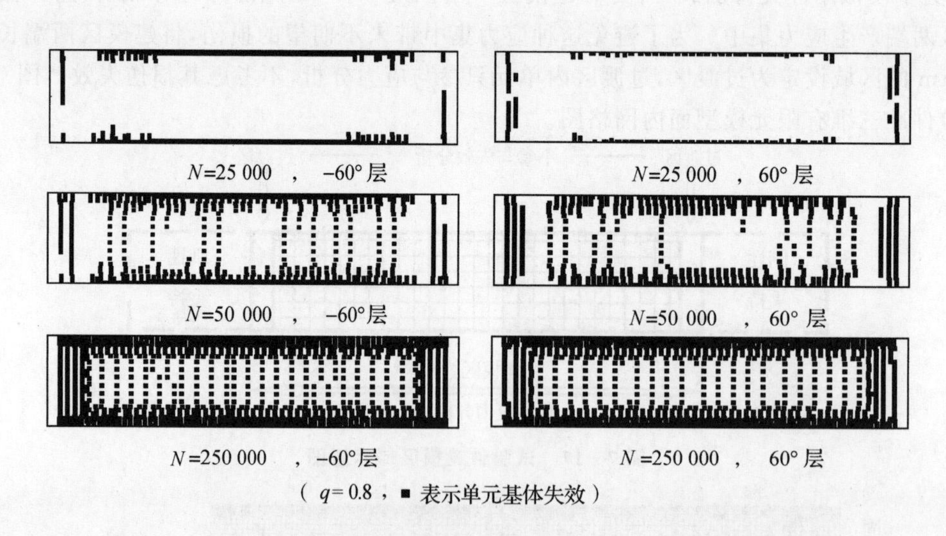

图 7－19　$[-60/0/60]_{3s}$铺层最接近外表面－60°和 60°层疲劳损伤演变

$[45/90/-45/0_2/-45/90/45]_s$ 铺层的各 90°层相继发生局部静力基体失效，然后各±45°层出现基体失效，最终 0°层发生一定量的纤维失效而导致层合板整体破坏。疲劳过程中间，也发生了分层损伤。图 7－20 给出了载荷比 $q=0.85$ 下的面内疲劳损伤变化，图 7－21 给出了

$q=0.7$ 载荷临界破坏时不同层间自由边附近的疲劳分层损伤。

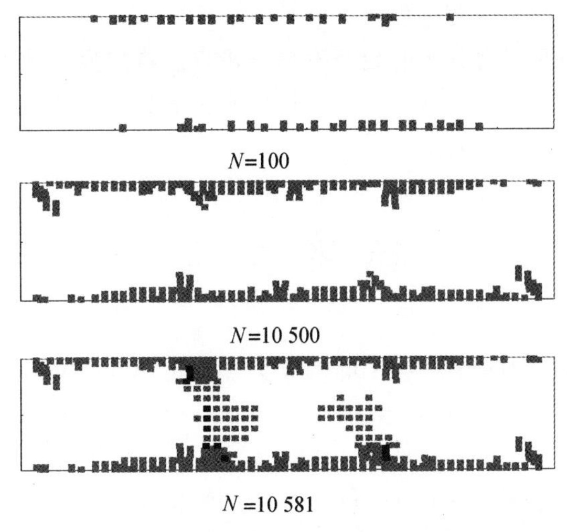

图 7-20　[45/90/−45/0$_2$/−45/90/45]$_s$ 铺层内侧-45°层损伤演变图($q=0.85$)

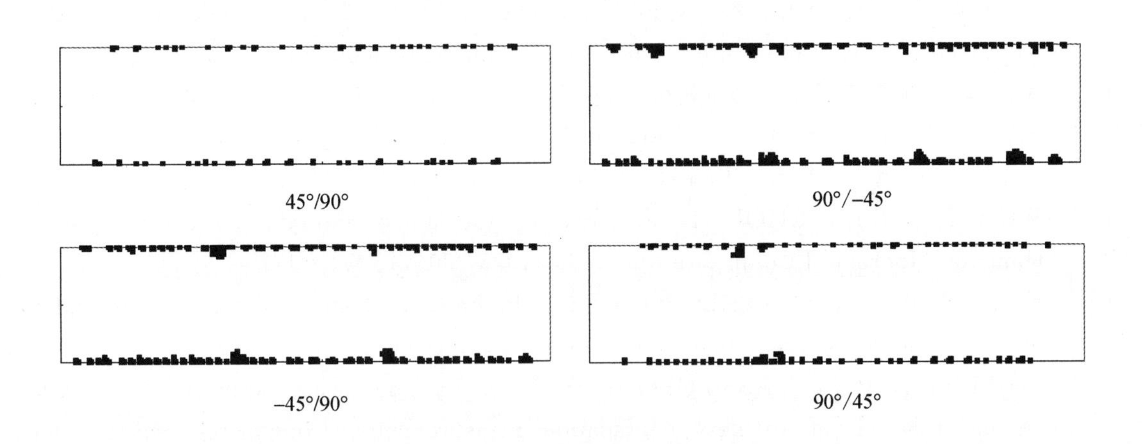

图 7-21　[45/90/−45/0$_2$/−45/90/45]$_s$ 铺层疲劳失效时几个层间的分层损伤图($q=0.70$)

7.6　本章小结

本章以疲劳模量概念为基础，建立了累积应变损伤模型；发展了基于二维平面应力分析的疲劳寿命分析方法。该方法考虑了复杂应力状态和平均应力的影响，只需要单向板面内简单应力状态的 $S-N$ 曲线，结合应力分析、强度分析、累积损伤和材料性质退化，就可以预测任意铺叠次序层合板在不同应力比循环载荷下的损伤演变和疲劳寿命。

本章还提出了一种由刚性元、弹簧元和二维板元构成的层合板准三维有限元模型，推导、建立了由刚性元和弹簧元组成的离散型界面单元的刚度方程。这种准三维模型不仅能较好地计算多向层合板的面内应力和层间应力，也能方便地通过面内单元和界面单元刚度的退化，适当地表示面内、层间损伤及其演变过程。

此外，将基于二维平面应力分析的疲劳寿命分析方法推广发展成为考虑三维应力的、预测任意铺层多向层合板疲劳寿命的分析方法，模拟任意铺叠次序层合板在循环载荷下面内和层间疲劳损伤演变历程，并预测了疲劳寿命。

参考文献

[1] SCHAFF J R, DAVIDSON B D. Life prediction methodology for composite structures: Part I — constant amplitude and two - stress level fatigue. Journal of Composite Materials, 1997, 31(2): 128 - 157.

[2] SCHAFF J R, DAVIDSON B D. Life prediction methodology for composite structures: Part II—spectrum fatigue, 1997, 31(2): 158 - 181.

[3] CAPRINO G. Predicting fatigue life of composite laminates subjected to tension - tension fatigue. Journal of Composite Materials, 2000, 34(16): 1334 - 1355.

[4] YAO W X, HIMMEL N. A new cumulative fatigue damage model for fibre - reinforced plastics. Composite Science and Technology, 2000, 60(1): 59 - 64.

[5] 顾怡. FRP疲劳累积损伤理论研究进展. 力学进展, 2001, 31(2): 193 - 202.

[6] YANG J N, JONES D L, YANG S H, et al. A stiffness degradation model for graphite/epoxy laminates. Journal of Composite Materials, 1990, 24: 753 - 759.

[7] WU W F, JEE L J, CHOI S T. A study of fatigue damage and fatigue life of composite laminates. Journal of Composite Materials, 1996, 30(1): 123 - 137.

[8] PHILIPPDIS T P, VASSILOPOULOS A P. Fatigue of composite laminates under off -axis loading. International Journal of Fatigue, 1999, 21: 253 - 262.

[9] PHILIPPDIS T P, VASSILOPOULOS A P. Fatigue design allowables of GRP laminates based on stiffness degradation measurements. Composites Science and Technology, 2000, 60: 2819 - 2828.

[10] HWANG W, HAN K S. Fatigue of composites - fatigue modulus concept and life prediction. Journal of Composite Materials, 1986, 20: 154 - 165.

[11] HWANG W, LEE C S, PARK H C, et al. Single - and multi - stress level fatigue life prediction of glass/epoxy composites. Journal of Advanced Materials, 1995, 26(4): 3 - 9.

[12] 轩福贞，孙树勋，汤红卫，等. 复合材料层板疲劳损伤的有效能耗分析法. 复合材料学报，1997, 14(3): 115 - 124.

[13] PLUMTREE A, CHENG G X. A fatigue damage parameter for off - axis unidirectional fibre - reinforced composites. International Journal of Fatigue, 1999, 21: 849 - 856.

[14] HWANG W, HAN K S. Cumulative damage models and multi - stress fatigue life prediction. Journal of Composite Materials, 1986, 20: 125 - 153.

[15] HASHIN Z, ROTEM A. A fatigue failure criterion for fiber reinforced materials. Journal Composite Materials, 1973, 7: 448 - 464.
[16] JEN M H R, LEE C H. Strength and life in thermoplastic composite laminates under static and fatigue loads. Part I: experimental, International Journal of Fatigue, 1998, 20(9): 605 - 615.
[17] JEN M H R, LEE C H. Strength and life in thermoplastic composite laminates under static and fatigue loads. Part II: formulation, International Journal of Fatigue, 1998, 20(9): 617 - 629.
[18] SHOKRIEH M M, LESSARD L B. Multiaxial fatigue behavior of unidirectional plies based on uniaxial fatigue experiments - I. Modelling, International Journal of Fatigue, 1997, 19(3): 201 - 207.
[19] SHOKRIEH M M, LESSARD L B. Multiaxial fatigue behavior of unidirectional plies based on uniaxial fatigue experiments - II. Experimental evaluation, International Journal of Fatigue, 1997, 19(3): 209 - 217.
[20] SHOKRIEH M M, LESSARD L B. Progressive fatigue damage modeling of composite materials, Part I: modeling. Journal of Composite Materials, 2000, 34(13): 1056 -1080.
[21] SHOKRIEH M M, LESSARD L B. Progressive fatigue damage modeling of composite materials, Part II: material characterization and model verification. Journal of Composite Materials, 2000, 34(13): 1081 - 1116.
[22] 张开达. 碳纤维/双马复合材料层板疲劳损伤累积和寿命估算. 航空学报, 1997, 18(5): 623 - 624.
[23] ZHANG K D. Damage model and life prediction of composite laminates// Progress in Experimental and Computational Mechanics in Engineering and Material Behaviour: Proceedings of ECM'99, Urumqi, China, 1999: 75 - 80.
[24] 张志民, 张开达, 杨乃宾. 复合材料结构力学. 北京: 北京航空航天大学出版社, 1993.
[25] 张开达, 李亚智. 计及平均应力影响的疲劳寿命估算方法// 第十一届全国复合材料学术会议论文集, 合肥, 2000: 613 - 617.
[26] 郭伟国, 张开达. 碳/环氧典型层压板的疲劳试验和寿命估算. 西北工业大学学报, 1993, 11(1): 85 - 90.
[27] 张开达, 李亚智. 复合材料层压结构耐久性分析研究. 西北工业大学研究报告, 2000.
[28] 杜善义, 沃丁柱, 章怡宁, 等. 复合材料及其结构的力学、设计、应用和评价. 哈尔滨: 哈尔滨工业大学出版社, 2000.
[29] 李亚智, 郭晓波, 黄志远. 基于组合单元的层压复合材料三维应力分析. 复合材料学报, 2009, 26(3): 207 - 212.
[30] 黄志远, 李亚智. 考虑三维应力的复合材料层压板疲劳寿命分析. 复合材料学报, 2010 27(1): 173 - 178.

第8章　复合材料连接结构强度分析

各向异性的纤维增强聚合物基复合材料结构连接部位的设计和强度分析具有与各向同性的金属材料结构连接部位分析不完全相同的内容和特点，甚至有些方面与金属材料结构有着本质的差别。例如，由于金属的塑性行为，多钉连接有重新分配载荷的能力，这就使得各个钉孔受力均匀，校核强度时即可认为各个钉均匀受载，但是对于复合材料决不可如此处理。由于复合材料本身属脆性材料，通常(纤维控制的)复合材料层压板到破坏以前的应力-应变关系近似呈线性，材料不会出现局部屈服或应力重新分配，基本不具有重新分配载荷的能力，于是各个钉孔受力严重不均匀。同时校核强度时除考虑钉载影响外，还要考虑旁路载荷的影响。这些特点决定了复合材料连接强度问题更复杂，解决强度问题也更为困难。

8.1　复合材料结构的连接形式

在设计复合材料连接结构时，首先需要考虑各种连接形式的特点。复合材料主要有5种连接形式，分别是：①机械连接；②胶接连接；③缝合连接；④Z-pin连接；⑤混合连接。其中，只有胶接是通过结合面进行连接，其余都是贯穿厚度的连接。贯穿厚度连接的共同优点是抗剥离应力和劈裂应力性能好，而通过结合面的连接则易于发生脱黏和分层。

8.1.1 胶接连接及其特点

胶接是用胶黏剂将两个或多个构件连接在一起。一般来说，胶接适用于传递载荷较小的部位。胶接连接的优点是：无钻孔引起的应力集中，基本层合板强度不下降；零件数目少，结构轻，连接效率高；抗疲劳、密封、减振及绝缘性能好；有阻止裂纹扩展的作用，破损安全性好；能获得光滑气动外形；无电偶腐蚀问题；无磨损问题。胶接连接的缺点包括：缺少可靠的无损检测方法；强度分散性大，剥离强度低，难以传递大载荷；受湿热环境影响大；层合板表面质量要求高；修补困难，不可拆卸；难以胶接较厚的结构和传递大载荷；可能有残余应力等。

胶接连接形式主要可分为两大类：面内连接和面外连接。面内连接是指平面形式搭接，以受面内拉伸载荷为主，胶层承受剪力；面外连接用于正交形式的构件，主要承受面外拉伸载荷，通常称之为拉脱载荷。

1.面内连接

面内连接的基本形式包括4种(见图8-1)：单搭接和双搭接、单搭接板对接连接和双搭接板对接连接、单阶梯形和双阶梯形连接、单斜面和双斜面连接等。

面内连接还有其他形式，如单下陷和双下陷连接、榫形连接、楔形连接和波浪形连接等。

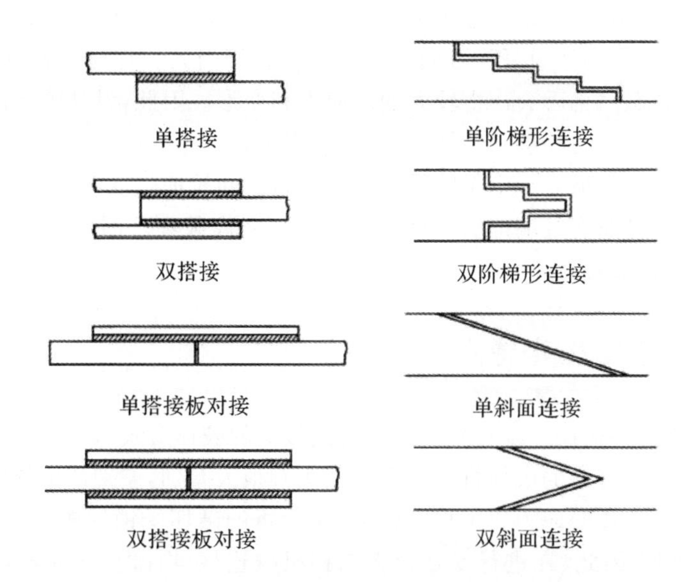

图8-1　复合材料结构面内胶接连接的形式

2.面外连接

复合材料胶接结构面外连接的典型连接形式(见图8-2)包括π形连接、T形连接和L形连接。这类连接形式用于板类构件与梁、肋、桁条等的连接。

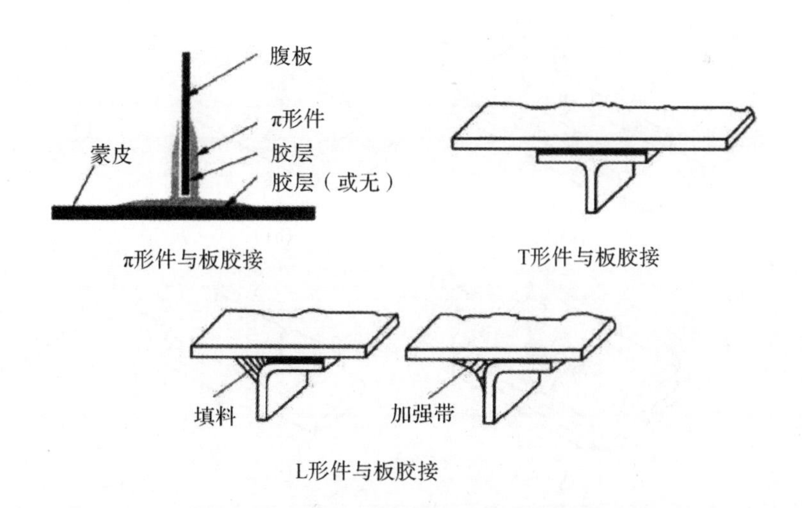

图8-2　复合材料结构面外胶接连接的典型形式

胶接接头的主要功能是通过剪切来传递载荷。胶接连接时胶黏剂与基体通常属于同一种材料体系,因而能保证材料间的相容性。胶接可以防止腐蚀,在连接的同时还能形成密封,而且比紧固件连接接头的重量轻。胶接区域面积大,分布的应力较小,且不需要质控,因此接头的强度较高。但是在胶接结构中,由于载荷偏心会导致部分胶接区域产生剥离应力,而且胶层剥离强度较低,这会降低连接强度,因此在设计中需要把这些不利因素的影响降低到最低程度。

应用胶接连接应特别注意以下几点：①碳纤维复合材料沿纤维方向的线膨胀系数很小[(0.60～4.30)×10℃$^{-1}$]，而垂直纤维方向的热膨胀系数相当大。它与金属胶接时，由于热膨胀系数差别较大，在高温固化后会产生较大的内应力和变形。因此，设计胶接连接时应尽量避开与金属件，尤其是铝合金的胶接，必要时可采用热膨胀系数小的钛合金零件。②胶接连接承剪能力很强，但抗剥离能力很差。由于碳纤维复合材料层间拉伸强度低，它不像金属连接在胶层产生脱胶破坏，而是易在连接端部层压板的层间产生剥离破坏。因此，对较厚的被胶接件，宜采用斜削或阶梯搭接形式。

8.1.2 机械连接及其特点

机械连接又称紧固件连接。复合材料机械连接接头的破坏形式与常规金属材料机械连接接头的相似，但复合材料接头的破坏行为与金属接头有很大差别，差别产生的因素主要是复合材料的脆性相对较高，孔边的应力集中程度较高；层合板的破坏受铺层顺序、纤维体积分数和孔隙率等因素的影响。因此，在进行复合材料结构机械连接设计时，应对其进行特殊的设计考虑。

图8-3所示为复合材料机械连接接头的典型破坏形式，包括剪切破坏、净截面拉伸破坏、挤压破坏以及拉-剪组合破坏等。当被连接层合板的横向拉伸强度小于相应的面内剪切强度时，剪切破坏形式有时也表现为单面“劈裂”破坏。此外，紧固件的挤压和剪切破坏以及紧固件拉脱(尤其对沉头紧固件)都是可能的破坏形式。

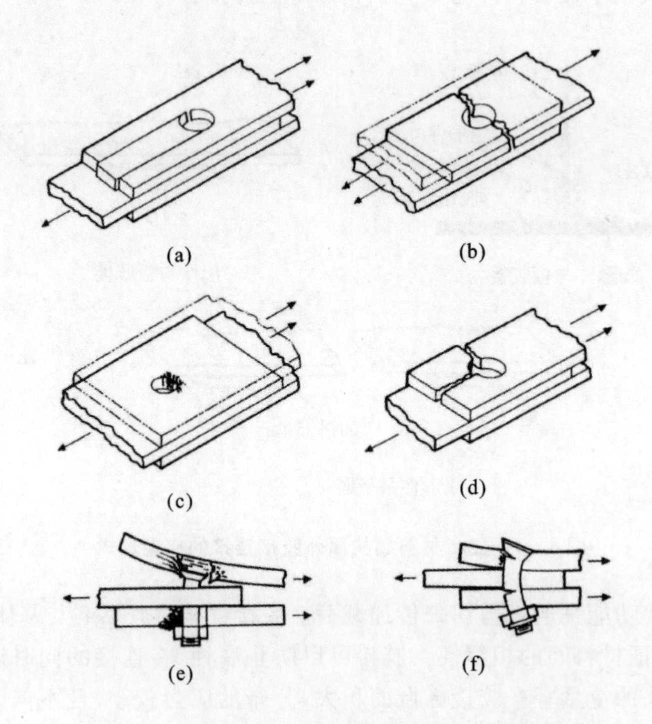

图8-3 复合材料机械连接结构典型的破坏形式

(a)剪切破坏；(b)拉伸破坏；(c)挤压破坏；(d)劈裂-拉伸破坏；(e)螺栓从层合板中拉脱；(f)螺栓破坏

连接接头的许用强度可用以下公式计算：

挤压：$$p_b = dtF_b$$

剪切：$$p_s = 2[e/d - 0.5]dtF_s$$

单向拉伸：$$p_t = 2[s/d - 0.5]dtF_t$$

式中，F_b，F_s，F_t 为设计挤压、设计剪切、设计净截面拉伸许用值；d 为紧固件直径；t，d，e，s 分别为层合板厚度、紧固件直径、端距、边距。

重要部位和主承力连接区的关键接头一般均采用螺栓连接，但尽量不采用耳片或梳状的连接形式。由于复合材料具有各向异性的特点，照搬金属连接的方法将会造成严重的后果。应用机械连接应特别注意：①由于复合材料本身属脆性材料，多排钉传力时的钉载分配更不均匀，连接破坏时，基本层压板的应变和应力较低。②连接强度与材料、铺叠方式、连接几何形状参数、载荷方向和环境影响等多种因素密切相关。③连接的失效模式多且预测强度较困难。④剪切强度并不随着端距的增大成比例增加。⑤紧固件应承受剪切，避免紧固件受拉和弯曲。

在复合材料机械连接设计中，建议使用以下设计经验：

(1)应力集中是影响设计许用拉伸应力的主要因素，通常情况下，机械连接接头只能达到被连接层合板极限拉伸强度的 20%～50%。

(2)机械连接接头应设计成挤压破坏形式，而不是剪切或净截面拉伸破坏，以防止灾难性破坏的发生。这就要求复合材料接头的端距与紧固件直径之比(e/d)以及边距与紧固件直径之比(s/d)较常规金属材料的要大。当 e/d 和 s/d 较小时，接头会在端头发生剪切破坏或净截面拉伸破坏。由于机械连接孔周围存在应力集中，破坏时净截面上的平均应力只有被连接层合板拉伸强度的一部分。

(3)对于像单搭接这样的非对称接头，建议使用多排紧固件，以使偏心载荷引起的弯曲减至最小。

(4)对于非对称接头，采用增加层合板的厚度进行局部加强是不可取的，因为这样会大大增加接头的偏心距，从而抵消局部加强所起的作用。

(5)由于应力集中和偏心的影响很难准确计算，因此建议所有关键接头的设计都要通过试验进行验证。

目前在工程上还会采用胶铆(螺)混合连接，这一般是出于破损安全的考虑，即想要得到比只有机械连接或只有胶接时更好的连接安全性和完整性。但要注意以下几方面：

(1)在胶接连接中采用紧固件加强，一方面可以阻止或延缓胶层损伤的扩展，提高抗剥离、抗冲击、抗疲劳和抗蠕变等性能；另一方面也有孔应力集中带来的不利影响。应针对不同情况慎重考虑。

(2)通常机械连接的变形总是大于胶接的变形(指面内变形)，应尽量使胶接的变形与机械连接的变形相协调。

(3)紧固件与孔的配合精度很重要，如果配合不好，将可能增大连接试件的剪切变形，从而首先导致胶层的剪切破坏，继而引起紧固件的剪切破坏或孔的挤压破坏，达不到预期的效果。

8.1.3　复合材料结构的连接效率

连接的目的就是把两个或者更多个元件连接在一起，以便把载荷从一个元件传递到另一个(些)元件。评价连接完成这个任务的优劣,需要一个评价指标,这就是连接效率。连接效率的基础是连接元件的强度与等尺寸非连接连续元件的强度之比。

金属材料的连接效率基于静强度,无论按照破坏载荷、应变或者应力的任何一个指标来进行判断都可以。复合材料连接效率就只能根据破坏载荷来进行判断。

两种材料之间产生效率双重标准的主要原因是:金属材料是延性的,结构中应力集中部位的应力可以重新分配,破坏时处于均匀的应力状态,因此连接效率可简单地采用净面积与毛面积的比值,即采用净宽度与总宽度的比值来进行衡量。复合材料不具有金属的上述性质。

金属材料无论按照应变、应力或者载荷来判断连接设计的优劣都是一样的,复合材料就与此不同。复合材料的铺层是可以设计的,连续元件(光滑试件)和连接的承载能力都与铺层有关。对于不同的铺层,它们承受的载荷、应力和应变是不一样的,两者不存在正比例关系。连接设计一定要把铺层的因素考虑在内,且一定要比较不同铺层对连接破坏载荷的影响。因为应变大并不能表明其承受的载荷也大。切记,对于复合材料,判断连接设计的优劣是承受的总载荷,而不是应变或者其他因素。

1. 金属的连接效率

金属的连接效率定义为

$$\eta=(W-nD)/W \tag{8-1}$$

式中,W 为元件宽度;n 为一排中的钉孔数量;D 为钉孔直径。

2. 复合材料连接的完整效率

完整连接效率 η 是载荷效率 E_L 和重量效率 E_W 的乘积。载荷效率 E_L 定义为

$$E_L=L_j/L_c \tag{8-2}$$

式中,L_j 为连接的破坏载荷;L_c 为连续元件的破坏载荷。

连接的重量效率 E_W 定义为

$$E_W=W_c/W_j \tag{8-3}$$

式中,W_c 为连续元件的重量;W_j 为连接元件的重量。于是完整连接效率为

$$\eta=E_LE_W \tag{8-4}$$

其中,η, E_L, E_W 越接近于1,从性能观点来说连接设计就越好。显然,载荷效率 E_L 尽可能接近1是努力争取的目标。因为如果 $E_L>1$,就意味着整个结构被过分加强,有不必要的重量付出,此时重量效率 E_W 将会减小。这种情况是不恰当的,也是不希望的,此时需要重新设计和制造以便纠正主要的设计缺点。当然,连接两个不一样元件时,连接效率必须基于其中的较弱者。

3. 复合材料连接的重量增量效率

重量增量效率 η 定义为连接的破坏载荷 P 除以连接区的重量增量 ΔW,则有

$$\eta=P/\Delta W \tag{8-5}$$

重量增量是相对于没有连接情况而言的,下面举例说明。图 8-4 中阴影的区域就是重量的增量部分。对于单搭接,如图 8-4(a)所示,重量增量为

$$\Delta W=L(\rho_1t_1+\rho_2t_2)/2 \tag{8-6}$$

对于双搭接,如图 8-4(b)所示,重量增量为

$$\Delta W=2\times 2L\rho_0t_0=4L\rho_0t_0 \tag{8-7}$$

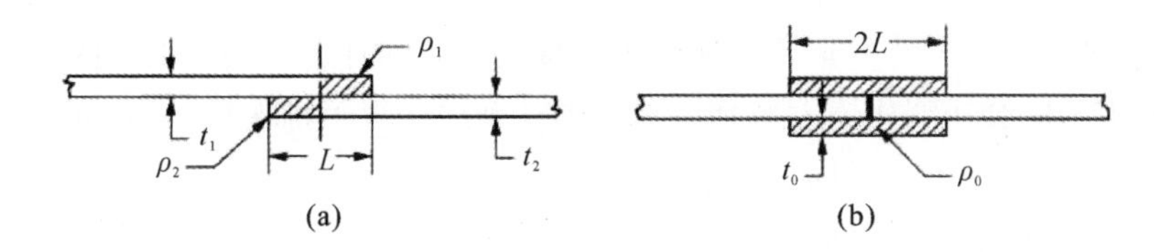

图 8-4　重量增量和连接效率计算

重量增量效率的值越大越好，它非常适用于比较不同连接形式的优劣。连接效率另一个应当考虑的因素是连接工艺因素或者成本因素，但目前对其定量评价比较困难。

8.2　机械连接结构的强度分析方法

复合材料结构机械连接部位的设计和强度分析与金属材料结构的有着本质的差别。主要是：①复合材料结构连接部位的钉孔切断了纤维，导致孔边应力分布较复杂，加之复合材料本身属脆性材料，孔边的应力集中较严重，使得多排钉孔传力时的钉孔载荷分配更不均匀；②连接强度与材料、铺叠方式、载荷方向和环境影响等多种因素密切相关；③连接板的剪切强度不随端距增大而成比例增加；④连接的失效模式多而且预测强度较困难；等等。因此复合材料机械连接结构的强度分析不能照搬金属的方法。

8.2.1　主承力区机械连接的设计要点

对于复合材料层压板多排螺栓连接，在受拉和受压情况下都是受挤压和旁路载荷共同作用支配的，想要达到较高使用应变的关键是限制受载最危险部位的挤压应力。通过合理设计连接区的几何形状，可以降低第一排或最外一排钉的钉载。

层压板的铺层方式是一个设计变量，优化连接使破坏应变最大并不能保证是强度最高或者重量-效率最好的连接设计。支配复合材料螺栓连接设计的主要因素是必须传递的总载荷，而不是周边结构的使用应变水平。

多钉连接设计应注意以下几方面：

(1)对于复合材料，各排钉的承载比例是不均匀的，即使在极限载荷时，无论钢钉或钛钉连接，各排钉承载的不均匀性与初始载荷时相比并没有多大改善。各排钉的承载比例主要与被连接构件的相对刚度有关，紧固件的刚度对其也有一定影响。

(2)在受拉和受压情况下，在整个厚度上是否有夹持对其强度有较大的影响。相对位于中间的层压板(蒙皮)而言，位于两侧的搭接板的支持要弱一些。因此，即使对于同样的材料和铺层，位于中间的蒙皮的挤压强度大于两侧搭接板的挤压强度。故两侧搭接板的总厚度要稍微大于中间蒙皮的厚度，否则破坏总是发生在搭接板处。

(3)采用均匀厚度蒙皮和斜削搭接板的连接是效率最高的。分析和试验证明，其他连接形式的效率较差。采用斜削的搭接板可以优化螺栓载荷分布，包括降低第一排螺栓传递的载荷。用斜削搭接板时应注意，用局部铣出一个平台来安装螺栓和螺母是不合适的，因为这种加工方法有使表面出现小裂纹的可能，建议采用斜削的垫圈。

(4)连接强度对连接的几何形状和所采用纤维及树脂的种类是相当敏感的，但对在纤维铺层最佳设计范围内的微小变化不太敏感。对于碳纤维层压板多排连接 W/D 的最佳值约为4。

(5)连接设计要正确考虑紧固件直径/板厚比，以保证紧固件不是薄弱环节。螺栓弯曲弹性变形的增加会导致夹持力的减小和挤压许用应力值的明显降低，除了考虑按常规剪切强度选择紧固件尺寸使重量降至最小的原则，还应当考虑紧固件的刚度。

(6)应根据实际情况来确定是用复合材料还是用金属。例如斜削搭接板宜采用金属。受拉伸多排钉连接组合件，如采用复合材料斜削搭接板，斜削元件上采用凸头紧固件，在螺栓头和螺母下面将斜削的纤维复合材料层压板弄平会产生危险的剥离应力和局部应力集中，连接由于高剥离应力和层间应力而过早破坏。如采用斜削垫圈将增加成本和装配工艺的复杂性。于是为方便紧固件的安装，采用在斜削表面上局部弄平的金属搭接板，工艺简单，成本又低，而且避免了潜在的破坏模式。因此是比较合适的。T形搭接件和角盒件也宜采用金属。在有高的面外应力存在的位置，不宜采用复合材料，因其数值很难解析预示和实验测量。由于采用金属材料，搭接板虽然稍微重一点，但是搭接板(或紧固件)较小的重量增加是值得的，它可使大面积的厚蒙皮的效率达到最大。对于大的飞机来说，搭接板的重量占整个结构重量的百分比相当小，不应只根据搭接板和紧固件的最小重量来评价搭接板的效率。

(7)避免蒙皮加强。从成本和基于蒙皮可修理性两方面来考虑，只要可能就应避免蒙皮加强。在连接效率最大的螺接区域中，蒙皮加厚就意味着加厚范围外的螺栓连接或螺接修理，不再可能恢复到结构极限强度。于是，只有当从其他设计考虑认为是正确时才允许蒙皮增强，但是接头自身不能受载到使周围结构达到不能修理的程度。

(8)受压缩载荷的连接强度一般均大于受拉伸的情况。

(9)采用通过衬套实现紧固件干涉配合的连接，与衬套相同外径的螺栓连接相比，强度并未增加，一般还稍有降低。这是因为干涉配合带来的钉载分配改善的好处被螺栓弯曲所抵消。

8.2.2 机械连接钉载分析方法

复合材料结构机械连接的静力分析一般包括以下三方面内容：

(1)从总体结构分析确定机械连接所受的外力。

(2)由机械连接所受的外力确定各个钉孔处的挤压载荷和旁路载荷。

(3)进行细节分析，得到钉孔区域的应力，利用材料的失效准则和特征曲线评定机械连接的强度，或者利用半经验破坏包线评定机械连接的强度。

本节给出多排钉连接钉载分配的有限元分析方法，及单钉连接的理论分析方法和经验方法。

8.2.2.1 弹簧模型分析方法

弹簧模型(Spring Model)是有效分析复合材料多钉螺栓连接结构钉载分配规律的解析方法之一。Tate最早提出了等效弹簧模型，并将其应用于各向同性材料单列双剪连接结构钉载分配规律的研究。随后Nelson对该模型进行了改进，将其应用于各向异性材料多排钉单剪结构中[4-7]。

图 8－5 所示为复合材料单剪螺栓连接结构等效弹簧模型示意图，对于双剪连接结构，取沿载荷方向中心面对称的半模型进行分析。

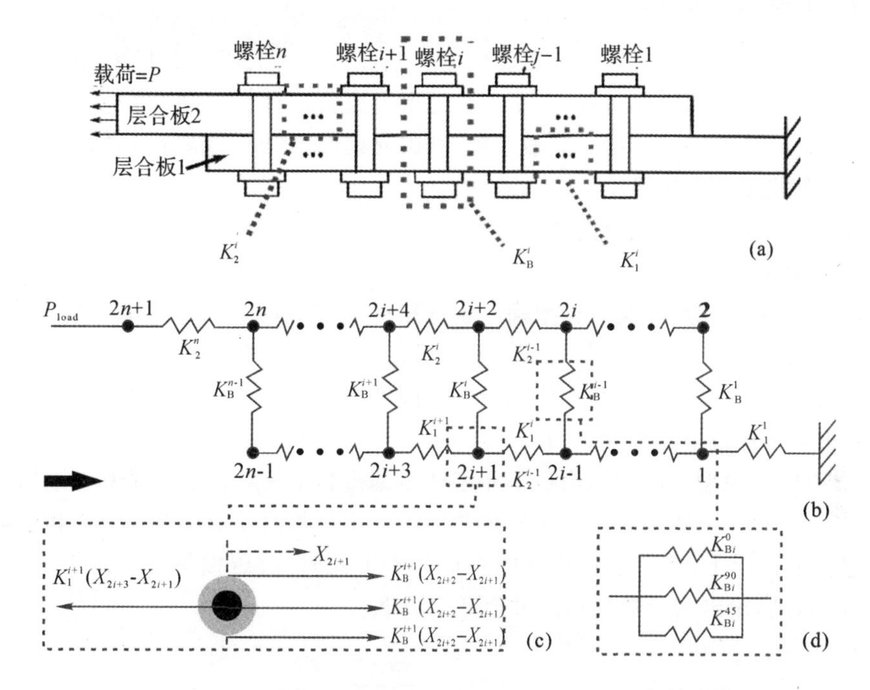

图 8－5　复合材料螺栓连接结构等效弹簧螺栓模型

(a)复合材料连接结构；(b)等效弹簧模型；(c)第 i 个螺栓弹簧受力分析；(d)等效螺栓刚度

由图 8－5 可以看出，连接结构的不同部分被等效为相应的弹簧，组成弹簧系统来模拟结构的力学行为。具体地，螺栓及其周围部分层合板等效弹簧记为 K_B^i；螺栓弹簧 K_B^i 之间的层合板等效弹簧分别记为 K_1^i 和 K_2^i；其中，$i=1,\ 2,\ \cdots,\ n-1$。同时，该模型基于以下假设：

(1)不考虑螺栓转动以及单剪结构中层合板的次弯曲效应；

(2)所有弹簧仅具有水平方向刚度且仅做水平方向运动；

(3)不考虑多钉连接结构中螺栓耦合的作用。

由图 8－5(c)所示的弹簧模型受力示意图可以得出系统平衡方程：

$$\boldsymbol{KX}=\boldsymbol{F} \tag{8-8}$$

式中，$\boldsymbol{K}$ 为弹簧系统整体刚度矩阵，$\boldsymbol{X}$ 为节点位移向量，$\boldsymbol{F}$ 为载荷向量。具体地，可以将式(8－8)展开成如下形式：

$$\begin{bmatrix} (k_1^1+k_B^1+k_2^1) & -k_B^1 & -k_2^1 & 0 & \cdots & & & & 0 \\ -k_B^1 & (-k_1^1+k_B^1+k_1^2) & 0 & -k_1^2 & 0 & \cdots & & & 0 \\ \vdots & & \vdots & \vdots & \vdots & & & & \\ 0 & & -k_2^i & 0 & (k_2^i+k_B^i+k_2^i) & -k_B^i & -k_2^i & & 0 \\ & & & -k_1^i & -k_B^i & (-k_1^i+k_B^i+k_1^{i+1}) & 0 & -k_1^{i+1} & 0 \\ & & & & & & & & \vdots \\ \vdots & & & & & & \vdots & \vdots & 0 \\ & & & & & & -k_1^n & (-k_1^i+k_B^i+k_1^{i+1}) & -k_1^n \\ 0 & & & \cdots & & & & -k_2^{n+1} & -k_2^{n+1} \end{bmatrix} \begin{bmatrix} x_1 \\ x_2 \\ \vdots \\ x_{2i+1} \end{bmatrix} = \begin{bmatrix} 0 \\ 0 \\ \vdots \\ P_{\text{load}} \end{bmatrix} \tag{8-9}$$

求解式(8-9)得到各节点的位移结果，再通过紧固件的等效刚度求出紧固件的钉载。

8.2.2.2 有限元分析方法

一般载荷下复杂连接的载荷分配需要使用有限元方法。有限元分析中，使用板壳单元来模拟基板/带板元件，使用梁元(beam)或弹簧元来模拟紧固件。例如，图8-6所示为典型桁条过渡接头分析所用有限元模型。一般来说，有限元模型不能全部满足这些建议，因此需要工程判断或叠加假设来解释结果。

采用有限元方法分析钉载分配的一般步骤是：

(1)确定紧固件柔度系数。

(2)为板壳元和梁元或弹簧元模型确定各连接细节等效的紧固件柔度系数。建立模拟连接试样的有限元模型来“校准”有限元梁元紧固件的刚度，使得梁元的变形和一维弹簧模型的紧固件柔度一致，经过校准的梁元会比实际的紧固件更加“柔软”，因为螺栓连接中绝大多数的变形都是基板和带板挤压变形导致的。

(3)建立有限元模型。用四边形板单元来模拟基板和带板。设定 x 轴和 y 轴的含义(例如纤维方向、紧固件排布方式)，用梁元来模拟紧固件。每个紧固件通过一个节点和基板、带板连接。在理想化的情况下，节点呈现规则的矩形排布方式时，层压板每个连接节点周围应该有16个板单元，否则，输出的结果在解释时会更加困难。

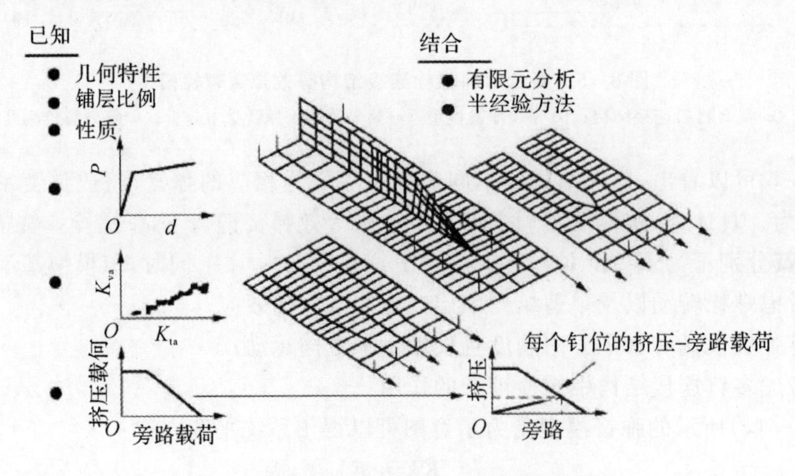

图8-6 桁条过渡接头分析的有限元模型

注：此处的挤压载荷即为钉载。

(4)施加边界条件和载荷。尤其需要注意边界条件上有微小的改变可能引起模型载荷分布巨大的变化，紧固件载荷也有大幅度的变化。

(5)模型输出应该包括梁载荷和基板/带板单元载荷。

(6)得到的通过梁元传递的载荷就是挤压载荷，计算挤压载荷的最大挤压应力和方向角。

(7)得到层压板的旁路载荷。

(8)得到层压板弯曲载荷。

8.2.2.3　紧固件连接柔度

对于紧固件柔度的分析，目前已经进行了多种研究。常用的紧固件柔度公式来源有两种：一种是根据材料力学和弹性力学理论知识推导而来，另一种是根据试验数据得到的经验公式，或者利用有限元分析软件进行修正后的拟合公式。复合材料层合板螺栓连接中，螺栓除了受到最初施加的预紧力外，在承载过程时还受到来自层合板的挤压作用力，因此螺栓的变形除自身的弯曲、剪切、挤压外，还包括孔的挤压变形。在结构应力分析中，把除搭接板变形以外的紧固件本身及其孔的综合变形统称为紧固件变形，如图 8-7 所示。

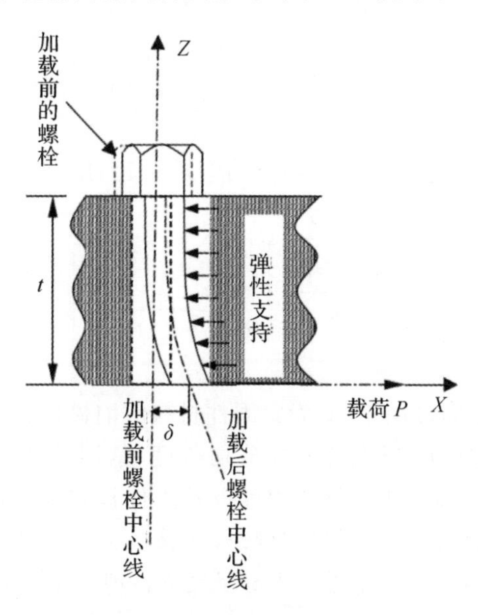

图 8-7　紧固件变形示意图

由图 8-7 可得，紧固件的变形量为加载前螺栓中心线位置与加载后螺栓中心线位置之间的距离，这不仅包含螺栓自身的变形，还包含螺栓孔由于螺栓的挤压作用而产生的变形。

紧固件柔度的定义如下：

$$f=\frac{\delta}{F} \tag{8-10}$$

相关民机设计手册提出的紧固件柔度近似理论计算公式为

$$\left.\begin{aligned}&f=\frac{22(t_1+t_2)}{3\pi Q^2E_{\mathrm{f}}}+\left(\frac{E_{\mathrm{f}}}{E_{\mathrm{fjy}}}\frac{t_1+t_2}{t_1t_2E_{\mathrm{f}}}+\frac{E_{\mathrm{f}}}{E_{\mathrm{1jy}}}\frac{1}{t_1E_1}+\frac{E_{\mathrm{f}}}{E_{\mathrm{2jy}}}\frac{1}{t_2E_2}\right)\frac{d}{Q}\\&Q=[(0.5d-1.5)/7+1]d\end{aligned}\right\} \tag{8-11}$$

式中，E_{f} 为紧固件材料的杨氏模量；d 为紧固件的直径；E_1 和 E_2 分别为两搭接板的弹性模量；t_1 和 t_2 分别为两搭接板的厚度。

工程上常用的紧固件柔度系数计算公式为

$$f=\frac{K_{\mathrm{dc}}}{t_2E}(14.7-0.8d)\left(\frac{t_2}{t_1}\right)^{0.456} \tag{8-12}$$

式中，K_{dc} 为紧固件材料修正系数；E 为搭接板的弹性模量。此公式仅适用于紧固件直径小于 18.375 mm 且被连接件弹性模量相同的结构，而且没有考虑紧固件弹性模量对柔度系数的影响。

波音(Boeing)提出的紧固件柔度计算公式为

$$f=\frac{2\left(\frac{t_1}{d}\right)^{0.85}}{t_1}\left(\frac{1}{E_1}+\frac{3}{8E_f}\right)+\frac{2\left(\frac{t_2}{d}\right)^{0.85}}{t_2}\left(\frac{1}{E_2}+\frac{3}{8E_f}\right) \tag{8-13}$$

格鲁曼(Grumman)提出的紧固件柔度计算公式为

$$f=\frac{(t_1+t_2)^2}{E_f d^3}+3.7\left(\frac{1}{E_1 t_1}+\frac{1}{E_2 t_2}\right) \tag{8-14}$$

道格拉斯(Douglas)提出的紧固件柔度计算公式为

$$f=\frac{5}{dE_f}+0.8\left(\frac{1}{t_1 E_1}+\frac{1}{t_2 E_2}\right) \tag{8-15}$$

唐兆田通过理论推导，将紧固件变形量分为弯矩引起的变形、剪应力引起的变形以及侧向位移三部分，得出紧固件柔度计算公式为

$$f=\frac{1}{2\pi}\left[\frac{\left(\frac{t_1}{d}\right)^4}{t_1 E_f}+\frac{\left(\frac{t_2}{d}\right)^4}{t_2 E_f}\right]+\frac{10(1+\nu)}{9\pi}\left[\frac{\left(\frac{t_1}{d}\right)^2}{t_1 E_f}+\frac{\left(\frac{t_2}{d}\right)^2}{t_2 E_f}\right]+\frac{(S-d)(t_1 E_1+t_2 E_2)}{1.3 d t_1 t_2 E_1 E_2} \tag{8-16}$$

式中，S 为多钉连接中的紧固件间距；ν 为紧固件材料的泊松比。

Rutman 提出紧固件柔度应当为紧固件剪切柔度、紧固件弯曲柔度、紧固件平移挤压柔度、紧固件转动挤压柔度、连接板平移挤压柔度以及连接板转动挤压柔度六部分之和，并对紧固件平移挤压柔度、紧固件转动挤压柔度、连接板平移挤压柔度以及连接板转动挤压柔度进行了理论推导。刘无瑕在 Rutman 的基础上推导了紧固件剪切柔度和紧固件弯曲柔度。这六部分柔度的表达式如下：

紧固件剪切柔度为

$$f_1=\frac{5(t_1+t_2)}{12G_f A_f} \tag{8-17}$$

式中，G_f 为紧固件材料的剪切刚度；A_f 为紧固件的截面积。

紧固件弯曲柔度为

$$f_2=\frac{9{t_1}^4+57{t_1}^3 t_2+96{t_1}^2{t_2}^2+57t_1{t_2}^3+9{t_2}^4}{384LE_f I_f} \tag{8-18}$$

式中，L 为紧固件与搭接板接触部分的长度；I_f 为紧固件截面惯性矩。

紧固件平移挤压柔度为

$$f_3=\frac{1}{t_1 E_f}+\frac{1}{t_2 E_f} \tag{8-19}$$

紧固件转动挤压柔度为

$$f_4=\frac{12}{t_1^3 E_f}+\frac{12}{t_2^3 E_f} \tag{8-20}$$

连接板的平移挤压柔度为

$$f_5=\frac{1}{t_1 E_1}+\frac{1}{t_2 E_2} \tag{8-21}$$

连接板的转动挤压柔度为

$$f_6 = \frac{12}{t_1^3 E_1} + \frac{12}{t_2^3 E_2} \tag{8-22}$$

以上公式只能用于单搭接连接结构的紧固件柔度计算，并不适用于双搭接连接结构。虽然一些学者提出，可以将双搭接连接结构看作两个单搭接连接结构，即在双搭接连接中，将中间板的上、下两半分别看作两个单搭接连接中的搭接板（见图 8-8）。而此时双搭接连接结构的紧固件柔度就等于其中一个单搭接连接结构的紧固件柔度的一半，即

$$f_d = f_s/2 \tag{8-23}$$

但是，这种方法显然与实际情况并不相符。因为在单搭接连接中，由于结构在板的厚度方向（z 方向）上并不对称，导致紧固件在承载后会在 xOz 平面上发生转动，此时紧固件的轴线将不再与 x 方向垂直。而在双搭接连接中，结构在 z 方向上是对称的，因此紧固件承载后其轴线始终与 x 方向垂直。也就是说，在单搭接连接结构中，紧固件将产生额外的转动柔度，即

$$f_s \approx 2f_d + f_r \tag{8-24}$$

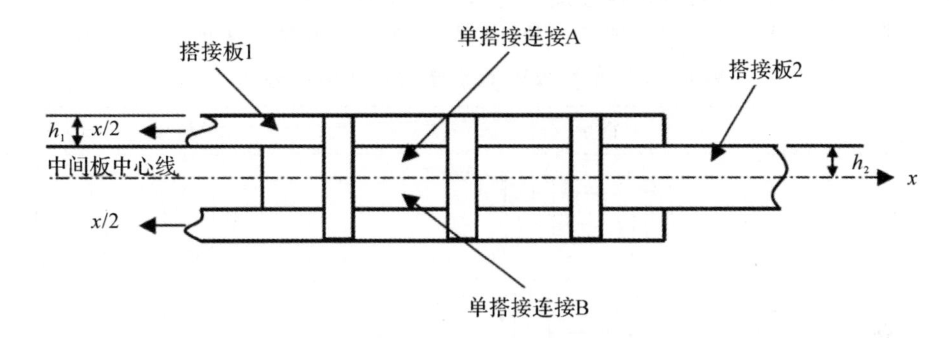

图 8-8　用两个单搭接连接模拟双搭接连接

对于复合材料双搭接多钉连接结构，Tate 与 Rosenfeld 推导出每个紧固件的柔度为

$$f = \frac{2(t_2 + t_1)}{3G_f A_f} + \frac{8t_2^{\ 3} + 16t_2^{\ 2}t_1 + 8t_2 t_1^{\ 2} + t_1^{\ 3}}{192 E_f I_f} + \frac{2(t_2 + t_1)}{t_2 t_1 E_f} + \frac{1}{t_2 \left(\sqrt{E_{xx}E_{yy}}\right)_2} + \frac{2}{t_1 \left(\sqrt{E_{xx}E_{yy}}\right)_1} \tag{8-25}$$

式中，E_{xx} 为复合材料板沿加载方向的均匀化模量；E_{yy} 为复合材料板垂直于加载方向的均匀化模量；下标 1 代表双搭接连接中的中间板（基板），下标 2 代表双搭接连接中的上下搭接板（带板）。

与 Rutman 提出的紧固件柔度相比，Tate 与 Rosenfeld 的公式忽略了紧固件和连接板的扭转柔度。公式第一项是紧固件的剪切柔度，第二项是紧固件的弯曲柔度，第三项是紧固件的挤压柔度，第四项和第五项分别是基板和带板的挤压柔度。

Nelson 等对 Tate 与 Rosenfeld 的公式做出了调整，使之用于单搭接连接结构，其公式为

$$f = \frac{2(t_2 + t_1)}{3G_f A_f} + \left[\frac{2(t_2 + t_1)}{t_2 t_1 E_f} + \frac{1}{t_2 \left(\sqrt{E_{xx}E_{yy}}\right)_2} + \frac{1}{t_1 \left(\sqrt{E_{xx}E_{yy}}\right)_1}\right](1 + 3\beta) \tag{8-26}$$

对比式(8-25)和式(8-26)可以看出，后者在单搭接连接的公式中移去了紧固件的弯曲刚度，取而代之的是其余三项乘了一个因子，其中 β 项表示由单搭接连接结构中紧固件对孔边

的非均匀接触应力所引起的部分弯矩，而其余的弯矩是由紧固件钉头和螺母产生的，并且引起了单搭接连接的次弯曲现象。而在销钉连接中，由于销钉没有像螺栓的钉头和螺母那样的侧向夹紧作用，所以 β 值等于 1。在沉头紧固件中，β 值可以取为 0.5，在凸头紧固件中 β 值可以取为 0.15。

Huth 给出了一个既可用于单搭接连接也可用于双搭接连接的半经验的紧固件柔度公式，并且讨论了几种不同类型的紧固件和连接板材料对连接结构紧固件柔度的影响，给出了不同情况下的经验系数，其公式为

$$f=\left(\frac{t_1+t_2}{2d}\right)^a \frac{b}{n}\left(\frac{1}{t_1E_1}+\frac{1}{nt_2E_2}+\frac{1}{nt_1E_f}+\frac{1}{2nt_2E_f}\right) \tag{8-27}$$

式中，下标 1 代表基板，下标 2 代表带板。单搭接连接 n 取 1，双搭接连接 n 取 2。a 和 b 是两个经验系数，Huth 给出了三组不同连接结构的经验系数取值：

金属材料螺栓连接结构：$a=2/3$，$b=3.0$。

金属材料铆钉连接结构：$a=2/5$，$b=2.2$。

碳纤维/环氧树脂复合材料螺栓连接结构：$a=2/3$，$b=4.2$。

此外，波音在其设计手册中提到了一种计算紧固件柔度的有效厚度公式，如表 8-1 所示。

表 8-1　计算紧固件柔度的有效厚度公式

	双搭接	单搭接
基板有效厚度	$t_1^e=t_1\left(\dfrac{1}{1.5\dfrac{t_1E_1}{dE_f}+1}\right)$	$t_1^e=t_1\left(\dfrac{1}{3\dfrac{t_1E_1}{dE_f}+1}\right)$
带板有效厚度	$t_2^e=t_2\left(\dfrac{1}{3\dfrac{t_2E_2}{dE_f}+1}\right)$	$t_2^e=t_2\left(\dfrac{1}{3\dfrac{t_2E_2}{dE_f}+1}\right)$
基板挤压柔度	$f_1=\dfrac{2}{t_1^eE_1}$	$f_1=\dfrac{1}{t_1^eE_1}$
带板挤压柔度	$f_2=\dfrac{1}{t_2^eE_2}$	$f_2=\dfrac{1}{t_2^eE_2}$
螺栓挤压柔度	$f_3=\dfrac{2t_2+t_1}{t_1t_2E_f}$	$f_3=\dfrac{t_2+t_1}{t_1t_2E_f}$
螺栓剪切柔度	$f_4=\dfrac{2t_2^e+t_1^e}{3A_fG_f}$	$f_4=\dfrac{t_2^e+t_1^e}{4A_fG_f}$
螺栓转动柔度	无	$f_5=\dfrac{(t_2^e+t_1^e)^2}{4(E_1t_1^{e3}+E_2t_2^{e3})}$
总柔度	$f=(f_1+f_2+f_3+f_4)/2$	$f=f_1+f_2+f_3+f_4+f_5$

8.2.3　机械连接强度分析方法

机械连接接头强度分析采用的方法主要有实验方法、特征曲线法、基于断裂力学的方法和损伤累积法等。

实验方法是复合材料研究人员应用最早和最可靠的方法。它是通过对一定数量的试件进

行实验，在实验过程中采用仪器测定变形情况，根据载荷和位移曲线确定接头的破坏载荷。但是由于实验结果存在一定的分散性，并且实验具有费用高、周期长等特点而不利于被研究人员广泛采用。

特征曲线法认为开孔周围破坏扩展到一定范围后接头发生失效，根据破坏发生的范围对接头强度进行分析，将开孔特征尺寸假设推广，提出了特征曲线假设：用离开钉孔边一定距离以某种函数表达的曲线上的应力代入失效准则确定接头的机械强度。

累积损伤法的主要思想是采用数值方法模拟复合材料连接接头破坏的发生、扩展和最后的失效过程，最终确定接头的失效载荷。在迭代过程中不断循环，直到按照选定的最终失效判据得到接头最终破坏载荷。累积损伤法由于完全脱离了实验而逐渐被研究人员采用，成为研究人员进行复合材料接头强度分析的主要方法。其需要建立接头三维的准确有限元模型进行应力分析，现有的刚度退化模型不能很好地模拟材料的退化过程，还需要进一步发展和完善。

还有学者根据断裂力学理论提出了一些计算强度的方法，如 WEK 模型，损伤区域模型(DZM)，及基于应力强度因子来计算连接强度。工程上也有人利用应力集中减缩系数来计算强度。但这些方法由于对理论要求很高或者计算精度不高而不易被大量采用。本节首先介绍连接设计许用值，然后重点介绍特征曲线法和累损伤累积法。

8.2.3.1　设计许用值与强度裕度

本节包括了计算碳纤维增强复合材料单向带及织物层压板螺栓连接件细节强度的分析方法以及设计值。结构裕度的输入包括紧固件载荷、材料挤压/层压板应变干涉强度包线和许用载荷、应用设计值。

1.挤压/层压板应变干涉强度包线

对每个连接的层压板细节中的每个纤维方向都必须定义强度包线。挤压/层压板应变干涉强度包线分别用下列轴线作出：挤压应力比、拉伸毛应变比、压缩旁路应变比。

挤压应力设计值根据螺杆挤压强度建立，毛拉伸应变设计值根据充填孔极限拉伸应变建立，而压缩旁路应变值从开孔压缩极限应变得到，强度包线中的应变值是基于孔传递的毛载得到的。对于拉伸载荷，使用毛应变值，其中包括了在紧固件孔传递的载荷。

压缩载荷中，使用旁路应变值，其中不包括紧固件载荷传递，在所有情形中，应变均不包括孔边的局部高峰值。

2.挤压/层压板应变相互作用裕度计算

计算层压板局部安全裕度的方法基于施加的载荷以及挤压/层压板应变相互作用包线。对层压板局部每层都要计算安全裕度。这些裕度的最小值即是层板细节的安全裕度，它们也同时揭示了最严重的铺层以及该层压板细节的失效模式。这些安全裕度的计算在载荷分配和连接失效性质上均采用线性假设。

(1)计算层压板细节施加载荷。连接分析的第一步就是用载荷分配分析方法确定整个连接件中每个层压板细节的施加载荷情况。对层压板中面和表面需要分别校核其安全裕度，层压板中面和铺层面应变需要从层压板面内和弯曲载荷中计算得到。

(2)计算层压板细节被施加的挤压应力参数。根据紧固件传递载荷计算挤压应力。这个载荷包括所有载荷分量的矢量和，对载荷传递方向(角度)和挤压应力大小都必须计算。

(3)计算层压板细节的压应力设计值。计算对应挤压角度的挤压应力设计值,这一挤压应力设计值将用在所有层压板细节的安全裕度计算中。

(4)在每个纤维方向上,通过计算由层压板细节载荷和层压板分析产生的中面和表面应变参数,得到面内轴力、面内剪切力和弯矩,并进行层压板分析得到层压板中面应变和铺层纤维方向的铺层应变。

(5)计算对应于每个纤维方向的应变设计值。

(6)计算每个纤维方向的挤压应力和应变比,比值通过将施加应力(应变)除以许用应力(应变)得到。

(7)计算每个铺层的安全裕度。首先判断单层板是受拉载荷还是受压载荷。其次,根据层压板类型和单层载荷选择合适的安全裕度计算公式,然后用挤压应力比(R_{br})、单层纤维方向应变比($R_{\varepsilon\theta}^{fht}$,$R_{\varepsilon\theta}^{ohc}$)和单层剪切应变比($R_{sh\theta}$),分别对应挤压/旁路模式Ⅰ、Ⅱ和Ⅲ计算单层安全裕度。最后取 M.S.Ⅰ、M.S.Ⅱ、和 M.S.Ⅲ最小值作为单层安全裕度。

(8)确定连接细节的安全裕度。连接细节中最严重的的单层(临界铺层)便是拥有最小裕度的单层。临界层的失效模式也是该连接的失效模式,其中模式Ⅰ表示净截面失效,模式Ⅱ表示挤压/旁路相互作用失效,而模式Ⅲ表示挤压相关失效。

3.拉伸毛应变和压缩旁路应变设计值

螺栓拉伸毛应变和压缩旁路应变设计值的计算一般采用因数化基础值方法。拉伸毛应变和压缩旁路应变基础设计值 $E_{\theta,\text{baseline}}^{fht}$ 和 $E_{\theta,\text{baseline}}^{ohc}$ 定义在一种基础构型上,表达为铺层的函数。在基本构型上,几何和环境影响的变化通过给基础应变值乘以许多修正项("Correction"项)来考虑。

对于一个层压板细节中面,每个纤维方向的拉伸毛应变或压缩旁路应变设计值都必须计算。对于层压板表面由弯曲载荷引起的应变,每个纤维方向的弯曲拉伸毛应变或弯曲压缩旁路应变设计值都必须计算。受弯的表面应变设计值比中面设计值高。

纤维方向为 θ 角的中面拉伸毛应变设计值为

$$E_{gr,\theta m}^{t}=E_{\theta,\text{baseline}}^{fht}\times C_{E}^{t}\times C_{t}\times C_{d}\times C_{wd}\times C_{csk}\times C_{SS}\times C_{butt} \tag{8-28}$$

纤维方向角为 θ 角的中面开孔压缩旁路应变设计值为

$$E_{by,\theta m}^{c}=E_{\theta,\text{baseline}}^{ohc}\times C_{E}^{c}\times C_{t}\times C_{d}\times C_{wd}\times C_{csk}\times C_{SS}\times C_{butt} \tag{8-29}$$

纤维方向角为 θ 角的中面填充孔压缩旁路应变设计值为

$$E_{by,\theta m}^{c}=E_{\theta,\text{baseline}}^{fhc}\times C_{E}^{c}\times C_{t}\times C_{d}\times C_{wd}\times C_{csk}\times C_{SS}\times C_{butt} \tag{8-30}$$

纤维方向角为 θ 角的层压板表面弯曲致拉伸毛应变设计值为

$$E_{gr,\theta b}^{t}=E_{gr,\theta m}^{t}\times C_{BD} \tag{8-31}$$

纤维方向角为 θ 角的层压板表面弯曲致压缩旁路应变设计值为

$$E_{by,\theta b}^{ohc}=E_{by,\theta m}^{ohc}\times C_{BD} \tag{8-32}$$

纤维方向角为 θ 角的填充孔层压板表面弯曲致压缩旁路应变设计值为

$$E_{by,\theta b}^{fhc}=E_{by,\theta m}^{fhc}\times C_{BD} \tag{8-33}$$

单层剪切应变设计值为

$$S_{12}=S_{12,\text{baseline}}\times C_{sE} \tag{8-34}$$

以上各式中,$E_{\theta,\text{baseline}}^{fht}$ 为纤维方向为 θ 角的基础拉伸毛应变;$E_{\theta,\text{baseline}}^{ohc}$ 为纤维方向为 θ 角的基

础开孔压缩(open hole compression)旁路应变；$E_{\theta,\text{baseline}}^{\text{fhc}}$ 为纤维方向为 θ 角的基础填充孔压缩(open hole compression)旁路应变；$C_{\text{E}}^{\text{t}}, C_{\text{E}}^{\text{c}}, C_{\text{E}}^{\text{s}}$ 为环境(environment)修正因子；C_{t} 为层压板厚度修正因子；C_{d} 为直径修正因子；C_{wd} 为列距/直径修正因子；C_{csk} 为沉头修正因子；C_{SS} 为不平衡单剪修正因子；C_{butt} 为对缝连接的职务层压板修正因子；C_{BD} 弯曲修正因子(中面应变取 1.0)。

4.挤压设计值

挤压设计值代表了低扭矩螺栓连接件试验的最大载荷，1.5 倍的 2%直径偏移，或 10%直径偏移的最小值中的最小值。挤压应力设计值用一个基础值乘以一些修正项计算得到，表示为

$$F_{\text{br},\varphi} = F_{\text{br,baseline}} \times K_{\text{E}} \times K_{\text{t}} \times K_{\text{d}} \times K_{\text{ed}} \times K_{\text{csk}} \times K_{\text{SS}} \times K_{\text{butt}} \times K_{\text{seal}} \tag{8-35}$$

式中，$F_{\text{br},\varphi}$ 是 φ 角度方向的挤压设计值；$F_{\text{br,baseline}}$ 是铺层的基础挤压强度值；K_{E} 是环境修正因子；K_{t} 是厚度修正因子；K_{d} 直径修正因子；K_{ed} 是边距修正因子；K_{csk} 是沉头修正因子；K_{SS} 是单剪修正因子；K_{butt} 有缝对接(butt splices)的织物层压板修正因子；K_{seal} 含贴合面密封剂的连接修正因子。

8.2.3.2　特征曲线方法

1.基本原理

采用特征曲线法进行强度分析的主要过程为：首先采用有限元分析软件建立接头有限元模型，对接头进行仿真分析，计算接头的变形及应力分布情况；根据特征长度的定义及应力分布情况确定拉伸和压缩特征长度，接下来依据特征长度确定特征曲线，对在特征曲线上的单元进行失效分析，当特征曲线上的单元刚好发生失效时所对应的外载荷就是接头的失效载荷[8-15]。

2.压缩特征长度确定

在数值特征曲线法中，压缩特征长度(见图 8-9)定义为沿压缩载荷方向从孔边前缘点到某一点的距离，该点的确定方法是：螺栓上作用任意大小的挤压载荷时，该点处局部压缩应力等于平均挤压应力，即

$$\sigma_1 = \frac{P_1}{d \times t} \tag{8-36}$$

式中，P_1 为施加的挤压载荷；d 和 t 分别对应孔的直径和层压板的厚度。

3.拉伸特征长度确定

纵向拉伸特征长度(见图 8-9)定义为沿层合板净截面从孔边一侧边缘到某一点的距离，在任意拉伸载荷作用下，该点位置上的拉伸应力等于含孔板的平均拉伸应力。用这一定义的好处是既不需要无孔板的拉伸实验，也无需用实验得到含孔板的破坏载荷，而是通过建立含孔层压板有限元模型，分析其在任意大小的拉伸载荷作用下的应力分布，采用数值方法得到特征长度。在任意载荷作用下平均拉伸应力的计算方法如下：

$$\sigma_2 = \frac{P_2}{(w-d) \times t} \tag{8-37}$$

式中，P_2，w，d 和 t 分别是所施加的外载荷，层合板宽度，孔直径和层合板厚度。

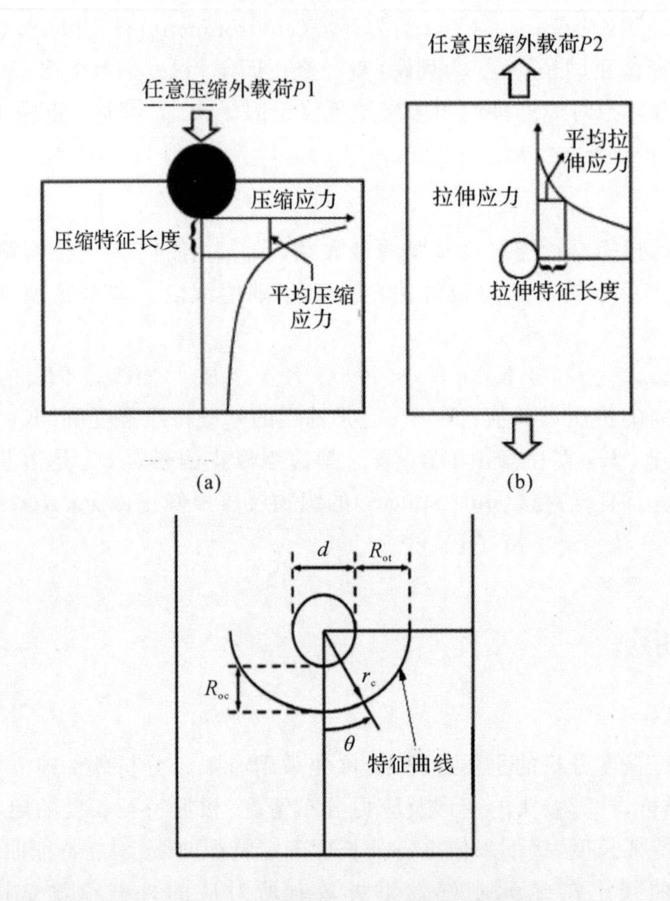

图 8-9　特征曲线示意图

(a)压缩情况；(b)拉伸情况

4.考虑螺栓拧紧力矩的特征曲线

Chang 和 Scott 提出的特征曲线的表达式如下，特征曲线可以根据前面所确定的特征长度确定，即

$$r_c(\theta)=d/2+R_{ot}+(R_{oc}-R_{ot})\cos\theta \quad (-\pi/2\leqslant\theta\leqslant\pi/2) \tag{8-38}$$

式中，d 为钉孔直径；R_{ot}，R_{oc} 分别为拉伸和压缩特征长度。

基于二维有限元模型，采用数值特征曲线法可以对销钉连接接头强度进行计算，但是根据此方法计算螺栓连接接头强度会出现较大误差。原因是此方法在二维模型基础上没有考虑侧向约束的影响，而销钉连接中不存在侧向约束，所以对销钉强度分析比较准确，但螺栓连接接头存在侧向约束，其受力及破坏原理有些不同，破坏所发生的区域也不同，所以利用该特征曲线表达式不能很好地对螺栓连接接头强度进行分析。

跟销钉连接相比，由于存在螺栓拧紧力矩及侧压作用的影响，螺栓连接接头较难发生孔边分层等沿厚度方向的损伤，接头破坏相对延迟，挤压破坏区域较销钉连接更向外延伸。根据实验结果分析，当垫圈尺寸一定时，接头失效时的挤压破坏区域与螺栓拧紧力矩有很大的关系。当螺栓拧紧力矩较小时，挤压破坏区域随着螺栓拧紧力矩的增大而增大，接头的失效载荷也随着增大；在施加的螺栓拧紧力矩达到一定值（最佳拧紧力矩）以后，接头的失效载荷达到最大值，继续增大螺栓拧紧力矩，失效载荷和破坏区域不会继续增大，连接强度反而会降低。当接头发生失效破坏时，接头破坏区域往往扩展到垫圈边缘，甚至会扩展到垫圈外部。所以破坏区域与垫圈大小、螺栓拧紧力矩以及侧压作用有很大关系。综合螺栓连接接头的失效机理和螺栓垫圈侧压的影响，本节对特征曲线法进行了改进，改进的特征曲线法能够在二维有限元模型基础上考虑螺栓拧紧力矩对连接强度的影响。改进的特征曲线表达式为

$$r_c(\theta)=\lambda\times D_w/2+R_{ot}+(R_{oc}-R_{ot})\cos\theta \qquad (-\pi/2\leqslant\theta\leqslant\pi/2) \qquad (8-39)$$

式中，D_w 为垫圈外径（依标准可取 $D_w=2d$ ，d 为孔直径）。R_{ot} 为拉伸特征长度。R_{oc} 为压缩特征长度。λ 为侧压系数，取值范围为 $d/D_w\leqslant\lambda\leqslant 1$，其取值与螺栓拧紧力矩及侧压作用有关：当没有螺栓拧紧力矩时，此时侧压为 0，连接方式为销钉连接，λ 取最小值 0.5，特征曲线表达式第一项变为 $d/2$，连接方式为螺栓连接时；随着拧紧力矩增大，λ 取值增大，当螺栓拧紧力矩刚好达到最佳拧紧力矩时，λ 取最大值为 1，第一项变为 $D_w/2$；再增大拧紧力矩 λ 取值将会降低。

5.接头失效判据

对复合材料机械连接进行强度计算时，需要先确定材料的失效准则。往往将特征曲线法与 Yamada - Sun 失效准则结合起来应用，可以较好地确定复合材料连接的破坏载荷及破坏模式。

Yamada - Sun 失效准则为二次多项式，表达式如下：

$$\sqrt{\left(\frac{\sigma_{1i}}{X}\right)^2+\left(\frac{\tau_i}{S_C}\right)^2}=L \qquad L<1\text{ 未失效}，L\geqslant 1\text{ 失效} \qquad (8-40)$$

式中，σ_{1i} 和 τ_i 分别为层压板中第 i 层沿纤维方向的正应力和面内剪切应力；X 为单向板纵向拉伸（或压缩）强度；S_C 为[0/90]s 板的剪切强度。如果只给出了单向板的剪切强度 S ，由于 S_C 大约是单层板剪切强度 S 的 2～3 倍，所以可以取 $S_C=2.5\ S$ 。

Yamada - Sun 失效准则对失效进行简化，仅仅关注层合板的最终失效问题。Yamada - Sun 失效准则假设：在层合板失效的最后阶段，层合板的所有组合层都已经发生了横向破坏（基体破坏），每一层的横向强度可以忽略不计，层合板中，此时只有纵向拉伸强度和剪切强度。正是如此，使得 Yamada - Sun 失效准则较为简单，可以准确地对纵向强度主导的层合板失效问题进行准确判断。当横向强度主导破坏时或横向强度不可忽略时，运用 Yamada - sun 失效准则进行失效判断存在着较大误差，此时可以在 Yamada - Sun 失效准则的基础上加上最大应力准则，或者采用 Tsai - Wu 等失效准则进行失效判断。

根据有限元分析确定各层的应力分布，采用适当的失效准则对各个单向层特征曲线上的单元进行失效判断，当任何一层在特征曲线上的任一单元的 L 值大于或等于 1 时，即在该层此单元发生破坏，就认为接头发生失效破坏。使特征曲线上单元最先发生失效的外载荷就是所求层合板接头结构的破坏载荷。

特征曲线上的失效单元的位置决定了接头的失效模式，θ 为特征曲线上的刚好发生失效时的单元所处的位置和螺栓孔圆心连线跟外载荷方向所形成的角度（θ 的定义见图 8 - 9）：

$0^\circ\leqslant\theta\leqslant 15^\circ$：　挤压破坏模式。

$30^\circ\leqslant\theta\leqslant 60^\circ$：　剪脱破坏模式。

$75^\circ \leqslant \theta \leqslant 90^\circ$：　净拉断破坏模式。

当 θ 在以上 3 个范围之间取值时，则发生了两种破坏模式的综合破坏。

8.2.3.3　损伤累积方法

20 世纪 80 年代发展起来的复合材料结构损伤累积分析方法，为更好地模拟分析复合材料接头破坏形式和渐进破坏过程提供了一种有力的手段，其应用得到了很大的发展。目前，损伤累积法已经被广泛地应用到了复合材料结构的各类分析中，如疲劳以及冲击载荷作用下的损伤分析、蠕变以及湿热效应分析等。结构的损伤形态和其受载类型及程度有很大的关系，结构受载形式不同，损伤的形态和程度也相应不同，但对这些损伤状态都可以用损伤累积方法进行分析模拟。损伤累积法不仅能对结构强度及寿命等进行有效分析，还可以对层合板裂纹起始、扩展及结构最终破坏的整个过程进行模拟分析，为工程技术人员进行合理的连接结构设计提供了重要依据。

Chang 等较早采用损伤累积法对复合材料含孔层合板的破坏过程进行了模拟，此后，许多研究者都采用损伤累积法对复合材料结构进行分析，虽然分析的侧重点有所不同，但基本过程都相似。损伤累积思想认为损伤对材料性能的影响和结构失效过程就是损伤的累积过程。该过程在宏观上可以分为四个阶段：损伤产生、损伤扩展、局部破坏和最后结构破坏。当采用数值方法模拟这一损伤累积过程的时候，首先需要明确的就是材料是否发生损伤，其次建立损伤的本构关系和实施材料退化，最后给定结构破坏的准则。损伤本构关系的建立、材料退化以及破坏准则的选用又因为有限元模型是平面模型或者三维模型而有所不同。

用损伤累积法计算复合材料结构强度时，除了建模方式、接触计算方法外，合理的失效准则和损伤本构关系也是影响计算结果的关键因素。在复合材料结构分析中最常用的准则包括 Hashin 准则、蔡-希尔准则以及最大应力准则。

在失效准则研究方面，Hashin 准则是应用最为广泛、衍生类型也最多的一种强度准则。在本节将对 Hashin 准则及其衍生类型做简要介绍。

1.复合材料单向层的基本 Hashin 准则

Hashin 把复合材料的主要破坏模式分为两种：纤维破坏和基体破坏。每种模式又包含拉伸和压缩两种破坏。4 种破坏形式对应四个判断式，在分析中，只要判断式的值大于 1，就认为结构破坏。具体形式如下所示：

纤维拉伸：

$$\sigma_{11} \geqslant 0 \qquad \left(\frac{\sigma_{11}}{\sigma_A^T}\right)^2 + \frac{\sigma_{12}^2 + \sigma_{13}^2}{\tau_A^2} \tag{8-41}$$

纤维压缩：

$$\sigma_{11} < 0 \qquad |\sigma_{11}| - \sigma_A^C \tag{8-42}$$

基体拉伸：

$$\sigma_{22} + \sigma_{33} \geqslant 0 \qquad \left(\frac{\sigma_{22} + \sigma_{33}}{\sigma_T^T}\right)^2 + \frac{\sigma_{23}^2 + \sigma_{22}\sigma_{33}}{\tau_T^2} + \frac{\sigma_{12}^2 + \sigma_{13}^2}{\tau_A^2} \tag{8-43}$$

基体压缩：

$$\sigma_{22}+\sigma_{33}<0 \quad \frac{1}{\sigma_T^C}\left[\left(\frac{\sigma_T^T}{2\tau_T}\right)^2-1\right](\sigma_{22}+\sigma_{33})+\frac{1}{4\tau_T^2}(\sigma_{22}+\sigma_{33})^2+\frac{\sigma_{23}^2-\sigma_{22}\sigma_{33}}{\tau_T^2}+\frac{\sigma_{12}^2+\sigma_{13}^2}{\tau_A^2} \tag{8-44}$$

其中，σ_A^T 为纤维的拉伸强度；σ_A^C 为纤维的压缩强度；σ_T^T 为基体的拉伸强度；σ_T^C 为基体的压缩强度；τ_A 、τ_T 为剪切强度。

2.平面应力状态下的 Hashin 准则

Hashin 对三维准则进行改进，去掉了其中关于 3 方向的应力项，就成了平面应力状态下的 Hashin 准则，即

纤维拉伸：

$$\sigma_{11}\geqslant 0 \qquad \left(\frac{\sigma_{11}}{\sigma_A^T}\right)^2+\left(\frac{\sigma_{12}}{\tau_A}\right)^2=1 \tag{8-45}$$

纤维压缩：

$$\sigma_{11}<0 \qquad \sigma_{11}=-\sigma_A^C \tag{8-46}$$

基体拉伸：

$$\sigma_{22}+\sigma_{33}\geqslant 0 \quad \left(\frac{\sigma_{22}}{\sigma_T^T}\right)^2+\left(\frac{\sigma_{12}}{\tau_A}\right)^2=1 \tag{8-47}$$

基体压缩：

$$\sigma_{22}+\sigma_{33}<0 \quad \frac{\sigma_{22}}{\sigma_T^C}\left[\left(\frac{\sigma_T^C}{2\tau_T}\right)^2-1\right]+\frac{\sigma_{22}^2}{4\tau_T^2}+\frac{\sigma_{12}^2}{\tau_A^2}=1 \tag{8-48}$$

当上面任何一个表达式的值等于 1 时则认为失效发生，进行相应的刚度退化。事实上，一种失效准则并不完全适用于各种情况，Hashin 准则同样如此。已经有试验证明基体失效是横向正应力和剪应力的综合作用引起的。对于基体失效，Hashin 准则考虑了横向应力与剪应力的交互作用是合理的。对于纤维拉伸失效，当剪切应力很大时，Hashin 准则的纤维拉伸失效判据和实验值相比有较大误差。对于螺栓连接，在孔边 45°处存在很大的剪应变，采用 Hashin 准则无法得到很好的强度预测结果。为了解决这个问题，Dano 计算了销钉连接强度的三种强度准则预测结果，提出使用最大应力准则来判断纤维拉伸失效可以取得良好的计算结果。

除此之外，基本 Hashin 准则主要考虑了复合材料单向层的基体和纤维方向的破坏模式，对于单向板的剪切破坏并没有单独考虑，而是将其嵌入到纤维和基体的破坏模式中。同时在基本的 Hashin 准则中，也没有体现出复合材料剪切非线性的影响和分层损伤的影响，因此在后续的工作中，科研人员对基本 Hashin 准则进行了不断的改进，发展了多种改进后的 Hashin 准则。

3.刚度退化模型的选择

对于刚度退化模型，许多专家和学者作了大量的研究工作。刚度退化的方法有常数退化以及连续退化两种。真实的材料损伤形成和累积发展是一个连续的过程，其中损伤量的累积指材料未完全失效之前，同一单元、同一损伤模式的损伤量应当是随着载荷的增大而增大的过程。因此近年来出现了刚度连续退化的方法，其主要有线性和指数型退化两种形式。但是采用连续退化方法将大大增加计算中的迭代次数，计算时间将变得不可接受，因此推荐采用常数退化方法。

常数退化方法的思想是在失效发生时，每个单元材料同种失效模式只退化一次，且在将材料刚度弹性模量退化为某一常数值后，计算中发现此单元继续发生同一失效模式将不再对材料实施损伤量的累积。当材料的损伤达到一定程度时材料将失去承载能力，反映在材料的刚度属性上对应的弹性模量衰减为零，因此常数退化最简单的做法是当某种失效模式发生时就将其刚度退化为零。但是在随后的数值分析中发现，这种将弹性模量退化过小的方法会导致有限元计算不收敛，因此通常在材料发生损伤后并不是将对应的刚度值衰减为零，而是给其保留一个较小的刚度。这就是损伤后的虚刚度假设，这个刚度并不是实际存在的，而是为了计算的收敛而人为加上的。此外，退化模型又包括独立式和交互式两种。其中独立式退化模型认为一种失效（如纤维失效）并不会诱发另一种失效（如剪切失效），因而不需要同时退化相应材料参数（如 G_{12} 、G_{23} 等），从而减少本构关系中损伤变量的数目，简化计算。

三维模型常用的退化模型具体如下[16-20]：

(1)纤维拉伸失效与纤维压缩失效：分别将弹性模量 E_{11} 退化为 $D_{1t}E_{11}$ 、$D_{1c}E_{11}$ ，将泊松比 ν_{12} 和 ν_{13} 退化为零。

(2)基体拉伸失效与基体压缩失效：分别将弹性模量 E_{22} 退化为 $D_{2t}E_{22}$ 、$D_{2c}E_{22}$ ，将泊松比 ν_{12} 、ν_{13} 和 ν_{23} 退化为零，将剪切模量 G_{12} 分别退化为 $D_{4t}G_{12}$ 、$D_{4c}G_{12}$ ，将 G_{23} 退化为 $D_{4t}G_{23}$ 、$D_{4c}G_{23}$ 。

(3)同时存在两种损伤模式，例如同时存在纤维拉伸和基体拉伸失效，分别将弹性模量 E_{11} 退化为 $D_{1t}E_{11}$ ，将 E_{22} 退化为 $D_{2t}E_{22}$ ，将泊松比 ν_{12} ，ν_{13} 和 ν_{23} 退化为 0，将剪切模量 G_{12} 分别退化为 $D_{4t}G_{12}$ ，$D_{4t}G_{12}$ ，将 G_{23} 退化为 $D_{4t}G_{23}$ 。

为了确定纤维拉伸断裂的刚度退化系数，Tan 做了大量的研究工作，测得 D_{1t} 在 0.01～0.07之间变化，Matthews 认为当 D_{1t} 为 0.07 时能较好地符合试验结果。因此本书同样采用 D_{1t} 为 0.07 作为纤维拉伸失效刚度退化的系数。对于纤维压缩失效刚度退化系数，很多人已经做了研究，大量试验及数值分析显示，当 D_{1c} 为 0.14 时数值模拟结果和实验值最为接近，因此建议 D_{1c} 同样取为 0.14。基体拉伸失效对刚度的衰减量可以通过对含裂纹层合板的本构方程求解得到，在给定裂纹密度，且假定每单元长度的裂纹密度不变的情况下，对于 T300/1034C 碳/环氧复合材料，Tan 计算得到刚度退化系数为 $D_{2t}=D_{4t}=0.2$。由于目前为止没有足够的损伤累积理论研究结果用于确定压缩载荷下裂纹对单层板性能的影响，Camanho 通过数值模拟与试验曲线比较的方式来得到具体的损伤量，分析结果表明：当 $D_{2c}=D_{4c}=0.4$ 时，模拟数值和实验值吻合得很好。

4.刚度退化在 ABAQUS 中的实现

ABAQUS 是美国 HKS 公司的产品，拥有非常强大的非线性分析能力，因此本书对复合材料机械连接的强度分析在 ABAQUS 软件环境下进行。ABAQUS 为用户提供了丰富的子程序功能，其中场变量子程序 USDFLD 通过在循环中调用失效准则来判断单元的失效情况。引入四个场变量 FV1，FV2，FV3，FV4 对应 4 种失效模式，当值为 1 时就表示单元破坏。其计算流程如图 8 - 10 所示。

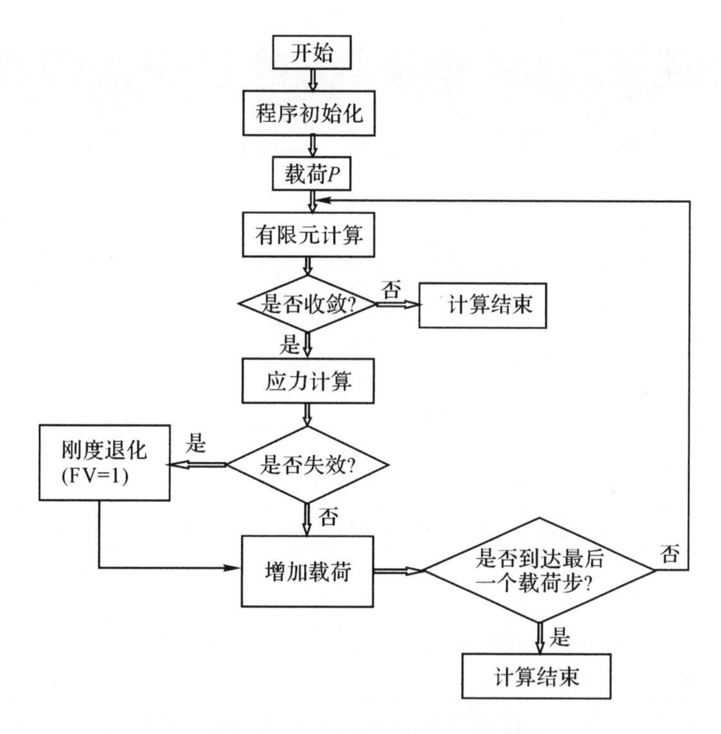

图 8-10　损伤累积算法计算流程图

8.3　复合机械连接结构的渐进损伤分析

本节介绍采用数值分析方法进行复合材料机械连接结构失效模式与连接强度分析的实例,通过案例的分析结果,阐明复合材料机械连接结构静强度破坏的损伤发展机制,并分析连接参数对连接强度的影响规律。

8.3.1　多钉连接的复合材料螺栓连接结构

本节所分析的对象为一列三钉双搭接螺栓连接结构,其基本尺寸如图 8-11 所示。螺栓连接结构的宽径比 (w/d) 、边径比 (e/d) 、排距比直径 (p/d) 分别为 6、3 和 4.5。该螺栓连接结构由上、中、下复合材料搭接板、凸头螺栓以及垫片组成。其中,中间搭接板铺层为准各向同性对称铺层 $[45/0/-45/90]_{4s}$,上、下搭接板铺层为准各向同性对称铺层 $[45/0/-45/90]_{2s}$,单层名义厚度为 0.13 mm。材料为 HTA/6376,螺栓材料为 Ti-6Al-4V 钛合金,垫片材料为钢,材料基本参数见表 8-2。

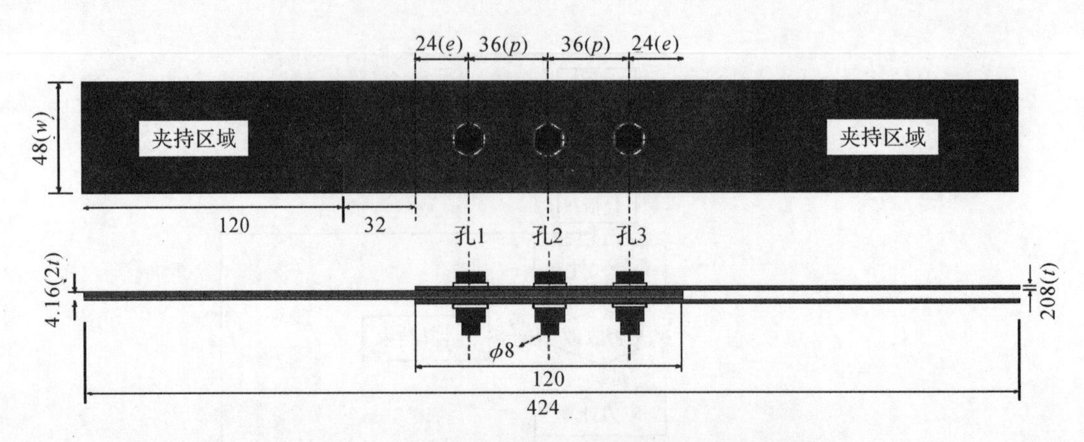

图 8-11　复合材料双搭接三钉连接结构几何示意图

表 8-2　基本材料参数

	E_{11}^0 /GPa	E_{22}^0 /GPa	E_{33}^0 /GPa	G_{12}^0 /GPa	G_{13}^0 /GPa	G_{23}^0 /GPa	ν_{12}	ν_{13}	ν_{23}
HTA/6376	140	10	10	5.2	5.2	3.9	0.3	0.3	0.5

	E /GPa	ν
钛合金	110	0.29
钢	210	0.3

本节涉及六种组合的螺栓连接间隙配合结构，分别以间隙代号组合(各间隙水平见表 8-3)表示，如 C1_C1_C1 表示三个螺栓-孔配合均为无间隙配合，C4_C1_C1 表示首个螺栓-孔配合有 240 μm 的间隙，其余两个均为无间隙配合，具体见表 8-4。在有限元模拟时，名义无间隙配合仍有 10 μm 间隙存在。

表 8-3　间隙水平

间隙代号	名义间隙	钻孔直径		螺栓直径		可能间隙范围	
		最小	最大	最小	最大	最小	最大
	μm	mm	mm	mm	mm	μm	μm
C1	0	7.985	7.994	7.972	7.987	-2	22
C2	80	8.065	8.074	7.972	7.987	78	102
C3	160	8.145	8.154	7.972	7.987	158	182
C4	240	8.225	8.234	7.972	7.987	238	262

表 8-4　螺栓连接结构编号

连接件编号	名义间隙/μm		
	孔 1	孔 2	孔 3
C1_C1_C1	0	0	0
C2_C1_C1	80	0	0
C4_C1_C1	240	0	0
C1_C3_C1	0	160	0
C3_C3_C1	160	160	0
C1_C1_C4	0	0	240

8.3.2　多钉连接结构的有限元建模

该螺栓连接结构分别关于 X,Y 轴对称,此外,由于计算条件以及计算时间的限制,有限元模型可选用 1/4 结构,如图 8-12 所示(上、中搭接板端部部分网格没有在图中显示)。另外,由于 $\pm 45°$ 层在面内具有非对称性,在利用 1/4 有限元模型模拟结果时,只需要考虑全结构中 $\pm 45°$ 层内的损伤分布在面内具有反对称性即可。此外,本节着重于关注连接结构整体的宏观力学响应、损伤等方面,从而这里认为建立对称有限元模型是可以的。有限元模型包含了复合材料层合板、螺栓和垫片的网格模型,网格类型均为 8 节点缩减积分单元 C3D8R。其中,层合板单元中最小网格尺寸为 0.32 mm×0.4 mm×0.13 mm,单元总数为 131616。中搭接板左端节点固支,上搭接板右端施加位移载荷,对 Y-对称面和 Z-对称面的节点分别施加关于 Y 轴和 Z 轴的对称约束。

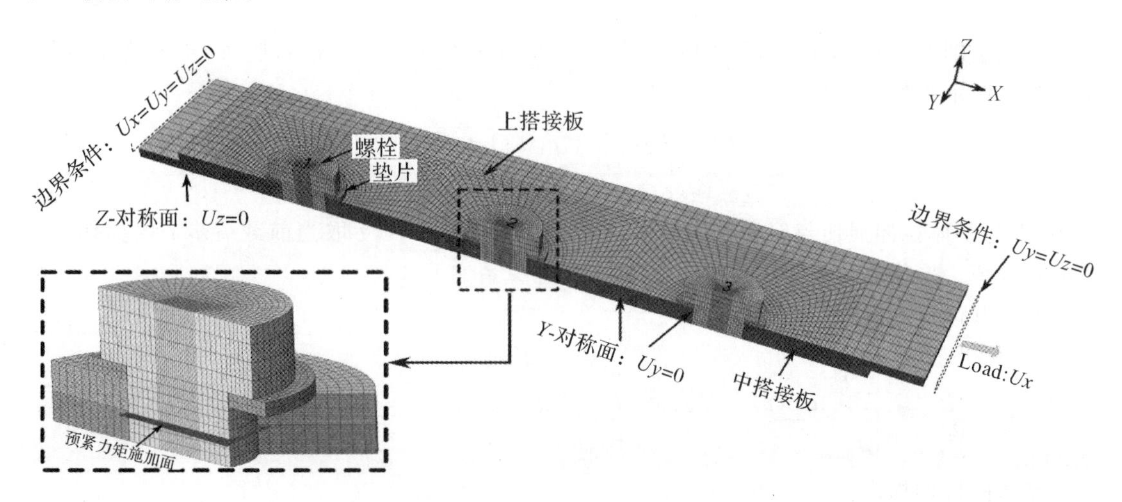

图 8-12　复合材料双搭接多钉连接结构有限元示意图

螺栓孔和螺栓接触采取硬接触,根据 McCarthy 在文献[21]中推荐的螺栓连接结构中有关接触的摩擦因数,设层合板-层合板,螺栓头-垫片,垫片-层合板、螺栓柱-孔之间的摩擦因数分别为 0.7,0.3,0.3 和 0.1。考虑到在实际结构中,无特殊要求的情况下,螺栓一般手动预紧,其拧紧力矩估算为 0.5 N·m。因此,在有限元模型中,通过给螺栓施加预紧载荷的形式来实现预紧力矩的模拟,如图 8-12 所示。对于间隙配合,为了避免可能存在的穿透问题,可以不采用 ABAQUS 接触模块中的"Clearance"选项,而是按照实际尺寸大小来实现间隙配合的模拟。

8.3.3　复合材料的损伤模型

本节关于连接结构的损伤分析采用参考文献[22]提出的面内连续损伤模型。其基本假设是:宏观上材料的力学性能下降由基体微观裂纹的不断累积造成。复合材料常见的基体损伤有基体断裂与基体纤维脱胶(剪切)两种常见形式,并且这两种形式往往耦合出现。针对这两种面内基体拉伸与剪切损伤，Ladevèze 与 Ledante 基于应变能提出了连续损伤模型(CDM)。首先定义应变能，应变能密度为

$$E_{\mathrm{D}}=\frac{1}{2}\left[\frac{\langle\sigma_{11}\rangle_{+}^{2}}{E_{11}^{0}(1-d_{1})}+\frac{\langle\sigma_{11}\rangle_{-}^{2}}{E_{11}^{0}}+\frac{\langle\sigma_{22}\rangle_{+}^{2}}{E_{22}^{0}(1-d_{2})}+\frac{\langle\sigma_{22}\rangle_{-}^{2}}{E_{22}^{0}}+\frac{\sigma_{33}^{2}}{E_{33}^{0}}-2\frac{\nu_{12}\sigma_{11}\sigma_{22}}{E_{11}^{0}}-\right.$$
$$\left.2\frac{\nu_{13}\sigma_{11}\sigma_{33}}{E_{11}^{0}}-2\frac{\nu_{23}\sigma_{22}\sigma_{33}}{E_{11}^{0}}+\frac{\sigma_{12}^{2}}{G_{12}^{0}(1-d_{12})}+\frac{\sigma_{13}^{2}}{G_{13}^{0}}+\frac{\sigma_{23}^{2}}{G_{23}^{0}}\right] \tag{8-49}$$

式中，E_{11}^{0}，E_{22}^{0}，E_{33}^{0}，G_{12}^{0}，G_{13}^{0}，G_{23}^{0} 与 ν_{12}，ν_{13}，ν_{23} 分别为无损复合材料单向板的杨氏模量、剪切模量以及泊松比；d_1，d_2 与 d_{12} 则分别代表纤维、基体拉伸以及剪切损伤变量。

由式(8-41)分别引入基体拉伸损伤与剪切损伤的驱动力，定义如下：

$$Y_{2}=\left.\frac{\partial E_{\mathrm{D}}}{\partial d_{2}}\right|_{\sigma,d_{1},d_{12}}=\frac{\langle\sigma_{22}\rangle_{+}^{2}}{2E_{22}^{0}\ (1-d_{2})^{2}} \tag{8-50}$$

$$Y_{12}=\left.\frac{\partial E_{\mathrm{D}}}{\partial d_{12}}\right|_{\sigma,d_{1},d_{2}}=\frac{\sigma_{12}}{2G_{12}^{0}\ (1-d_{12})^{2}} \tag{8-51}$$

在此基础上，为了定量分析基体拉伸损伤变量以及纤维/基体剪切(脱胶)损伤变量，还需定义如下两个损伤驱动量：

$$\underline{Y_{12}}(t)=\max\nolimits_{s\leqslant t}\left[\sqrt{Y_{12}(s)+bY_{2}(s)}\right] \tag{8-52}$$

$$\underline{Y_{2}}(t)=\max\nolimits_{s\leqslant t}\left[\sqrt{Y_{2}(s)}\right] \tag{8-53}$$

式中，b 为基体拉伸损伤与剪切损伤的耦合系数；$\underline{Y_{12}}(t)$，$\underline{Y_{2}}(t)$ 取当前载荷步 t 内损伤驱动量的最大值。损伤驱动量与损伤 d 之间的非线性关系如下：

对于基体纤维脱胶(剪切)损伤：

$$d_{12}=\begin{cases}0, & \underline{Y}(t)\leqslant Y_{12\_0}\\ Y_{12a}\ln\underline{Y}(t)-Y_{12b}, & d_{12}<d_{\max},\quad \underline{Y_{2}}(t)<Y_{\mathrm{S}},\underline{Y}(t)\leqslant Y_{\mathrm{R}}\\ d_{\max}, & \text{其他}\end{cases} \tag{8-54}$$

对于基体的拉伸损伤：

$$d_{2}=\begin{cases}0, & \underline{Y}(t)\leqslant Y_{2\_0}\\ Y_{2a}\ln\underline{Y}(t)-Y_{2b}, & d_{2}<d_{\max},\underline{Y_{2}}(t)<Y_{\mathrm{S}},\quad \underline{Y}(t)\leqslant Y_{\mathrm{R}}\\ d_{\max}, & \text{其他}\end{cases} \tag{8-55}$$

对于基体压缩损伤，这里认为在压缩载荷下，基体在破坏之前呈现线弹性的力学行为，从而可以通过 Hashin 准则来判定，即

$$\left[\left(\frac{S_{22}^{c}}{2S_{23}}\right)^{2}-1\right](\sigma_{22}+\sigma_{33})+\frac{(\sigma_{22}+\sigma_{33})^{2}}{4S_{23}^{2}}+\frac{(\sigma_{23}^{2}-\sigma_{22}\sigma_{33})}{S_{23}^{2}}+\frac{(\sigma_{12}+\sigma_{13})^{2}}{S_{12}^{2}}\geqslant 1 \tag{8-56}$$

对于层合板，纤维损伤往往决定着模型发生最终破坏的形貌，同时，其对有限元模拟的收敛性也有着很大的影响。本节结合 Hashin 准则与最大应变准则来分析纤维损伤。首先，当 Hashin 失效准则式满足时，给出初始失效应变：

$$\left.\begin{array}{ll}\left(\dfrac{\sigma_{11}}{X_{\mathrm{T}}}\right)^{2}+\left(\dfrac{\sigma_{12}}{S_{12}}\right)^{2}+\left(\dfrac{\sigma_{13}}{S_{13}}\right)^{2}\geqslant 1, & \sigma_{11}>0\\ \left(\dfrac{\sigma_{11}}{X_{\mathrm{C}}}\right)^{2}\geqslant 1, & \sigma_{11}<0\end{array}\right\} \tag{8-57}$$

然后根据初始失效应变与纤维极限断裂应变(试验测得)之间的关系定量给出纤维损伤量,如下:

$$d_{1_{n+1}}=\begin{cases}0, & \varepsilon_{11_{n+1}}<\varepsilon_{11}^{\mathrm{i}} \\ d_1^{\mathrm{u}}\dfrac{\varepsilon_{11_{n+1}}-\varepsilon_{11}^{\mathrm{i}}}{\varepsilon_{11}^{\mathrm{u}}-\varepsilon_{11}^{\mathrm{i}}}, & \varepsilon_{11}^{\mathrm{i}}<\varepsilon_{11_{n+1}}<\varepsilon_{11}^{\mathrm{u}} \\ 1-(1-d_1^{\mathrm{u}})\dfrac{\varepsilon_{11}^{\mathrm{u}}}{\varepsilon_{11_{n+1}}}, & \varepsilon_{11_{n+1}}>\varepsilon_{11}^{\mathrm{u}}\end{cases} \tag{8-58}$$

材料出现损伤时,将根据连续损伤模型本构进行应力的更新。

8.3.4　连接结构的失效行为与损伤扩展

8.3.4.1　结构的位移-载荷响应

6 种间隙配合多钉连接结构的位移载荷曲线如图 8-13 所示,其中具体的试验结果见文献[23]。位移-载荷曲线突降点的载荷被认为是结构的强度值。从表 8-5 中可以看出,试验结果与模拟结构很接近,误差均在 5%之内。此外可以发现,这 6 种试验件载荷响应分散性很小,结构失效载荷都比较接近。从试验结果来看,间隙配合结构 C1_C3_C1 与 C2_C1_C1 的强度值提高约 6%,间隙量较大的连接结构 C1_C1_C4 与 C3_C3_C3 的强度值无太大变化,而 C4_C1_C1 结构的强度却有一定程度的降低。由此可知,在一定范围内的间隙配合可以提高结构强度,而较大间隙不能明显提高结构强度,甚至可能会降低结构强度。

表 8-5　试验与模拟失效载荷对比

编号	试验/kN	模拟/kN	误差/(%)
C1_C1_C1	69.95	68.82	−1.16
C1_C3_C1	74.60	71.58	−4.04
C1_C1_C4	70.18	68.81	−1.95
C2_C1_C1	74.36	73.63	−0.98
C4_C1_C1	66.74	69.80	+4.59
C3_C3_C1	71.41	68.30	−4.36

8.3.4.2　结构的刚度与损伤累积

从结构位移-载荷响应可以看出,在加载过程中,连接结构刚度会随着局部损伤的不断累积而降低。通过数值结果可以进一步给出双搭接多钉连接结构中损伤累积与结构刚度下降之间的关系。

图 8-14 所示为试验与数值模拟获得的结构刚度曲线对比图,其中,结构刚度是由载荷对位移求导获得的。

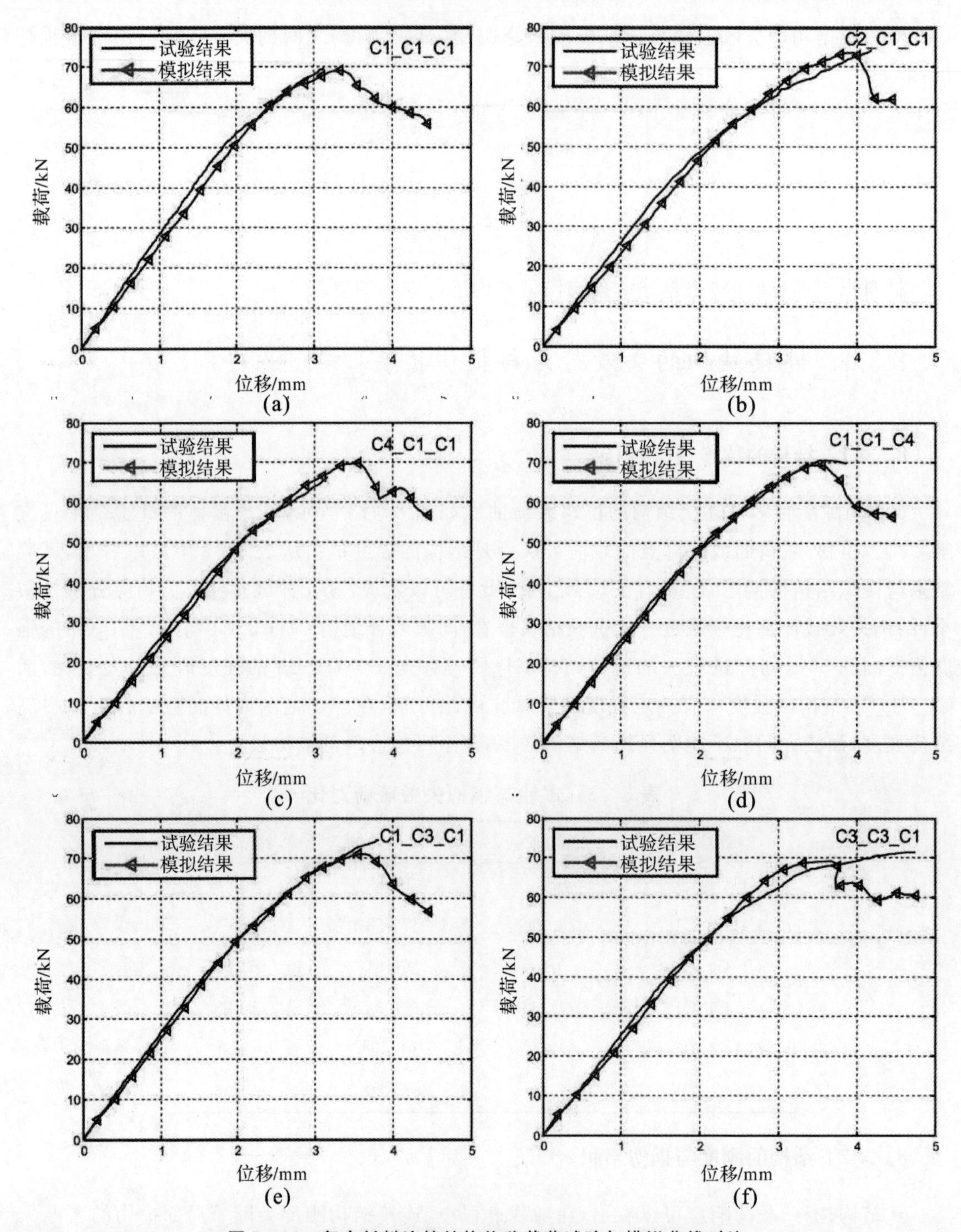

图 8-13　复合材料连接结构位移载荷试验与模拟曲线对比

(a) C1_C1_C1；(b) C2_C1_C1；(c) C4_C1_C1；(d) C1_C1_C4；(e) C1_C3_C1；(f) C3_C3_C1

试验曲线显示结构刚度在初始阶段突升之后，缓慢下降，直至剧烈震荡并急速下降。而模拟曲线则略微不同，在初始刚度突然升高并稳定之后，有短暂扰动，随即保持稳定直至剧烈震荡并急速下降。模拟曲线初始阶段的短暂扰动是由螺栓孔之间的接触从而消除间隙造成的，随着间隙水平提高，扰动趋势增大，但此处扰动与结构损伤无关。从试验与模拟曲线可以看出，复合材料多钉连接结构的刚度曲线可以分为 3 个阶段：①相对稳定的前半阶段；②剧烈震荡的中期（剧烈震荡中逐步下降）；③急速下降的末期。此处的 6 个模型的剧烈震荡期基本处于 40～60 kN 之间，此时也是多钉结构发生初始失效并对载荷重新分配的时期，即载荷从无间隙的钉向有间隙的钉传递。对比发现，无间隙配合 C1_C1_C1 发生剧烈震荡的时期最靠后，约为 52 kN（试验）处，间隙量最大的连接结构 C3_C3_C1 则最早发生剧烈震荡，约为 36 kN（试验）处，模拟结果也得出了同样的趋势，只是载荷大小略微不同。

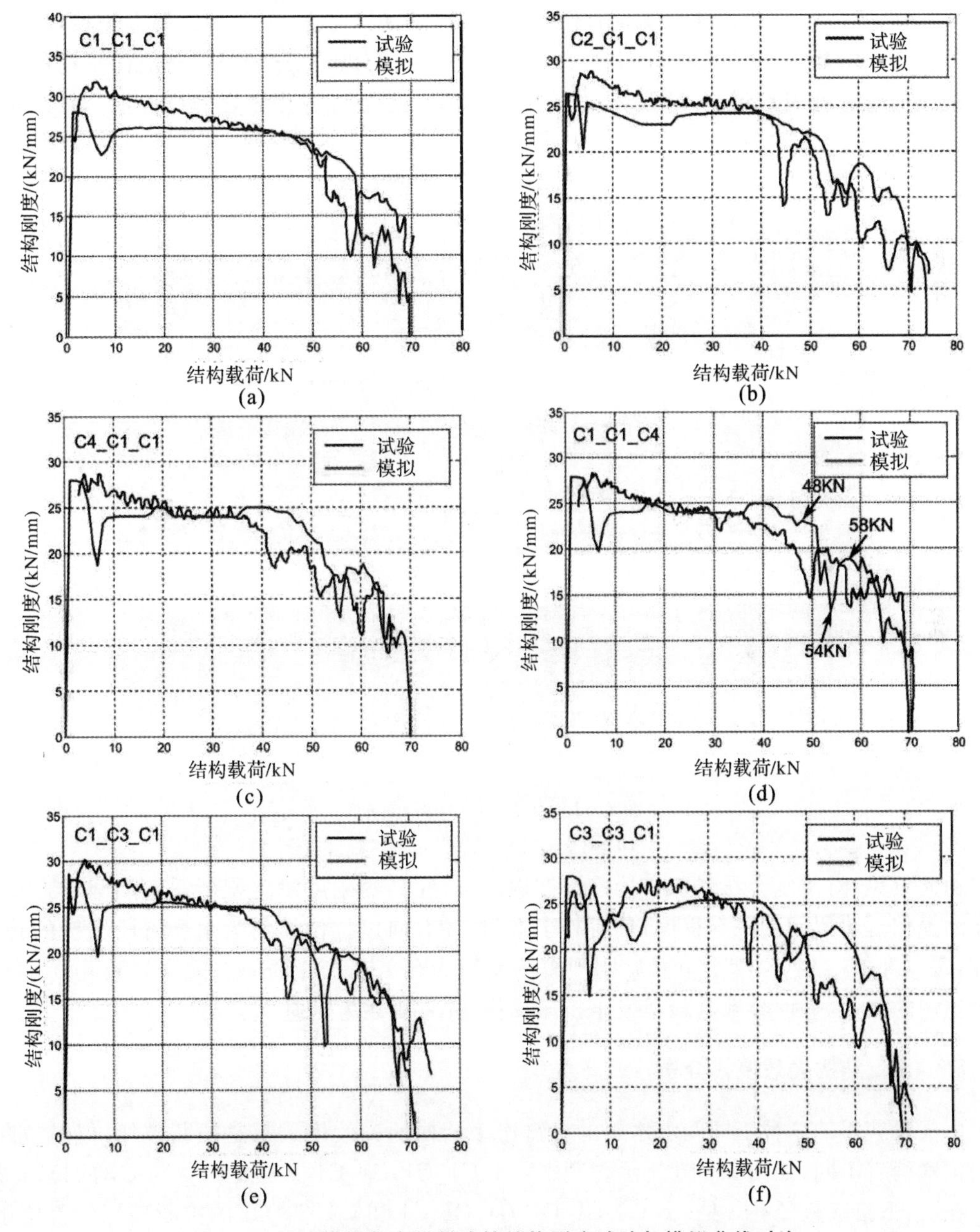

图 8-14　双搭接复合材料连接结构刚度试验与模拟曲线对比

(a) C1_C1_C1；(b) C2_C1_C1；(c) C4_C1_C1；(d) C1_C1_C4；(e) C1_C3_C1；(f) C3_C3_C1

为了研究结构刚度与损伤之间的关联，可分析刚度曲线中阶段 2(剧烈震荡的中期)的结构纤维损伤情况。由于 C4 所代表的间隙量最大，因此选用 C1_C1_C4 来说明纤维的损伤累积过程。图 8-15 (a)~(c)分别对应结构载荷在 48 kN、54 kN 和 58 kN 时的纤维损伤模拟图。这三种载荷水平分别对应刚度即将扰动、扰动过程的最低刚度以及刚度反弹点。在 48 kN 时，无间隙配合孔 1 与孔 2 处，上、中搭接板的孔边受挤压面均出现了较多的纤维挤压损伤，但是在孔 3 处，没有观测到任何纤维挤压损伤。这是由于无间隙配合的孔在初始阶段会承受相对较多的载荷，因而，孔 1 与孔 2 处会出现较多的挤压损伤。在 54 kN 时，孔 1 与孔 2 处的纤维挤压损伤快速增长，孔 3 处仍然没有任何挤压损伤出现，但是，在孔 3 处的上搭接板观察到了拉伸损伤。最后在 58 kN 时，孔 1 与孔 2 处的挤压损伤仍然快速累积，与前面不同的是，在中搭接板的孔 3 处观察到了挤压损伤的萌生，并且，上搭接板的孔 3 处的拉伸损伤扩展迅速。可见，在 54~58 kN 之间，对于多钉连接结构，由孔 1 与孔 2 承担结构大部分载荷的阶段开始向孔 1、孔 2 与孔 3 共同承担，即此时的钉载分配相对趋于均匀。

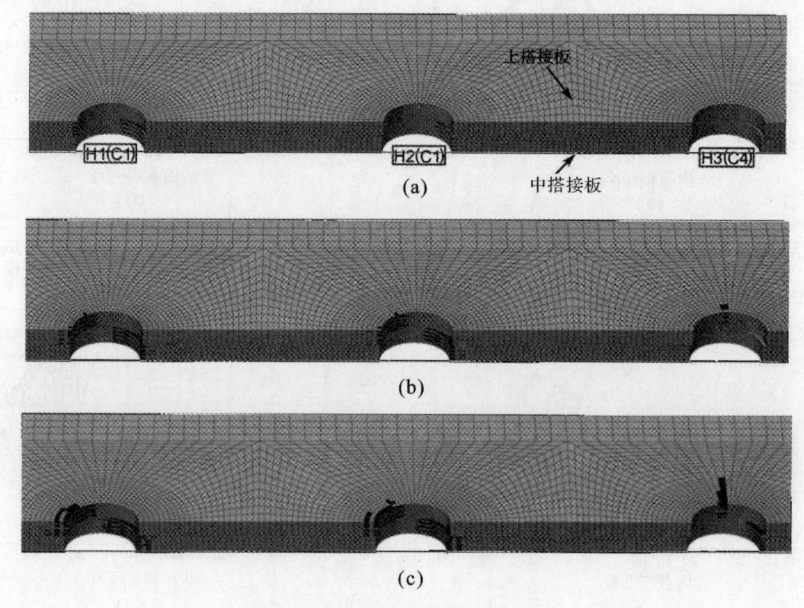

图 8-15　C1_C1_C4 纤维损伤

(a) 48 kN;(b) 54 kN;(c) 58 kN

由此可见，对于复合材料双搭接连接结构而言，在结构刚度发生剧烈震荡期间，结构孔边的压缩损伤逐步累积到一定程度，最后趋于饱和，并有向以拉伸损伤为主导阶段转变的趋势。因此，C3_C3_C1 结构刚度最早开始剧烈震荡是因为孔 1 和孔 2 的间隙配合导致孔 3 承受了最大比例的载荷，进而导致其最早发生挤压损伤，并累积尤为迅速。

8.3.4.3　结构失效模式分析

由试验获得的 6 种不同间隙水平的多钉连接结构的失效模式都是拉断破坏，但是拉断破坏的位置稍有不同，如图 8-16 所示。其中，C1_C1_C1，C1_C1_C4 和 C1_C3_C1 的拉断破坏发生在上、下搭接板的孔 3 处，而 C2_C1_C1，C4_C1_C1 和 C3_C3_C1 的拉断破坏位置位于中搭接板的孔 1 处。可见，在试验中，上、下搭接板的孔 3 与搭接板的孔 1 处是结构拉断失效危险区。

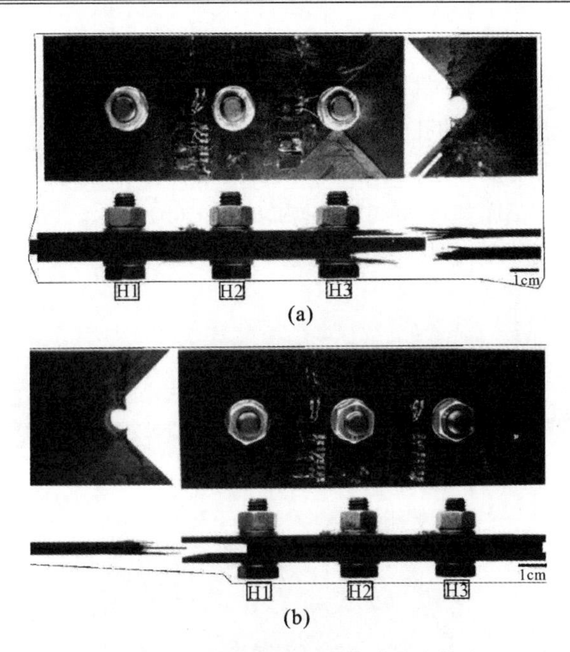

图 8-16　双搭接多钉结构试验失效图

(a) C1_C1_C1, C1_C3_C1, C1_C1_C4; (b) C2_C1_C1, C3_C3_C1, C4_C1_C1

从结构受力的机制上，可以用旁路载荷来解释出现不同拉断失效位置的原因，如图 8-17 所示。若 P_1，P_2，P_3 分别为孔 1、孔 2、孔 3 处螺栓承载，总载荷为 P，净拉伸截面的平均应力则为对应的旁路载荷除以净拉伸截面面积。设上搭接板的厚度为 t，板的宽度为 w，则中搭接板的厚度为 $2t$。结合传统螺栓连接结构分析理论，首排钉更“危险”，则对于上、下搭接板，平均旁路应力最大的是孔 3 处，为 $(P_1+P_2)/2wt$；对于中搭接板，平均旁路应力最大位置位于孔 1 处，为 $(P_2+P_3)/2wt$。以 C2_C1_C1 为例，由于孔 1 处有间隙 C2，故有 $P_1<P_3$，$(P_1+P_2)/2wt<(P_2+P_3)/2wt$，即中搭接板孔 1 处的平均旁路应力大于上、下搭接板孔 3 处的平均旁路应力。因此，可以推断，中搭接板的孔 1 处更易于发生拉断失效。同样，旁路应力理论同样适用于 C3_C3_C1，C1_C1_C4，C4_C1_C1。此外，对于 C1_C1_C1 和 C1_C3_C1，按照旁路载荷理论，上、下搭接板的孔 3 处和中搭接板的孔 1 处发生拉断失效的概率是一样的，然而发生拉断失效的位置却位于上、下搭接板的孔 3 处。这是由于同等应力水平、同等损伤比例下，相对于厚板，薄板对损伤更为敏感。

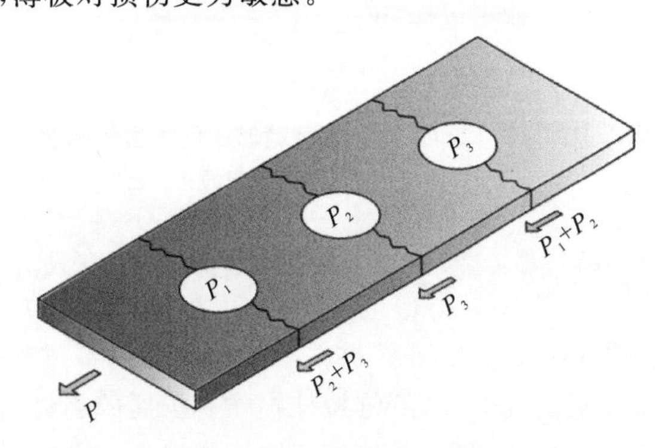

图 8-17　旁路载荷示意图[22]

在结构极限载荷时，C1_C1_C1，C1_C3_C1，C2_C1_C1 和 C3_C3_C1 这 4 种连接结构的纤维损伤图分别如图 8-18～图 8-21 所示。对于 C1_C1_C1 和 C1_C3_C1，尽管所有孔边均萌生了纤维压缩损伤，但上搭接板的孔 3 处都出现了横贯整个截面的纤维拉断损伤，如图 8-18 (a)和 8-19 (a)所示。需要注意的是，在中搭接板的孔 1 处的净拉伸截面也出现了纤维损伤，但是并没有遍布整个拉伸截面如图 8-18 (b)和 8-19 (b)所示。可见，C1_C1_C1 与 C1_C3_C1 最终的失效模式仍然是拉断破坏，失效位置为上搭接板的孔 3 处。

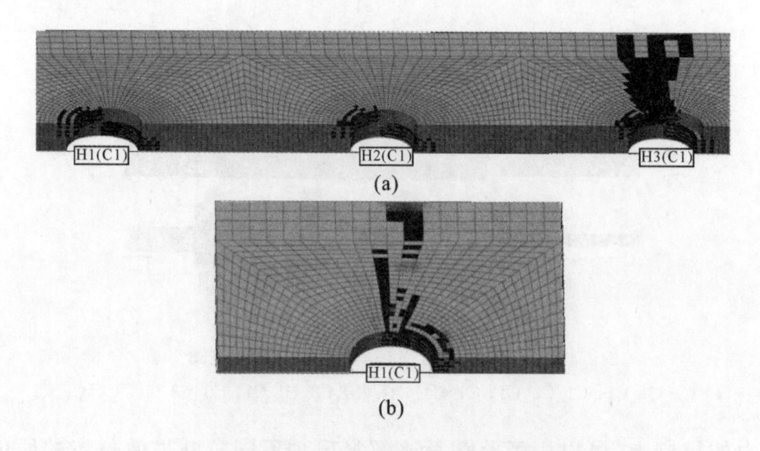

图 8-18　C1_C1_C1 在极限载荷时的纤维损伤示意图

(a)上、中搭接板；(b)中搭接板的孔 1 处

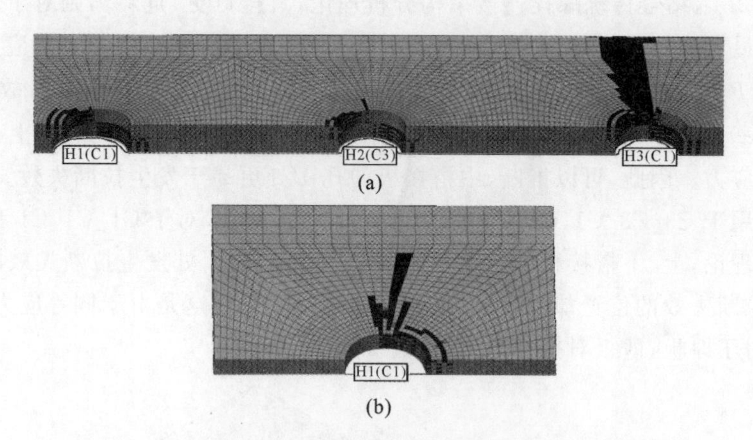

图 8-19　C1_C3_C1 在极限载荷时的纤维损伤示意图

(a)上、中搭接板；(b)中搭接板的孔 1 处

相对于 C1_C1_C1 和 C1_C3_C1，类似地，C2_C1_C1 和 C3_C3_C1 的所有孔边都萌生了纤维压缩损伤，中搭接板的孔 1 处出现了横贯整个拉伸截面的纤维拉伸损伤，如图 8-20 和 8-21所示。同时，在上搭接板的孔 3 处，纤维拉伸损伤有扩展的趋势，如图 8-20 (a)和 8-21 (a)所示，但是相对于中搭接板的孔 3 处，此处的纤维拉伸损伤并没有对结构造成失效性破坏。

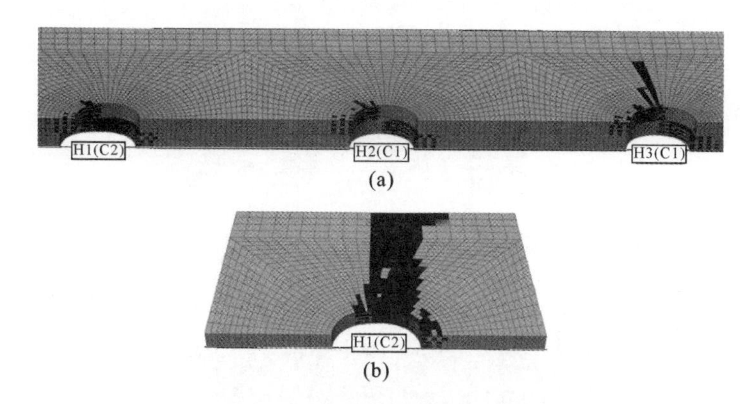

图 8－20　C2_C1_C1 在极限载荷时的纤维损伤示意图

(a)上、中搭接板；(b)中搭接板的孔 1 处

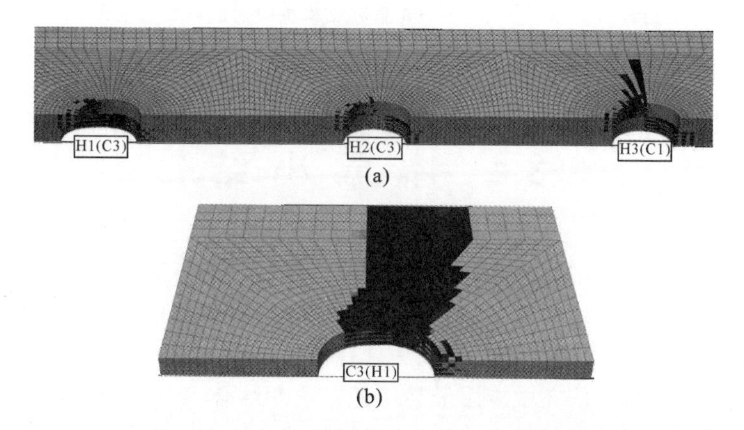

图 8－21　C3_C3_C1 在极限载荷时的纤维损伤示意图

(a)上、中搭接板；(b)中搭接板的孔 1 处

以上失效分析表明，模拟结果准确地预测了双搭接多钉结构的失效模式。尽管旁路载荷的理论可以解释拉断失效位置，却不能进一步地讨论结构损伤。例如，对比图 8－18 (a)和图 8－21 (a)，可以明显地发现 C1_C1_C1 的上搭接板孔 3 处的孔变形小于 C3_C3_C1 的下搭接板的孔 1 的变形。同样的拉断失效，却存在孔边变形大小的差异。根据 McCarthy 等研究间隙对连接结构应力分布影响的结论，间隙会将切向拉伸应力的峰值从初始位于净拉伸截面的位置向承压截面方向(即拉伸方向)偏置约 20°，这也就导致了某种程度上，部分拉伸载荷会从层合板的 0°层向±45°层转移，±45°层便会承受更多的载荷。因此会导致偏轴角度的铺层(本节中如±45°层)中会出现更多的纤维损伤，即随着间隙的增加，孔边会有更大的区域来吸收损伤能量，孔边的变形随之增大。如图 2－22 所示，间隙配合结构 C3_C3_C1 比无间隙配合 C1_C1_C1 的±45°层损伤区域更大(也导致间隙配合结构 C3_C3_C1 的 0°层损伤区域更广)。

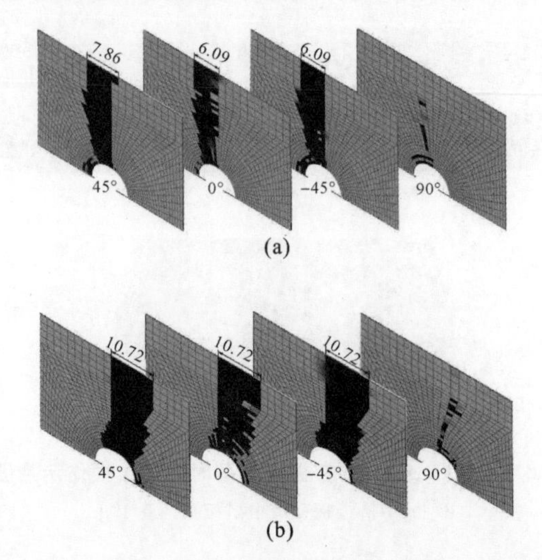

图 8-22　45°,0°,-45°,90°层在结构失效时的纤维损伤图

(a) C1_C1_C1；(b) C3_C3_C1

8.4　本章小结

本章针对复合材料连接结构(主要是机械连接结构),分析了不同连接方式的特点,给出了用于指导设计的连接效率评估方法。然后介绍了机械连接结构强度分析的许用值方法、特征曲线法和损伤累积法。其中,因为损伤累积法具有揭示结构损伤机制的能力,所以在复合材料连接结构的强度和损伤行为研究中应用最为广泛。本章结合三钉螺栓连接结构的实例,应用损伤累积方法对结构进行了渐进损伤分析,获得了与试验结果一致的位移载荷响应、连接强度与结构失效模式,验证了方法的有效性。

参考文献

[1] 中国航空研究院. 复合材料结构设计手册. 北京：航空工业出版社，2001.

[2] 牛春匀. 实用飞机复合材料结构设计与制造. 程小全，张纪奎，译. 北京：航空工业出版社，2010.

[3] 谢鸣九. 复合材料连接技术. 上海：上海交通大学出版社，2016.

[4] 黄河源. 基于多尺度方法的 ZT7H/5429 复合材料结构力学性能研究. 西安：西北工业大学，2018.

[5] TATE M B，ROSENFELD S J. Preliminary investigation of the loads carried by individual bolts in bolted joints. NACA TN-1051，1946.

[6] NELSON W D，BUNIN B L，HART-SMITH L J. Critical joints in large composite aircraft structure. NASA CR-3710，1983.

[7] 谢宗蕻，李想，杨淋雅，等. 基于弹簧质量模型的复合材料螺接修理载荷传递计算方法.

航空学报，2016，37(12)：3742 - 3751.

[8] 陈鹏飞. 复合材料机械连接接头强度分析技术. 西安：西北工业大学，2008.

[9] CHANG F K, SCOTT R A. Strength of mechanically fastened composite joints. J Compos Mater, 1982, 16: 470 - 494.

[10] CHANG F K, SCOTT R A, Springer G S. Failure of composite laminates containing pin loaded holes - method of solution. J Compos Mater, 1984, 18: 255 - 278.

[11] CHANG F K, SCOTT R A, Springer G S. Strength of bolted joints in laminated composites. Technical Report AFWAL TR - 83 - 4029, 1983.

[12] CHANG F K, SCOTT R A, Springer G S. The effect of laminate configuration on characteristic lengths and rail shear strength. J Compos Mater , 1984, 18: 290 - 296.

[13] CHANG F K, SCOTT R A, Springer G S. Failure strength of nonlinearly elastic composite laminates containing a pin loaded hole. J Compos Mater, 1984, 18: 464 - 477.

[14] CHANG F K. The effect of pin load distribution on the strength of pin loaded holes in laminated composites. J Compos Mater, 1986, 20: 401 - 407.

[15] KWEON J H, AHN H S, CHOI J H. A new method to determine the characteristic lengths of composite joints without testing. Composite Structures, 2004, 66(1/2/3/4): 305 - 315.

[16] MCCARTHY C T, MCCARTHY M A. Three - dimensional finite element analysis of single - bolt, single - lap composite bolted joints: Part II — effects of bolt - hole clearance, Composite Structures, 2005, 71: 159 - 175.

[17] MCCARTHY M A, MCCARTHY C T, LAWLOR V P. Three - dimensional finite element analysis of single - bolt, single - lap composite bolted joints: Part I — model development and validation. Composite Structures, 2005, 71(2): 140 - 158.

[18] MCCARTHY M A, MCCARTHY C T, PADHI G S. A simple method for determining the effects of bolt - hole clearance on load distribution in single - column multi - bolt composite joints. Composite Structures, 2006, 73(1): 78 - 87.

[19] MCCARTHY M A, LAWLOR V P, STANLEY W F, et al. Bolt - hole clearance effects and strength criteria in single - bolt, single - lap, composite bolted joints. Composites Science and Technology, 2002, 62(10 - 11): 1415 - 1431.

[20] MCCARTHY M A, LAWLOR V P, STANLEY W F. An experimental study of bolt - hole clearence effects in single - lap, multibolt composite joints. Journal of Composite Materials, 2005 (39): 799 - 825.

[21] MCCARTHY C T. Experiences with modeling friction in composite bolted joints. Journal of Composite materials, 2005, 39: 1881 - 1908.

[22] 周银华. 非线性本构在复合材料多钉螺栓连接结构中的应用. 西安：西北工业大学，2017.

[23] LAWLOR V P, MCCARTHY M A, Stanley W F. An experimental study of bolt - hole clearance effects in double - lap, multi - bolt composite joints. Composite Structures, 2005, 71: 176 - 190.

第9章　复合材料结构修理分析

复合材料以其比强度高和比模量高等优异的材料性能,已在航空、航天、交通、电子、能源等领域得到广泛应用。复合材料结构的维护及受损后的修理能够增加复合材料结构使用周期,降低飞机的运营成本,因而变得日益重要。复合材料的维护和修理设计必须与结构强度设计同步进行,避免不当修理和提前失效带来的隐患。

9.1　复合材料结构的维护和修理概述

9.1.1　维修思想

飞机的维护和修理是延续和保障飞机持续适航的手段。飞机的维护一般是指维持和保护飞机正常飞行所采取的一些技术和管理手段,侧重于未出现故障的预防性措施。飞机的修理是指当飞机遭遇某些情况或故障时,无法正常飞行所需要的操作。飞机结构修理的基本目标是在最短时间和最少费用条件下恢复结构的完整性。

维修主要包括预防性维修、恢复性维修和改进性维修三种类型。预防性维修是通过机件的检查、检测,发现故障征兆以防止故障发生,使其保持规定状态所进行的维护活动;恢复性维修是指设备或其机件发生故障后,使其恢复到规定状态所进行的维修活动,也称排除故障维修或修理;改进性维修是指对设备进行改进或改装,以提高设备的固有可靠性和安全性水平的维修。

当前,民用航空器的维修思想是以维修指导小组(Maintenance Steering Group,MSG)思想来指导制定飞机维修大纲的原则和方法,该思想已为世界民用航空业所公认。从最初的以预防性为主的维修,到依据可靠性方法控制维修,已经历了 MSG-1,MSG-2,MSG-3 等的10次修订。不同类型和不同级别维修的飞行间隔以及具体维修内容是通过MSG分析流程制定的。

图9-1所示为结构维修大纲的逻辑决断流程图,在制定结构维修大纲时,应首先确定飞机区域、部位与结构项目,判断损伤是否为重要结构项目(SSI)。若为重要结构项目,则按照SSI的分类采取不同的分析方式,如判断为损伤容限项目,需开展疲劳损伤(FD)分析,若非损伤容限项目,需进行安全寿命分析,最后形成适航性文件;重要结构项目中按照金属材料与非金属材料的不同也对应各自的分析项目,依据这些项目形成不同的维修大纲;若为非重要结构项目,按照其他结构分析方法进行。

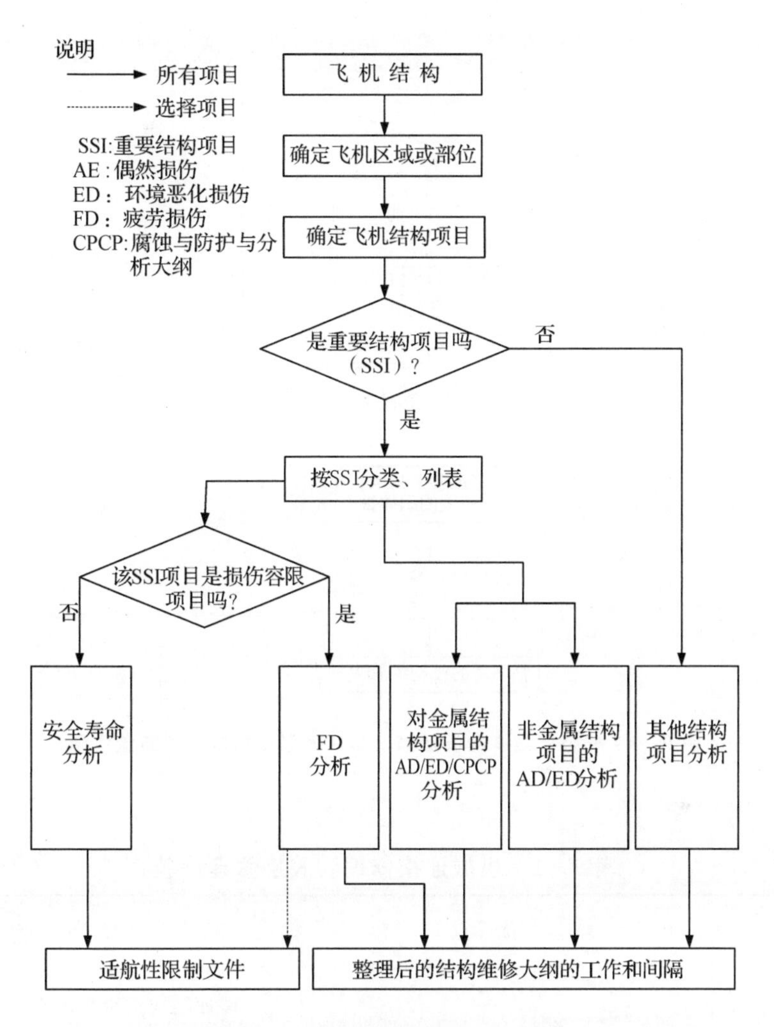

图 9-1　结构项目逻辑决断流程图

图 9-2 针对复合材料（非金属）结构给出了逻辑决断流程，相比金属材料结构的维修大纲，复合材料结构维修大纲制定时更多地考虑偶然损伤（AD）和环境恶化损伤（ED），而对疲劳损伤（FD）关注较少，也不考虑防腐蚀要求。同时，MSG 要求对于包含非金属材料结构的全部重要结构项目，必须确定能够及时检出损伤（如开裂、分层）的检查要求。

9.1.2　修理类型

复合材料结构主要的修理方式分为机械连接修理和胶接修理两类。两类修理方法各有特点，表 9-1 对比了两种修理方式的优缺点。

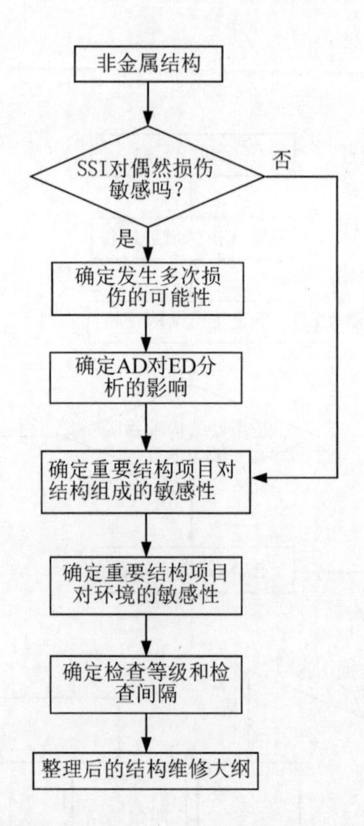

图 9-2　非金属结构的偶然损伤和环境恶化的逻辑决断流程图

表 9-1　机械连接修理和胶接修理比较

修理方式	优　点	缺　点
机械连接修理	表面处理要求低 修理简便，适合外场进行 通常目视可检，有时需涡流法检测	增加结构重量和体积 易产生应力集中 易在钻孔/加工时产生分层损伤 螺栓与孔间间隙造成载荷分布不均
胶接修理	不增加结构重量 载荷分布均匀 适用于薄板	胶膜性能随温度和湿度变化而衰减 表面处理要求高 工艺检测困难

9.1.2.1　机械连接修理

机械连接修理借用了传统金属薄板的修理方法，通过螺栓或铆钉将一块补片连接至复合材料损伤区域，几乎不需要做表面处理，适合在外场快速修理。图 9-3 给出了机械连接修理的示意图。

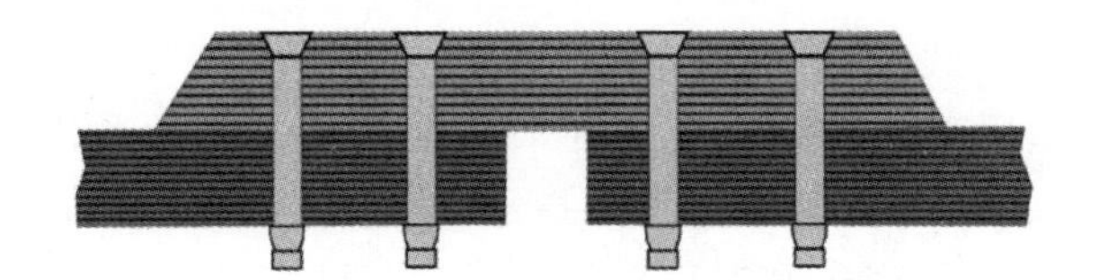

图 9－3　机械连接修理的示意图

机械连接修理一般需钻孔挖去部分材料，钻孔操作时可能引起附加的损伤，特别是当不能提供背面支持时，这种修理形式可能会引起构件非正常承载。因此，对复合材料应尽量采用特殊的钻孔设备避免这方面问题，如机械连接修理设计时应尽可能用已有的通孔，若背面不可达，须用特殊设备或盲孔紧固件。另外，补片材料、厚度、形状、紧固件类型、材料、端头形状、螺杆直径、紧固件的位置、间隙影响和几何布局等也是机械连接修理设计中的重要参数。通常设计时应满足相邻螺栓（或铆钉）之间的距离不小于 4 倍螺栓直径，距离层合板任意边缘的距离不小于 3 倍螺栓直径；与金属补片的边距应该保持 2 倍螺栓直径；损伤区域必须至少被两排螺栓包围，以提供旁路通道，分流可能通过损伤区的载荷。

9.1.2.2　胶接修理

胶接修理则无需紧固件孔，可以消除应力集中的影响，但胶接性能受工艺和环境温湿度影响，存在明显的分散性。因此胶接修理方法要求表面处理控制非常严格，储藏湿热敏感的胶膜材料需专有设备，价格相对昂贵。对于承载能力较小的结构，外部胶接通常足够恢复其设计强度；对于承载较大的结构，需采用嵌入式斜面或阶梯胶接修理。胶接修理应关注补片材料、厚度、形状及台阶斜度等重要的设计参数，确保满足结构表面处理和曲面外形的要求，兼顾胶黏剂或树脂的存储和固化时温度及周期的要求等。

图 9－4 给出了 3 种实用的胶接修理方法的示意图。

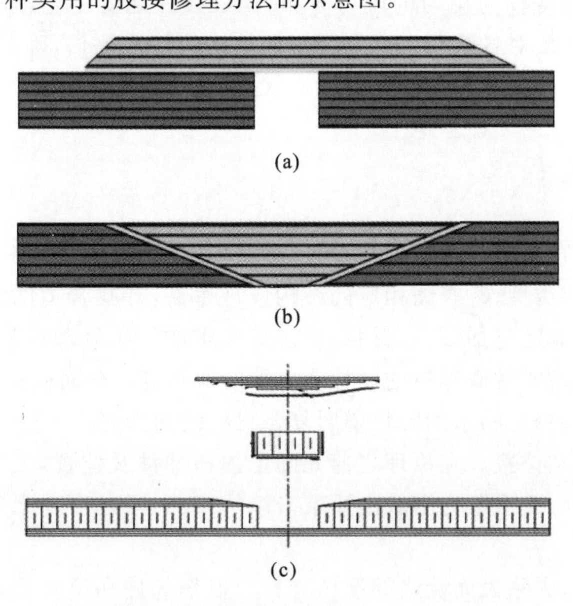

(a)

(b)

(c)

图 9－4　胶接修理方法的示意图

(a)贴补搭接修理；(b)斜面挖补修理；(c)蜂窝夹芯结构修理

1.贴补搭接修理

贴补搭接修理通常适用于小承载结构,且通常室温固化,不宜经受高温。这些补片具有铺层数任意、铺层方向任意、形状可由修理工程师指定、表面可以弯曲等特性。对于损伤位于低应变(小于 2 000 微应变)、形状变化剧烈且形状复杂的区域,湿法铺贴是较优的修理方法;如所修结构需要承载高应变(大于 2 000 微应变),则需根据模具工装或者备用构件加工预浸料补片,通常还需要热压罐或真空袋等辅助工具。

2.斜面或阶梯挖补修理

斜面或阶梯挖补修理可以较好地恢复设计强度。这种方法将层合板厚度方向加工成斜面或阶梯形状以得到大范围的连接面积和更好的连接强度,通常斜面修理获得的连接效率最高,阶梯修理次之。相对于精确加工/切割的阶梯修理,斜面修理相对容易。补片材料通常与构件的母体材料相同,补片的铺层方向也与构件的铺层方向匹配。斜面和阶梯补片要求与原构件表面齐平,在齐平面外通常附加加强层以减小连接末端的剥离应力。斜面和阶梯补片修理一般需要在场站或维修基地才能进行。斜面修理操作最难的部分是切割正确尺寸的补片。

3.蜂窝夹芯结构修理

蜂窝夹芯结构修理方法的选取通常取决于芯子和面板的损伤类型与程度。对于分层和蒙皮-夹芯开胶,若损伤较小,没有或只有很少的性能损失,可在损伤区域快速注入填充物或复合泡沫以恢复原来的气动表面。若损伤较为严重,需小心去除损伤部位的蒙皮和芯材,打磨掉任何可能暴露的漆和底胶后,再切割一块新的芯材代替受损芯材,用泡沫胶或胶黏剂将其粘牢;最后贴上与原面板匹配的外部补片;将修理好的区域用真空袋覆盖,在固化过程中对修理区域施加外部压力以获得最大的胶接整体性和最小的孔隙率。

总体而言机械连接修理操作简单,螺栓等机械连接必须钻孔,可能引起复材分层和孔边应力集中。胶接修理能获得较为均匀的应力分布,但胶接性能受工艺影响存在明显的分散性。因此两种修理方式都需要对各载荷工况开展修后结构的性能评估,确保飞机服役环境的结构安全,满足结构的强度、刚度及连续等适航性要求。

9.1.3 维修过程

图 9-5 给出了复合材料修理的基本步骤:①需要对已发现的损伤进行定位、检测、描述,确定修理的结构和材料类型;②查阅相应的结构修理手册,寻找合适的修理方法;③按照手册规定的修理操作程序,制定包括设备、材料、工艺等要求的详细修理计划,在此基础上,开启修理程序或更换损伤部件;④对修理后的区域或更换的部件进行全面检查,形成结构修理档案。

下述通过实际胶接修补的系列图片说明复合材料结构修理的流程。

(1)确定损伤部件和位置。在修理之前先确定损伤部件及位置,一般有目视、敲击、超声、红外等检测方法。图 9-6 所示为用敲击锤敲击结构表面,通过声音来判断结构是否破坏,确定损伤区域,并做标记。

(2)查找修补手册,去除表面及内部损伤材料。损伤部件和位置确定后,查找该结构所在部件对应的修理规范,再根据手册中的修理要求和规范,进行修理方案设计,包括打磨尺寸、使用工具、修理材料选择和修理设备使用说明等等。图 9-7 所示为在敲击确定损伤之后,对漆和复合材料面板进行手工打磨，去除需要修补的母材的过程。打磨时需要注意，应在无尘工作室内进行，如在外场修理需要使用吸尘设备；打磨完毕后，完全清除表面的灰尘，并用酒精、丙酮等有机清洗剂进行清洗，再开展后续的表面处理工作。

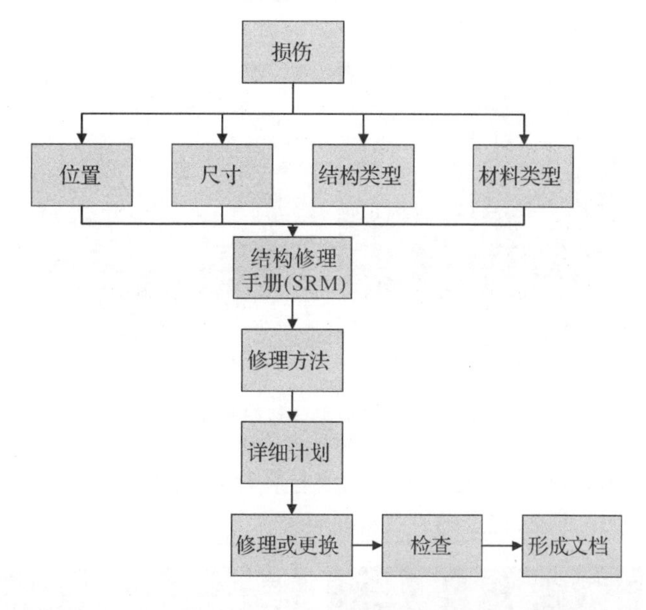

图 9-5　复合材料构件维修程序的基本步骤

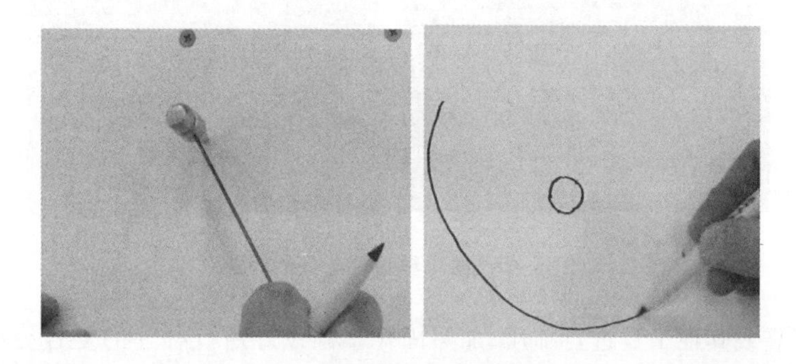

图 9-6　敲击检测定位法

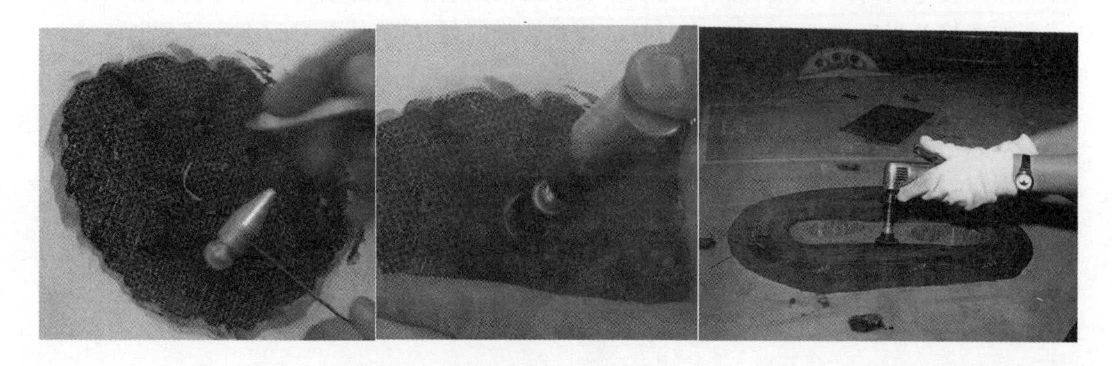

图 9-7　去除损伤材料

(3)图 9－8 所示为表面处理、裁剪所需复合材料补片及涂抹黏结剂的情况。通过机械打磨、清洁、去毛刺、化学处理等方法对黏结表面进行后续处理以增加黏结效果；表面处理完毕之后，再进行表面涂胶和黏结修补。黏结之前需将补片材料裁剪好，若为预浸料则不需要准备树脂，若不是预浸料则需预备相应树脂。

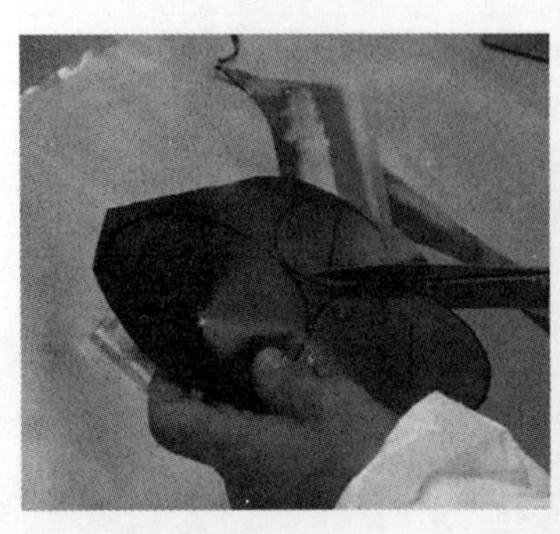

图 9－8　裁剪复合材料和涂胶

(4)如图 9－9 所示，逐层粘贴已裁剪好的复材补片，每单层逐层按设计的铺层方向铺放并压平，层间涂上指定使用的胶，直至铺设最外的一层。

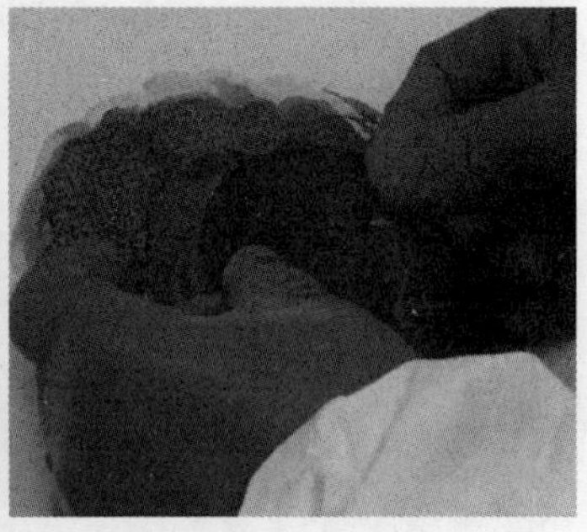

图 9－9　逐层粘贴裁剪好的补片

(5)用真空袋或其他工具进行加压、加热固化。铺设好所有补片的复合材料层之后，需要加热、加压固化，应按照规定的温度和压力要求进行固化。图 9－10 所示为计算机控制的真空袋加压以及设定的时间-温度曲线。在加热加压固化完成后，去除表面的真空袋及防黏布就完成了所有的修补程序。当然，因复合材料结构和性能的差异，其修补过程也不尽相同。

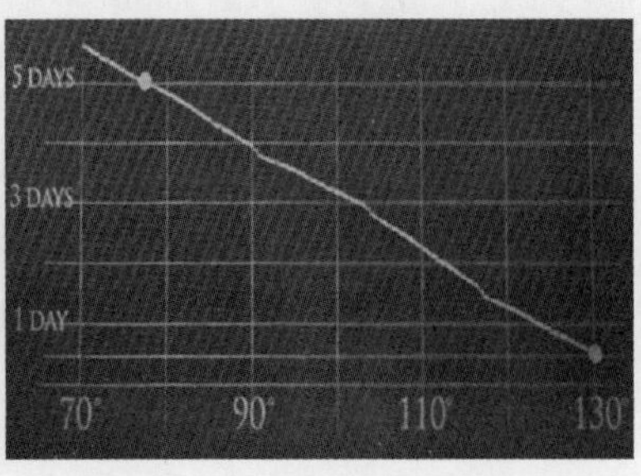

图 9－10　加热、加压固化补片

9.1.4　维修原则和规范化文件

复合材料结构的修理很可能与原结构相比有所变更，产生如改变气动外形、结构增重、破坏原有功能防护层等新问题。因此复合材料结构的修理设计应与结构的强度设计同步进行，需注意以下内容：

(1)应根据飞机安全的重要性级别将所有可能出现损伤的飞机结构进行分类。

(2)结构修理设计和修理工艺主要取决于损伤的尺寸、损伤位置和损伤对结构强度性能的影响，同时还要考虑对功能性，如防水、雷击、系统等因素的影响。

(3)结构的修理验证应包括结构强度、刚度、疲劳、损伤容限、气动弹性等各个方面。

(4)修理限制值一般依据结构所有可能的损伤和典型外场的修理条件确定。根据验证试验所得的结果，通常会建议修理限制值并形成相应的修理文件，如结构修理手册(Structure Repair Mannual, SRM)。若损伤超出修理限制值，需由飞机设计人员进行相应的维修设计。

目前适航上已经形成了一些复材结构修理的要求文件，主要以咨询通告(AC)和政策声明(PS)的形式给出。如联邦航空局(FAA)发布的与航空器复合材料结构修理相关的文件主要有：

(1)AC145 - 6《飞机复合材料和胶接结构修理站》。

(2)AC 43 - 214《复合材料以及胶接飞机结构的修理和改装》。

(3)PS - AIR - 100 - 14 - 130 - 001《胶接修理的尺寸限制》。

此外，复合材料修理设计还必须满足表 9 - 2 给出的其他相关适航技术文件。

表 9 - 2　复合材料结构适航工作相关的技术文件

总要求	AC20 - 107B《复合材料飞机结构》； PS - ACE100 — 2005 - 10038《胶接接头和结构——技术问题和合格审定考虑》
材料要求	AC23 - 20《聚酯复合材料系统材料采购和工艺规范》(2003 年)； PS - ACE100 — 2002 - 006《聚酯复合材料系统材料验证及等效》(FAR23)； DOT/FAA/AR - 00/47《聚酯复合材料系统材料验证及等效》； DOT/FAA/AR - 03/19《聚酯复合材料系统材料验证及等效：最新程序》； DOT/FAA/AR - 02/109《制定碳纤维/环氧树脂无向预浸材料规范的建议准则》
制造/工艺要求	DOT/FAA/AR - 02/110《纤维增强聚酯复合材料的工艺规范、质量和管理要求的制定指南》
质量要求	AC21 - 26《复合材料结构制造的质量控制》； AC21 - 31《机舱非技术内饰件制造的质量控制》
验证要求	AC25.571 - 1D《结构损伤容限和疲劳评估》； AC29 MG8《旋翼航空器复合材料结构验证》； AC35.37 - 1《疲劳试验和复合材料叶片疲劳验证》； PS - ACE100 — 2001 - 006《复合材料飞机结构的静强度验证》； PS - ACE100 — 2005 - 10038《胶接接头和结构——技术问题和合格审定考虑》

9.2 复合材料结构修理的损伤及检测

在对复合材料结构进行修理前需对其损伤进行准确的检测和描述,需根据结构的损伤程度确定合适的修理方案。本节将给出飞机复材结构的主要损伤类型,介绍主要的损伤检测方法及损伤描述内容。

9.2.1 损伤分类

通常飞机结构的损伤被定义为飞机结构元件的变形或横截面积的减小,可能表现为孔边损伤与分层、褶皱、表面沟槽、较大的孔隙率等,如图 9-11 所示。

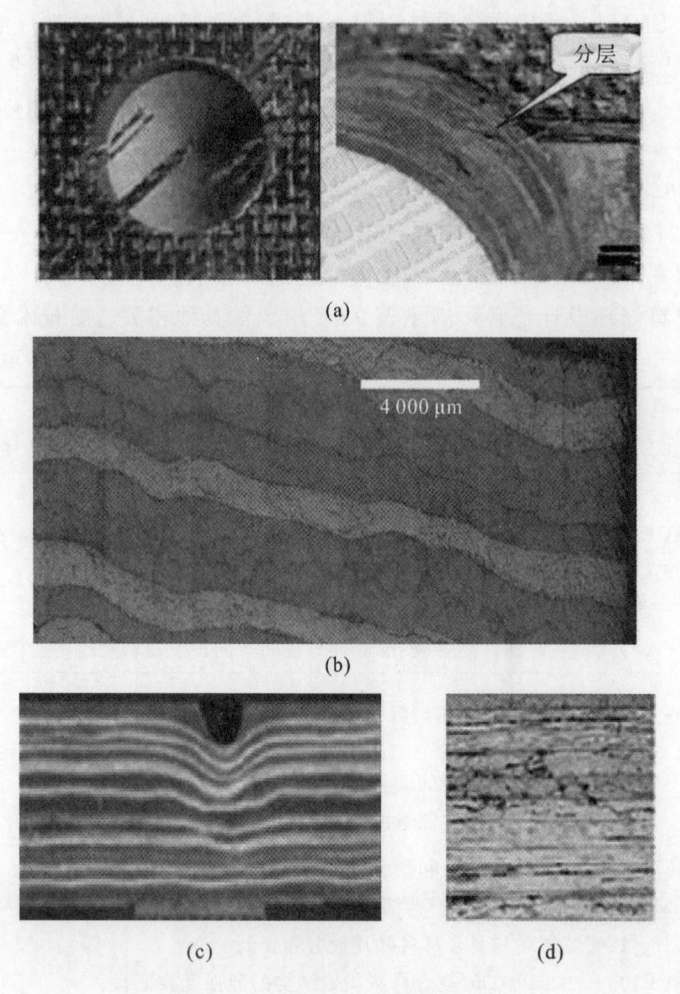

(a)

(b)

(c) (d)

图 9-11 复合材料的典型损伤类型

(a)孔边损伤及分层;(b)褶皱;(c)表面沟槽;(d)大孔隙率

复合材料损伤可以根据损伤表现的类型、出现的位置和损伤的程度等进行分类，本节从复合材料的制造、运营和维护的角度将其分为制造缺陷、使用过程操作损伤及飞行损伤。现分别说明如下。

9.2.1.1　制造缺陷

复合材料结构制造缺陷一般是指在预浸料和结构件固化过程中产生的缺陷，以及结构件机械加工和装配过程中产生的缺陷。典型的制造缺陷包括孔隙、富胶、贫胶、夹杂物、纤维方向及铺层顺序有误、划伤、有缺陷孔及过紧连接等。

9.2.1.2　使用过程操作损伤

飞机运营和使用过程中复合材料结构的操作意外损伤一般是指飞机部件在地面受到的损伤，根据不同的地面损伤源可分为表面冲击损伤、局部冲击损伤、踩踏损伤及紧固件孔磨损等四类。表 9-3 给出了地面损伤及其来源分析。

表 9-3　地面损伤及其来源分析

表面冲击损伤	工具跌落	重量小于 0.454 kg 的手动工具，跌落高度由工作台高度决定
	设备跌落	机械、电力、液压设备的跌落
	维护台架	台架被推倒或跌落时尖角砸在飞机部件上
	大范围损伤	运输车撞到飞机，导致穿孔、表面划伤等损伤
局部冲击损伤	构件跌落	很重或难以搬运的可拆卸零件跌落（频繁）
	飞机上的冲击	工作台、起重索、其他设备撞到固定壁板或开着的门的暴露边缘
踩踏损伤	局部压力	过道附近，走路踩踏压力引起（频繁）
	踩踏	踩踏引起夹层板面板与芯材开胶
紧固件孔磨损	紧固件磨损	快拆紧固件根部的扣环槽导致孔扩大
	拉脱	紧固件处沉头下面磨损、局部裂纹及分层

9.1.2.3　飞行损伤

复合材料结构的飞行损伤一般是指飞机运营过程中冰雹冲击分层[见图 9-12(a)]、雷击烧蚀分层[见图 9-12(b)]、鸟撞分层穿透[见图 9-12(c)]、飞机起降卷起的碎石及轮胎碎片的冲击分层、冰冻/熔化湿膨胀以及热冲击造成的分层脱胶、水分侵入夹芯结构引起复材层板和夹芯的分层损伤[见图 9-12(d)]等。

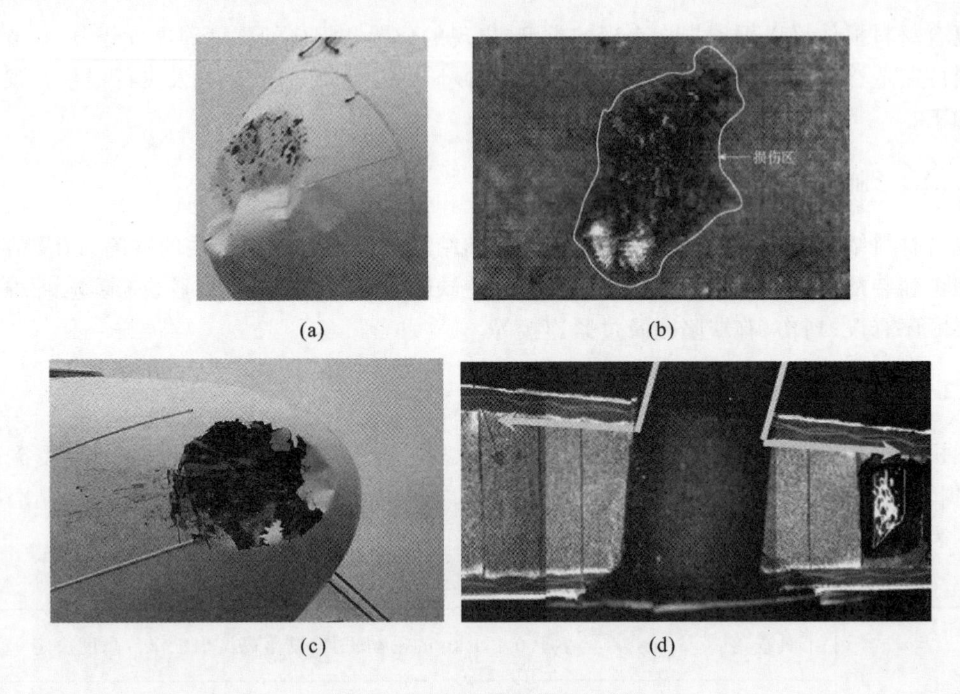

图 9-12　不同类型的飞行损伤

9.2.2　损伤检测

显然，确定复合材料结构的缺陷和损伤程度是复合材料结构修理的前提，也是其性能评估的依据，因此检测方法的选用非常重要。目前主要通过无损检测方法对复合材料损伤进行检测。无损检测指的是在不破坏材料或构件的前提下，采用某种技术手段，对被检对象内部与表面进行探测，结合一些先验知识，从接收信号中提取需要的信息，以判断材料或构件是否有完整性，或者测定材料或构件的某些性质的检测方法。无损检测方法多种多样，主要有敲击检测法、超声波检测法、红外热成像法及射线检测法等。

9.2.2.1　敲击检测法

敲击检测法是最常用的一类复合材料无损检测方法，这种方法操作简单，成本较低。传统的敲击检测方法是利用硬币、木棒、小锤等物敲击蒙皮表面，检测者辨听工件发出的声音，通过声调和响度之间的差异来查找缺陷。但这种方法严重依赖于操作人员的敲击方法和主观判断，复检两次或两次以上敲击，声调辨析和冲击力控制存在不一致性，易造成误判和漏判，而且检测结果不利于保存，无法满足信息化和现代工程管理的需要。

9.2.2.2　超声波检测法

超声波检测是指利用超声波在工件传播过程中，工件对其发生的反射、透射等现象[9]，通过对波的这些特性进行研究，识别工件内部构成、几何特点和内部缺陷，并能够对工件的应用价值提供理论支持的技术。超声波检测技术有多种不同的检测方法，按照不同方式有多种分类方法[10]。

(1)如果按检测原理分类,则超声波穿透检测方法包括超声波穿透法、反射法、共振法、衍射时差法等。

超声波穿透检测的工作过程如图 9-13 所示,两个超声探头放置于被测对象的两侧,两个探头的中心连线垂直于被测物体。探头紧贴被测对象表面,可以适当加入耦合剂来确保探头与被测对象紧密接触。在脉冲高压电路的驱动下超声波发射探头 S 发射超声波,在被测对象另一端放置的接收探头 E 接收超声波信号,这一信号经过放大、滤波等信号处理电路后,会在显示设备上显示接收到的脉冲波。通过分析显示设备的波形时间及幅值来判断是否存在缺陷。

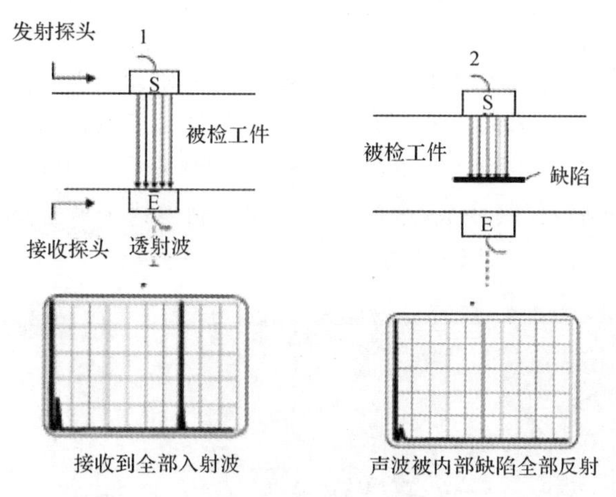

图 9-13　超声波穿透检测仪工作过程

超声波反射法的工作过程如图 9-14 所示。探头紧贴被测对象表面,可以适当加入一些耦合剂以确保探头与被测对象紧密接触。控制电路产生激励信号,使超声波探头发射超声波信号,而后探头接收反射回来的超声波,并在显示设备上显示,通过波形显示分析被测对象是否存在缺陷。如果试件没有缺陷,那么可以接收到对试件底部反射回来的底波,如图 9-14(a)所示,如果试验件存在缺陷,那么接收到的将是缺陷处反射回来的脉冲波,如图 9-14(b)所示。

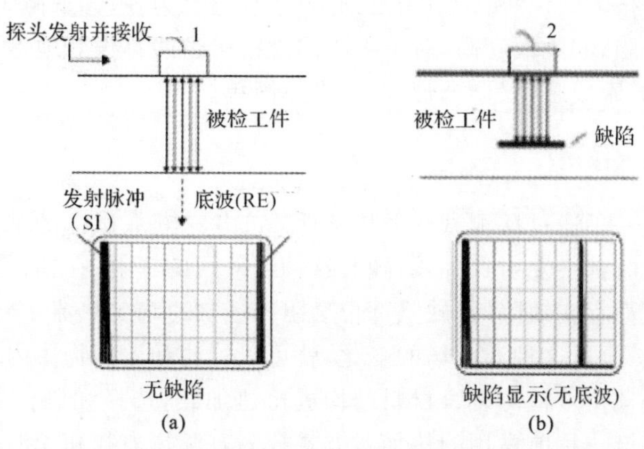

图 9-14　超声波反射检测仪工作过程

(a)无缺陷;(b)有缺陷

(2)如果按扫描方式分类，超声波检测主要包括 A 型显示法、B 型显示法和 C 型显示法。

A 型超声探伤检测通过调幅技术将回波显示到荧光屏上，荧光屏上的坐标 X 轴表示所探测物体的深度，而 Y 轴表示的是回波的脉冲振幅，通过探头定点发射所返回的超声波可以判断出缺陷的形态以及深度，如图 9－15(a)所示。通过分析回波的波峰、波密等特性还能进行一定程度的定性分析。

B 型超声波扫描技术借助辉度调制来成像，图像上所显示的是被测物件的断层图(剖面图)。在 B 型超声波的扫描下，物件深度方向的全部反射波都能够反射出来。而在水平方向上则通过快速的电子扫描来完成检测工作，按照顺序将不同位置及不同深度的情况由反射回波传递回来。每完成一帧的扫描，便可以得到一簇超声波带来的垂直断面图，如图 9－15(b)所示。

C 型超声波扫描是通过多元线阵扫描技术来实现的，通过在平面上做出 X，Y 坐标来反应综合的轨迹规划问题。X 轴方向上所用到的机理与 B 型超声波扫描类似，而 Y 轴上是通过机械驱动时线探头的位移。要得到一定探测深度的 C 型成像图必须在接收回路中设定进程选择的开关，然后对开关制定控制环节，这样可以通过控制模块来调整回波的信号强度，便于得到各个深度的声波图，如图 9－15(c)所示。

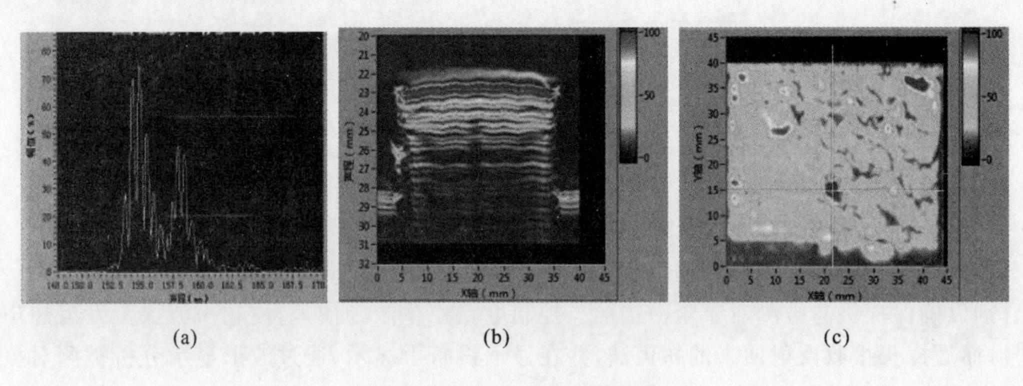

(a)　　　　(b)　　　　(c)

图 9－15　A、B、C 型扫描图像

(a)A 型扫波形图；(b)B 型扫描图像(X 轴剖面)；(c)C 型扫描图像

超声波检测具有很大的优势：①适用范围广；②穿透能力强；③缺陷识别分辨率高；④容易识别到一定面积的缺陷；⑤灵敏度高，对于很小的裂痕等也能够很好地检测；⑥检测时间短、花费少，对人体不构成健康威胁，仪器携带方便，操作简单。

9.2.2.3　红外热成像法

红外热成像法是一种通过探测试样的热学性质变化来获取试样的结构信息的技术。任何物体在绝对零度以上时都会发射红外线，随着这种红外线的辐射，在物体表面会形成一个温度场。当物体或零件表面存在缺陷时，缺陷部位会阻挡或加速均匀热流，会使物体表面的温度场产生变化。通过记录、分析这种温度场的变化，就可以检测和评判物体内部是否存在缺陷及缺陷区域。红外检测必须对被检测复合材料结构进行热加载，选择和制作有效的热加载方式和装置是红外检测的关键。目前常用的热加载方式分为有源热加载和无源热加载。有源热加载可以使被测结构与热源直接接触，将热量传入被检测结构或者是通过辐射或对流方法将热量引入被测结构。无源热加载则是指物体受到诸如机械变形、振动等，由物体自身产生的红外辐射。

红外热成像无损检测可以在较大范围内实施，检测速度快，适用于扫查工作。在外场条件中，利用飞机着陆后自然产生的瞬态加热效应，它可以发现机身和机翼的冲击损伤。红外热学无损检测也有一定的缺点，比如很难检测到良好热匹配的界面、相似材料的夹杂、光学非吸收材料和垂直于表面的裂缝等。

9.2.2.4 射线检测法

射线检测技术在复合材料无损检测中的实际应用非常广泛，它不仅应用在复合材料结构的测量上，还能够对复合材料的缺陷进行实时动态的监测，更能够对复合材料损伤程度作出相应科学精准的评价，在复合材料的无损检测中发挥着绝对优势[13]。射线检测技术方法众多，在复合材料无损检测的实际应用中，应根据实际情况选择最佳的检测方法，才能够取得最好的效果。下面对射线检测技术中的各方法进行详细分析。

1.传统射线检测技术——X 射线照相检测法

X 射线照相检测法是最早应用在工业领域中的检测技术，虽然在复合材料无损检测中应用较为普遍，但是它存在一定的缺陷，所取得的检测效果并不理想。X 射线照相检测法的主要原理是：利用 X 射线的穿透能力，通过不同材料时射线出现不同的衰减量而引起的强度变化，在胶片上呈现出不同明暗度的影像，判断复合材料中存在的缺陷。

2.数字化射线检测技术——X 射线实时成像法

X 射线实时成像法是随着科技的不断发展以及复合材料无损检测质量要求不断提高应运而生的，尤其在航天事业迅速发展时期，数字化射线检测技术显得尤为重要。X 射线实时成像法的工作原理是：利用 X 射线的穿透性以及被复合材料吸收的射线散射而衰减的性质，通过图像增强设备在显示器上形成相关信息的图像，利用计算机系统以及数字图像处理技术，将这些信息数据处理并转化输出呈现在显示器上，该检测结果更直观且易于理解。

3.现代化射线检测技术——计算机断层扫描法

计算机断层扫描法是对传统的射线检测技术的改造升级，更能够满足现代复合材料无损检测的需求。计算机断层扫描法的工作原理是：利用线状或面状扫描束对复合材料的指定断面进行观察，并获得其结构以及性能方面的大量信息，从而分析判定出缺陷。

4.高尖端射线检测技术

目前高尖端射线检测技术包含三种方法 ：X 射线断层形貌成像法、X 射线康普顿散射成像法以及中子照相法。X 射线断层形貌成像法的工作原理是：利用 X 射线的散射现象，分析其形成的散射空间呈现出来的形貌图像，对复合材料缺陷进行评测，根据三色的角度不同分为大角度以及小角度 X 射线散射，可对不同规格以及不同类型的复合材料进行无损检测。X 射线康普顿散射成像法的工作原理同样是利用 X 射线散射成像，但需要在被检测复合材料旁边安装检测器以接受散射图像，这种方法能够实现对复合材料多层面的缺陷检测，较适合厚度在 5cm 左右复合材料的无损检测，其缺点在于分析时间较长，检测较慢[14]。中子照相法的工作原理是：利用中子源发出中子束并通过准直器照射到复合材料上，检测器记录透射的中子束分布图像确定检测缺陷和杂质、脱黏等情况，可以检测金属中的低原子序数和放射性物质，还可以区分同一元素的不同同位素，是当前复合材料无损检测最科学、最精准的科技方法，在应用时要注意个人的安全防护。

9.2.3　损伤描述

不同检测手段有其各自对损伤描述的方法和参数，以超声C扫描为例，它的检后损伤可描述为损伤面积、损伤尺寸和损伤深度。结构损伤检测后均需要形成完整的损伤描述报告，报告中应包含以下主要内容：

(1)损伤部件名称：说明是哪个部件发生了损伤，如垂直安定面、水平尾翼等；

(2)损伤位置：若该型飞机已有结构修理手册(SRM)，则直接说明损伤所处分区，若无分区说明，则应报告损伤位于哪个构件，并说明在该构件上的位置；

(3)损伤类型：如表面划伤、分层，还是夹层结构面芯脱黏、墙缘条/蒙皮脱胶等；

(4)损伤程度：描述损伤的形状、外围尺寸、深度等信息；

(5)损伤关系：描述损伤的分布情况，包括损伤与周围损伤或(含已修复的损伤)之间的距离等。

图9-16举例说明了某复合材料蒙皮分层损伤的超声检测结果及相关描述。

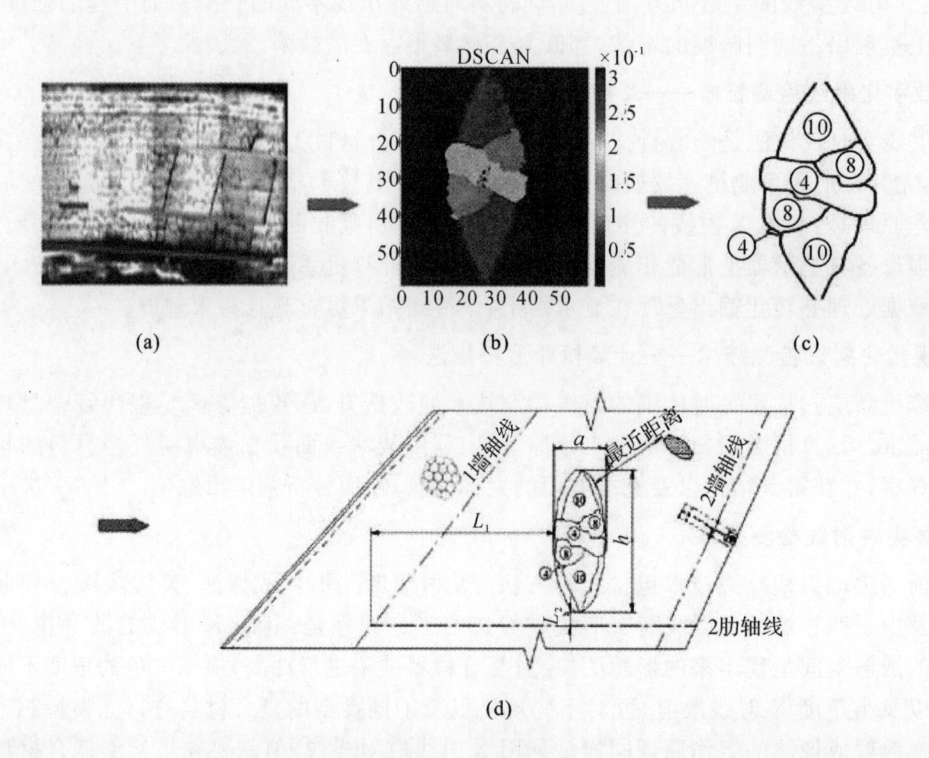

图9-16　蒙皮损伤描述

(a)实物损伤形貌；(b)超声检测图像；

(c)损伤情况描述(数字代表发生分层损伤的层号)；(d)损伤位置描述

9.3　结构修理后的力学特性评估

复合材料结构胶接修理后应满足各种设计载荷。本节以斜面胶接修理结构的面内拉伸承载为例，从理论分析、有限元分析和试验分析方法三方面进行说明。

9.3.1　理论分析方法

复合材料斜接修理结构面内拉伸载荷作用时主要的工程设计方法有平均剪应力法、最大剪应力修正系数法、半解析微分剪应力法等，通过修理后结构受力和变形引起的应力或应变大小进行结构的承载能力评估。

9.3.1.1　平均剪应力法

$$\tau_{av}=\frac{1}{2}\sigma_{applied}\sin 2\alpha \tag{9-1}$$

式中，τ_{av} 为胶层的平均剪应力；$\sigma_{applied}$ 为施加在结构上的拉伸应力；α 为斜接角度。当 τ_{av} 等于胶的剪切强度时，对应的 $\sigma_{applied}$ 为修理结构的极限拉伸承载应力。平均剪应力法对于各向异性材料误差较大，多用于初步的预估。

9.3.1.2　最大剪应力修正系数法

考虑复合材料层合板不同铺层的各向异性，胶层应力沿斜接线不是常量，平均应力和最大剪应力存在以下关系：

$$\tau_{max}=K\tau_{av} \tag{9-2}$$

式中，K 为胶层剪应力集中系数。

Jones 和 Graves 建议，对准各向同性复合材料的斜接结构，K 取 2.88。Baker 用铺层角度的百分比及刚度比来确定 K 值，即

$$K=\frac{1}{p_0+p_{45}\dfrac{E_{45}}{E_0}+p_{90}\dfrac{E_{90}}{E_0}} \tag{9-3}$$

式中，p 和 E 分别为代表铺层的百分比和其对应铺层角度的偏轴模量。当 τ_{max} 达到胶层剪切强度时认为结构破坏。

9.3.1.3　半解析微分剪应力法

A. B. Harman 和 C. H. Wang 推导出最新的斜接胶层应力的微分控制方程，求解方法为有限差分法。Harman 的半解法能够体现复合材料铺层角度对胶层剪应力的影响，在一定程度上反映出 0°层铺层对应胶层的应力集中现象，为斜接胶层的细节应力分析提供了新的思路。但是，其求解过程中考虑的被黏结楔形体截面的轴向刚度是基于复合材料截面刚度平均折算方法的，不能完全体现复合材料各层刚度的突变。徐绯团队基于 Harman 方法引入复材

铺层刚度分配原则以及微分概念，对 Harman 方法进行了改进，最终形成了用于求解复合材料斜胶接修补结构胶层应力的改进 MAM 半解析方法。

选取斜接角度为 5°的模型，斜接层合板铺层为[45/－45/90/0/0/0/45/0/0/－45/90]$_S$，厚度为 3 mm，E_1＝162 GPa，E_2＝16.2 GPa，E_3＝16.2 GPa，ν_{12}＝0.3，G_{12}＝7.2 GPa；胶层厚度为 0.2 mm，胶的弹性常数 E＝1150 MPa，ν＝0.3，G＝442.3 MPa。图 9－17 所示为改进的半解析法(MAM)获得的剪应力分布与 Harman 方法结果及有限元(FEM)计算结果的对比。

从图 9－17 中可以看出，MAM 和 Harman 的方法求解的胶层剪应力均随着复合材料铺层的角度而改变。Harman 的方法得到的胶层应力沿斜接面不对称，且 0°层对接处胶层的剪应力峰值相对较小；而 MAM 方法计算出在 x/L＝0.5 两侧的剪应力呈对称分布，且 0°层对接处的剪应力峰值明显高于 Harman 方法，能够反映出两个 0°层(第 8、9 层)的应力峰值现象，与有限元数值计算的结果更为接近。由于改进的半解析微分剪应力法能够便捷、准确地给出胶层剪应力，因而可进行更为准确的修后性能评估。

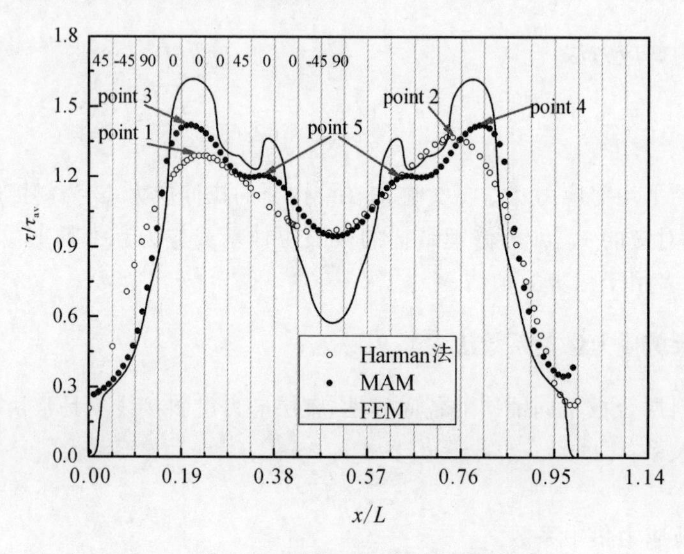

图 9－17　复合材料斜接结构中胶层剪应力

9.3.2　有限元分析方法

复杂几何形状和材料非线性等因素使得建立结构的控制方程更为困难，由于求解过程繁琐而更难获得封闭的理论解，此时可借助数值分析的方法。有限元作为常用的数值分析方法，针对复合材料结构的仿真计算可分为线弹性分析和损伤失效分析。线弹性分析的思路与理论分析中求解胶层的应力、应变的思路一致，通过建立的数值模型计算获得修理结构的应力、应变分布，对危险位置进行承载能力的判断。损伤失效分析的思路是建立修理结构的三维失效分析模型，利用基于连续介质损伤力学(Continuum Damage Mechanics，CDM)的复合材料渐进损伤分析方法，进行损伤起始及其损伤演化全过程的计算仿真。对于修补胶层，常用的分析方法有 J 积分法、虚拟裂纹闭合法(Virtual Crack Closure Technique，VCCT)和内聚力模型法(Cohesive Zone Model，CZM)，其中 CZM 法应用较为广泛。

选取厚度为 4 mm 斜接修理复材结构，复合材料为 T700/LT03A(单层厚度为 0.125 mm)，铺层顺序为 $[45/0/-45/90/0/45/0/-45/0/0/90/0/-45/0/45/0]_S$，修理胶层为 FM73M。力学性能见表 9－4 和表 9－5。

首先建立线弹性分析模型，提取图 9－18 胶膜给定路径上的胶层剪应力分布如图 9－19 所示，经简单计算可以获得胶层剪应力峰值处的应力集中系数为 1.27；基于线弹性分析模型和环氧胶剪应力许用值 46.1 MPa，可初步估计出该斜接修补结构的拉伸承载能力为393.3 MPa。

表 9－4　T700/LT03A 和 FM73M 的工程弹性常数

材　料	E_{11}/GPa	$E_{22}=E_{33}$/GPa	ν	$G_{12}=G_{23}=G_{13}$/GPa
T700/LT03A	128	8.46	0.322	3.89
FM73M	2.27		0.35	0.84

表 9－5　T700/LT03A 和 FM73 强度参数　　单位：MPa

材　料	X_T	X_C	Y_T	Y_C	Z_T	S_{12}	S_{13}/S_{23}
T700/LT03A	2372	1234	50	178	50	107	80.7
FM73M					37.3		46.1

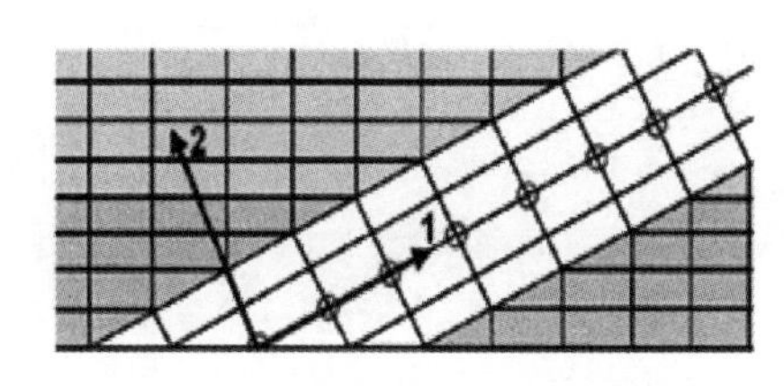

图 9－18　胶层剪应力提取路径

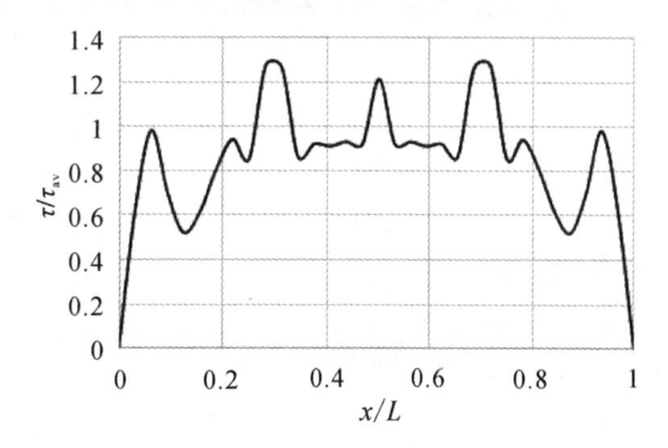

图 9－19　胶层剪应力分布

建立损伤失效分析模型，可进一步观察该结构的损伤演化过程。其中复材采用基于应变的 3D Hashin 准则进行失效判断，胶层使用内聚力模型描述。图 9－20 所示为复合材料与胶层损伤演化、发展的过程。

从图 9－20 可以看出，①当载荷达到预测最终承载能力的 58% 时，损伤起始于 90°铺层的斜面终端，表现为基体开裂，如图 9－20(a)所示。这时胶层进入损伤阶段，最大损伤系数 SDEG 为 0.62，如图 9－20(b)所示。②当载荷达到预测最终承载能力的 80%时，90°层斜面终端基体开裂并扩展至其他两层，铺层中的三个 90°层终端基体开裂，如图 9－20(c)所示。这时胶层仍未破坏，最大损伤系数 SDEG 为 0.88，如图 9－20(d)所示。③当载荷达到预测最终承载能力的 95%时，最外端的一个 45°层基体开裂，如图 9－20(e)所示，这时图 9－20(f)显示最大损伤系数 SDEG 已达 0.92。当载荷达到预测最终承载能力时，胶层出现了最终的破坏，导致结构分离无法继续承载。上述分析结果显示，基于 CDM 和 CZM 的损伤数值分析方法能够预测斜接修理结构的损伤模式以及承载能力。

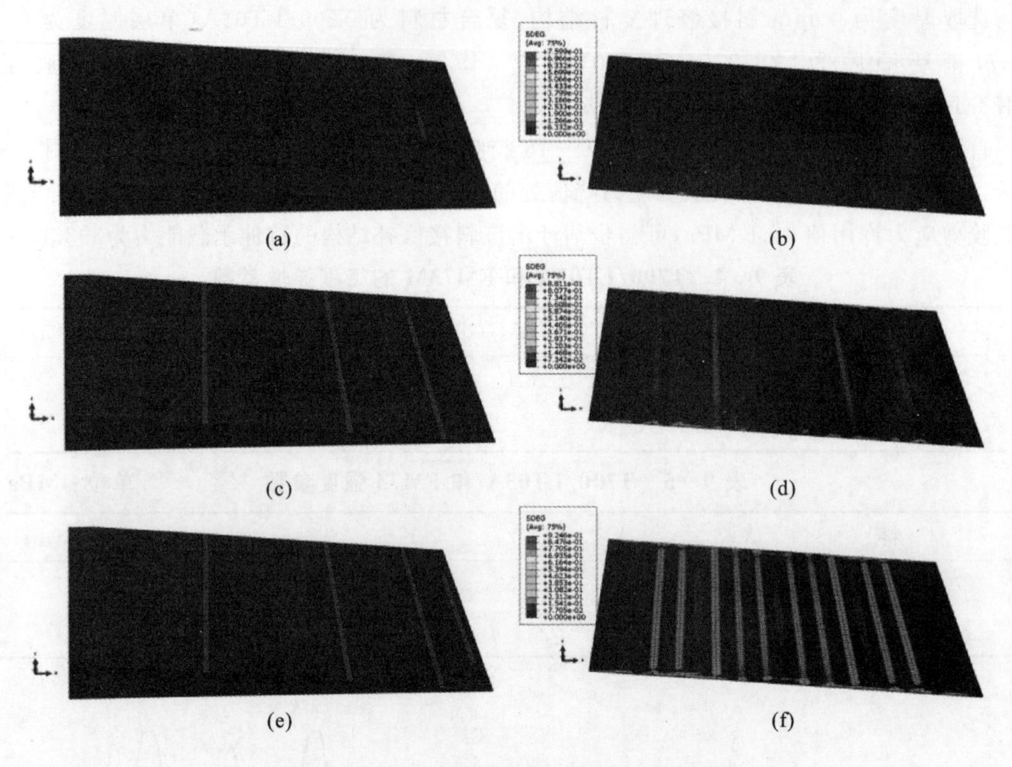

图 9-20　拉伸载荷的基体损伤及胶层扩展

(a)58%载荷时基体损伤；(b)58%载荷时胶层损伤；(c)80%载荷时基体损伤；(d)80%载荷时胶层损伤；(e)95%载荷时基体损伤；(f) 95%载荷时胶层损伤

9.3.3　试验分析方法

从飞机适航角度来看，所有的修理结构都需要进行系列试验验证，以保证结构的完整性和安全性。因此，复合材料修理结构验证应按图 9-21 所示的积木式试验验证原则进行，可分为元件级、结构级、部件级和全尺寸级试验。例如对于一个碳纤维壁板泡沫或者蜂窝夹层的损伤修补，需要对局部修理结构开展修后拉伸、弯曲、压缩等各类承载能力试验，如出现多处关键部位的损伤修补还需进行部件级以上的试验验证。总之，试验分析方法是目前验证修补方案使用最多、最可靠的方法。

针对 9.3.2 节有限元算例中的复材斜接修理结构进行的拉伸试验，测试 3 个试样，所得结构的拉伸承载能力为 351.2 MPa。对比有限元分析可以看出，通过线弹性模型对结构承载能力的评估值比试验值略大，可能是未考虑材料损伤导致的材料性能衰减，通过三维失效模型的载荷预测结果更接近试验值。图 9-22 所示为根据失效模型计算预测的应力-应变曲线与试验结果的对比，两者吻合很好。进一步进行试验破坏断面的观察，如图 9-23 所示，可以看出明显的胶层破坏，并伴有复合材料 90°和 45°层的局部基体拉伸破坏，主要破坏模式与图 9-20 中计算预测的失效模式相符。

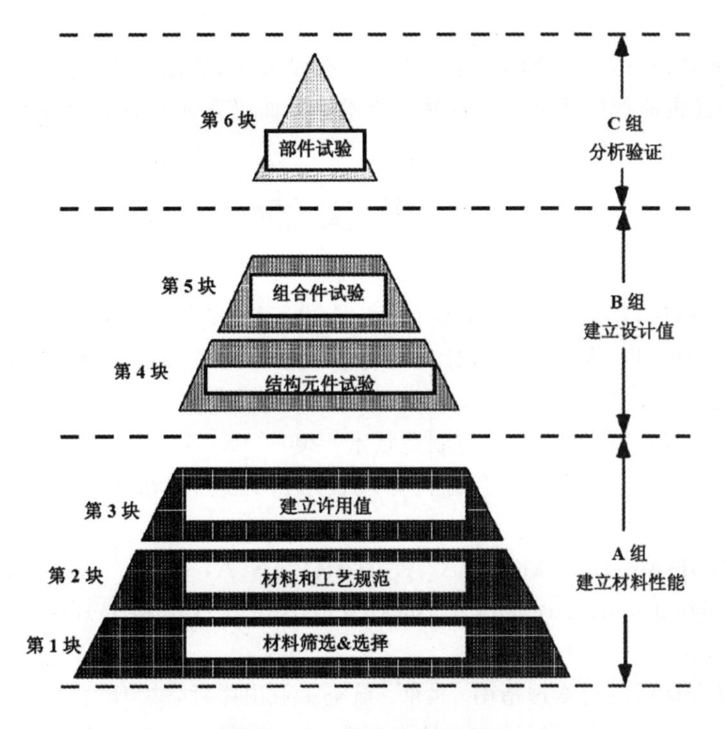

图 9－21　积木式试验验证

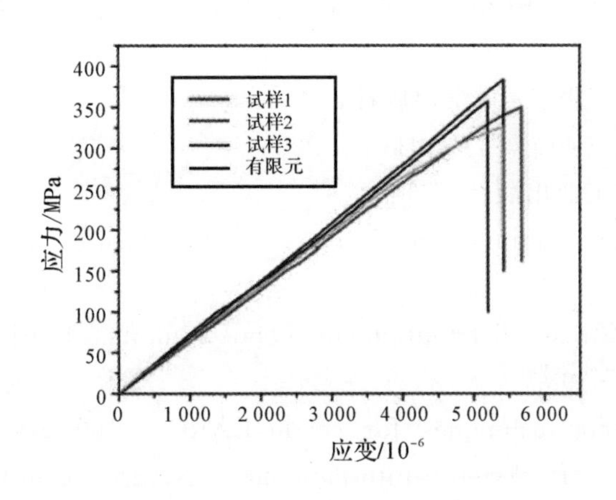

图 9－22　失效模型预测强度与试验对比

图 9－23　失效断面图

9.4　本章小结

本章对复合材料修理进行了简单的介绍。随着复合材料在军用和商用飞机上的用量日益增大，考虑到复合材料结构的维修成本远高于金属结构，需要一套系统且成熟的修理技术支撑其受损结构修后完整性的评估。虽然现有的贴补、斜接和阶梯挖补等修补技术已有初步的工业应用，但应用较少（多应用于次承力结构）。此外，在先进无损探伤技术、复合材料局部去除技术、先进的表面处理技术、维修固化条件的精确控制方法、优化修理方案的分析和设计技术、可靠且可重复的健康监控以及结构的自修复技术等方面仍有强烈的发展需求。

参考文献

[1] 谢鸣九. 复合材料连接. 上海：上海交通大学出版社，2011.

[2] 陈绍杰. 复合材料技术发展及其对我国航空工业的挑战. 高科技纤维与应用，2010，35(1)：2-7.

[3] 汤洪涛. 航空复合材料维修. 航空制造技术，2007，10：1-10.

[4] 徐绯，刘斌，李文英，等. 复合材料修理技术研究进展. 玻璃钢/复合材料，2014，8：105-112.

[5] WHITTINGHAM B，BAKER A A，HARMAN A，et al. Micrographic studies on adhesively bonded scarf repairs to thick composite aircraft structure. Composites：Part A，2009，40：1419-1432.

[6] 陈绍杰. 复合材料结构修理指南. 北京：航空工业出版社，2001.

[7] 牛春匀. 实用飞机复合材料结构设计与制造. 北京：航空工业出版社，2010.

[8] 邓忠民. 飞行器复合材料结构设计基础. 北京：北京航空航天大学出版社，2014.

[9] 赵丽斌，徐吉峰. 先进复合材料连接结构分析方法. 北京：北京航空航天大学出版社，2015.

[10] 左洪福，蔡景，等. 航空维修工程学. 北京：科学出版社，2011.

[11] 代永朝，郑立胜. 飞机结构检修. 北京：航空工业出版社，2006.

[12] 郑东良. 航空维修管理. 北京：国防工业出版社，2005.

[13] WANG C H，CONG N D. Bonded Joints and Repairs to Composite Airframe Structures. Academic Press，2016.

[14] ERDOGAN F，RATWANI M. Stress distribution in bonded joints. Journal of Composite Material，1971，5：378-393.

[15] JONES J S，GRAVES S R. Repair techniques for celion/LARC-160 graphite/polyimide composite structures. Rockwell International，NASA Contractor Report 3794.

[16] Baker A A. Joining and repair of aircraft composite structures. Mech Eng Trans. ME21，1996，1/2：1-59.

[17] HARMAN A B，WANG C H. Improved design methods for scarf repairs to highly strained composite aircraft structure. Composite Structures，2006，75(1/2/3/4)：132-144.

[18] 刘斌，徐绯，季哲，等. 改进的复合材料斜接结构胶层应力半解析法. 复合材料学报，2015，32(2)：526-533.

[19] WANG C H，GUNNION A J. On the design methodology of scarf repairs to composite

laminates. Composites Science and Technology, 2008, 68: 35 - 46.

[20] LIU B, XU F, FENG W, et al. Experiment and design methods of composite scarf repair for primary - load bearing structures. Composites Part A: Applied Science and Manufacturing, 2016, 88: 27 - 38.

[21] BODJONA K, LESSARD L. Load sharing in single - lap bonded/bolted composite joints. Part I: Model development and validation. Composite Structures, 2015, 129: 268 - 275.

[22] 矫桂琼,贾普荣. 复合材料力学. 西安：西北工业大学出版社，2008.

[illegible] Composites Science and Technology, 2008, [illegible].
[illegible] Experimental and design methods of composite joints for primary load bearing structures. Composites Part A: Applied Science and Manufacturing, [illegible], 26 [illegible].
[illegible] Load sharing in single-lap bonded/bolted composite joints. Part I: Model development and validation. Composite Structures, [illegible].
[illegible] 复合材料 [illegible] 北京 [illegible] 工业大学出版社 [illegible]